大学数学(一)

(一元函数微积分与空间解析几何)

主　编　程　航　朱玉灿

副主编　章红梅　周　燕　周　勇

科学出版社

北　京

内 容 简 介

本套书紧扣现行大学本科电类与信息类等专业的数学公共基础课的教学要求，将复分析与实分析作为一个整体，互相交融，有机结合；场论与多元函数微积分统一处理，并以线性代数为工具贯穿全书，建立起自然而紧凑的新体系. 全书共三册，内容包括一元函数与多元函数微积分、矢量分析与场论、复变函数、积分变换、数学物理方程. 体系新颖，结构紧凑自然，具有良好的可读性.

本书可作为高等院校电类与信息类各专业本科教学用书和教学参考书，也可供其他专业师生及工程技术人员阅读和参考.

图书在版编目(CIP)数据

大学数学. 1，一元函数微积分与空间解析几何/程航，朱玉灿主编. —北京：科学出版社，2023.7

ISBN 978-7-03-075638-1

Ⅰ. ①大… Ⅱ. ①程… ②朱… Ⅲ. ①高等数学–高等学校–教材②微积分–高等学校–教材③立体几何–解析几何–高等学校–教材 Ⅳ. ①O13②O172③O182.2

中国国家版本馆 CIP 数据核字(2023)第 097760 号

责任编辑：姚莉丽 李香叶／责任校对：彭珍珍

责任印制：赵 博／封面设计：陈 敬

科学出版社 出版

北京东黄城根北街 16 号

邮政编码：100717

http://www.sciencep.com

天津市新科印刷有限公司印刷

科学出版社发行 各地新华书店经销

*

2023 年 7 月第 一 版 开本：720 × 1000 1/16

2024 年 7 月第二次印刷 印张：23 1/4

字数：468 000

定价：75.00 元

前 言

高等数学是高等院校一门十分重要的公共基础课, 它在自然科学、工程技术、经济管理等方面具有十分广泛的应用; 它不仅为学生学习后继课程和解决实际问题提供了必不可少的数学基础知识和数学方法, 而且培养学生具有科学思维的能力, 分析问题、解决问题的综合能力和自学能力等, 提高学生的数学素质和综合素质.

从 2001 年开始, 我们通过福州大学第一批、第三批"新世纪高等教育教学改革工程"立项, 对现行电类与信息类各专业数学课程体系与教学内容进行改革, 在不增加数学基础课总课时的前提下, 对"高等数学"与"线性代数"、"复变函数"、"积分变换"、"矢量分析与场论"的教学内容进行整合, 利用现代数学的观点与方法, 统筹重组这些教学内容, 使代数、几何、分析融合渗透, 实分析和复分析统一处理、有机地结合, 形成新的课程体系: 大学数学 (一、二、三), 线性代数与空间解析几何. 经过多轮的教学实践, 于 2007 年陆续由科学出版社出版了《大学数学 (二)》和《大学数学 (三)》, 并用于福州大学数学公共基础课"高等数学 A"的教学.

本册教材是在福州大学数学公共基础课教学团队的教师长期的教学改革与实践的基础上, 结合目前采用板书与多媒体课件相结合的教学手段的特点, 同时吸收现有教材的优点进行编写的. 将函数的极限与连续、一元函数微积分学、微分方程、向量代数与空间解析几何等教学内容进行重新编排, 将不定积分与定积分统一处理. 数学概念的引入注意几何直观和物理背景, 内容处理突出数学思想和数学思维, 力求做到可读性与严谨性的统一. 例题的选取尽量做到由易到难, 精心安排. 部分例题给出多种解法, 以期帮助读者对学过的知识能够融会贯通、灵活应用, 拓宽读者的思路, 扩大读者的视野. 本书还包含许多注记, 主要目的是帮助读者加深理解有关概念和方法, 避免出现理解上的混淆和处理的失误, 便于自学. 打 * 部分供读者深入学习参考.

本册教材的内容包括: 第 1 章为函数的极限与连续, 第 2 章为一元函数微分学, 第 3 章为一元函数积分学, 第 4 章为微分方程, 第 5 章为向量代数与空间解析几何. 其中第 1 章由朱玉灿编写; 第 2 章由周燕编写; 第 3 章由程航编写; 第 4 章由章红梅编写; 第 5 章由周勇编写. 初稿完成后, 编写组成员进行多次讨论修改. 全书由朱玉灿和程航整理、统稿、定稿.

本册教材在编写过程中得到福州大学教务处和福州大学数学与统计学院领导的大力支持. 福州大学王传荣教授认真审阅全书并提出许多宝贵意见, 福州大学数学公共基础课教学团队的其他老师也对本书提出许多宝贵意见, 在此, 对他们表示衷心感谢. 我们还要感谢科学出版社的大力支持.

由于编者水平有限, 书中不当之处在所难免, 恳请读者批评指正.

编　者

2022 年 9 月于福州大学

目　录

第 1 章　函数的极限与连续

极限是微积分学中最基本的概念之一, 以后我们将学习的微分、积分等都是由不同的极限过程引入的, 极限的思想与方法贯穿整个微积分学, 它们在数学的其他领域也起着重要的作用. 本章介绍极限的概念、性质和运算法则, 函数的连续与性质等. 准确理解极限的概念, 熟练掌握极限运算的方法, 是学好微积分的基础.

1.1　函数的概述

函数是微积分的研究对象之一, 所谓函数关系就是变量之间的依赖关系. 本节是在中学已学知识的基础上, 进一步研究函数的概念, 总结中学里已经学过的一些函数的特性, 并介绍函数的简单性质.

1.1.1　变量与区间

1. 常量与变量

自然界的现象无一不在变化之中, 在研究过程中会遇到各种各样的量, 例如长度、面积、体积、时间、速度、温度等. 这些量一般分为两类: 一类在研究过程中保持不变数值, 称为常量; 另一类在研究过程中可以取不同数值, 称为变量. 常量用 a, b, c 等字母表示, 变量用 x, z, u, v 等字母表示. 例如, 研究圆的面积 A 与半径 r 的关系时, 关系式为 $A = \pi r^2$, 其中圆面积 A 和半径 r 看作变量, 而圆周率 π 看作常量. 又如, 在研究自由落体运动时, 关系式为 $s = \dfrac{1}{2}gt^2$, 其中路程 s 和时间 t 看作变量, 而重力加速度 g 看作常量.

值得注意的是, 一个量是常量或者变量不是一成不变的, 是有条件的, 这要由所研究的具体问题而定. 例如, 速度在匀速运动中是常量, 而在匀加速运动中是变量.

2. 区间

所谓区间就是介于两个实数 a 与 b 之间的一切实数所构成的集合, a 与 b 称为区间的端点. 当 $a < b$ 时, a 称为左端点, b 称为右端点.

区间可以分为以下几种.

(1) 闭区间: $[a, b] = \{x \mid a \leqslant x \leqslant b\}$.

(2) 开区间: $(a,b)=\{x\mid a<x<b\}$.

(3) 半开半闭区间: $[a,b)=\{x\mid a\leqslant x<b\}$ 或者 $(a,b]=\{x\mid a<x\leqslant b\}$.

除上述有限区间外, 还有下列无限区间:

$$(-\infty,c)=\{x\mid x<c\},\quad (-\infty,c]=\{x\mid x\leqslant c\},$$
$$(c,+\infty)=\{x\mid x>c\},\quad [c,+\infty)=\{x\mid x\geqslant c\},$$
$$(-\infty,+\infty)=\{x\mid -\infty<x<+\infty\}.$$

3. 邻域

设 a 和 δ 是两个实数, 且 $\delta>0$, 称开区间 $(a-\delta,a+\delta)$ 为点 a 的 δ 邻域, 记作 $U(a,\delta)$, a 称为邻域中心, δ 称为半径. 用不等式表示点 a 的 δ 邻域为集合 $\{x\mid |x-a|<\delta\}$. 有时需要把中心去掉的邻域, 称为去心邻域, 记作 $\mathring{U}(a,\delta)$, 即

$$\mathring{U}(a,\delta)=\{x\mid 0<|x-a|<\delta\}.$$

1.1.2 函数的概念

为了以后叙述的方便, 我们引进下列符号:

$\mathbb{R}$ 表示实数集合; $\mathbb{N}$ 表示正整数集合;

$\mathbb{C}$ 表示复数集合; $\mathbb{Z}$ 表示整数集合;

$\mathbb{Q}$ 表示有理数集合;

$x\in A$ 表示 x 是 A 的元素;

$A\subset B$ 表示集合 A 是集合 B 的子集;

$\exists$ 表示 “存在” 或 “找到”;

$A\cup B$ 表示集合 A 与集合 B 的并集;

$A\cap B$ 表示集合 A 与集合 B 的交集.

为了引进函数概念, 下面举个例子.

例 1(自由落体运动) 设 $t=0$ (单位: s) 从静止开始, 经过 t (单位: s) 后落下的距离为 s (单位: m). 如果不计空气的阻力, 则 s 与 t 之间有如下关系:

$$s=\frac{1}{2}gt^2,$$

其中 $g=9.8\mathrm{m/s^2}$ 为重力加速度, 上式给出变量 s 与 t 之间的关系式. 下面给出函数的定义.

定义 1 设 $D\subset\mathbb{R}$ 为非空集合, 若对每一个 $x\in D$, 按照一定的对应规则 f, 都有唯一的 $y\in\mathbb{R}$ 与之对应, 则称 f 是定义在 D 上的函数, 或者称 f 是从 D 到 $\mathbb{R}$ 的一个映射, 通常将函数简记为 $y=f(x)$, 其中 x 称为自变量, y 称为因变量, D 称为函数的定义域, 记作 D_f, 即 $D_f=D$. 函数值 $f(x)$ 的全体所构成的集合称为函数的值域, 记作 R_f, 即 $R_f=\{y\mid y=f(x),x\in D\}$.

在函数定义中主要有两个要素, 即函数的定义域和对应法则. 关于对应法则, 在定义中用 f 表示. 如果同时讨论几个不同函数, 应该用不同的字母表示不同的对应法则. 例如用 F, φ, g 等. 如果两个函数的定义域和对应法则相同, 尽管它们是用不同字母表示的, 但它们仍表示同一个函数. 关于定义域, 如果考虑的是实际问题, 应由问题的实际意义而定. 如例 1 中的定义域是 $D_f=[0,T]$. 如果不考虑函数的实际意义, 我们规定函数的定义域, 应是使函数算式有意义的自变量所能取的值的全体, 称之为自然定义域. 例如, $y=\sqrt{1-x^2}$ 的定义域是 $[-1,1]$, $y=\lg(x-1)$ 的定义域是 $(1,+\infty)$.

注记 (1) 根据函数的定义, 对于定义域中的每一 x 值, 函数仅有一个确定值与之对应. 有时为了讨论问题方便, 我们可以把定义放宽, 如果对于定义域内的任一 x 值, 函数的对应值有几个, 这时称函数为多值函数. 例如, 圆的方程 $x^2+y^2=1$, 对于 $x\in(-1,1)$, 可以确定 y 的对应值有两个, 即 $y=\pm\sqrt{1-x^2}$, 这是多值函数. 在遇到多值函数时, 总是分成几个单值函数, 称为单值支. 例如, $y=\pm\sqrt{1-x^2}$ 可以分成 $y=\sqrt{1-x^2}$ 和 $y=-\sqrt{1-x^2}$ 两个单值支. 今后, 如无特别说明, 所讨论的函数均指单值函数.

(2) 函数的定义域不能是空集.

(3) 如果所研究的变量多于两个, 则称所确定的函数为多元函数. 关于多元函数, 将在《大学数学 (二)》中研究.

函数的表示法有解析法、表格法、图标法等. 函数在不同的范围用不同的表达式称为分段函数, 分段函数是微积分讨论中一类重要的函数.

下面举几个常见的函数的例子.

例 2 常数 $y=c$ 可以看成是一个特殊的函数, 它的定义域 $D_f=(-\infty,+\infty)$, 值域是 $R_f=\{c\}$, 其图形是一条平行于 x 轴的直线 (图 1-1).

例 3 函数 $y=|x|=\begin{cases} x, & x\geqslant 0, \\ -x, & x<0 \end{cases}$ 的定义域 $D_f=(-\infty,+\infty)$, 值域是 $R_f=[0,+\infty)$, 它的图形如图 1-2 所示.

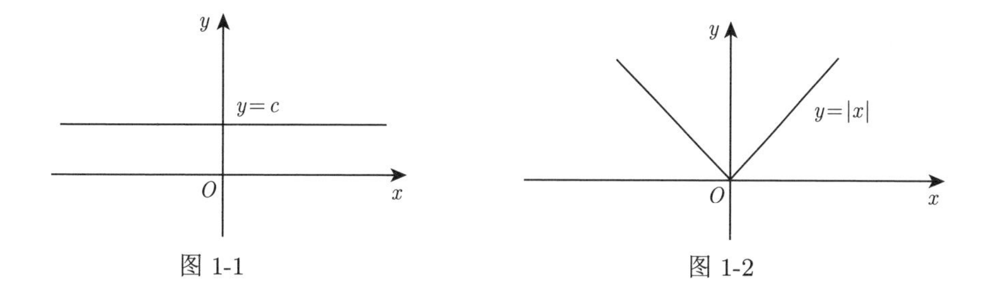

图 1-1　　图 1-2

例 4　函数 $y=\operatorname{sgn}x=\begin{cases}1, & x>0,\\ 0, & x=0,\\ -1, & x<0\end{cases}$ 称为符号函数, 它的定义域 $D_f=(-\infty,+\infty)$, 值域是 $R_f=\{-1,0,1\}$, 它的图形如图 1-3 所示.

例 5　函数 $y=[x]$ 称为取整函数, 其中 $[x]$ 表示不超过 x 的最大整数, 则有不等式: $x-1<[x]\leqslant x$, 显然, $D_f=(-\infty,+\infty)$, $R_f=\{0,\pm1,\pm2,\cdots\}$, 其函数图形为阶梯曲线, 如图 1-4 所示.

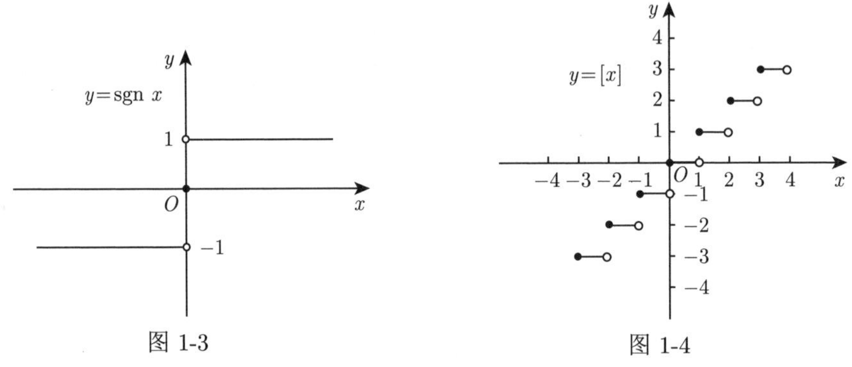

图 1-3　　图 1-4

例 6　求 $y=\dfrac{1}{1-x^2}+\sqrt{x+2}$ 的定义域.

解　若使函数有意义, x 必须满足

$$\begin{cases}1-x^2\neq 0,\\ x+2\geqslant 0.\end{cases}$$

解此不等式组, 得 $x\geqslant -2$ 和 $x\neq\pm1$. 函数的定义域 $D_f=[-2,-1)\cup(-1,1)\cup(1,+\infty)$.

例 7　判断函数 $f(x)$ 和 $\varphi(x)$ 是否表示同一个函数, 说明理由, 并指出在哪个区间上是相同的.

(1) $f(x)=x$, $\varphi(x)=\sqrt{x^2}$;

(2) $f(x)=x$, $\varphi(x)=\sqrt[3]{x^3}$;

(3) $f(x)=\dfrac{x^2-1}{x-1}$, $\varphi(x)=x+1$.

解　(1) 因为 $D_f=D_\varphi=(-\infty,+\infty)$, 但对应法则不同, 因为 $\varphi(x)=|x|$, 当 $x<0$ 时, $\varphi(x)=-x$, $f(x)=x$, 故不是同一个函数, 两个函数在 $[0,+\infty)$ 上是相同的.

(2) 因为 $D_f=D_\varphi=(-\infty,+\infty)$, 且对应法则相同, 即 $\varphi(x)=\sqrt[3]{x^3}=x=f(x)$, $x\in(-\infty,+\infty)$, 所以函数 $f(x)$ 和 $\varphi(x)$ 是相同的.

(3) 因为 $D_f=(-\infty,\ 1)\cup(1,\ +\infty), D_\varphi=(-\infty,\ +\infty)$, 定义域不同, 故不是同一个函数, 两个函数在 $(-\infty,\ 1)\cup(1,\ +\infty)$ 内是相同的.

1.1.3 函数的特性

1. 函数的有界性

如果存在正数 M, 使对一切 $x\in I$, 恒有不等式 $|f(x)|\leqslant M$ 成立, 其中 $I\subset D_f$, 则称 $y=f(x)$ 在 I 上有界; 否则, 称 $y=f(x)$ 在 I 上无界.

例如, 函数 $f(x)=\sin x$ 在 $(-\infty,+\infty)$ 内有界, 因为对任意 $x\in(-\infty,+\infty)$, 有 $|\sin x|\leqslant 1$. 又如 $f(x)=\dfrac{1}{x}$ 在 $(0,\ 1)$ 上是无界的, 但在 $(1,\ 2)$ 上是有界的. 因为对任意 $x\in(1,2)$, 有 $\left|\dfrac{1}{x}\right|\leqslant 1$. 但是在 $(0,1)$ 内, 无论 M 多么大, 在 $(0,1)$ 内总可以找到 $x_1=\dfrac{1}{2M}$, $f(x_1)=\dfrac{1}{x_1}=2M>M$.

例 8 证明函数 $f(x)=\dfrac{(1+x)^2}{1+x^2}$ 在 $(-\infty,+\infty)$ 内有界.

证明 在 $(-\infty,+\infty)$ 内, 由不等式: $1+x^2\geqslant 2|x|$, 得

$$|f(x)|=\left|1+\frac{2x}{1+x^2}\right|\leqslant 1+\frac{2|x|}{1+x^2}\leqslant 2,$$

所以函数 $f(x)$ 在 $(-\infty,+\infty)$ 内有界.

2. 函数的单调性

设函数 $f(x)$ 的定义域为 D_f, 区间 $I\subset D_f$. 如果对于区间 I 内任意两点 x_1,x_2, 当 $x_1<x_2$ 时, 恒有

$$f(x_1)<f(x_2)$$

成立, 则称 $f(x)$ 在区间 I 上是单调增加的; 如果对于区间 I 内任意两点 x_1, x_2, 当 $x_1<x_2$ 时, 恒有

$$f(x_1)>f(x_2)$$

成立, 则称 $f(x)$ 在区间 I 上是单调减少的. 单调增加和单调减少的函数统称为单调函数, I 称为单调区间.

例 9 确定下列函数 $f(x)=x^3$ 的单调性.

解 对于任取 x_1, $x_2\in(-\infty,+\infty)$, 当 $x_1<x_2$ 时, 如果 $x_1x_2\geqslant 0$, 则

$$\begin{aligned}f(x_2)-f(x_1)&=x_2^3-x_1^3=(x_2-x_1)(x_2^2+x_2x_1+x_1^2)\\&=(x_2-x_1)[(x_2-x_1)^2+3x_2x_1]>0;\end{aligned}$$

如果 $x_1x_2<0$, 则

$$\begin{aligned}f(x_2)-f(x_1)&=x_2^3-x_1^3=(x_2-x_1)(x_2^2+x_2x_1+x_1^2)\\&=(x_2-x_1)[(x_2+x_1)^2-x_2x_1]>0.\end{aligned}$$

所以函数 $f(x)$ 在 $(-\infty,+\infty)$ 内是单调增加的.

3. 函数的奇偶性

设函数 $f(x)$ 的定义域为 D_f, 是关于原点对称的, 如果对于任意 $x\in D_f$, 恒有

$$f(-x)=f(x),$$

则称 $f(x)$ 为偶函数; 如果对于任意 $x\in D_f$, 恒有

$$f(-x)=-f(x),$$

则称 $f(x)$ 为奇函数.

奇函数的图形对称于原点, 偶函数的图形对称于 y 轴.

例 10 判断函数 $f(x)=\dfrac{2x}{1+x^2}$ 在 $(-1,\ 2)$ 内是否为奇函数.

解 因为 $f(x)$ 的定义域 $(-1,\ 2)$ 不是关于原点对称, 所以 $f(x)$ 在 $(-1,\ 2)$ 内不是奇函数. 但是 $f(x)$ 在 $(-1,\ 1)$ 内是奇函数.

例 11 设 $f(x)$ 在 $(-l,l)$ 上有定义, 令

$$\varphi(x)=\frac{f(x)+f(-x)}{2},\quad \psi(x)=\frac{f(x)-f(-x)}{2},$$

证明 $\varphi(x)$ 为偶函数, $\psi(x)$ 为奇函数.

证明 因为当 $x\in(-l,l)$ 时, 有

$$\varphi(-x)=\frac{f(x)+f(-x)}{2}=\varphi(x),\quad \psi(-x)=\frac{f(-x)-f(x)}{2}=-\psi(x),$$

所以 $\varphi(x)$ 为偶函数, $\psi(x)$ 为奇函数.

4. 函数的周期性

如果存在常数 $l\neq 0$, 使得对任一 $x\in D_f$, 恒有

$$f(x+l)=f(x),$$

则称 $f(x)$ 为周期函数, 其中 l 称为周期. 通常, 我们说周期函数的周期是指最小正周期. 例如 $\sin x$ 和 $\cos x$ 的周期都是 2π.

例 12 问函数 $f(x)\equiv c$ 是否为周期函数?

解 对任意 $T\neq 0$, 有 $f(x+T)=f(x)$, $x\in\mathbb{R}$, 所以 $f(x)\equiv c$ 为周期函数.

注记 函数的这四个基本性质是微积分研究的主要性质, 这里的周期函数不一定要有最小的正周期; 函数的有界性的表达一定要说在哪里有界; 讨论函数的奇偶性要注意区间是否关于原点对称.

1.1.4 反函数及其图形

我们知道, 自由落体运动的路程 s 和时间 t 之间的关系是 $s=\dfrac{1}{2}gt^2$, 该函数的定义域 $D_f=[0,T]$, 值域是 $R_f=\left[0,\ \dfrac{1}{2}gT^2\right]$. 对于给定的时间 $t\in[0,T]$, 可求得路程 $s\in R_f$. 如果我们提出相反的问题, 若已知 $s\in R_f$, 求出时间 $t\in[0,T]$, 则 t 可确定为 s 的函数 $t=\sqrt{\dfrac{2s}{g}}$, 我们称它是 $s=\dfrac{1}{2}gt^2$ 的反函数. 一般地, 可以给出如下定义.

1. 反函数的定义

定义 2 设 $y=f(x)$ 的定义域为 D_f, 值域为 R_f, 其中 x 是自变量, y 是因变量. 如果对于任一个 $y\in R_f$, 只有一个 $x\in D_f$ 与之对应, 使得 $f(x)=y$, 则可确定 x 是 y 的函数, 该函数用 $x=\varphi(y)$ 表示, 称其为 $y=f(x)$ 的反函数. 习惯上总是用 x 表示自变量, y 表示因变量, 所以 $y=f(x)$ 的反函数又可记成 $y=\varphi(x)$.

显然, 若 $y=\varphi(x)$ 是 $y=f(x)$ 的反函数, 则 $y=f(x)$ 也是 $y=\varphi(x)$ 的反函数, 称为 $y=f^{-1}(x)$.

例 13 求 $y=\begin{cases}\sqrt{1-x^2}, & -1\leqslant x\leqslant 0,\\ \ln x, & 0<x<1\end{cases}$ 的反函数.

解 当 $-1\leqslant x\leqslant 0$ 时, $y=\sqrt{1-x^2}\in[0,1]$, 则 $x=-\sqrt{1-y^2}$, $y\in[0,1]$; 当 $0<x<1$ 时, $y=\ln x\in(-\infty,0)$, 则 $x=\mathrm{e}^y$, $y\in(-\infty,0)$, 所以函数 $y=\begin{cases}\sqrt{1-x^2}, & -1\leqslant x\leqslant 0,\\ \ln x, & 0<x<1\end{cases}$ 的反函数为 $y=\begin{cases}\mathrm{e}^x, & x<0,\\ -\sqrt{1-x^2}, & 0\leqslant x\leqslant 1.\end{cases}$

应当指出, 并不是任何一个函数都有反函数. 例如, 若 $y=x^2$ 的定义域为 $(-\infty,+\infty)$, 就没有反函数, 因为对于值域 $(0,+\infty)$ 内每个 y 值, 在 $(-\infty,+\infty)$ 中有两个 x 值与之对应, 即 $z=\pm\sqrt{y}$, 它已不是单值函数. 如前所述, 我们所定义的函数皆指单值函数. 如果 $y=x^2$ 的定义域限定为 $[0,+\infty)$, 则存在反函数 $x=\sqrt{y}$. 如果 $y=x^2$ 的定义域限定为 $(-\infty,0]$, 则存在反函数 $x=-\sqrt{y}$.

一般地, 若 $y=f(x)$ 在定义域 D_f 上为单调函数, 则它一定存在单值反函数. 事实上, 由单调性可知, 对于 $x_1, x_2\in D_f$, $x_1\neq x_2$, 必有 $f(x_1)\neq f(x_2)$. 所以, 对

任一 $y_0 \in R_f$ 不可能有两个 $x_1, x_2 \in D_f$, 使得 $f(x_1) = f(x_2) = y_0$, 否则将与单调性矛盾.

但是, 单调性并不是一个函数存在反函数的必要条件, 读者不难举出非单调函数存在反函数的实例, 作为思考题留给读者自己考虑.

2. 反函数图形

一般地, 我们有如下结论:

$y = f(x)$ 与反函数 $x = \varphi(y)$ 在同一直角坐标系中的图形是一个, 而 $y = f(x)$ 与 $y = \varphi(x)$ 的图形关于 $y = x$ 对称.

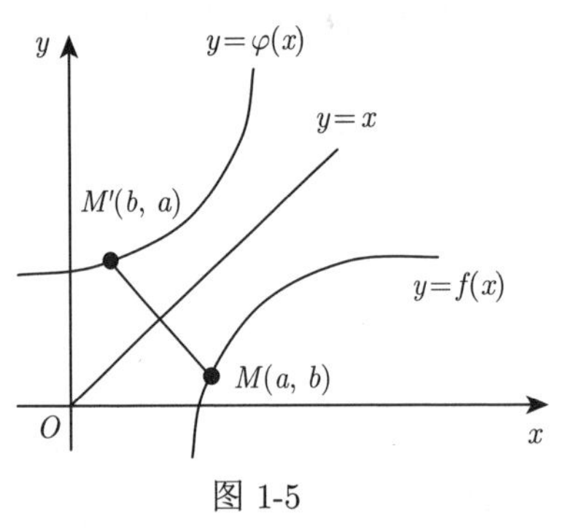

图 1-5

事实上, 如设 $M(a,b)$ 为 $y = f(x)$ 上一点, 即 $b = f(a)$, 于是 $a = \varphi(b)$. 用 x 表示自变量, y 表示因变量, 则 $M'(b,a)$ 为 $y = \varphi(x)$ 图形上一点. 反之, 若 $M'(b,a)$ 为 $y = \varphi(x)$ 图形上一点, 即 $a = \varphi(b)$. 于是, $M(a,b)$ 为 $x = \varphi(y)$ 上一点, 也就是 $M(a,b)$ 为 $y = f(x)$ 图形上一点. 因为 $M(a,b)$ 和 $M'(b,a)$ 两点是关于 $y = x$ 对称的, 所以 $y = f(x)$ 与 $y = \varphi(x)$ 的图形关于 $y = x$ 对称, 如图 1-5 所示.

1.1.5　复合函数

在某一研究过程中, 有时两个变量之间的函数关系不是直接给出, 而是通过某一中间变量把它们联系起来.

定义 3　设 y 是 u 的函数 $y = f(u)$, 而 u 是 x 的函数 $u = \varphi(x)$, 且当 $x \in I \subset D_\varphi$ 时, 有 $u = \varphi(x) \in D_f$, 因此有确定的 y 值与之对应, 从而确定了以 x 为自变量, y 为因变量的函数, 称为由 $y = f(u)$ 和 $u = \varphi(x)$ 复合而成的复合函数, 记作 $y = f[\varphi(x)]$, 其中 u 叫做中间变量.

由定义可知, 复合函数 $y = f[\varphi(x)]$ 的定义域是 $u = \varphi(x)$ 的定义域的一个子集, 但不能是空集, 否则将不构成复合函数. 还应注意的是, 一般来说复合函数 $y = f[\varphi(x)]$ 是与 $y = f(u)$ 和 $u = \varphi(x)$ 两个函数都不相同的新的函数.

复合函数也可以由两个以上的函数复合而成, 如 $y = f(u)$, $u = \varphi(v)$, $v = \psi(x)$, 如果它们能够复合成一个函数, 则复合函数为 $y = f\{\varphi[\psi(x)]\}$.

例 14　设 $y = f(u) = \sqrt{u}$, $u = \varphi(x) = 1 - x^2$, 则有复合函数 $y = f[\varphi(x)] = \sqrt{1 - x^2}$. 因为 $D_\varphi = (-\infty, +\infty)$, $R_\varphi = (-\infty,\ 1]$, $D_f = [0,\ +\infty)$, 所以 x 应满足 $0 \leqslant 1 - x^2$, 解得 $|x| \leqslant 1$, 故此复合函数的定义域为 $[-1,\ 1]$.

例 15　设 $f(x) = \begin{cases} \mathrm{e}^x, & x < 1, \\ x, & x \geqslant 1, \end{cases}$ 求 $f(f(x))$.

解 从 $\mathrm{e}^x < 1$ 得 $x < 0$, 则当 $x < 0$ 时, 有 $f(x) = \mathrm{e}^x < 1$, 从而 $f(f(x)) = \mathrm{e}^{\mathrm{e}^x}$; 当 $0 \leqslant x < 1$ 时, 有 $f(x) = \mathrm{e}^x \geqslant 1$, 从而 $f(f(x)) = \mathrm{e}^x$; 当 $x \geqslant 1$ 时, 有 $f(x) = x \geqslant 1$, 从而 $f(f(x)) = x$, 即

$$f(f(x)) = \begin{cases} \mathrm{e}^{\mathrm{e}^x}, & x < 0, \\ \mathrm{e}^x, & 0 \leqslant x < 1, \\ x, & x \geqslant 1. \end{cases}$$

1.1.6 基本初等函数与初等函数

1. 基本初等函数及其图形

在中学的数学课中, 曾介绍过基本初等函数, 下面只是进行一次总结, 着重从函数的角度来讨论它们的性质. 所谓基本初等函数是指以下五类函数:

幂函数 $y = x^\mu$(μ 为实数).

指数函数 $y = a^x$($a > 0$ 且 $a \neq 1$).

对数函数 $y = \log_a x$($a > 0$ 且 $a \neq 1$).

三角函数 $y = \sin x$, $y = \cos x$, $y = \tan x$, $y = \cot x$, $y = \sec x$, $y = \csc x$.

反三角函数 $y = \arcsin x, y = \arccos x, y = \arctan x, y = \operatorname{arccot} x$.

1) 幂函数 $y = x^\mu$(μ 为实数)

幂函数的定义域应视 μ 而定. 但无论 μ 取何值, 幂函数总是在 $(0, +\infty)$ 上有定义. 幂函数的图形一定通过 $(1, 1)$ 点. 当 $\mu > 0$ 时, $y = x^\mu$ 的图形称为 μ 次抛物线; 当 $\mu < 0$ 时, $y = x^\mu$ 的图形称为 $-\mu$ 次双曲线.

2) 指数函数 $y = a^x$($a > 0$ 且 $a \neq 1$)

指数函数的定义域为 $(-\infty, +\infty)$, 因为 $a^x > 0$, $a^0 = 1$, 所以指数函数的图形总在 x 轴上方, 其通过 $(0, 1)$ 点.

指数函数在定义域上是单调函数. 当 $a > 1$ 时, 指数函数 $y = a^x$ 是单调增加的, 并且由图形 1-6(a) 可见, 图形向左逐渐与 x 轴靠近, 以 x 轴为渐近线; 当 $0 < a < 1$ 时, 指数函数 $y = a^x$ 是单调减少的, 并且图形向右逐渐与 x 轴靠近, 以 x 轴为渐近线. 在图 1-6(a) 和 (b) 中分别画出了 $y = a^x(a > 1)$ 和 $y = a^x(0 < a < 1)$ 的图形.

在实际中常用以常数 $\mathrm{e} = 2.7182818\cdots$ 为底的指数函数 $y = \mathrm{e}^x$.

3) 对数函数 $y = \log_a x$ ($a > 0$ 且 $a \neq 1$)

对数函数的定义域是 $(0, +\infty)$, 它是指数函数 $y = a^x$ 的反函数. 对数函数的图形位于 y 轴的右方, 其通过 $(1, 0)$ 点.

对数函数在其定义域上是单调函数. 当 $a > 1$ 时, 对数函数在定义域上单调增加, 在 $(1, +\infty)$ 内函数值为正, 在 $(0, 1)$ 内函数值为负, 图形向左逐渐接近 y 轴

且以 y 轴为渐近线; 当 $0 < a < 1$ 时, 对数函数在定义域上单调减少, 在 $(0,1)$ 内函数值为正, 在 $(1,+\infty)$ 内函数值为负, 图形向左逐渐接近 y 轴且以 y 轴为渐近线. 图 1-7 在同一坐标系中画出了不同对数函数的图象.

在实际中经常用到以 e 为底的对数, 称为自然对数, 记作 $y = \ln x$.

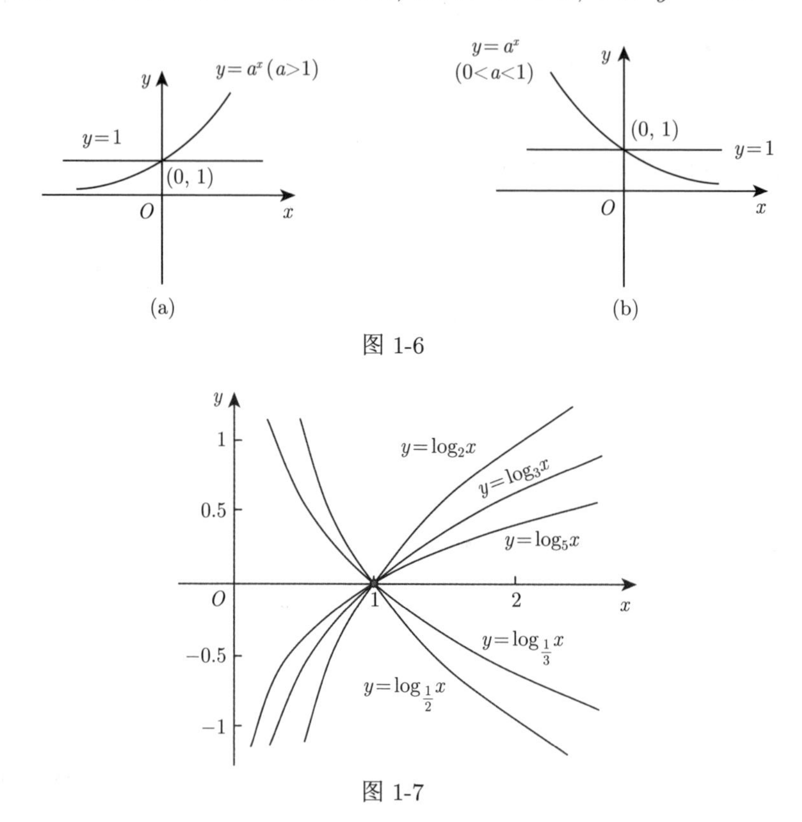

图 1-6

图 1-7

4) 三角函数

正弦函数 $y = \sin x$.

$y = \sin x$ 的定义域是 $(-\infty, +\infty)$, 值域是 $[-1, 1]$. 正弦函数是奇函数, 它是以 2π 为周期的周期函数, 在 $\left[-\dfrac{\pi}{2}, \dfrac{\pi}{2}\right]$ 上单调增加, 其图形如图 1-8 所示.

余弦函数 $y = \cos x$.

$y = \cos x$ 的定义域是 $(-\infty, +\infty)$, 值域是 $[-1, 1]$. 余弦函数是偶函数, 它是以 2π 为周期的周期函数, 在 $[0, \pi]$ 上单调减少, 其图形如图 1-9 所示.

正切函数 $y = \tan x$.

$y = \tan x$ 的定义域是 $D_f = \left\{x \;\middle|\; x \neq \dfrac{\pi}{2} + n\pi, n = 0, \pm1, \cdots\right\}$, 值域是 $(-\infty, +\infty)$. 正切函数是奇函数, 它是以 π 为周期的周期函数, 在 $\left(-\dfrac{\pi}{2}, \dfrac{\pi}{2}\right)$ 上单调增加,

其图形如图 1-10 所示.

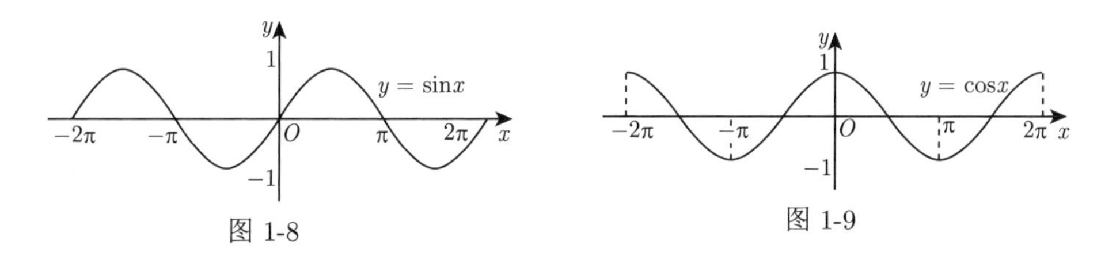

图 1-8　　图 1-9

余切函数 $y=\cot x$.

$y=\cot x$ 的定义域为 $D_f=\{x\,|x\neq n\pi\ (n=0,\pm1,\cdots)\}$, 值域是 $(-\infty,+\infty)$. 余切函数是奇函数, 它是以 π 为周期的周期函数, 在 $(0,\pi)$ 上单调减少, 其图形如图 1-11 所示.

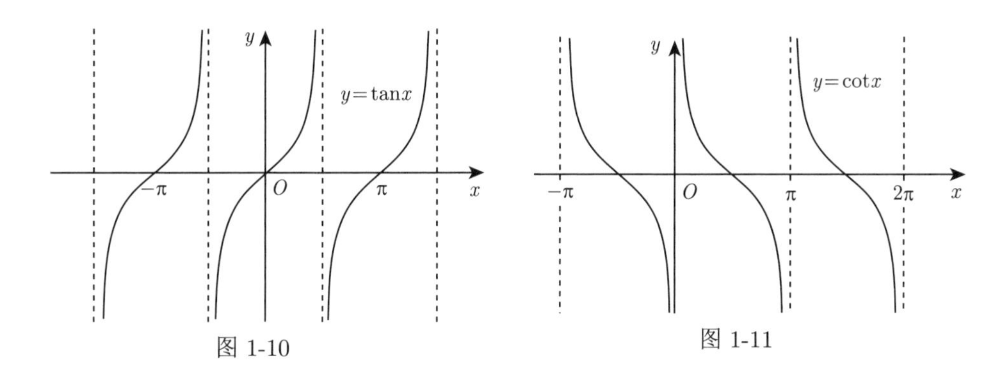

图 1-10　　图 1-11

关于正割函数和余割函数, 只给出它们的定义:

正割函数　$y=\sec x=\dfrac{1}{\cos x}$;

余割函数　$y=\csc x=\dfrac{1}{\sin x}$.

5) 反三角函数

反正弦函数 (主值) $y=\arcsin x$.

$y=\arcsin x$ 的定义域是 $[-1,1]$, 值域是 $\left[-\dfrac{\pi}{2},\dfrac{\pi}{2}\right]$, 它是奇函数, 在定义域上单调增加 (图 1-12).

反余弦函数 (主值) $y=\arccos x$.

$y=\arccos x$ 的定义域是 $[-1,1]$, 值域是 $[0,\pi]$, 在定义域上单调减少 (图 1-13).

反正切函数 (主值) $y=\arctan x$.

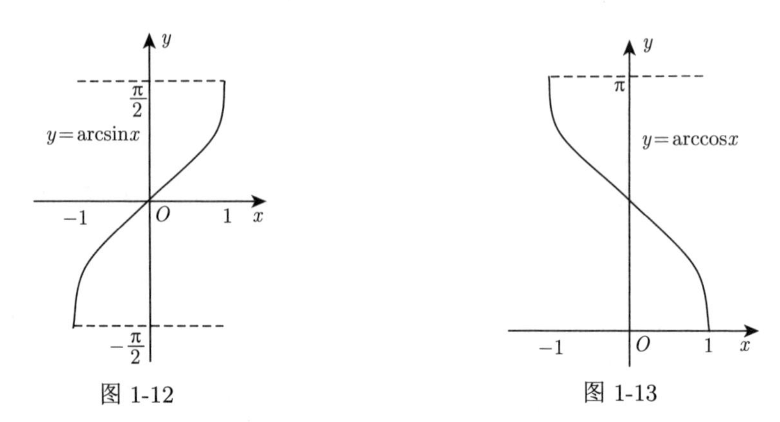

图 1-12　　图 1-13

$y=\arctan x$ 的定义域是 $(-\infty,+\infty)$, 值域是 $\left(-\dfrac{\pi}{2},\dfrac{\pi}{2}\right)$, 它是奇函数, 在定义域上单调增加 (图 1-14).

反余切函数 (主值)$y=\operatorname{arccot} x$.

$y=\operatorname{arccot} x$ 的定义域是 $(-\infty,+\infty)$, 值域是 $(0,\pi)$, 在定义域上单调减少 (图 1-15).

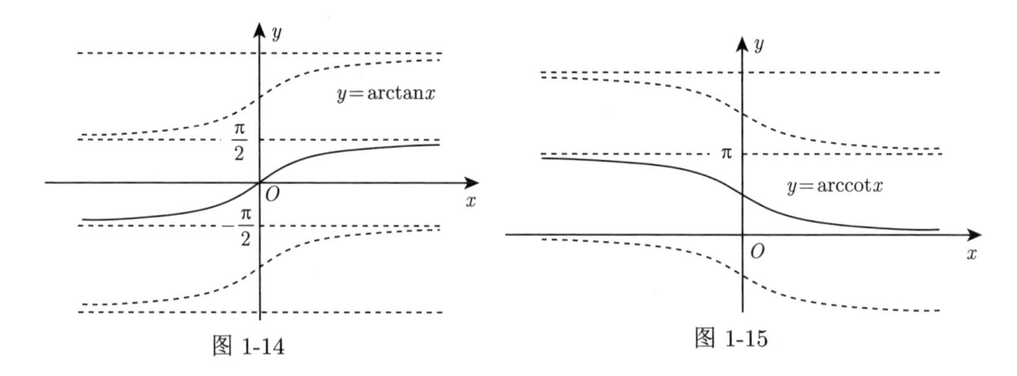

图 1-14　　图 1-15

2. *初等函数*

由基本初等函数和常数经过有限次四则运算和有限次复合运算所产生的并且用一个式子表示的函数, 称为初等函数. 例如

$$y=\sin^2(3x+1),\quad y=\frac{\ln x+\sqrt[3]{x}+2\tan x}{10^x-x+10}$$

都是初等函数, 而分段函数一般不是初等函数.

在初等函数中, 有一类函数称为简单函数, 即由常数和基本初等函数经过有限次四则运算而得到的函数, 例如

$$P(x)=a_0x^n+a_1x^{n-1}+\cdots+a_n$$

和

$$R(x)=\frac{a_0x^n+a_1x^{n-1}+\cdots+a_n}{b_0x^m+b_1x^{m-1}+\cdots+b_n}\quad(a_0\neq 0,b_0\neq 0)$$

就是简单函数, $P(x)$ 和 $R(x)$ 又特别称为有理函数 (多项式) 和有理分式函数.

以后经常要将一个函数分解为基本初等函数或简单函数, 这种分解在求复合函数的导数时非常重要, 请看下例.

例 16　下列函数由哪些基本初等函数或简单函数复合得到:

(1) $y=\sqrt{1+\sin^2 x}$;　　(2) $y=2^{\sin^2\frac{1}{x}}$.

解　(1) 函数 $y=\sqrt{1+\sin^2 x}$ 由 $y=\sqrt{u},u=1+v^2,v=\sin x$ 复合得到.

(2) 函数 $y=2^{\sin^2\frac{1}{x}}$ 由 $y=2^u$, $u=v^2$, $v=\sin t$, $t=\dfrac{1}{x}$ 复合得到.

1.1.7　双曲函数

双曲函数是工程上常用的一种初等函数, 它是由指数函数 e^x 和 e^{-x} 构成的.

1. 双曲函数的定义

双曲正弦 $y=\sinh x=\dfrac{\mathrm{e}^x-\mathrm{e}^{-x}}{2}$;

双曲余弦 $y=\cosh x=\dfrac{\mathrm{e}^x+\mathrm{e}^{-x}}{2}$;

双曲正切 $y=\tanh x=\dfrac{\sinh x}{\cosh x}=\dfrac{\mathrm{e}^x-\mathrm{e}^{-x}}{\mathrm{e}^x+\mathrm{e}^{-x}}$.

2. 双曲函数的性质

(1) $y=\sinh x$ 的定义域为 $(-\infty,+\infty)$, 值域是 $(-\infty,+\infty)$, 它是奇函数, 其图形关于原点对称, 在 $(-\infty,+\infty)$ 上单调增加. 当 $|x|$ 很大时, 它的图形在第一象限接近于曲线 $y=\dfrac{1}{2}\mathrm{e}^x$, 在第三象限接近于曲线 $y=-\dfrac{1}{2}\mathrm{e}^{-x}$.

(2) $y=\cosh x$ 的定义域为 $(-\infty,+\infty)$, 值域是 $[1,+\infty)$, 它是偶函数, 其图形对称于 y 轴, 在 $(-\infty,0)$ 上单调减少, 在 $(0,+\infty)$ 上单调增加. 当 $|x|$ 很大时, 它的图形在第一象限接近于曲线 $y=\dfrac{1}{2}\mathrm{e}^x$, 在第二象限接近于曲线 $y=\dfrac{1}{2}\mathrm{e}^{-x}$. $y=\sinh x$ 与 $y=\cosh x$ 的图象见图 1-16.

(3) $y=\tanh x$ 的定义域为 $(-\infty,+\infty)$, 值域是 $(-1,1)$, 它是奇函数, 其图形关于原点对称, 在 $(-\infty,\infty)$ 上单调增加, 其图形夹在 $y=-1$ 与 $y=1$ 之间. 当 $|x|$ 很大时, 它的图形在第一象限接近于直线 $y=1$, 在第三象限接近于直线 $y=-1$(图 1-17).

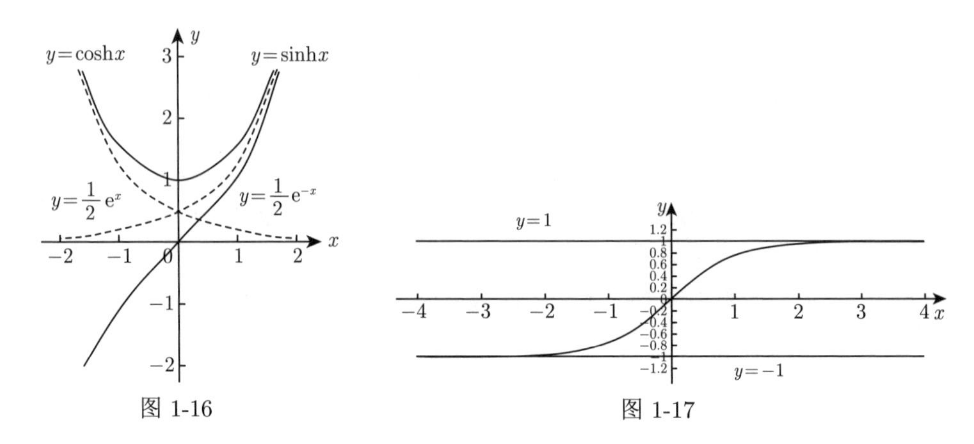

图 1-16 图 1-17

3. 双曲函数公式

根据双曲函数的定义, 可证明下列公式:

$$\sinh(x \pm y) = \sinh x \cosh y \pm \cosh x \sinh y;$$

$$\cosh(x \pm y) = \cosh x \cosh y \pm \sinh x \sinh y;$$

$$\cosh^2 x - \sinh^2 x = 1;$$

$$\sinh 2x = 2 \sinh x \cosh x, \quad \cosh 2x = \cosh^2 x + \sinh^2 x.$$

双曲函数与三角函数有很多相似之处, 重要的区别是双曲函数都不是周期函数, 而三角函数都是周期函数.

4. 反双曲函数

双曲函数 $y = \sinh x$, $y = \cosh x, y = \tanh x$ 的反函数分别记为反双曲正弦 $y = \operatorname{arsinh} x$; 反双曲余弦 $y = \operatorname{arcosh} x$; 反双曲正切 $y = \operatorname{artanh} x$.

反双曲函数可通过自然对数表示出来, 具体表达式为

$$y = \operatorname{arsinh} x = \ln(x + \sqrt{x^2 + 1}),$$

$$y = \operatorname{arcosh} x = \ln(x + \sqrt{x^2 - 1}) \text{ (主值)}, \qquad x \geqslant 1,$$

$$y = \operatorname{artanh} x = \frac{1}{2} \ln \frac{1 + x}{1 - x}, \qquad -1 < x < 1.$$

下面仅以反双曲正弦为例, 讨论如下:

$$y = \operatorname{arsinh} x, \quad \text{且} \quad x = \sinh y = \frac{e^y - e^{-y}}{2},$$

化简后得

$$e^{2y} - 2xe^y - 1 = 0,$$

解出

$$e^y = \frac{2x \pm \sqrt{4x^2+4}}{2} = x \pm \sqrt{x^2+1}.$$

因为 $e^y > 0$, 所以上式取正号, 即

$$e^y = x + \sqrt{x^2+1},$$

故

$$y = \ln(x + \sqrt{x^2+1}).$$

根据反函数图形与直接函数图形的关系, 我们不难通过双曲函数的图形, 关于 $y = x$ 对称得到反双曲函数的图形, 这里留给读者自己去画.

习 题 1.1

1. 判别下列函数是否表示同一个函数, 并说明理由:

(1) $f(x) = x + 1, \varphi(x) = \dfrac{x^2+3x+2}{x+2}$;

(2) $f(x) = \sqrt[4]{x^4}, \varphi(x) = x$;

(3) $f(x) = \sin^2 x + \cos^2 x, \varphi(x) = 1$.

2. 判断下列函数, 哪些是奇函数, 哪些是偶函数, 哪些是非奇非偶的函数:

(1) $y = x\sin x + 1$; (2) $y = 3x^2 - x^3$;

(3) $y = \ln\dfrac{2-x}{2+x}$; (4) $y = x\dfrac{2^x-1}{2^x+1}$;

(5) $y = \ln(x + \sqrt{x^2+1})$; (6) $y = \sin x + xe^x$.

3. 判断下列函数在指定区间上的单调性:

(1) $y = x^2, \quad (0, 6)$; (2) $y = x^2, \quad (-6, 6)$.

4. 下列函数哪些是周期函数？对于周期函数指出其周期:

(1) $y = \sin x \cos x$; (2) $y = \cos^2 x - \sin^2 x$;

(3) $y = x + \cos x$.

5. 如果 $f(x)$ 在 I 上满足不等式 $f(x) \leqslant M$, 其中 M 是与 x 无关的常数, 那么称 $f(x)$ 在 I 上上方有界; 如果满足不等式 $f(x) \geqslant m$, 其中 m 是与 x 无关的常数, 那么称 $f(x)$ 在 I 上下方有界. 试说明: 若 $f(x)$ 在 I 上有界, 则 $f(x)$ 在 I 上既上方有界又下方有界. 反之也是成立的.

6. 求函数 $f(x) = \begin{cases} e^x, & x \geqslant 0, \\ \dfrac{1}{x}, & x < 0 \end{cases}$ 的反函数.

7. 设函数 $f(x) = \begin{cases} 1, & 0 \leqslant x \leqslant 1, \\ x, & 1 < x \leqslant 2, \end{cases}$ 求函数 $f(x-3)$ 的表达式和定义域.

8. 设函数 $f(x)=\begin{cases} e^x, & x<1, \\ x, & x\geqslant 1, \end{cases}$ $\varphi(x)=\begin{cases} x+2, & x<0, \\ -1, & x\geqslant 0, \end{cases}$ 求 $f(\varphi(x))$ 的表达式.

9. 设 a 为常数, 函数 $f(x)$ 的定义域为 $[0,\ 1]$, 求函数 $f(x+a)+f(x-a)$ 的定义域.

10. 设函数 $f(x)$ 满足 $f\left(x+\dfrac{1}{x}\right)=x^3+\dfrac{1}{x^3}$, 求 $f(x)$ 的表达式.

1.2　数列的极限

1.2.1　数列的概念

如果函数 $y=f(n)$ 定义在正整数集 $\mathbb{Z}^+$ 上, 则它的函数值就是一串有序的数, 即

$$f(1),\ f(2),\ \cdots,\ f(n),\ \cdots$$

称为数列, 记作 $\{a_n\}_{n=1}^{\infty}$, 其中 $a_n=f(n)$. 数列中的第 n 项 a_n 称为一般项或通项.

例 1　写出下列数列的一般项:

(1) $\dfrac{1}{2},\dfrac{1}{4},\dfrac{1}{8},\cdots$;　　(2) $2,\dfrac{1}{2},\dfrac{4}{3},\dfrac{3}{4},\cdots$;

(3) $2,4,8,\cdots$;　　(4) $1,-1,1,-1,\cdots$.

解　(1) $a_n=\dfrac{1}{2^n}$. (2) $a_n=\dfrac{1}{2}\left[1+(-1)^{n-1}\right]$. (3) $a_n=2^n$. (4) $a_n=(-1)^{n-1}$.

在几何上, 数列 $\{a_n\}_{n=1}^{\infty}$ 可以看作数轴上一个动点, 它依次取数轴上的点 $a_1,a_2,\cdots,a_n,\cdots$(图 1-18).

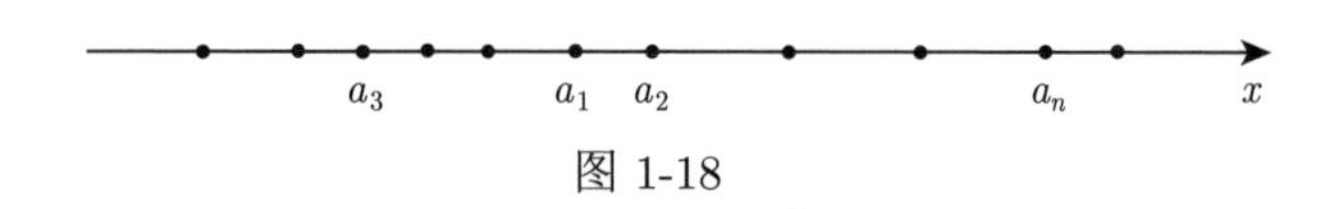

图 1-18

1. 数列的有界性

如果存在正数 M, 使得对一切 a_n, 恒有

$$|a_n|\leqslant M,$$

则称数列 $\{a_n\}_{n=1}^{\infty}$ 是有界的; 否则称数列 $\{a_n\}_{n=1}^{\infty}$ 是无界的. 在数轴上, 有界数列的点都落入区间 $[-M,M]$ 上.

2. 数列的单调性

如果数列 $\{a_n\}_{n=1}^{\infty}$ 满足

$$a_1\leqslant a_2\leqslant a_3\leqslant\cdots\leqslant a_n\leqslant\cdots,$$

则称数列 $\{a_n\}_{n=1}^{\infty}$ 是单调增加的数列; 如果数列 $\{a_n\}$ 满足

$$a_1 \geqslant a_2 \geqslant a_3 \geqslant \cdots \geqslant a_n \geqslant \cdots ,$$

则称数列 $\{a_n\}_{n=1}^{\infty}$ 是单调减少的数列. 单调增加的数列和单调减少的数列统称为单调数列.

1.2.2 数列极限的定义

先考察数列 $\left\{\dfrac{n+(-1)^n}{n}\right\}_{n=1}^{\infty}$ 当 n 无限增大时变化的趋势. 记 $a_n = \dfrac{n+(-1)^n}{n}$, 则 $|a_n - 1| = \dfrac{1}{n}$.

表 1-1

n	a_n	$\|a_n - 1\|$	n	a_n	$\|a_n - 1\|$
10	1.1	0.1	100	1.01	0.01
20	1.05	0.05	500	1.002	0.002
40	1.025	0.025	1000	1.001	0.001
80	1.0125	0.0125	10000	1.0001	0.0001

从表 1-1 观察得到: 当 n 越来越大时, a_n 越来越靠近 1. 我们称 1 为数列 $\{a_n\}_{n=1}^{\infty}$ 当 n 无限增大时的极限. 直观判断往往会产生错误, 如何用数学语言来精确描述？我们给出数列的极限定义如下.

定义 1 如果对于任意给定的正数 ε, 总有正整数 N, 使得当 $n > N$ 时, 不等式

$$|a_n - A| < \varepsilon$$

恒成立, 则称常数 A 为数列 $\{a_n\}_{n=1}^{\infty}$ 当 $n \to \infty$ 时的极限, 或者说数列 $\{a_n\}_{n=1}^{\infty}$ 当 $n \to \infty$ 收敛于 A, 记作 $\lim\limits_{n\to\infty} a_n = A$ 或 $a_n \to A\ (n \to \infty)$.

如果数列 $\{a_n\}_{n=1}^{\infty}$ 没有极限, 则称数列 $\{a_n\}_{n=1}^{\infty}$ 是发散的.

注记 在数列极限的定义中, ε 是任意给定的正数, 它刻画 a_n 靠近 A 的程度. 这里正整数 N 是依赖于任意给定的正数 ε, 一般地, ε 越小 N 越大, 但是 N 不是唯一的.

下面给出数列极限的几何解释:

将数列 $\{a_n\}_{n=1}^{\infty}$ 和极限 A 在数轴上的对应点表示出来, 给定正数 ε 后, 在数轴上作出点 A 的 ε 邻域 $(A-\varepsilon, A+\varepsilon)$ (图 1-19).

因为不等式 $|a_n - A| < \varepsilon$ 与不等式 $A - \varepsilon < a_n < A + \varepsilon$ 等价, 所以当 $n > N$ 时, 所有点 a_n 都落在开区间 $(A-\varepsilon, A+\varepsilon)$ 内, 而数列中只有有限项在该区间之外.

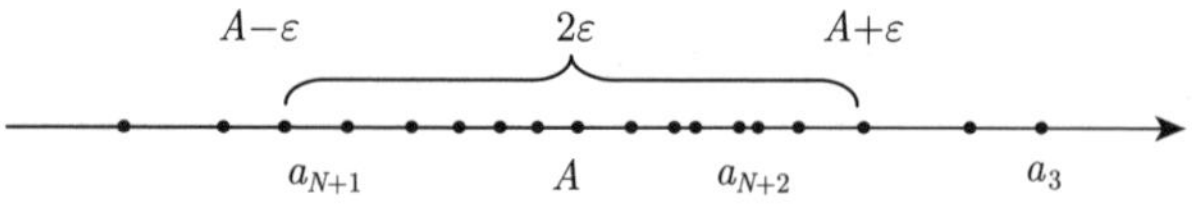

图 1-19

下面举几个例子, 以熟悉数列极限的定义.

例 2 设 c 为常数, 用极限的定义证明 $\lim\limits_{n\to\infty} c = c$.

证明 对于任意给定 $\varepsilon > 0$, 由于 $|c-c| = 0 < \varepsilon$, 取 $N=1$ (可任取一个正整数 N), 则当 $n > N$ 时, 有 $|c-c| = 0 < \varepsilon$ 成立, 所以 $\lim\limits_{n\to\infty} c = c$.

例 3 证明数列

$$2, \frac{1}{2}, \frac{4}{3}, \frac{3}{4}, \cdots, \frac{n+(-1)^{n-1}}{n}, \cdots$$

的极限是 1.

证明 记 $a_n = \dfrac{n+(-1)^{n-1}}{n}$, 由于 $|a_n - 1| = \dfrac{1}{n}$, 对于任意给定 $\varepsilon > 0$, 要使不等式 $|a_n - 1| < \varepsilon$ 成立, 即不等式 $n > \dfrac{1}{\varepsilon}$ 成立. 取正整数 $N = \left[\dfrac{1}{\varepsilon}\right] + 1$, 则当 $n > N$ 时, 有 $n > \left[\dfrac{1}{\varepsilon}\right] + 1 > \dfrac{1}{\varepsilon}$, 所以当 $n > N$ 时, 恒有 $|a_n - 1| < \varepsilon$ 成立, 故

$$\lim_{n\to\infty} \frac{n+(-1)^{n-1}}{n} = 1.$$

例 4 设 $0 < |q| < 1$, 用极限的定义证明 $\lim\limits_{n\to\infty} q^n = 0$.

证明 对于任意给定 $\varepsilon > 0$, 为了使 $|q^n - 0| = |q|^n < \varepsilon$ 成立, 即 $n \ln|q| < \ln\varepsilon$ 成立, 注意到 $\ln|q| < 0$, 得 $n > \dfrac{\ln\varepsilon}{\ln|q|}$. 取正整数 $N = \begin{cases} \left[\dfrac{\ln\varepsilon}{\ln|q|}\right] + 1, & 0 < \varepsilon < 1, \\ 1, & \varepsilon \geqslant 1, \end{cases}$ 则当 $n > N$, 且 $0 < \varepsilon < 1$ 时, 有

$$n > N = \left[\frac{\ln\varepsilon}{\ln|q|}\right] + 1 > \frac{\ln\varepsilon}{\ln|q|},$$

而当 $n > N$, 且 $\varepsilon \geqslant 1$ 时, 有

$$n > N = 1 > 0 \geqslant \frac{\ln\varepsilon}{\ln|q|},$$

所以当 $n > N$ 时, 恒有 $|q^n - 0| < \varepsilon$ 成立, 故 $\lim\limits_{n\to\infty} q^n = 0$.

例 5 用极限的定义证明 $\lim\limits_{n\to\infty} \dfrac{\sin(n!)}{n} = 0$.

证明 因为 $\left|\dfrac{\sin(n!)}{n} - 0\right| \leqslant \dfrac{1}{n}$, 对于任意给定 $\varepsilon > 0$, 为了使 $\left|\dfrac{\sin(n!)}{n} - 0\right| < \varepsilon$ 成立, 只要 $\dfrac{1}{n} < \varepsilon$ 成立, 即 $n > \dfrac{1}{\varepsilon}$ 成立. 取正整数 $N = \left[\dfrac{1}{\varepsilon}\right] + 1$, 则当 $n > N$ 时, 有 $n > \left[\dfrac{1}{\varepsilon}\right] + 1 > \dfrac{1}{\varepsilon}$, 所以当 $n > N$ 时, 恒有 $\left|\dfrac{\sin(n!)}{n} - 0\right| < \varepsilon$ 成立, 故 $\lim\limits_{n\to\infty} \dfrac{\sin(n!)}{n} = 0$.

1.2.3 数列极限的性质

定理 1 (收敛数列的有界性) 如果数列 $\{a_n\}_{n=1}^{\infty}$ 收敛, 则数列 $\{a_n\}_{n=1}^{\infty}$ 一定有界.

证明 设 $\lim\limits_{n\to\infty} a_n = A$, 由极限的定义, 对于正数 $\varepsilon = 1$, 存在正整数 N, 使得当 $n > N$ 时, 有 $|a_n - A| < \varepsilon$ 恒成立. 于是, 当 $n > N$ 时, 有

$$|a_n| = |a_n - A + A| \leqslant |a_n - A| + |A| < 1 + |A|,$$

取 $M = \max\{|a_1|, |a_2|, \cdots, |a_N|, 1 + |A|\}$, 则对所有的 a_n 都满足不等式 $|a_n| \leqslant M$, 这就证明了收敛数列的有界性.

定理 1 的逆定理是不成立的, 即有界数列不一定收敛. 例如, 数列 $\{(-1)^n\}_{n=1}^{\infty}$ 有界, 但它是发散的 (见例 6 的证明). 然而我们却由定理可知, 无界数列一定是发散的.

总之, 数列有界是数列收敛的必要条件, 但不是充分条件.

定理 2 (收敛数列极限的唯一性) 若数列 $\{a_n\}_{n=1}^{\infty}$ 有极限, 则其极限是唯一的.

证明 (反证法) 设 $\lim\limits_{n\to\infty} a_n = A$, $\lim\limits_{n\to\infty} a_n = B$, $A \neq B$. 对于 $\varepsilon = \dfrac{|A - B|}{2} > 0$, 因为 $\lim\limits_{n\to\infty} a_n = A$, 所以存在正整数 N_1, 当 $n > N_1$ 时, 不等式 $|a_n - A| < \varepsilon$ 恒成立. 又因 $\lim\limits_{n\to\infty} a_n = B$, 故存在正整数 N_2, 当 $n > N_2$ 时, 不等式 $|a_n - B| < \varepsilon$ 恒成立. 取 $N = \max\{N_1, N_2\}$, 则当 $n > N$ 时, 有

$$\begin{aligned} |A - B| &= |A - a_n + a_n - B| \leqslant |A - a_n| + |a_n - B| < \varepsilon + \varepsilon \\ &= \frac{|A - B|}{2} + \frac{|A - B|}{2} = |A - B|. \end{aligned}$$

矛盾. 这就证明了本定理的断言.

定理 3 (收敛数列的保号性) 若 $\lim\limits_{n\to\infty} a_n = A$, 且 $A > 0$ (或 $A < 0$), 则存在正整数 N, 当 $n > N$ 时, 都有 $a_n > 0$ (或 $a_n < 0$).

证明 以 $A > 0$ 的情形为例证明. 由数列极限定义, 对 $\varepsilon = \dfrac{A}{2} > 0$, 存在正整数 N, 当 $n > N$ 时, 有 $|a_n - A| < \dfrac{A}{2}$, 从而 $a_n > A - \dfrac{A}{2} = \dfrac{A}{2} > 0$.

定理 4 (不等式取极限) 若 $\lim\limits_{n\to\infty} a_n = A$, $\lim\limits_{n\to\infty} b_n = B$, 且 $A > B$, 则存在一个正整数 N, 当 $n > N$ 时, 不等式 $a_n > b_n$ 恒成立. 反之, 若存在正整数 N, 当 $n > N$ 时, 不等式 $a_n > b_n$ 恒成立, 且有 $\lim\limits_{n\to\infty} a_n = A$, $\lim\limits_{n\to\infty} b_n = B$, 则有 $A \geqslant B$.

定理的前一部分证明和定理 3 的证明是类似的, 这里省略了. 定理后一部分证明可用反证法及前一部分的结论而得到.

下面介绍数列的子列的概念与性质.

从数列 $\{a_n\}_{n=1}^{\infty}$ 中选取无穷多项, 按照下标由小到大排成一列, 记作

$$a_{n_1},\ a_{n_2},\ \cdots,\ a_{n_k},\ \cdots$$

称数列 $\{a_{n_k}\}_{k=1}^{\infty}$ 为数列 $\{a_n\}_{n=1}^{\infty}$ 的子列, 其中 $n_1 < n_2 < \cdots < n_k < \cdots$, 则 $n_k \geqslant k$.

定理 5 如果数列 $\{a_n\}_{n=1}^{\infty}$ 收敛于 A, 则它的任一子列 $\{a_{n_k}\}_{k=1}^{\infty}$ 也收敛于 A.

证明 对于任意给定的 $\varepsilon > 0$, 由于 $\lim\limits_{n\to\infty} a_n = A$, 则存在正整数 N, 当 $n > N$ 时, 有 $|a_n - A| < \varepsilon$, 根据 $n_k \geqslant k$, 当 $k > N$ 时, 有 $n_k \geqslant k > N$, 所以 $|a_{n_k} - A| < \varepsilon$, 即数列 $\{a_{n_k}\}_{k=1}^{\infty}$ 也收敛于 A.

例 6 证明数列 $\{(-1)^n\}_{n=1}^{\infty}$ 是发散的.

证明 (反证法) 如果数列 $\{(-1)^n\}_{n=1}^{\infty}$ 收敛于 A, 则由定理 5 得到: 子列 $\{(-1)^{2n}\}_{n=1}^{\infty}$ 和 $\{(-1)^{2n-1}\}_{n=1}^{\infty}$ 都收敛于 A, 即

$$\lim_{n\to\infty} (-1)^{2n} = \lim_{n\to\infty} (-1)^{2n-1} = A,$$

但是 $\lim\limits_{n\to\infty} (-1)^{2n} = 1$, $\lim\limits_{n\to\infty} (-1)^{2n-1} = -1$ 矛盾, 所以数列 $\{(-1)^n\}_{n=1}^{\infty}$ 是发散的.

习 题 1.2

1. 观察下列数列的变化趋势, 如果数列是收敛的, 写出它们的极限:

(1) $a_n = \dfrac{1}{2^n}$;　　(2) $a_n = 1 + \dfrac{1}{n^2}$;

(3) $a_n = (-1)^n n$;　　(4) $a_n = 2(-1)^n + 1$.

2. 用极限的定义证明:

(1) $\lim\limits_{n\to\infty}\dfrac{n+1}{2n+1}=\dfrac{1}{2}$;

(2) $\lim\limits_{n\to\infty}\dfrac{n^2-4}{n^2+1}=1$;

(3) $\lim\limits_{n\to\infty}\dfrac{\cos(2n)}{n+1}=0$;

(4) $\lim\limits_{n\to\infty}\dfrac{\sqrt{n^2+n}}{n}=1$.

3. 如果 $\lim\limits_{n\to\infty}a_n=a$, 证明: $\lim\limits_{n\to\infty}|a_n|=|a|$, 但是反之不成立, 请举例说明.

4. 设 $\{a_n\}_{n=1}^{\infty}$ 为有界数列, 如果 $\lim\limits_{n\to\infty}b_n=0$, 证明: $\lim\limits_{n\to\infty}a_nb_n=0$.

5. 证明: $\lim\limits_{n\to\infty}a_n=a$ 当且仅当 $\lim\limits_{n\to\infty}a_{2n}=a$, 且 $\lim\limits_{n\to\infty}a_{2n-1}=a$.

1.3 函数的极限

1.2 节我们讨论了数列的极限, 也就是在正整数集上的函数 $f(n)$ 当 $n\to\infty$ 时的极限. 在这一节中, 我们考虑函数的极限, 分两种情形讨论: ①自变量绝对值无限增大时函数的极限; ②自变量趋向于有限值时函数的极限.

1.3.1 自变量趋近于无穷大时函数的极限

当 $|x|$ 无限增大时, 分成三种情况: $x\to+\infty, x\to-\infty, x\to\infty$.

首先, 我们介绍当 $x\to+\infty$ 时函数 $f(x)$ 的极限. 这种情形与当 $n\to\infty$ 时 $f(n)$ 的极限十分相似, 所不同的是数列 $f(n)$ 的自变量只能取正整数, 而函数 $f(x)$ 的自变量 x 可以取任何正实数连续的变化, 下面给出定义.

定义 1 设 A 和 a 均为常数, 函数 $f(x)$ 在 $(a,+\infty)$ 内有定义. 如果对任意给定的正数 ε, 存在正数 X $(X>a)$, 使当 $x>X$ 时, 恒有 $|f(x)-A|<\varepsilon$ 成立, 则称 A 为 $f(x)$ 当 $x\to+\infty$ 时的极限, 记作

$$\lim_{x\to+\infty}f(x)=A \quad 或 \quad f(x)\to A\ (x\to+\infty).$$

例 1 用函数极限的定义证明 $\lim\limits_{x\to+\infty}\dfrac{2}{\sqrt{x}}=0$.

证明 对于任意给定的 $\varepsilon>0$, 要使 $\left|\dfrac{2}{\sqrt{x}}-0\right|=\dfrac{2}{\sqrt{x}}<\varepsilon$ 成立, 只要 $\sqrt{x}>\dfrac{2}{\varepsilon}$ 成立, 即 $x>\dfrac{4}{\varepsilon^2}$. 取 $X=\dfrac{4}{\varepsilon^2}$, 则当 $x>X$ 时, 恒有 $\left|\dfrac{2}{\sqrt{x}}-0\right|<\varepsilon$ 成立, 故 $\lim\limits_{x\to+\infty}\dfrac{2}{\sqrt{x}}=0$.

注记 当 $x\to+\infty$ 时函数 $f(x)$ 的极限与当 $n\to\infty$ 时数列 $\{f(n)\}_{n=1}^{\infty}$ 的极限的证明有点不同, 由于这里 X 是正数, 因此 X 的取法不必通过取整得到.

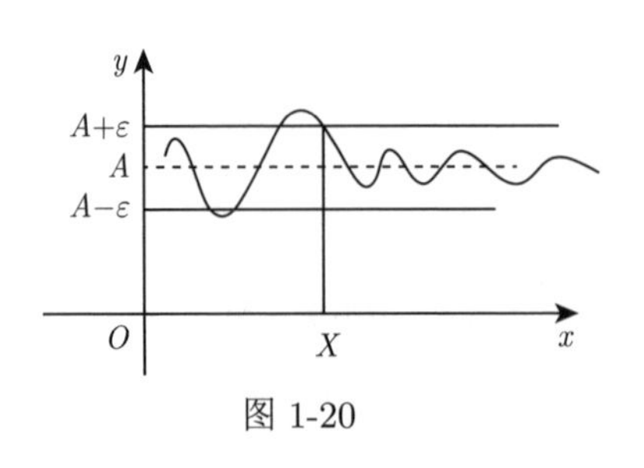

图 1-20

极限 $\lim\limits_{x\to+\infty} f(x)=A$ 的几何意义是: 对于任意给定的 $\varepsilon>0$, 作两条平行线 $y=A-\varepsilon$ 和 $y=A+\varepsilon$, 总存在一个正数 X, 使当 $x>X$ 时, 函数 $f(x)$ 的图形全部落在两条平行线之间 (图 1-20).

类似地可定义 $x\to-\infty$ 和 $x\to\infty$ 时函数的极限.

定义 2　设 A 和 a 均为常数, 函数 $f(x)$ 在 $(-\infty,\ a)$ 内有定义. 如果对于任意给定的 $\varepsilon>0$, 存在正数 X $(-X<a)$, 使当 $x<-X$ 时, 恒有 $|f(x)-A|<\varepsilon$ 成立, 则称当 $x\to-\infty$ 时, $f(x)$ 以 A 为极限, 记作

$$\lim_{x\to-\infty} f(x)=A \quad 或 \quad f(x)\to A\ (x\to-\infty).$$

定义 3　设 A 和 a 均为常数, 函数 $f(x)$ 在 $(-\infty,\ -a)\cup(a,\ +\infty)$ 内有定义, 其中 $a>0$. 如果对任意给定的 $\varepsilon>0$, 存在正数 $X(X>a)$, 使当 $|x|>X$ 时, 恒有 $|f(x)-A|<\varepsilon$ 成立, 则称当 $x\to\infty$ 时, $f(x)$ 以 A 为极限, 记作

$$\lim_{x\to\infty} f(x)=A \quad 或 \quad f(x)\to A\ (x\to\infty).$$

极限 $\lim\limits_{x\to\infty} f(x)=A$ 的几何解释如下:

对于任意给定的 $\varepsilon>0$, 作两条平行线 $y=A-\varepsilon$ 和 $y=A+\varepsilon$, 总有一个正数 X 存在, 使当 $x\in(-\infty,-X)\cup(X,+\infty)$ 时, 函数 $y=f(x)$ 的图形全部落在两条平行线之间 (图 1-21).

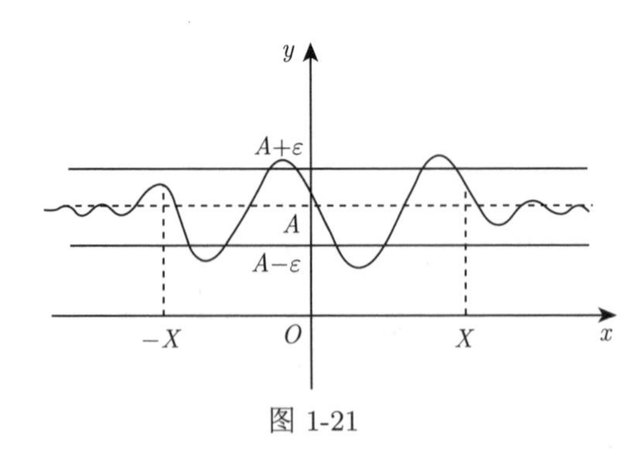

图 1-21

对 $\lim\limits_{x\to-\infty} f(x)=A$ 亦可作类似的几何解释.

例 2　用函数极限的定义证明 $\lim\limits_{x\to\infty}\dfrac{x+2}{x}=1$.

证明 对任意给定的 $\varepsilon>0$, 要使 $\left|\dfrac{x+2}{x}-1\right|=\dfrac{2}{|x|}<\varepsilon$ 成立, 只要 $|x|>\dfrac{2}{\varepsilon}$ 成立, 取 $X=\dfrac{2}{\varepsilon}$, 则当 $|x|>X$ 时, 恒有 $\left|\dfrac{x+2}{x}-1\right|<\varepsilon$ 成立, 所以 $\lim\limits_{x\to\infty}\dfrac{x+2}{x}=1$.

例 3 证明 $\lim\limits_{x\to\infty}\dfrac{\sin x}{x}=0$.

证明 对任意给定的 $\varepsilon>0$, 由于

$$\left|\frac{\sin x}{x}-0\right|=\left|\frac{\sin x}{x}\right|\leqslant\frac{1}{|x|},$$

要使 $\left|\dfrac{\sin x}{x}-0\right|<\varepsilon$ 成立, 只要 $\dfrac{1}{|x|}<\varepsilon$ 成立, 即 $|x|>\dfrac{1}{\varepsilon}$. 于是, 取 $X=\dfrac{1}{\varepsilon}$, 则当 $|x|>X$ 时, 恒有 $\left|\dfrac{\sin x}{x}-0\right|<\varepsilon$ 成立, 这就证明了 $\lim\limits_{x\to\infty}\dfrac{\sin x}{x}=0$.

利用定义直接推出如下定理成立.

定理 1 $\lim\limits_{x\to\infty}f(x)=A$ 当且仅当 $\lim\limits_{x\to+\infty}f(x)=\lim\limits_{x\to-\infty}f(x)=A$.

根据上述定义和定理, 我们直接验证下列各式的正确性:

$$\lim_{x\to-\infty}\mathrm{e}^{x}=0,\qquad\lim_{x\to+\infty}\mathrm{e}^{-x}=0,$$

$$\lim_{x\to+\infty}\arctan x=\frac{\pi}{2},\qquad\lim_{x\to-\infty}\arctan x=-\frac{\pi}{2}.$$

所以 $\lim\limits_{x\to\infty}\arctan x$ 不存在.

1.3.2 自变量趋向于有限值时函数的极限

下面研究当 x 无限接近 x_0 时 (记作 $x\to x_0$), 函数 $f(x)$ 无限接近常数 A 的情形.

例如, 考察当 x 无限接近 1 时, 函数 $f(x)=\dfrac{2x^2-2}{x-1}$ 变化的趋势.

表 1-2

x	$f(x)$	x	$f(x)$
0.92	3.84	1.08	4.16
0.94	3.88	1.06	4.12
0.96	3.92	1.04	4.08
0.98	3.96	1.02	4.04
0.99	3.98	1.01	4.02

从表 1-2 观察可得到函数 $f(x)$ 的变化趋势: 当 x 无限接近 1 时, 函数 $f(x)$ 无限接近 4. 这是函数极限的直观的、模糊的描述, 如何给出函数极限的精确的数学描述?

设 a, b 为实数, 用 a 与 b 之间的距离 $|a-b|$ 来刻画 a 与 b 接近的程度, 距离 $|a-b|$ 越小表示 a 越接近于 b, 现在我们给出函数极限的定义如下.

定义 4　设 A 为常数, $r>0$, 假设函数 $f(x)$ 在 x_0 的某个去心邻域 $\mathring{U}_0(x_0, r)=\{x \mid 0<|x-x_0|<r\}$ 内有定义. 如果对于任意给定的 $\varepsilon>0$, 总存在正数 $\delta(\delta<r)$, 使当 $0<|x-x_0|<\delta$ 时, 恒有 $|f(x)-A|<\varepsilon$ 成立, 则称当 $x \to x_0$ 时 $f(x)$ 以 A 为极限, 记作 $\lim\limits_{x \to x_0} f(x)=A$ 或 $f(x) \to A\ (x \to x_0)$.

注记　对定义 4 给出两点说明:

(1) 当 $x \to x_0$ 时, $f(x)$ 是否有极限与 $f(x)$ 在 x_0 点的函数值无关, 即无论 $f(x)$ 在 x_0 点有定义还是没有定义, 都不会影响其极限 $\lim\limits_{x \to x_0} f(x)$, 所以定义中的不等式 $0<|x-x_0|<\delta$ 不能写成 $|x-x_0|<\delta$.

(2) 正数 ε 刻画函数 $f(x)$ 接近 A 的程度, 而正数 δ 刻画 x 接近 x_0 的程度. 通常 δ 是由不等式 $|f(x)-A|<\varepsilon$ 而确定的, 故 δ 依赖于 ε, 但 δ 的值不是唯一的 (如果 δ 满足要求, 比 δ 更小的 δ_1 也满足要求), 一般地, ε 越小 δ 也越小.

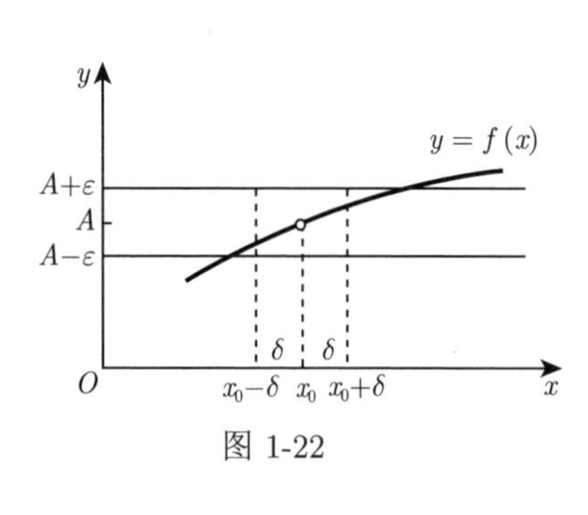

图 1-22

下面给出 $\lim\limits_{x \to x_0} f(x)=A$ 的几何解释:

对于任意给定的 $\varepsilon>0$, 作两条平行线 $y=A+\varepsilon$ 和 $y=A-\varepsilon$, 总存在 $\delta>0$, 当 $x \in (x_0-\delta,\ x_0) \cup (x_0,\ x_0+\delta)$ 时, 函数 $f(x)$ 的图形全部落在两条平行线之间 (图 1-22).

例 4　证明下列极限:

(1) $\lim\limits_{x \to x_0} c=c$, 其中 c 为常数;

(2) $\lim\limits_{x \to x_0} x=x_0$.

证明　(1) 对任意给定的 $\varepsilon>0$, 由于 $|f(x)-c|=|c-c|=0<\varepsilon$, 可任取正数 δ, 则当 $0<|x-x_0|<\delta$ 时, 有 $|f(x)-c|<\varepsilon$, 所以 $\lim\limits_{x \to x_0} c=c$.

(2) 记 $f(x)=x$, 对任意给定的 $\varepsilon>0$, 要使 $|f(x)-x_0|=|x-x_0|<\varepsilon$ 成立, 取正数 $\delta=\varepsilon$, 则当 $0<|x-x_0|<\delta$ 时, 有 $|f(x)-x_0|=|x-x_0|<\varepsilon$, 所以 $\lim\limits_{x \to x_0} x=x_0$.

例 5　用函数极限的定义证明 $\lim\limits_{x \to 1} \dfrac{2x^2-2}{x-1}=4$.

证明　由于当 $x \neq 1$ 时, $f(x)=\dfrac{2x^2-2}{x-1}=2(x+1)$, 则当 $x \neq 1$ 时,

$|f(x)-4| = 2|x-1|$. 对于任意给定的 $\varepsilon > 0$, 要使 $|f(x)-4| < \varepsilon$ 成立, 即 $|x-1| < \dfrac{\varepsilon}{2}$ 成立且 $x \neq 1$. 取 $\delta = \dfrac{\varepsilon}{2}$, 则当 $0 < |x-1| < \delta$ 时, 恒有 $|f(x)-4| < \varepsilon$ 成立. 故 $\lim\limits_{x\to 1} \dfrac{2x^2-2}{x-1} = 4$.

例 6 设 x_0 为实数, 证明 $\lim\limits_{x\to x_0} \sin x = \sin x_0$.

证明 由于

$$|\sin x - \sin x_0| = \left|2\cos\frac{x+x_0}{2}\sin\frac{x-x_0}{2}\right| \leqslant \left|2\sin\frac{x-x_0}{2}\right| \leqslant |x-x_0|$$

(这里利用不等式: 对任意实数 α, 有 $|\sin\alpha| \leqslant |\alpha|$, 后面将给出证明), 所以对任意给定的 $\varepsilon > 0$, 要使 $|\sin x - \sin x_0| < \varepsilon$ 成立, 只要 $|x - x_0| < \varepsilon$ 成立. 取 $\delta = \varepsilon$, 则当 $0 < |x-x_0| < \delta$ 时, 恒有 $|\sin x - \sin x_0| < \varepsilon$ 成立, 故

$$\lim_{x\to x_0} \sin x = \sin x_0.$$

类似可证明

$$\lim_{x\to x_0} \cos x = \cos x_0.$$

例 7 设 $x_0 > 0$, 证明 $\lim\limits_{x\to x_0} \sqrt{x} = \sqrt{x_0}$.

证明 由于当 $|x-x_0| < x_0$ 时, 有

$$\left|\sqrt{x}-\sqrt{x_0}\right| = \frac{|x-x_0|}{\sqrt{x}+\sqrt{x_0}} \leqslant \frac{|x-x_0|}{\sqrt{x_0}}.$$

则对任意给定的 $\varepsilon > 0$, 要使 $\left|\sqrt{x}-\sqrt{x_0}\right| < \varepsilon$ 成立, 只要 $|x-x_0| \leqslant \sqrt{x_0}\varepsilon$ 且 $|x-x_0| < x_0$ 成立. 由此可见, 取 $\delta = \min\{x_0, \sqrt{x_0}\varepsilon\}$, 则当 $0 < |x-x_0| < \delta$ 时, 恒有 $\left|\sqrt{x}-\sqrt{x_0}\right| < \varepsilon$ 成立, 故 $\lim\limits_{x\to x_0} \sqrt{x} = \sqrt{x_0}$.

例 8 设 x_0 为实数, 证明 $\lim\limits_{x\to x_0} \mathrm{e}^x = \mathrm{e}^{x_0}$.

证明 对任意给定的 $\varepsilon > 0$, 要使 $|\mathrm{e}^x - \mathrm{e}^{x_0}| < \varepsilon$ 成立, 即 $|\mathrm{e}^{x-x_0} - 1| < \mathrm{e}^{-x_0}\varepsilon$ 成立, 则不等式

$$1 - \varepsilon\mathrm{e}^{-x_0} < \mathrm{e}^{x-x_0} < 1 + \varepsilon\mathrm{e}^{-x_0}$$

成立; 当 $0 < \varepsilon < \mathrm{e}^{x_0}$ 时, 有

$$\ln(1-\varepsilon\mathrm{e}^{-x_0}) < x - x_0 < \ln(1+\varepsilon\mathrm{e}^{-x_0})$$

成立; 当 $\varepsilon \geqslant \mathrm{e}^{x_0}$ 时, 只要 $x - x_0 < \ln(1+\varepsilon\mathrm{e}^{-x_0})$ 成立, 就有

$$1-\varepsilon\mathrm{e}^{-x_0} \leqslant 0 < \mathrm{e}^{x-x_0} < 1+\varepsilon\mathrm{e}^{-x_0}$$

成立, 故取

$$\delta = \begin{cases} \min\left\{-\ln(1-\varepsilon\mathrm{e}^{-x_0}), \ln(1+\varepsilon\mathrm{e}^{-x_0})\right\}, & 0<\varepsilon<\mathrm{e}^{x_0}, \\ \ln(1+\varepsilon\mathrm{e}^{-x_0}), & \varepsilon \geqslant \mathrm{e}^{x_0}, \end{cases}$$

则当 $0<|x-x_0|<\delta$ 时, 恒有 $|\mathrm{e}^x - \mathrm{e}^{x_0}|<\varepsilon$, 故 $\lim\limits_{x\to x_0} \mathrm{e}^x = \mathrm{e}^{x_0}$.

类似可证明

$$\lim_{x\to x_0} \ln x = \ln x_0 \quad (x_0>0).$$

在讨论分段函数在分段点的极限时, 由于分段点的左右两边的表达式一般是不同的, 因此, 我们需要分别讨论分段点两边的变化趋势, 为此, 引入单侧极限的概念.

定义 5 设 A 为常数, $r>0$, 假设函数 $f(x)$ 在 $(x_0-r,\ x_0)$ $((x_0,\ x_0+r))$ 内有定义. 如果对于任意给定的 $\varepsilon>0$, 总存在正数 $\delta<r$, 使当 $x_0-\delta<x<x_0(x_0<x<x_0+\delta)$ 时, 恒有 $|f(x)-A|<\varepsilon$ 成立, 则称当 $x\to x_0^-$ 时 $f(x)$ 以 A 为左 (右) 极限, 记作 $\lim\limits_{x\to x_0^-} f(x) = A(\lim\limits_{x\to x_0^+} f(x)=A)$.

利用以上定义, 直接证明得到:

定理 2 $\lim\limits_{x\to x_0} f(x)$ 存在当且仅当 $\lim\limits_{x\to x_0^-} f(x)$ 与 $\lim\limits_{x\to x_0^+} f(x)$ 存在且相等.

例 9 设 $f(x) = \begin{cases} \cos x, & x\geqslant 0, \\ x, & x<0, \end{cases}$ 求 $f(x)$ 在 $x=0$ 处的左、右极限.

解 $\lim\limits_{x\to 0^-} f(x) = \lim\limits_{x\to 0^-} x = 0,\ \lim\limits_{x\to 0^+} f(x) = \lim\limits_{x\to 0^+} \cos x = \cos 0 = 1.$

例 10 设 $f(x) = \begin{cases} x^2, & x<1, \\ x, & x>1, \end{cases}$ 求 $\lim\limits_{x\to 1} f(x)$.

解 因为 $\lim\limits_{x\to 1^-} f(x) = \lim\limits_{x\to 1^-} x^2 = 1,$

$$\lim_{x\to 1^+} f(x) = \lim_{x\to 1^+} x = 1,$$

则 $\lim\limits_{x\to 1^-} f(x) = \lim\limits_{x\to 1^+} f(x)$, 所以 $\lim\limits_{x\to 1} f(x) = 1$ (图 1-23).

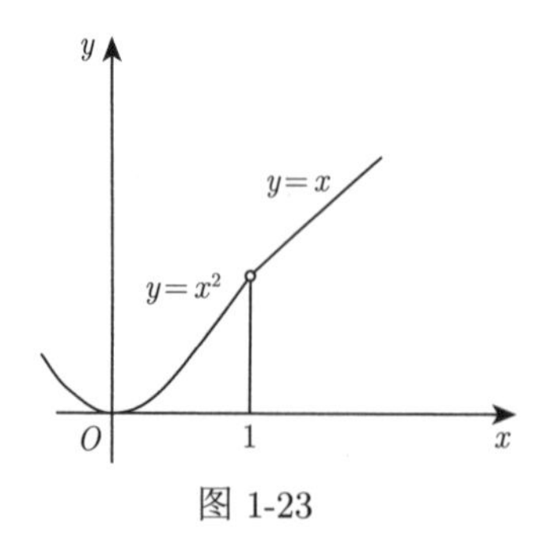

图 1-23

1.3.3 函数极限的性质

定理 3 (局部有界性) 如果极限 $\lim\limits_{x\to x_0} f(x)=A$ 存在, 则存在点 x_0 的去心邻域 $\mathring{U}(x_0,\delta)$, 使得 $f(x)$ 在 $\mathring{U}(x_0,\delta)$ 内有界.

证明 由于 $\lim\limits_{x\to x_0} f(x)=A$, 则对于 $\varepsilon=1$, 存在 $\delta>0$, 当 $0<|x-x_0|<\delta$ 时, 恒有 $|f(x)-A|<1$, 于是当 $x\in\mathring{U}(x_0,\delta)$ 时, 有

$$|f(x)|=|[f(x)-A]+A|\leqslant|f(x)-A|+|A|<|A|+1,$$

即 $f(x)$ 在 $\mathring{U}(x_0,\delta)$ 内有界.

定理 4 (极限唯一性) 如果极限 $\lim\limits_{x\to x_0} f(x)$ 存在, 则其极限是唯一的.

证明 (反证法) 若 $\lim\limits_{x\to x_0} f(x)=A$, $\lim\limits_{x\to x_0} f(x)=B$, 且 $A\neq B$, 则对 $\varepsilon=\dfrac{|A-B|}{2}>0$, 存在 $\delta_1>0$, 当 $0<|x-x_0|<\delta_1$ 时, 恒有 $|f(x)-A|<\varepsilon$, 且存在 $\delta_2>0$, 当 $0<|x-x_0|<\delta_2$ 时, 恒有 $|f(x)-B|<\varepsilon$. 取 $\delta=\min\{\delta_1,\ \delta_2\}$, 则当 $0<|x-x_0|<\delta$ 时, 有

$$|A-B|=|[A-f(x)]+[f(x)-B]|\leqslant|f(x)-A|+|f(x)-B|<2\varepsilon=|A-B|,$$

矛盾, 所以 $A=B$, 即极限是唯一的.

定理 5 (局部保号性) 如果 $\lim\limits_{x\to x_0} f(x)=A$, 而且 $A>0$ (或 $A<0$), 则存在 x_0 的去心邻域, 当 x 在该邻域时, 就有 $f(x)>0$ (或 $f(x)<0$).

证明 设 $A>0$, 由于 $\lim\limits_{x\to x_0} f(x)=A$, 则对于 $\varepsilon=\dfrac{A}{2}>0$, 存在 $\delta>0$, 当 $0<|x-x_0|<\delta$ 时, 恒有

$$|f(x)-A|<\varepsilon=\frac{A}{2}$$

成立, 即 $f(x)>A-\dfrac{A}{2}=\dfrac{A}{2}>0$, 故当 $0<|x-x_0|<\delta$ 时, $f(x)>0$.

类似地, 可以证明 $A<0$ 的情形.

定理 6 如果在 x_0 的某一去心邻域内, 恒有 $f(x)>0$ (或 $f(x)<0$), 且 $\lim\limits_{x\to x_0} f(x)=A$, 则有 $A\geqslant0$ (或 $A\leqslant0$).

证明 设 $f(x)>0$. 如果定理的论断不成立, 即 $A<0$, 则由定理 5 可知, 存在 x_0 的某一去心邻域, 在该邻域内恒有 $f(x)<0$, 这与题设矛盾, 所以 $A\geqslant0$ 成立.

定理 7　设极限 $\lim\limits_{x\to x_0} f(x)=A$ 存在, 又设数列 $\{x_n\}_{n=1}^{\infty}$ 在函数 $f(x)$ 的定义域内, 满足 $x_n\neq x_0$ $(n=1,\ 2,\ \cdots)$, 且 $\lim\limits_{n\to\infty} x_n=x_0$, 则 $\lim\limits_{n\to\infty} f(x_n)=A$.

证明　对任意给定 $\varepsilon>0$, 由于 $\lim\limits_{x\to x_0} f(x)=A$, 则存在 $\delta>0$, 当 $0<|x-x_0|<\delta$ 时, 有

$$|f(x)-A|<\varepsilon.$$

又 $\lim\limits_{n\to\infty} x_n=x_0$, 则对 $\delta>0$, 存在正整数 N, 使当 $n>N$ 时, 有 $|x_n-x_0|<\delta$. 注意到 $x_n\neq x_0$ $(n=1,\ 2,\ \cdots)$, 从而当 $n>N$ 时, 有 $0<|x_n-x_0|<\delta$. 由此得到: 当 $n>N$ 时, 有 $|f(x_n)-A|<\varepsilon$, 所以 $\lim\limits_{n\to\infty} f(x_n)=A$.

注记　由定理 7 知, 如果找到两个数列 $\{x_n\}_{n=1}^{\infty}$ 和 $\{y_n\}_{n=1}^{\infty}$ 都收敛于 x_0, 且它们各项异于 x_0, 而对应的函数值数列 $\{f(x_n)\}_{n=1}^{\infty}$ 和 $\{f(y_n)\}_{n=1}^{\infty}$ 都收敛但极限不相等, 则极限 $\lim\limits_{x\to x_0} f(x)$ 不存在.

例 11　证明: 极限 $\lim\limits_{x\to 0}\sin\dfrac{1}{x}$ 不存在.

证明　记 $f(x)=\sin\dfrac{1}{x}$, 因为取

$$x_n=\frac{1}{2n\pi+\dfrac{\pi}{2}},\quad y_n=\frac{1}{n\pi},\quad n=1,\ 2,\ \cdots,$$

则 $\lim\limits_{n\to\infty} x_n=\lim\limits_{n\to\infty} y_n=0$, 但是

$$\lim_{n\to\infty} f(x_n)=\lim_{n\to\infty}\sin\left(2n\pi+\frac{\pi}{2}\right)=1,\quad \lim_{n\to\infty} f(y_n)=\lim_{n\to\infty}\sin(n\pi)=0,$$

由定理 7 知, 极限 $\lim\limits_{x\to 0}\sin\dfrac{1}{x}$ 不存在.

习　题　1.3

1. 用函数极限的定义证明:

(1) $\lim\limits_{x\to\infty}\dfrac{x-1}{x+1}=1$;

(2) $\lim\limits_{x\to+\infty}\dfrac{\cos(2x)}{\sqrt{x}}=0$;

(3) $\lim\limits_{x\to 2}(2x-3)=1$;

(4) $\lim\limits_{x\to -1}\dfrac{1-x^2}{x+1}=2$.

2. 求 $f(x)=\dfrac{x}{x},\varphi(x)=\dfrac{|x|}{x}$ 当 $x\to 0$ 时的左、右极限, 并说明它们在 $x\to 0$ 时的极限是否存在.

3. 设 $f(x)=\begin{cases} e^x, & x \geqslant 0, \\ 4x+1, & x<0, \end{cases}$ 求 $\lim\limits_{x\to 0^-} f(x)$, $\lim\limits_{x\to 0^+} f(x)$, 判断极限 $\lim\limits_{x\to 0} f(x)$ 是否存在, 为什么?

4. 设极限 $\lim\limits_{x\to 2} f(x)$ 存在, 且函数 $f(x)$ 满足 $f(x)=x+2\lim\limits_{x\to 2} f(x)$, 求 $\lim\limits_{x\to 2} f(x)$.

5. 设 $f(x)=\begin{cases} \sqrt{x}, & x>1, \\ e^x, & x \leqslant 1, \end{cases}$ 问极限 $\lim\limits_{x\to 1} f(x)$ 是否存在, 请说明理由.

6. 证明: 极限 $\lim\limits_{x\to 0} \cos\dfrac{1}{x}$ 不存在.

7. 用函数极限的定义证明 $\lim\limits_{x\to x_0} \ln x=\ln x_0\ (x_0>0)$.

8. 用函数极限的定义证明 $\lim\limits_{x\to 2}(2x^2+1)=9$.

1.4 极限的运算

1.3 节讨论函数的极限, 利用函数极限的定义来求极限是比较复杂的, 为此, 我们将介绍极限的运算法则, 利用这些法则, 在 1.3 节得到的极限公式的基础上可以求出一些比较复杂函数的极限. 先介绍无穷小量和无穷大量及其性质.

1.4.1 无穷小量与无穷大量

在极限存在和极限不存在的变量中, 各有一种重要情形, 一种叫无穷小变量, 另一种叫无穷大变量. 这两种变量特别是无穷小变量, 在理论上和应用上都是比较重要的.

1. 无穷小量

在讨论函数极限时, 自变量 x 的趋向有 $x\to x_0, x\to x_0^+, x\to x_0^-$; $x\to\infty$, $x\to+\infty$, $x\to-\infty$. 主要讨论两种趋向: $x\to x_0$, $x\to\infty$, 其他一样讨论即可.

定义 1 在自变量的某一趋向下, 如果 $f(x)$ 以零为极限, 则称 $f(x)$ 是在 x 趋向下的无穷小量, 简称无穷小.

例 1 由 1.3 节的讨论, 可判别下列无穷小量:

(1) $\lim\limits_{x\to 0}\sin x=0$, 当 $x\to 0$ 时, $\sin x$ 是无穷小;

(2) $\lim\limits_{x\to+\infty}\dfrac{2}{\sqrt{x}}=0$, 当 $x\to+\infty$ 时, $\dfrac{2}{\sqrt{x}}$ 是无穷小.

注记 关于无穷小量, 我们还需要说明两点:

(1) 无穷小量是一个变量, 而不是一个很小的数, 例如, 数 10^{-20} 虽然很小, 但是它不是无穷小量. 也不能说无穷小就是零, 但是零可以看成是无穷小量.

(2) 说一个函数是无穷小, 必须指出自变量的变化过程. 例如, 当 $x\to 0$ 时, $\sin x$ 是无穷小量, 而当 $x\to 1$ 时, $\sin x$ 就不是无穷小量.

无穷小量与函数极限之间有着重要关系, 这一关系在微积分的某些定理的证明中, 起着重要作用.

定理 1　极限 $\lim\limits_{\substack{x\to x_0\\(x\to\infty)}} f(x)=A$ 的充要条件是 $f(x)=A+\alpha(x)$, 其中

$$\lim_{\substack{x\to x_0\\(x\to\infty)}} \alpha(x)=0.$$

证明　**必要性**　设 $\lim\limits_{x\to x_0} f(x)=A$, 由函数极限的定义, 对任意给定的 $\varepsilon>0$, 存在正数 δ, 使当 $0<|x-x_0|<\delta$ 时, 恒有 $|f(x)-A|<\varepsilon$ 成立. 令 $\alpha(x)=f(x)-A$, 则 $\lim\limits_{x\to x_0}\alpha(x)=0$, 且 $f(x)=A+\alpha(x)$.

充分性　设 $f(x)=A+\alpha(x)$, $\lim\limits_{x\to x_0}\alpha(x)=0$, 由函数极限的定义, 对任意给定的 $\varepsilon>0$, 存在 $\delta>0$, 当 $0<|x-x_0|<\delta$ 时, 恒有 $|\alpha(x)|<\varepsilon$ 成立, 即 $|f(x)-A|<\varepsilon$ 成立, 于是 $\lim\limits_{x\to x_0} f(x)=A$.

对于 $x\to\infty$ 时的情形, 类似可以证明. 对单侧趋向情形, 相应的结论也成立.

2. 无穷小量的运算定理

定理 2　在自变量的同一趋向下,

(1) 有限个无穷小的代数和仍为无穷小;

(2) 有界函数与无穷小的乘积仍为无穷小.

证明　这里仅以 $x\to x_0$ 且为两个函数的情形证明, 其他情形可以类似证明.

(1) 设当 $x\to x_0$ 时 , $\alpha(x)$, $\beta(x)$ 都为无穷小量, 即 $\lim\limits_{x\to x_0}\alpha(x)=0$, $\lim\limits_{x\to x_0}\beta(x)=0$. 由无穷小量的定义, 对于任意给定的 $\varepsilon>0$, 总存在正数 δ_1,δ_2, 使当 $0<|x-x_0|<\delta_1$ 时, 恒有 $|\alpha(x)|<\dfrac{\varepsilon}{2}$, 同时, 当 $0<|x-x_0|<\delta_2$ 时, 恒有 $|\beta(x)|<\dfrac{\varepsilon}{2}$. 取 $\delta=\min\{\delta_1,\delta_2\}$, 则当 $0<|x-x_0|<\delta$ 时, 恒有

$$|\alpha\pm\beta|\leqslant|\alpha|+|\beta|<\frac{\varepsilon}{2}+\frac{\varepsilon}{2}=\varepsilon$$

成立, 故 $\lim\limits_{x\to x_0}[\alpha(x)\pm\beta(x)]=0$, 即当 $x\to x_0$ 时, $\alpha(x)\pm\beta(x)$ 为无穷小量.

(2) 设当 $x\to x_0$ 时, $\alpha(x)$ 为无穷小量, 即 $\lim\limits_{x\to x_0}\alpha(x)=0$, $f(x)$ 在 x_0 附近为有界函数, 即存在正数 M 和 δ_1, 使当 $0<|x-x_0|<\delta_1$ 时, 恒有 $|f(x)|\leqslant M$ 成立. 对于任意给定 $\varepsilon>0$, 则对于 $\dfrac{\varepsilon}{M}$, 存在 $\delta_2>0$, 使当 $0<|x-x_0|<\delta_2$ 时, 恒有 $|\alpha(x)|<\dfrac{\varepsilon}{M}$ 成立. 取 $\delta=\min\{\delta_1,\delta_2\}$, 则当 $0<|x-x_0|<\delta$ 时, 恒有

$$|\alpha(x)f(x)|<M\cdot\frac{\varepsilon}{M}=\varepsilon$$

成立. 故 $\lim\limits_{x \to x_0} \alpha(x) f(x) = 0$, 即当 $x \to x_0$ 时, $\alpha(x) f(x)$ 为无穷小量.

例 2 求 $\lim\limits_{x \to \infty} \dfrac{\sin x}{x}$.

解 因为当 $x \in (-\infty, +\infty)$ 时, 有 $|\sin x| \leqslant 1$, 且 $\lim\limits_{x \to \infty} \dfrac{1}{x} = 0$, 所以当 $x \to \infty$ 时, $\dfrac{1}{x} \sin x$ 为无穷小量, 即 $\lim\limits_{x \to \infty} \dfrac{\sin x}{x} = 0$.

同理, 可证明 $\lim\limits_{x \to 0} x \sin \dfrac{1}{x} = 0$.

推论 1 常数乘无穷小是无穷小.

推论 2 有限个无穷小的乘积是无穷小.

3. 无穷大量

在自变量的某一趋向下 (如 $x \to x_0$ 或 $x \to \infty$ 或单侧趋向), 如果对应的函数值的绝对值无限增大, 这样的变量称为无穷大量, 确切定义如下.

定义 2 如果对任意给定的正数 M(不论它有多大), 总存在正数 δ(或 X), 使当 $0 < |x - x_0| < \delta$ (或 $|x| > X$) 时, 恒有 $|f(x)| > M$ 成立, 则称当 $x \to x_0$ (或 $x \to \infty$) 时, $f(x)$ 是无穷大量, 简称无穷大, 记作

$$\lim_{x \to x_0} f(x) = \infty \quad (\text{或} \lim_{x \to \infty} f(x) = \infty).$$

如果在上述定义中, 将不等式 $|f(x)| > M$ 改为 $f(x) > M$ 或 $f(x) < -M$, 则称当 $x \to x_0$ 或 $x \to \infty$ 时, $f(x)$ 是正无穷大或负无穷大, 记为

$$\lim_{\substack{x \to x_0 \\ (x \to \infty)}} f(x) = +\infty \quad \text{或} \quad \lim_{\substack{x \to x_0 \\ (x \to \infty)}} f(x) = -\infty.$$

注记 关于无穷大量, 我们也有几点说明:

(1) 无穷大是极限不存在的情形, 这里借用了极限的记号, 但并不表示极限存在.

(2) 无穷大不是一个数而是一个变量, 一个数不论多大也不是无穷大, 例如数 10^{20} 是很大但不是无穷大.

(3) 说一个函数是无穷大量, 同样要指出自变量的变化过程, 否则, 不可能是无穷大.

例 3 证明 $\lim\limits_{x \to +\infty} \mathrm{e}^x = +\infty$, 即当 $x \to +\infty$ 时, e^x 是正无穷大.

证明 对任意给定 $M > 0$, 要使 $f(x) = \mathrm{e}^x > M$ 成立, 只要 $x > \ln M$ 成立, 取

$$X = \begin{cases} \ln M, & M > 1, \\ 1, & M \leqslant 1, \end{cases}$$

则当 $x > X$ 时, 有 $f(x) = \mathrm{e}^x > M$, 所以 $\lim\limits_{x\to+\infty} \mathrm{e}^x = +\infty$.

例 4 根据函数的性质和无穷大的定义, 不难推得下列各式:

(1) $\lim\limits_{x\to 0} \dfrac{1}{x} = \infty$, 即当 $x \to 0$ 时, $\dfrac{1}{x}$ 是无穷大.

(2) $\lim\limits_{x\to 0^+} \ln x = -\infty$, 即当 $x \to 0^+$ 时, $\ln x$ 是负无穷大.

(3) $\lim\limits_{x\to \frac{\pi}{2}^-} \tan x = +\infty$, 即当 $x \to \dfrac{\pi}{2}^-$ 时, $\tan x$ 是正无穷大.

4. 无穷小量与无穷大量的关系

在自变量的同一趋向下, 无穷小量和无穷大量互为倒数关系. 例如, 当 $x \to 1$ 时, $x-1$ 是无穷小量, 而 $\dfrac{1}{x-1}$ 是无穷大量. 当 $x \to \infty$ 时, x^2 是无穷大量, 而 $\dfrac{1}{x^2}$ 是无穷小量. 一般地, 我们有如下定理.

定理 3 在自变量的同一趋向下, 如果 $f(x)$ 是无穷小量, 且 $f(x) \neq 0$, 则 $\dfrac{1}{f(x)}$ 是无穷大量; 反之, 若 $f(x)$ 是无穷大量, 则 $\dfrac{1}{f(x)}$ 是无穷小量.

证明 我们仅以 $x \to x_0$ 的情形证明定理.

对于任意给定的正数 M, 由 $\lim\limits_{x\to x_0} f(x) = 0$, 则对 $\varepsilon = \dfrac{1}{M}$, 存在 $\delta > 0$, 使当 $0 < |x - x_0| < \delta$ 时, 恒有 $|f(x)| < \dfrac{1}{M}$ 成立. 由于 $f(x) \neq 0$, 故当 $0 < |x - x_0| < \delta$ 时, 恒有 $\left|\dfrac{1}{f(x)}\right| > M$ 成立, 所以 $\lim\limits_{x\to x_0} \dfrac{1}{f(x)} = \infty$.

反之, 对于任意给定的正数 ε, 由 $\lim\limits_{x\to x_0} f(x) = \infty$, 则对 $M = \dfrac{1}{\varepsilon}$, 存在 $\delta > 0$, 使当 $0 < |x - x_0| < \delta$ 时, 恒有 $|f(x)| > \dfrac{1}{\varepsilon}$ 成立, 即当 $0 < |x - x_0| < \delta$ 时, 恒有 $\left|\dfrac{1}{f(x)}\right| < \varepsilon$ 成立, 所以 $\lim\limits_{x\to x_0} \dfrac{1}{f(x)} = 0$.

1.4.2 极限的运算法则

下面各定理的极限符号 lim 没有注明自变量的趋向, 是指同一趋向, 且是 $x \to x_0$, $x \to x_0^+$, $x \to x_0^-$; $x \to \infty$, $x \to +\infty$, $x \to -\infty$ 中的某一种情形.

定理 4 设极限 $\lim f(x) = A, \lim g(x) = B$ 存在, 则有

(1) $\lim[f(x) \pm g(x)] = A \pm B$;

(2) $\lim f(x)g(x) = AB$;

(3) $\lim \dfrac{f(x)}{g(x)} = \dfrac{A}{B}\ (B \neq 0)$.

证明 由定理 1, 因 $\lim f(x)=A, \lim g(x)=B$, 则有

$$f(x)=A+\alpha(x), \quad g(x)=B+\beta(x),$$

其中 $\alpha(x)$, $\beta(x)$ 为自变量在同一趋向下的无穷小.

(1) 由于 $f(x)\pm g(x)=A\pm B+[\alpha(x)\pm\beta(x)]$, 根据定理 2 可知: $\alpha(x)\pm\beta(x)$ 为无穷小, 再由定理 1 可得

$$\lim[f(x)\pm g(x)]=A\pm B.$$

(2) 由于 $f(x)g(x)=AB+[A\beta+B\alpha+\alpha\beta]$, 根据定理 2 可知: $A\beta+B\alpha+\alpha\beta$ 为无穷小, 再由定理 1 可得

$$\lim f(x)g(x)=AB.$$

(3) 由于 $\dfrac{f(x)}{g(x)}-\dfrac{A}{B}=\dfrac{A+\alpha}{B+\beta}-\dfrac{A}{B}=\dfrac{B\alpha(x)-A\beta(x)}{B[B+\beta(x)]}$, 根据定理 2 可知: $B\alpha(x)-A\beta(x)$ 为无穷小, 由本定理 (2) 可知: $\lim B[B+\beta(x)]=B^2$, 直接验证 (参见 1.3 节中的定理 3 的证明): 在自变量的同一趋向之下, $\dfrac{1}{B[B+\beta(x)]}$ 是有界函数, 所以由定理 2 可知: $\dfrac{B\alpha(x)-A\beta(x)}{B[B+\beta(x)]}$ 为无穷小, 再由定理 1 可得

$$\lim\frac{f(x)}{g(x)}=\frac{A}{B}.$$

推论 3 若 $\lim f(x)=A, c$ 为常数, 则 $\lim cf(x)=c\lim f(x)=cA$.

推论 4 若 $\lim f(x)=A, n$ 为正整数, 则 $\lim[f(x)]^n=[\lim f(x)]^n=A^n$.

定理 5 设 $y=f[\varphi(x)]$ 是由 $y=f(u), u=\varphi(x)$ 复合而成的, 如果 $\lim\limits_{x\to x_0}\varphi(x)=u_0$, 且在 x_0 的一个邻域内 (除 x_0 外) $\varphi(x)\neq u_0$, $\lim\limits_{u\to u_0}f(u)=A$, 则有

$$\lim_{x\to x_0}f[\varphi(x)]=A.$$

***证明** 设 δ_0 是题设的邻域半径, 即当 $0<|x-x_0|<\delta_0$ 时, 有 $|\varphi(x)-u_0|>0$ 或写成 $|u-u_0|>0$. 由于 $\lim\limits_{u\to u_0}f(u)=A$, 则对任意给定的 $\varepsilon>0$, 存在 $\delta_1>0$, 当 $0<|u-u_0|<\delta_1$ 时, 恒有 $|f(u)-A|<\varepsilon$ 成立. 又因 $\lim\limits_{x\to x_0}\varphi(x)=u_0$, 所以对 $\delta_1>0$, 存在 $\delta_2>0$, 当 $0<|x-x_0|<\delta_2$ 时, 恒有 $|\varphi(x)-u_0|<\delta_1$ 成立, 即 $|u-u_0|<\delta_1$. 取 $\delta=\min\{\delta_0,\delta_2\}$, 则根据上述讨论, 当 $0<|x-x_0|<\delta$ 时, 有 $0<|u-u_0|<\delta_1$, 从而有 $|f(u)-A|<\varepsilon$ 成立, 即 $|f[\varphi(x)]-A|<\varepsilon$ 成立. 所以 $\lim\limits_{x\to x_0}f[\varphi(x)]=A$.

例 5　证明 $\lim\limits_{x\to 0}\sin \mathrm{e}^x=\sin 1$.

证明　因为 $\lim\limits_{x\to 0}\mathrm{e}^x=1$, $\lim\limits_{x\to 1}\sin x=\sin 1$, 所以, 由定理 5 可得 $\lim\limits_{x\to 0}\sin \mathrm{e}^x=\sin 1$.

例 6　设 x_0 为实数, n 为正整数, 证明 $\lim\limits_{x\to x_0}x^n=x_0^n$.

证明　因为 $x^n=\underbrace{x\cdot x\cdots x}_{n\text{个}}$, 且 $\lim\limits_{x\to x_0}x=x_0$, 由推论 4 可得 $\lim\limits_{x\to x_0}x^n=x_0^n$.

一般地, 设 $P(x)=a_0x^n+a_1x^{n-1}+\cdots+a_n$, 则有 $\lim\limits_{x\to x_0}P(x)=P(x_0)$.

例 7　求 $\lim\limits_{x\to 2}\dfrac{x+2}{x^2+1}$.

解　由极限的四则运算法则, 有

$$\lim_{x\to 2}\frac{x+2}{x^2+1}=\frac{\lim\limits_{x\to 2}(x+2)}{\lim\limits_{x\to 2}(x^2+1)}=\frac{4}{5}.$$

一般地, 对于有理函数

$$\frac{P(x)}{Q(x)}=\frac{a_0x^n+a_1x^{n-1}+\cdots+a_n}{b_0x^m+b_1x^{m-1}+\cdots+b_m}.$$

如果 $Q(x_0)\neq 0$, 则有 $\lim\limits_{x\to x_0}\dfrac{P(x)}{Q(x)}=\dfrac{P(x_0)}{Q(x_0)}$.

例 8　求 $\lim\limits_{x\to 1}\dfrac{x^2+x+1}{x^2-1}$.

解　因为 $\lim\limits_{x\to 1}(x^2-1)=0$, 故不能用商的极限运算法则, 但是, 先计算极限

$$\lim_{x\to 1}\frac{x^2-1}{x^2+x+1}=\frac{\lim\limits_{x\to 1}(x^2-1)}{\lim\limits_{x\to 1}(x^2+x+1)}=\frac{0}{3}=0,$$

再由无穷小与无穷大的关系可得 $\lim\limits_{x\to 1}\dfrac{x^2+x+1}{x^2-1}=\infty$.

例 9　求 $\lim\limits_{x\to 1}\dfrac{x^2+x-2}{x^3-1}$.

解　$\lim\limits_{x\to 1}\dfrac{x^2+x-2}{x^3-1}=\lim\limits_{x\to 1}\dfrac{(x-1)(x+2)}{(x-1)(x^2+x+1)}=\lim\limits_{x\to 1}\dfrac{x+2}{x^2+x+1}=1.$

注记　由于 $\lim\limits_{x\to 1}(x^3-1)=0$, 故不能用商的极限运算法则. 又因 $\lim\limits_{x\to 1}(x^2+x-2)=0$, 这种分子和分母的极限都是零的情形, 称其为 “$\dfrac{0}{0}$” 型. 对这种类型求极限是通过约去分母和分子公共的 “零因子”, 然后再利用极限的运算法则求极限.

例 10 求 $\lim\limits_{x\to 4}\dfrac{\sqrt{x}-2}{x^2-3x-4}$.

解 这是“$\dfrac{0}{0}$”型.

$$\lim_{x\to 4}\frac{\sqrt{x}-2}{x^2-3x-4}=\lim_{x\to 4}\frac{(\sqrt{x}-2)(\sqrt{x}+2)}{(x-4)(x+1)(\sqrt{x}+2)}=\lim_{x\to 4}\frac{1}{(x+1)(\sqrt{x}+2)}=\frac{1}{20}.$$

例 11 求 $\lim\limits_{x\to\infty}\dfrac{2x^2+3}{x^2+1}$.

解 当 $x\to\infty$ 时, 分子、分母都是无穷大量, 称其为“$\dfrac{\infty}{\infty}$”型. 这类极限也不能直接利用极限的四则运算法则, 可以用如下方法求解:

$$\lim_{x\to\infty}\frac{2x^2+3}{x^2+1}=\lim_{x\to\infty}\frac{2+\dfrac{3}{x^2}}{1+\dfrac{1}{x^2}}=\frac{\lim\limits_{x\to\infty}\left(2+\dfrac{3}{x^2}\right)}{\lim\limits_{x\to\infty}\left(1+\dfrac{1}{x^2}\right)}=2.$$

例 12 求 $\lim\limits_{x\to\infty}\dfrac{(2x-1)^{20}(3x+2)^{30}}{(2x+1)^{50}}$.

解 $$\lim_{x\to\infty}\frac{(2x-1)^{20}(3x+2)^{30}}{(2x+1)^{50}}=\lim_{x\to\infty}\frac{\left(2-\dfrac{1}{x}\right)^{20}\left(3+\dfrac{2}{x}\right)^{30}}{\left(2+\dfrac{1}{x}\right)^{50}}$$

$$=\frac{\lim\limits_{x\to\infty}\left(2-\dfrac{1}{x}\right)^{20}\left(3+\dfrac{2}{x}\right)^{30}}{\lim\limits_{x\to\infty}\left(2+\dfrac{1}{x}\right)^{50}}=\frac{2^{20}3^{30}}{2^{50}}=\frac{3^{30}}{2^{30}}.$$

一般地, 我们有如下结论 ($a_0\neq 0, b_0\neq 0$):

$$\lim_{x\to\infty}\frac{a_0x^n+a_1x^{n-1}+\cdots+a_n}{b_0x^m+b_1x^{m-1}+\cdots+b_m}=\begin{cases}\dfrac{a_0}{b_0}, & m=n,\\ 0, & m>n,\\ \infty, & m<n.\end{cases}$$

例 13 求 $\lim\limits_{x\to+\infty}\dfrac{\mathrm{e}^x-\mathrm{e}^{-x}}{\mathrm{e}^x+\mathrm{e}^{-x}}$.

解 这是“$\dfrac{\infty}{\infty}$”型, 分子、分母用 e^x 除后, 得

$$\lim_{x\to+\infty}\frac{\mathrm{e}^x-\mathrm{e}^{-x}}{\mathrm{e}^x+\mathrm{e}^{-x}}=\lim_{x\to+\infty}\frac{1-\mathrm{e}^{-2x}}{1+\mathrm{e}^{-2x}}=1.$$

例 14　求 $\lim\limits_{x\to 1}\left(\dfrac{1}{x-1}-\dfrac{3}{x^3-1}\right)$.

解　这是 "$\infty-\infty$" 型, 通常采用通分的方法可计算

$$\lim_{x\to 1}\left(\frac{1}{x-1}-\frac{3}{x^3-1}\right)=\lim_{x\to 1}\frac{x^2+x-2}{x^3-1}=\lim_{x\to 1}\frac{(x-1)(x+2)}{(x-1)(x^2+x+1)}$$
$$=\lim_{x\to 1}\frac{x+2}{x^2+x+1}=\frac{3}{3}=1.$$

1.4.3　数列极限存在准则

在求数列 $\{a_n\}_{n=1}^{\infty}$ 的极限遇到困难时, 可以采用放大缩小的办法, 转化为求两个容易计算的数列的极限, 这就是下面要介绍的夹逼定理.

定理 6(夹逼定理)　设 $c_n\leqslant a_n\leqslant b_n(n=1,2,\cdots)$, 如果 $\lim\limits_{n\to\infty}c_n=\lim\limits_{n\to\infty}b_n=a$, 则 $\lim\limits_{n\to\infty}a_n=a$.

证明　对于任意给定的 $\varepsilon>0$, 由于 $\lim\limits_{n\to\infty}c_n=\lim\limits_{n\to\infty}b_n=a$, 则存在正整数 N, 当 $n>N$ 时, 有

$$|c_n-a|<\varepsilon,\quad |b_n-a|<\varepsilon,$$

即当 $n>N$ 时, 有 $a-\varepsilon<c_n<a+\varepsilon, a-\varepsilon<b_n<a+\varepsilon$, 从而 $a-\varepsilon<c_n\leqslant a_n\leqslant b_n<a+\varepsilon$, 即 $|a_n-a|<\varepsilon$, 所以 $\lim\limits_{n\to\infty}a_n=a$.

例 15　求极限 $\lim\limits_{n\to\infty}\left(\dfrac{n}{n^2+1}+\dfrac{n}{n^2+2}+\cdots+\dfrac{n}{n^2+n}\right)$.

解　因为

$$\frac{n}{n+1}=n\cdot\frac{n}{n^2+n}\leqslant\frac{n}{n^2+1}+\frac{n}{n^2+2}+\cdots+\frac{n}{n^2+n}\leqslant n\cdot\frac{n}{n^2+1}\leqslant 1,$$

且 $\lim\limits_{n\to\infty}\dfrac{n}{n+1}=\lim\limits_{n\to\infty}\left(1-\dfrac{1}{n+1}\right)=1$, 由夹逼定理得到

$$\lim_{n\to\infty}\left(\frac{n}{n^2+1}+\frac{n}{n^2+2}+\cdots+\frac{n}{n^2+n}\right)=1.$$

例 16　设 $a>0$, 证明 $\lim\limits_{n\to\infty}\sqrt[n]{a}=1$.

证明　当 $a>1$ 时, 记 $a_n=\sqrt[n]{a}-1$, 则 $a_n>0$, 且由牛顿二项式定理可得

$$a=(1+a_n)^n=1+na_n+\frac{n(n-1)}{2!}a_n^2+\cdots+a_n^n>na_n,$$

故 $0<a_n<\dfrac{a}{n}\ (n=1,2,\cdots)$. 因为 $\lim\limits_{n\to\infty}\dfrac{a}{n}=0$, 所以由夹逼定理得到 $\lim\limits_{n\to\infty}\sqrt[n]{a}=1$.

当 $0<a<1$ 时, 记 $b=\dfrac{1}{a}$, 则 $b>1$, 所以

$$\lim_{n\to\infty}\sqrt[n]{a}=\lim_{n\to\infty}\frac{1}{\sqrt[n]{b}}=\frac{1}{\lim\limits_{n\to\infty}\sqrt[n]{b}}=1.$$

当 $a=1$ 时, 则 $\lim\limits_{n\to\infty}\sqrt[n]{a}=\lim\limits_{n\to\infty}1=1$.

下面考虑单调数列的极限, 我们给出另一个收敛准则.

定理 7 (单调有界收敛准则) 单调有界数列一定有极限.

这个定理的证明需要用到实数理论, 在此我们不加以证明.

直观来看: 设数列 $\{a_n\}_{n=1}^{\infty}$ 单调增加且有上界 M, 即

$$a_1\leqslant a_2\leqslant\cdots\leqslant a_n\leqslant\cdots\leqslant M,$$

数 a_n 随 n 越来越大, 且不超过 M, 因此, 最终就聚集在某个数 A, 就是 $\lim\limits_{n\to\infty}a_n=A$.

设 $a_n=\left(1+\dfrac{1}{n}\right)^n$ $(n=1,\ 2,\ \cdots)$, 下面利用极限存在的准则, 证明数列 $\{a_n\}_{n=1}^{\infty}$ 的极限是存在的.

首先, 说明数列 $\{a_n\}_{n=1}^{\infty}$ 是单调增加的. 由牛顿二项式定理可得

$$\begin{aligned}a_n&=\left(1+\frac{1}{n}\right)^n\\&=1+\frac{n}{1!}\cdot\frac{1}{n}+\frac{n(n-1)}{2!}\left(\frac{1}{n}\right)^2+\frac{n(n-1)(n-2)}{3!}\left(\frac{1}{n}\right)^3\\&\quad+\cdots+\frac{n(n-1)\cdots(n-n+1)}{n!}\left(\frac{1}{n}\right)^n\\&=1+1+\frac{1}{2!}\left(1-\frac{1}{n}\right)+\frac{1}{3!}\left(1-\frac{1}{n}\right)\left(1-\frac{2}{n}\right)\\&\quad+\cdots+\frac{1}{n!}\left(1-\frac{1}{n}\right)\left(1-\frac{2}{n}\right)\cdots\left(1-\frac{n-1}{n}\right),\end{aligned}$$

同样, 我们有

$$\begin{aligned}a_{n+1}&=\left(1+\frac{1}{n+1}\right)^{n+1}\\&=1+1+\frac{1}{2!}\left(1-\frac{1}{n+1}\right)+\frac{1}{3!}\left(1-\frac{1}{n+1}\right)\left(1-\frac{2}{n+1}\right)+\cdots\\&\quad+\frac{1}{n!}\left(1-\frac{1}{n+1}\right)\left(1-\frac{2}{n+1}\right)\cdots\left(1-\frac{n-1}{n+1}\right)\end{aligned}$$

$$+\frac{1}{(n+1)!}\left(1-\frac{1}{n+1}\right)\left(1-\frac{2}{n+1}\right)\cdots\left(1-\frac{n}{n+1}\right),$$

比较上述两个式子, a_n 的每一项都小于或者等于 a_{n+1} 的对应项, a_{n+1} 还多了最后一项 (大于零), 由此可知

$$a_n < a_{n+1} \quad (n=1,2,\cdots).$$

这就证明了数列 $\{a_n\}_{n=1}^{\infty}$ 是单调增加的.

其次, 证明数列 $\{a_n\}_{n=1}^{\infty}$ 是有界的. 由于

$$\begin{aligned} a_n &= \left(1+\frac{1}{n}\right)^n \leqslant 1+1+\frac{1}{2!}+\frac{1}{3!}+\cdots+\frac{1}{n!} \\ &\leqslant 1+1+\frac{1}{2}+\frac{1}{2^2}+\cdots+\frac{1}{2^{n-1}}=1+\frac{1-\frac{1}{2^n}}{1-\frac{1}{2}}=3-\frac{1}{2^{n-1}}<3, \end{aligned}$$

这就证明了数列 $\{a_n\}$ 是有界的. 由极限存在的准则可知, 极限 $\lim\limits_{n\to\infty}\left(1+\dfrac{1}{n}\right)^n$ 存在, 记此极限为 e, 即

$$\lim_{n\to\infty}\left(1+\frac{1}{n}\right)^n = \mathrm{e}.$$

可以证明 e 是一个无理数 $\mathrm{e}=2.718281828459045\cdots$, 在实际计算中常用 $\mathrm{e}\approx 2.72$. 数 e 在微积分中有重要的位置, 以 e 为底的对数 $\ln x$ (称为自然对数) 和以 e 为底的指数函数 e^x 具有很好的性质.

例 17 设 $a_1=2, a_{n+1}=\sqrt{3+2a_n}\ (n=1,\ 2,\ \cdots)$, 证明极限 $\lim\limits_{n\to\infty} a_n$ 存在, 并且求出极限 $\lim\limits_{n\to\infty} a_n$.

证明 先证明数列 $\{a_n\}_{n=1}^{\infty}$ 是有界的.

由于 $1<a_1=2<3$, 假设 $1<a_n<3$, 则

$$1<a_{n+1}=\sqrt{3+2a_n}<\sqrt{3+2\cdot 3}=3,$$

由数学归纳法, 得到

$$1<a_n<3, \quad n=1,\ 2,\ \cdots.$$

又由于当 $n=1,\ 2,\ \cdots$ 时, 有

$$a_{n+1}-a_n=\sqrt{3+2a_n}-a_n=\frac{3+2a_n-a_n^2}{\sqrt{3+2a_n}+a_n}=\frac{(3-a_n)(1+a_n)}{\sqrt{3+2a_n}+a_n}>0,$$

所以数列 $\{a_n\}_{n=1}^{\infty}$ 是单调增加的有界数列, 由极限存在的准则可知, 极限 $\lim\limits_{n\to\infty} a_n$ 存在, 记 $\lim\limits_{n\to\infty} a_n = a$, 则 $a \geqslant 1$, 且 $a = \sqrt{3+2a}$, 所以 $a = 3$, 即 $\lim\limits_{n\to\infty} a_n = 3$.

1.4.4 两个重要极限

与数列的极限一样, 函数的极限也有相应的夹逼定理, 这个定理提供一个求函数极限的有效的工具, 利用夹逼定理, 我们可以得到两个重要极限.

定理 8 (夹逼定理) 设在 x_0 的某去心邻域内有 $h(x) \leqslant f(x) \leqslant g(x)$ 且 $\lim\limits_{x\to x_0} h(x) = A$, $\lim\limits_{x\to x_0} g(x) = A$, 则有 $\lim\limits_{x\to x_0} f(x) = A$.

证明 设当 $0 < |x - x_0| < \delta_1$ 时, 有

$$h(x) \leqslant f(x) \leqslant g(x).$$

对任意给定 $\varepsilon > 0$, 由于 $\lim\limits_{x\to x_0} (x) = A$, 则存在 $\delta_2 > 0$, 使当 $0 < |x - x_0| < \delta_2$ 时, 恒有 $|h(x) - A| < \varepsilon$, 即

$$A - \varepsilon < h(x) < A + \varepsilon.$$

又由于 $\lim\limits_{x\to x_0} F(x) = A$, 则存在 $\delta_3 > 0$, 使当 $0 < |x - x_0| < \delta_3$ 时, 恒有 $|g(x) - A| < \varepsilon$, 即

$$A - \varepsilon < g(x) < A + \varepsilon.$$

取 $\delta = \min\{\delta_1, \delta_2, \delta_3\}$, 则当 $0 < |x - x_0| < \delta$ 时, 有

$$A - \varepsilon < h(x) \leqslant f(x) \leqslant g(x) < A + \varepsilon,$$

即 $|f(x) - A| < \varepsilon$ 成立, 这就证明了 $\lim\limits_{x\to x_0} f(x) = A$.

夹逼定理同样适用于 $x \to \infty$ 的情形或者四种单侧极限情形.

1. 第一个重要极限 $\lim\limits_{x\to 0} \dfrac{\sin x}{x} = 1$

先证明一个基本不等式:

$$\cos x < \frac{\sin x}{x} < 1, \quad x \in \left(0, \frac{\pi}{2}\right).$$

作单位圆 (图 1-24), 当 $0 < x < \dfrac{\pi}{2}$ 时, 取 $\angle AOB = x$, 由图可见 $\triangle AOB$ 面积 < 扇形 OAB 面积 < $\triangle OBD$ 面积, 即

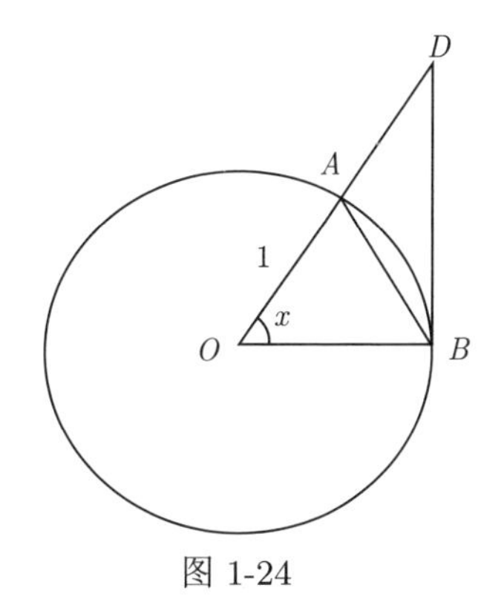

图 1-24

$$\frac{1}{2}\sin x < \frac{1}{2}x < \frac{1}{2}\tan x.$$

因为 $\sin x > 0$, 所以 $1 < \dfrac{x}{\sin x} < \dfrac{1}{\cos x}$, 即

$$\cos x < \frac{\sin x}{x} < 1.$$

当 $-\dfrac{\pi}{2} < x < 0$ 时, 不等式仍成立. 事实上, 由于 $0 < -x < \dfrac{\pi}{2}$, 则

$$\cos(-x) < \frac{\sin(-x)}{-x} < 1,$$

即 $\cos x < \dfrac{\sin x}{x} < 1$. 所以当 $0 < |x| < \dfrac{\pi}{2}$ 时, 有 $\cos x < \dfrac{\sin x}{x} < 1$. 由于 $\lim\limits_{x\to 0}\cos x = 1$, 利用夹逼定理可得 $\lim\limits_{x\to 0}\dfrac{\sin x}{x} = 1$.

注记　在上面的证明过程中, 我们实际上已证明了不等式: $0 < |x| < \dfrac{\pi}{2}$ 时, 有 $\dfrac{|\sin x|}{|x|} < 1$, 即 $|\sin x| < |x|$ 成立. 当 $|x| \geqslant \dfrac{\pi}{2}$ 时, 有 $|x| \geqslant \dfrac{\pi}{2} > 1 \geqslant |\sin x|$, 所以, 对任意实数 x, 有 $|\sin x| \leqslant |x|$. 这是一个重要的不等式, 在后面许多地方会用到.

例 18　求 $\lim\limits_{x\to 0}\dfrac{\tan x}{x}$.

解　$\lim\limits_{x\to 0}\dfrac{\tan x}{x} = \lim\limits_{x\to 0}\left(\dfrac{\sin x}{x}\cdot\dfrac{1}{\cos x}\right) = \lim\limits_{x\to 0}\dfrac{\sin x}{x}\cdot\lim\limits_{x\to 0}\dfrac{1}{\cos x} = 1.$

例 19　求 $\lim\limits_{x\to 0}\dfrac{1-\cos x}{x^2}$.

解法 1　$\lim\limits_{x\to 0}\dfrac{1-\cos x}{x^2} = \lim\limits_{x\to 0}\dfrac{2\sin^2\dfrac{x}{2}}{x^2} = \dfrac{1}{2}\lim\limits_{x\to 0}\left(\dfrac{\sin\dfrac{x}{2}}{\dfrac{x}{2}}\right)^2 = \dfrac{1}{2}.$

解法 2

$$\lim_{x\to 0}\frac{1-\cos x}{x^2} = \lim_{x\to 0}\frac{1-\cos^2 x}{x^2(1+\cos x)} = \lim_{x\to 0}\left[\left(\frac{\sin x}{x}\right)^2\cdot\frac{1}{1+\cos x}\right] = \frac{1}{2}.$$

例 20　求 $\lim\limits_{x\to 0}\dfrac{\tan x - \sin x}{x^3}$.

解法 1　$\lim\limits_{x\to 0}\dfrac{\tan x - \sin x}{x^3} = \lim\limits_{x\to 0}\dfrac{\tan x(1-\cos x)}{x^3}$

$$= \lim_{x\to 0}\left(\frac{\tan x}{x}\cdot\frac{1-\cos x}{x^2}\right)=\frac{1}{2}.$$

解法 2 $\lim\limits_{x\to 0}\dfrac{\tan x-\sin x}{x^3}=\lim\limits_{x\to 0}\left(\dfrac{\sin x}{x}\cdot\dfrac{1-\cos x}{x^2}\cdot\dfrac{1}{\cos x}\right)=\dfrac{1}{2}.$

例 21 求 $\lim\limits_{x\to 0}\dfrac{\cos x-\cos 3x}{x^2}.$

解 $\lim\limits_{x\to 0}\dfrac{\cos x-\cos 3x}{x^2}=\lim\limits_{x\to 0}\dfrac{2\sin 2x\sin x}{x^2}=4\lim\limits_{x\to 0}\left(\dfrac{\sin 2x}{2x}\cdot\dfrac{\sin x}{x}\right)=4.$

例 22 求 $\lim\limits_{x\to\infty}x\sin\dfrac{1}{x}.$

解 令 $u=\dfrac{1}{x}$, 则当 $x\to\infty$ 时, 有 $u\to 0$, 故

$$\lim_{x\to\infty}x\sin\frac{1}{x}=\lim_{u\to 0}\frac{\sin u}{u}=1.$$

注记 我们把第一个重要极限公式写出如下的一般形式:

$$\lim_{\square\to 0}\frac{\sin\square}{\square}=1.$$

由该公式推出的下面两个公式最好记住, 以便于后面求极限时使用.

$$\lim_{x\to 0}\frac{1-\cos x}{x^2}=\frac{1}{2},\quad \lim_{x\to 0}\frac{\tan x}{x}=1.$$

2. 第二个重要极限 $\lim\limits_{x\to\infty}\left(1+\dfrac{1}{x}\right)^x=\mathrm{e}$

下面先证明 $x\to+\infty$ 的情形.

对任何正实数 x, 总可以找到正整数 n, 使 $n\leqslant x<n+1$, 当 $x\to+\infty$ 时, 有 $n\to+\infty$, 因为

$$1+\frac{1}{n+1}<1+\frac{1}{x}\leqslant 1+\frac{1}{n},$$

所以

$$\left(1+\frac{1}{n+1}\right)^n<\left(1+\frac{1}{x}\right)^x<\left(1+\frac{1}{n}\right)^{n+1}.$$

根据

$$\lim_{n\to\infty}\left(1+\frac{1}{n}\right)^{n+1}=\lim_{n\to\infty}\left(1+\frac{1}{n}\right)^n\cdot\lim_{n\to\infty}\left(1+\frac{1}{n}\right)=\mathrm{e},$$

$$\lim_{n\to\infty}\left(1+\frac{1}{n+1}\right)^{n}=\lim_{n\to\infty}\left(1+\frac{1}{n+1}\right)^{n+1}\cdot\lim_{n\to\infty}\left(1+\frac{1}{n+1}\right)^{-1}=\mathrm{e}.$$

由夹逼定理可得 $\lim\limits_{x\to+\infty}\left(1+\dfrac{1}{x}\right)^{x}=\mathrm{e}$.

对于 $x\to-\infty$ 的情形, 令 $x=-(t+1)$, 当 $x\to-\infty$ 时 $t\to+\infty$, 则

$$\begin{aligned}\lim_{x\to-\infty}\left(1+\frac{1}{x}\right)^{x}&=\lim_{t\to+\infty}\left(1-\frac{1}{t+1}\right)^{-t-1}=\lim_{t\to+\infty}\left(\frac{t+1}{t}\right)^{t+1}\\&=\lim_{t\to+\infty}\left(1+\frac{1}{t}\right)^{t}\left(1+\frac{1}{t}\right)=\mathrm{e}.\end{aligned}$$

综上所述, 可得

$$\lim_{x\to\infty}\left(1+\frac{1}{x}\right)^{x}=\mathrm{e}.$$

例 23　求 $\lim\limits_{x\to0}(1+x)^{\frac{1}{x}}$.

解　令 $x=\dfrac{1}{u}$, 当 $x\to0$ 时, 有 $u\to\infty$, 则

$$\lim_{x\to0}(1+x)^{\frac{1}{x}}=\lim_{u\to\infty}\left(1+\frac{1}{u}\right)^{u}=\mathrm{e}.$$

例 24　求 $\lim\limits_{x\to\infty}\left(1-\dfrac{1}{x}\right)^{x}$.

解　$\lim\limits_{x\to\infty}\left(1-\dfrac{1}{x}\right)^{x}=\lim\limits_{x\to\infty}\left[\left(1+\dfrac{1}{-x}\right)^{-x}\right]^{-1}=\mathrm{e}^{-1}$.

例 25　求 $\lim\limits_{x\to\infty}\left(\dfrac{x+3}{x+1}\right)^{x}$.

解法 1　$\lim\limits_{x\to\infty}\left(\dfrac{x+3}{x+1}\right)^{x}=\lim\limits_{x\to\infty}\dfrac{\left(1+\dfrac{3}{x}\right)^{x}}{\left(1+\dfrac{1}{x}\right)^{x}}=\dfrac{\lim\limits_{x\to\infty}\left[\left(1+\dfrac{3}{x}\right)^{x/3}\right]^{3}}{\lim\limits_{x\to\infty}\left(1+\dfrac{1}{x}\right)^{x}}$

$$=\frac{\mathrm{e}^{3}}{\mathrm{e}}=\mathrm{e}^{2}.$$

解法 2 由于 $\lim\limits_{x\to\infty}\left(1+\dfrac{2}{x+1}\right)^{\frac{x+2}{2}}=\mathrm{e}$, $\lim\limits_{x\to\infty}\dfrac{2x}{x+2}=\lim\limits_{x\to\infty}\dfrac{2}{1+\dfrac{2}{x}}=2$, 则

$$\lim_{x\to\infty}\left(\frac{x+3}{x+1}\right)^x=\lim_{x\to\infty}\left[\left(1+\frac{2}{x+1}\right)^{(x+2)/2}\right]^{\frac{2x}{x+2}}=\mathrm{e}^2.$$

注记 我们把第二个重要极限写出如下的一般形式:

$$\lim_{\square\to\infty}\left(1+\frac{1}{\square}\right)^{\square}=\mathrm{e},\quad \lim_{\square\to0}(1+\square)^{\frac{1}{\square}}=\mathrm{e}.$$

当 $x\to\infty$ (或 $x\to x_0$) 时, 有 $f(x)\to1, g(x)\to\infty$, 幂指函数的极限 $\lim\limits_{\substack{x\to\infty\\(x\to x_0)}}[f(x)]^{g(x)}$ 的类型称为“1^∞”型. 对“1^∞”型的极限可以考虑利用第二个重要极限.

例 26 求 $\lim\limits_{x\to0}\dfrac{\ln(1+x)}{x}$.

解 由于 $\lim\limits_{x\to0}(1+x)^{\frac{1}{x}}=\mathrm{e}$, 则 $\lim\limits_{x\to0}\dfrac{\ln(1+x)}{x}=\lim\limits_{x\to0}\ln(1+x)^{\frac{1}{x}}=\ln\mathrm{e}=1$.

例 27 求 $\lim\limits_{x\to0}\dfrac{\mathrm{e}^x-1}{x}$.

解 令 $\mathrm{e}^x-1=u$, 则 $x=\ln(1+u)$, 当 $x\to0$ 时, 有 $u\to0$, 于是

$$\lim_{x\to0}\frac{\mathrm{e}^x-1}{x}=\lim_{u\to0}\frac{u}{\ln(1+u)}=\lim_{u\to0}\frac{1}{\dfrac{\ln(1+u)}{u}}=1.$$

例 28 求 $\lim\limits_{x\to0}(\cos x)^{\frac{1}{x\sin x}}$.

解 由于 $\lim\limits_{x\to0}\dfrac{\cos x-1}{x\sin x}=-\lim\limits_{x\to0}\dfrac{1-\cos x}{x^2}\cdot\dfrac{1}{\dfrac{\sin x}{x}}=-\dfrac{1}{2}$, 且 $\lim\limits_{x\to0}(1+\cos x-1)^{\frac{1}{\cos x-1}}=\mathrm{e}$, 则

$$\lim_{x\to0}(\cos x)^{\frac{1}{x\sin x}}=\lim_{x\to0}\left[(1+\cos x-1)^{\frac{1}{\cos x-1}}\right]^{\frac{\cos x-1}{x\sin x}}=\mathrm{e}^{-\frac{1}{2}}.$$

注记 例 26 和例 27 的极限可作为公式使用, 即

$$\lim_{x\to0}\frac{\ln(1+x)}{x}=1,\quad \lim_{x\to0}\frac{\mathrm{e}^x-1}{x}=1.$$

例 25 的解法 2 和例 28 利用极限运算的结果: 如果极限 $\lim\limits_{x\to x_0}f(x)=A>0$, $\lim\limits_{x\to x_0}g(x)=B$ 存在, 则 $\lim\limits_{x\to x_0}[f(x)]^{g(x)}=A^B$, 例 26 利用复合函数的极限运算, 后面会给出这个结论的证明.

习 题 1.4

1. 计算下列极限:

(1) $\lim\limits_{x \to 1} \dfrac{x^2+3x+5}{2x+1}$;

(2) $\lim\limits_{x \to -1} \dfrac{x^3+1}{x+1}$;

(3) $\lim\limits_{x \to 2} \left(\dfrac{2}{x-2} - \dfrac{8}{x^2-4}\right)$;

(4) $\lim\limits_{h \to 0} \dfrac{(x+h)^2-x^2}{h}$;

(5) $\lim\limits_{x \to \infty} \dfrac{x^2-1}{x^4+2x+1}$;

(6) $\lim\limits_{x \to \infty} \dfrac{x^2}{2x+1}$;

(7) $\lim\limits_{x \to +\infty} (\sqrt{x^2+x}-x)$;

(8) $\lim\limits_{n \to \infty} \left(\dfrac{1}{2}+\dfrac{1}{4}+\cdots+\dfrac{1}{2^n}\right)$;

(9) $\lim\limits_{n \to \infty} \left(\dfrac{1}{1\cdot 2}+\dfrac{1}{2\cdot 3}+\cdots+\dfrac{1}{n(n+1)}\right)$;

(10) $\lim\limits_{n \to \infty} \left(\dfrac{1}{n^2}+\dfrac{2}{n^2}+\cdots+\dfrac{n}{n^2}\right)$.

2. 计算下列极限:

(1) $\lim\limits_{x \to 0} \dfrac{1-\cos(2x)}{x\sin x}$;

(2) $\lim\limits_{x \to 1} \dfrac{\sin(x^2-1)}{\sin(x-1)}$;

(3) $\lim\limits_{x \to 0} \dfrac{\tan(x^2)}{x\sin x}$;

(4) $\lim\limits_{x \to +\infty} \left(1-\dfrac{1}{x}\right)^{\sqrt{x}}$;

(5) $\lim\limits_{x \to 1} x^{\frac{1}{\ln x}}$;

(6) $\lim\limits_{x \to 0} (1+x\sin x)^{\frac{1}{\ln(x^2+1)}}$;

(7) $\lim\limits_{x \to 0} \dfrac{\sqrt{1+x\tan x}-\cos x}{x^2}$;

(8) $\lim\limits_{x \to 0} \dfrac{x^2\sin\dfrac{1}{x}}{\tan x}$.

3. 设 $f(x)=\begin{cases}\sin x, & x \leqslant 0,\\ \ln(1+x), & x>0,\end{cases}$ 求极限 $\lim\limits_{x \to 0} \dfrac{f(x)-f(0)}{x}$.

4. 已知 $\lim\limits_{x \to \infty} \left(\dfrac{x^2}{1+x}-ax-b\right)=1$, 确定 a, b 的值.

5. 设 $f(x)=\begin{cases}\dfrac{\sqrt{1+x}-1}{x}, & x>0,\\ \dfrac{1}{2}, & x \leqslant 0,\end{cases}$ 求极限 $\lim\limits_{x \to 0} \dfrac{f(x)-f(0)}{x}$.

6. 设 $x_1>0$, $x_{n+1}=\dfrac{1}{2}\left(x_n+\dfrac{1}{x_n}\right)$ $(n=1,\ 2,\ \cdots)$, 证明极限 $\lim\limits_{n \to \infty} x_n$ 存在, 并求极限 $\lim\limits_{n \to \infty} x_n$.

7. 求极限 $\lim\limits_{n \to \infty} \left(\dfrac{\sqrt{n}}{n^2}+\dfrac{\sqrt{n}}{(n+1)^2}+\cdots+\dfrac{\sqrt{n}}{(n+n)^2}\right)$.

8. 设 a_1, a_2, $\cdots$, a_m 为 m 个正数, 证明 $\lim\limits_{n \to \infty} \sqrt[n]{a_1^n+a_2^n+\cdots+a_m^n}=\max\{a_1,a_2,\cdots,a_m\}$.

9. 设 $a_1=\sqrt{2}, a_{n+1}=\sqrt{2+a_n}$ $(n=1,2,\cdots)$, 证明极限 $\lim\limits_{n \to \infty} a_n$ 存在.

1.5 无穷小的比较

无穷小量的比较在高等数学中占有重要的地位, 它是研究无穷小量趋于零的快慢问题. 例如, 当 $x \to 0$ 时, $x, 2x^2, \sin x, x\sin\dfrac{1}{x}$ 都为无穷小量, 但是极限 $\lim\limits_{x\to 0}\dfrac{2x^2}{x} = 0, \lim\limits_{x\to 0}\dfrac{\sin x}{x} = 1, \lim\limits_{x\to 0}\dfrac{x}{2x^2} = \infty$, 而极限 $\lim\limits_{x\to 0}\dfrac{x\sin\dfrac{1}{x}}{x} = \lim\limits_{x\to 0}\sin\dfrac{1}{x}$ 不存在. 由此可以看到: 当 $x \to 0$ 时, 不同的无穷小量趋于零的快慢差别很大, 这种用两个无穷小的比值的极限来衡量无穷小量变化很有意义.

1.5.1 无穷小的比较的概念与运算

定义 1 在自变量 x 的同一趋向下, $\alpha(x)$, $\beta(x)$ 为无穷小量, 且 $\beta(x) \neq 0$.

(1) 如果 $\lim\dfrac{\alpha(x)}{\beta(x)} = 0$, 则称 $\alpha(x)$ 是比 $\beta(x)$ 高阶的无穷小, 记作 $\alpha = o(\beta)$.

(2) 如果 $\lim\dfrac{\alpha(x)}{\beta(x)} = \infty$, 则称 $\alpha(x)$ 是比 $\beta(x)$ 低阶的无穷小.

(3) 如果 $\lim\dfrac{\alpha(x)}{\beta(x)} = A \neq 0$, 则称 $\alpha(x)$ 与 $\beta(x)$ 是同阶无穷小. 特别地, 当 $A = 1$ 时, $\alpha(x)$ 与 $\beta(x)$ 是等价无穷小, 记作 $\alpha \sim \beta$.

(4) 如果 $\lim\dfrac{\alpha(x)}{[\beta(x)]^k} = A \neq 0 (k > 0)$, 则称 $\alpha(x)$ 是关于 $\beta(x)$ 的 k 阶无穷小.

从前面的极限的例子, 有下列等价无穷小的公式: 当 $x \to 0$ 时,

$$\sin x \sim x,\ \ \tan x \sim x,\ \ 1-\cos x \sim \frac{x^2}{2},\ \ \ln(1+x) \sim x,\ \ \mathrm{e}^x - 1 \sim x.$$

定理 1 在自变量 x 的同一趋向下, 设 $\alpha \sim \tilde{\alpha}$, $\beta \sim \tilde{\beta}$, 且 $\lim\dfrac{\tilde{\alpha}}{\tilde{\beta}}$ 存在 (或 ∞), 则

$$\lim\frac{\alpha}{\beta} = \lim\frac{\tilde{\alpha}}{\tilde{\beta}} \quad (\text{或}\infty).$$

证明 如果 $\lim\dfrac{\tilde{\alpha}}{\tilde{\beta}}$ 存在且 $\lim\dfrac{\alpha}{\tilde{\alpha}} = 1$, $\lim\dfrac{\beta}{\tilde{\beta}} = 1$, 则 $\lim\dfrac{\alpha}{\beta} = \lim\dfrac{\alpha}{\tilde{\alpha}}\dfrac{\tilde{\alpha}}{\tilde{\beta}}\dfrac{\tilde{\beta}}{\beta} = \lim\dfrac{\tilde{\alpha}}{\tilde{\beta}}$.

如果 $\lim\dfrac{\tilde{\alpha}}{\tilde{\beta}} = \infty$, 根据无穷大与无穷小的关系得到 $\lim\dfrac{\tilde{\beta}}{\tilde{\alpha}} = 0$, 于是 $\lim\dfrac{\beta}{\alpha} = \lim\dfrac{\tilde{\beta}}{\tilde{\alpha}} = 0$, 再根据无穷大与无穷小的关系得到 $\lim\dfrac{\alpha}{\beta} = \infty$.

例 1　设 $a \neq 0$, 证明: 当 $x \to 0$ 时, $(1+x)^a - 1 \sim ax$.

证明　由定理 1 和等价无穷小公式: $\mathrm{e}^x - 1 \sim x$, $\ln(1+x) \sim x$ $(x \to 0)$, 有

$$\lim_{x \to 0} \frac{(1+x)^a - 1}{ax} = \lim_{x \to 0} \frac{\mathrm{e}^{a\ln(1+x)} - 1}{ax} = \lim_{x \to 0} \frac{a\ln(1+x)}{ax} = \lim_{x \to 0} \frac{ax}{ax} = 1,$$

所以, 当 $x \to 0$ 时, $(1+x)^a - 1 \sim ax$.

例 2　证明: 当 $x \to 0$ 时, $\arcsin x \sim x$.

证明　令 $u = \arcsin x$, $|x| < 1$, 则 $x = \sin u$, 且在 1.4 节的重要极限的证明过程中得到: 当 $0 < |u| < \dfrac{\pi}{2}$ 时, 有 $1 < \dfrac{u}{\sin u} < \dfrac{1}{\cos u}$, 即当 $0 < |x| < 1$ 时, 有

$$1 < \frac{\arcsin x}{x} < \frac{1}{\sqrt{1-x^2}},$$

由于 $\lim\limits_{x \to 0} \dfrac{1}{\sqrt{1-x^2}} = 1$, 由夹逼定理得到 $\lim\limits_{x \to 0} \dfrac{\arcsin x}{x} = 1$, 从而 $\lim\limits_{x \to 0} \arcsin x = \lim\limits_{x \to 0} \left(\dfrac{\arcsin x}{x} \cdot x \right) = 0$, 所以, 当 $x \to 0$ 时, $\arcsin x \sim x$.

1.5.2　利用等价无穷小量替代求极限

利用等价无穷小替代来求极限是极限计算的一种有效的方法, 同时, 在以后利用洛必达法则求极限也会用到等价无穷小替代, 使得计算更简单. 等价无穷小的公式: 当 $x \to 0$ 时, 有

$$\sin x \sim x, \quad \tan x \sim x, \quad 1 - \cos x \sim \frac{x^2}{2},$$

$$\ln(1+x) \sim x, \quad \mathrm{e}^x - 1 \sim x, \quad (1+x)^a - 1 \sim ax \quad (a \neq 0).$$

记住这些等价无穷小公式, 这些公式在求极限过程中很有用.

例 3　求 $\lim\limits_{x \to 0} \dfrac{\tan 6x}{\sin 2x}$.

解　由于当 $x \to 0$ 时, 有 $\sin 2x \sim 2x, \tan 6x \sim 6x$, 故

$$\lim_{x \to 0} \frac{\tan 6x}{\sin 2x} = \lim_{x \to 0} \frac{6x}{2x} = 3.$$

例 4　求 $\lim\limits_{x \to 0} \dfrac{(1+x)\ln\cos x}{x \sin x}$.

解　由于当 $x \to 0$ 时, 有 $\sin x \sim x$, $\ln\cos x = \ln(1 + \cos x - 1) \sim \cos x - 1 \sim -\dfrac{1}{2}x^2$, 故

$$\lim_{x\to 0}\frac{(1+x)\ln\cos x}{x\sin x}=\lim_{x\to 0}(1+x)\cdot\lim_{x\to 0}\frac{\ln\cos x}{x\sin x}=1\cdot\lim_{x\to 0}\frac{-\frac{1}{2}x^2}{x^2}=-\frac{1}{2}.$$

例 5 求 $\lim\limits_{x\to 0}\dfrac{e^{2x}-e^{-x}}{\ln(1+x)}$.

解法 1 由于当 $x\to 0$ 时, 有 $\ln(1+x)\sim x,\ \ e^{3x}-1\sim 3x$, 故

$$\lim_{x\to 0}\frac{e^{2x}-e^{-x}}{\ln(1+x)}=\lim_{x\to 0}\left(e^{-x}\cdot\frac{(e^{3x}-1)}{\ln(1+x)}\right)=\lim_{x\to 0}e^{-x}\cdot\lim_{x\to 0}\frac{e^{3x}-1}{\ln(1+x)}=1\cdot\lim_{x\to 0}\frac{3x}{x}=3.$$

解法 2 由于当 $x\to 0$ 时, 有 $\ln(1+x)\sim x,\ \ e^{3x}-1\sim 3x,\ \ e^{-x}-1\sim -x$, 故

$$\begin{aligned}\lim_{x\to 0}\frac{e^{2x}-e^{-x}}{\ln(1+x)}&=\lim_{x\to 0}\frac{e^{2x}-e^{-x}}{x}=\lim_{x\to 0}\frac{e^{2x}-1}{x}-\lim_{x\to 0}\frac{e^{-x}-1}{x}\\&=\lim_{x\to 0}\frac{2x}{x}-\lim_{x\to 0}\frac{-x}{x}=3.\end{aligned}$$

例 6 求 $\lim\limits_{x\to 0}\dfrac{\tan x-\sin x}{x^3}$.

解 由于当 $x\to 0$ 时, 有 $\tan x\sim x,\ 1-\cos x\sim\dfrac{x^2}{2}$, 故

$$\lim_{x\to 0}\frac{\tan x-\sin x}{x^3}=\lim_{x\to 0}\frac{\tan x\cdot(1-\cos x)}{x^3}=\lim_{x\to 0}\frac{x\cdot\frac{1}{2}x^2}{x^3}=\frac{1}{2}.$$

注记 利用等价无穷小替代来求极限要注意: ① 函数形式为 $\dfrac{\alpha(x)}{\beta(x)}$; ② 整个分子或分母替代; ③ 分子或分母中相加或相减因子不能分别替代, 相乘因子可以分别替代. 其他形式不要随便替代. 下面是两个典型的错误:

① $\lim\limits_{x\to 0}\dfrac{\tan x-\sin x}{x^3}=\lim\limits_{x\to 0}\dfrac{x-x}{x^3}=0.$

② $$\begin{aligned}\lim_{x\to 0}\frac{\tan x-\sin x}{x^3}&=\lim_{x\to 0}\frac{\tan x}{x^3}-\lim_{x\to 0}\frac{\sin x}{x^3}\\&=\lim_{x\to 0}\frac{x}{x^3}-\lim_{x\to 0}\frac{x}{x^3}=\lim_{x\to 0}\frac{x-x}{x^3}=0.\end{aligned}$$

例 7 求 $\lim\limits_{x\to 0}\dfrac{\sqrt{1+x\sin x}-\cos x}{x\ln(1-x)}$.

解法 1 由于当 $x\to 0$ 时, 有 $\ln(1-x)\sim -x$, 故

$$\lim_{x\to 0}\frac{\sqrt{1+x\sin x}-\cos x}{x\ln(1-x)}=\lim_{x\to 0}\frac{\sqrt{1+x\sin x}-\cos x}{-x^2}$$

$$= \lim_{x\to 0}\frac{x\sin x+1-\cos^2 x}{-x^2(\sqrt{1+x\sin x}+\cos x)}$$

$$= -\lim_{x\to 0}\frac{\dfrac{\sin x}{x}+\left(\dfrac{\sin x}{x}\right)^2}{\sqrt{1+x\sin x}+\cos x}=-1.$$

解法 2　由于当 $x\to 0$ 时, 有 $\ln(1-x)\sim -x, 1-\cos x\sim\dfrac{x^2}{2}$, $\sqrt{1+x\sin x}-1\sim\dfrac{1}{2}(x\sin x)\sim\dfrac{1}{2}x^2$, 故

$$\lim_{x\to 0}\frac{\sqrt{1+x\sin x}-\cos x}{x\ln(1-x)}=\lim_{x\to 0}\frac{\sqrt{1+x\sin x}-1+1-\cos x}{x\ln(1-x)}$$

$$=\lim_{x\to 0}\frac{\sqrt{1+x\sin x}-1}{x\ln(1-x)}+\lim_{x\to 0}\frac{1-\cos x}{x\ln(1-x)}$$

$$=\lim_{x\to 0}\frac{\frac{1}{2}x^2}{-x^2}+\lim_{x\to 0}\frac{\frac{1}{2}x^2}{-x^2}=-\frac{1}{2}-\frac{1}{2}=-1.$$

例 8　求 $\lim\limits_{x\to+\infty}\ln(1+2^x)\tan\dfrac{1}{x}$.

解　由于当 $x\to+\infty$ 时, 有 $2^{-x}\to 0$, $\tan\dfrac{1}{x}\to 0$, $\tan\dfrac{1}{x}\sim\dfrac{1}{x}$, 故

$$\lim_{x\to+\infty}\ln(1+2^x)\tan\frac{1}{x}=\lim_{x\to+\infty}\ln[2^x(2^{-x}+1)]\tan\frac{1}{x}$$

$$=\lim_{x\to+\infty}\left(x\ln 2+\ln(1+2^{-x})\right)\tan\frac{1}{x}$$

$$=\lim_{x\to+\infty}x\ln 2\cdot\tan\frac{1}{x}+\lim_{x\to+\infty}\ln(1+2^{-x})\tan\frac{1}{x}$$

$$=\ln 2\lim_{x\to+\infty}\frac{\tan\frac{1}{x}}{\frac{1}{x}}=\ln 2\lim_{x\to+\infty}\frac{\frac{1}{x}}{\frac{1}{x}}=\ln 2\,.$$

习　题　1.5

1. 计算下列极限:

(1) $\lim\limits_{x\to 0}\dfrac{\sin(5x)}{\sin(3x)}$;

(2) $\lim\limits_{x\to 0}\dfrac{\sin(2x^3)}{x(1-\cos x)}$;

(3) $\lim\limits_{x\to 0}\dfrac{\sin x-\tan x}{x\ln(1+x^2)}$;

(4) $\lim\limits_{x\to 0}\dfrac{\ln\cos x}{x\sin x}$;

(5) $\lim\limits_{x\to0}\dfrac{\sin^m x}{\sin(x^n)}$ (m,n为正整数);

(6) $\lim\limits_{x\to0}\dfrac{2\sin x-\sin(2x)}{x^2\tan x}$;

(7) $\lim\limits_{x\to1}\dfrac{1+\cos(\pi x)}{(1-x)^2}$;

(8) $\lim\limits_{x\to0}\dfrac{\sqrt{1+x\tan x}-\cos x}{(3^x-1)\ln(1+x)}$.

2. 求 $\lim\limits_{x\to\infty}\dfrac{x^3}{x^2+1}\sin\dfrac{1}{x}$.

3. 求 $\lim\limits_{x\to0}\dfrac{\sqrt{1+\tan x}-\sqrt{1+\sin x}}{x^2(\mathrm{e}^x-1)}$.

4. 求 $\lim\limits_{x\to0}\dfrac{\sqrt{1+x\tan x}-\sqrt{\cos x}}{\ln\cos x}$.

5. 证明当 $x\to0$ 时, $\arctan x\sim x$.

6. 指出当 $x\to0$ 时, $1-\cos(\sin x)$, $x^2+2\sin x$ 是 x 的几阶无穷小.

1.6 函数的连续

1.6.1 函数的连续性

在自然界中, 不少现象都是连续变化的, 例如, 一天气温的变化、植物的生长等, 这些现象反映在函数关系上就是函数的连续性. 所谓连续性, 就是当自变量发生微小变化时, 因变量相应的变化也很微小. 下面我们给出增量和连续的概念.

定义 1 设变量 u 从初值 u_1 变到终值 u_2, 则称 u_2-u_1 为变量 u 的增量, 记作 Δu, 即

$$\Delta u=u_2-u_1,\quad u_2=u_1+\Delta u.$$

设 $y=f(x)$ 在 x_0 点的某一邻域内有定义. 当自变量 x 从 x_0 变到 $x_0+\Delta x$ 时, 函数 y 由 $f(x_0)$ 变 $f(x_0+\Delta x)$, 所以 y 的增量 Δy 为

$$\Delta y=f(x_0+\Delta x)-f(x_0)$$

(图 1-25).

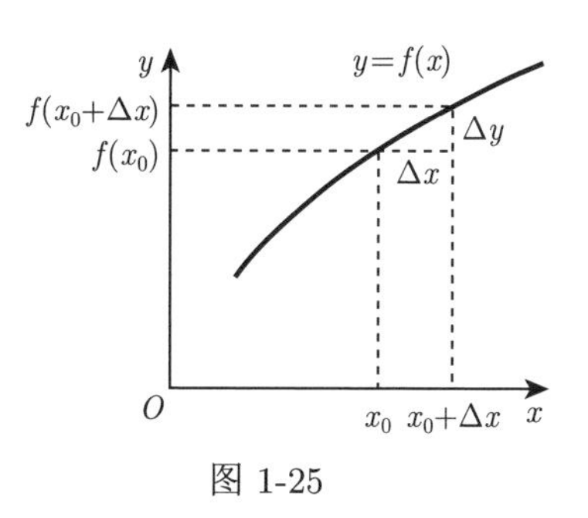

图 1-25

定义 2 设 $y=f(x)$ 在点 x_0 的某一邻域内有定义, 如果

$$\lim_{\Delta x\to0}\Delta y=0$$

成立, 则称 $f(x)$ 在点 x_0 是连续的.

记 $x=x_0+\Delta x$, 则 $\Delta y=f(x)-f(x_0)$, 所以, $\lim\limits_{\Delta x\to0}\Delta y=0$ 等价于 $\lim\limits_{x\to x_0}f(x)=f(x_0)$. 因此, 连续性定义可改写为如下形式.

定义 3 设 $y=f(x)$ 在点 x_0 的某一邻域内有定义. 如果 $\lim\limits_{x\to x_0} f(x)=f(x_0)$, 则称 $f(x)$ 在点 x_0 是连续的. 如果 $f(x)$ 在区间内每一点都连续, 则称函数 $f(x)$ 在该区间内连续.

例 1 证明 $y=\cos x$ 在 $(-\infty,+\infty)$ 内是连续的.

证明 任取 $x_0\in(-\infty,+\infty)$, 当 x 在 x_0 点有增量 Δx 时, y 的增量为 Δy, 即

$$\Delta y=\cos(x_0+\Delta x)-\cos x_0=-2\sin\left(x_0+\frac{\Delta x}{2}\right)\sin\frac{\Delta x}{2}.$$

于是 $0\leqslant|\Delta y|\leqslant 2\left|\sin\frac{\Delta x}{2}\right|\leqslant|\Delta x|$, 根据 $\lim\limits_{\Delta x\to 0}|\Delta x|=0$, 由夹逼定理得到 $\lim\limits_{\Delta x\to 0}\Delta y=0$, 所以 $y=\cos x$ 在 x_0 点是连续的. 由于 x_0 是 $(-\infty,+\infty)$ 内任取的, 所以 $y=\cos x$ 在 $(-\infty,+\infty)$ 内连续.

根据 1.3 节中的例 6、例 8 和 1.4 节中的例 6 以及极限的运算, 得到: 函数 $\sin x$, e^x, $P(x)=a_0x^n+a_1x^{n-1}+\cdots+a_n$ 也在 $(-\infty,+\infty)$ 内连续, 有理分式函数 $R(x)=\dfrac{P(x)}{Q(x)}$ 在定义域内连续.

例 2 讨论 $f(x)=\begin{cases} x\sin\dfrac{1}{x}, & x\neq 0,\\ 0, & x=0\end{cases}$ 在 $x=0$ 点的连续性.

解 由于在 $(-\infty,\ 0)\cup(0,\ +\infty)$ 内, 有 $\left|\sin\dfrac{1}{x}\right|\leqslant 1$, 且 $\lim\limits_{x\to 0}x=0$, 则 $\lim\limits_{x\to 0}f(x)$ $=\lim\limits_{x\to 0}x\sin\dfrac{1}{x}=0=f(0)$, 所以 $f(x)$ 在 $x=0$ 点连续.

例 3 讨论 $f(x)=\begin{cases} \dfrac{\sqrt{1+\sin x}-1}{x}, & x>0,\\ \mathrm{e}^x, & x\leqslant 0\end{cases}$ 在 $x=0$ 点的连续性.

解 由于当 $x\to 0$ 时, $\sqrt{1+\sin x}-1\sim\dfrac{1}{2}\sin x$, 则

$$\lim_{x\to 0^-}f(x)=\lim_{x\to 0^-}\mathrm{e}^x=1,$$

$$\lim_{x\to 0^+}f(x)=\lim_{x\to 0^+}\frac{\sqrt{1+\sin x}-1}{x}=\lim_{x\to 0^+}\frac{\frac{1}{2}\sin x}{x}=\frac{1}{2},$$

因为 $\lim\limits_{x\to 0^-}f(x)\neq\lim\limits_{x\to 0^+}f(x)$, 所以 $\lim\limits_{x\to 0}f(x)$ 不存在, 从而 $f(x)$ 在 $x=0$ 点不连续.

如果用极限定义的 ε-δ 语言, 连续性定义可表述如下:

设函数 $y=f(x)$ 在 x_0 点的某一邻域内有定义, 如果对于任意给定 $\varepsilon>0$, 存在正数 δ, 使当 $|x-x_0|<\delta$ 时, 恒有 $|f(x)-f(x_0)|<\varepsilon$ 成立, 则称 $f(x)$ 在点 x_0 是连续.

定义 4　函数 $y=f(x)$ 在 x_0 点的某一邻域内有定义. 若 $\lim\limits_{x\to x_0^+}f(x)=f(x_0)$, 则称 $f(x)$ 在 x_0 点右连续, 若 $\lim\limits_{x\to x_0^-}f(x)=f(x_0)$, 则称 $f(x)$ 在 x_0 点左连续.

如果 $f(x)$ 在 (a,b) 内每一点连续, 则称 $f(x)$ 在 (a,b) 内连续. 如果 $f(x)$ 在 (a,b) 内连续, 且在 a 点右连续, 在 b 点左连续, 则称 $f(x)$ 在 $[a,b]$ 上连续.

1.6.2　函数的间断点及其分类

定义 5　设函数 $f(x)$ 在点 x_0 的一个邻域内有定义 (x_0 可除外), 如果 $f(x)$ 在 x_0 点不连续, 则称 x_0 为 $f(x)$ 的间断点.

$f(x)$ 在 x_0 点间断, 下列三种情况至少出现其一:

(1) $f(x)$ 在 x_0 点无定义;

(2) $f(x)$ 在 x_0 点有定义, 但 $\lim\limits_{x\to x_0}f(x)$ 不存在;

(3) $f(x)$ 在 x_0 点有定义, 且 $\lim\limits_{x\to x_0}f(x)$ 存在, 但 $\lim\limits_{x\to x_0}f(x)\neq f(x_0)$.

下面举例说明函数间断点的几种常见类型.

例 4　函数 $f(x)=\dfrac{1}{x}$ 在 $x=0$ 点无定义, 所以 $f(x)$ 在 $x=0$ 点间断, 而 $\lim\limits_{x\to 0}\dfrac{1}{x}=\infty$, 称 $x=0$ 是 $f(x)=\dfrac{1}{x}$ 的无穷间断点.

例 5　设 $f(x)=\begin{cases}x-1, & x<0,\\ 0, & x=0,\\ x+1, & x>0,\end{cases}$ 讨论 $f(x)$ 在 $x=0$ 处的连续性.

解　因为 $\lim\limits_{x\to 0^-}f(x)=\lim\limits_{x\to 0^-}(x-1)=-1$,

$$\lim_{x\to 0^+}f(x)=\lim_{x\to 0^-}(x+1)=1,$$

所以极限 $\lim\limits_{x\to 0}f(x)$ 不存在, 故 $f(x)$ 在 $x=0$ 点间断 (图 1-26). 函数图形在 $x=0$ 点产生跳跃情形, 称 $x=0$ 为跳跃间断点.

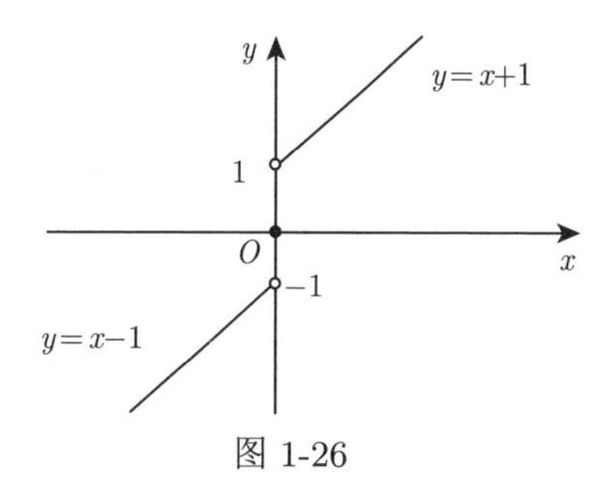

图 1-26

例 6　函数 $f(x)=\dfrac{x^2-1}{x-1}$ 在 $x=1$ 没有定义, 所以在 $x=1$ 间断, 但

$$\lim_{x\to1}f(x)=\lim_{x\to1}\frac{x^2-1}{x-1}=\lim_{x\to1}(x+1)=2.$$

如果补充定义 $f(1)=2$, 即 $f(x)=\begin{cases}\dfrac{x^2-1}{x-1}, & x\neq1,\\ 2, & x=1,\end{cases}$ 则 $f(x)$ 在 $x=1$ 点连续, 称 $x=1$ 为可去间断点.

例 7　函数 $f(x)=\sin\dfrac{1}{x}$ 在 $x=0$ 点没有定义, 故 $x=0$ 是 $f(x)$ 的间断点, 又因为当 $x\to0$ 时, $\sin\dfrac{1}{x}$ 的值在 -1 到 1 之间变化无限多次, 我们称 $x=0$ 是 $f(x)=\sin\dfrac{1}{x}$ 的振荡型间断点 (图 1-27).

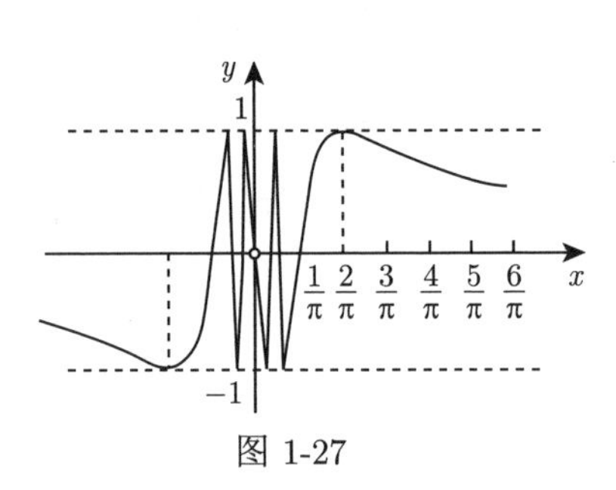

图 1-27

一般地, 我们常把间断点分成两类, 分别称为第一类间断点和第二类间断点. 所谓第一类间断点, 是指在该点的左右极限都存在的情形. 如果左右极限都存在且不相等的间断点称为跳跃间断点; 如果左右极限都存在且相等的间断点称为可去间断点. 不是第一类间断点的任何其他间断点都叫第二类间断点, 如无穷型间断点和振荡型间断点.

例 8　函数 $f(x)=\dfrac{x}{\tan x}$ 在 $x=n\pi$ 和 $x=\dfrac{\pi}{2}+n\pi$ $(n=0,\pm1,\pm2,\cdots)$ 间断, 因为 $f(x)$ 在这些点上没有定义. 又因为 $\lim\limits_{x\to\frac{\pi}{2}+n\pi}f(x)=\lim\limits_{x\to\frac{\pi}{2}+n\pi}\dfrac{x}{\tan x}=0$, 所以 $x=\dfrac{\pi}{2}+n\pi$ $(n=0,\pm1,\pm2,\cdots)$ 是可去间断点, 又 $\lim\limits_{x\to0}f(x)=\lim\limits_{x\to0}\dfrac{x}{\tan x}=1$, 所以 $x=0$ 也是可去间断点. 而

$$\lim_{x\to n\pi}f(x)=\lim_{x\to n\pi}\frac{x}{\tan x}=\infty\quad(n=\pm1,\pm2,\cdots),$$

所以 $x=n\pi$ $(n=\pm1,\pm2,\cdots)$ 是第二类间断点.

1.6.3　连续函数的运算

1. 函数的和、差、积、商的连续性

根据极限的运算和函数连续的定义, 得到如下结论.

定理 1　若 $f(x)$, $g(x)$ 都在点 x_0 处连续, 则 $f(x)\pm g(x), f(x)g(x)$, $\dfrac{f(x)}{g(x)}$ $(g(x_0)\neq0)$ 也在 x_0 处连续.

例 9 因为 $\sin x$ 和 $\cos x$ 都在 $(-\infty,+\infty)$ 内是连续的, 所以 $\tan x$ 和 $\cot x$ 在定义域上连续, $\sec x$ 和 $\csc x$ 也在定义域上是连续的.

2. 复合函数的连续性

根据 1.4 节中的定理 5 得到如下结论.

定理 2 设 $u=\varphi(x)$ 在点 x_0 处连续, $y=f(u)$ 在点 u_0 处连续, $u_0=\varphi(x_0)$, 则 $y=f[\varphi(x)]$ 在点 x_0 处连续.

例 10 函数 $y=\sin\dfrac{1}{x}$ 在 $(-\infty,+\infty)$ 内, 除 $x=0$ 外处处连续. 这是因为 $u=\dfrac{1}{x}$ 在 $(-\infty,+\infty)$ 内除 $x=0$ 外处处连续, 函数 $y=\sin u$ 在 $(-\infty,+\infty)$ 内处处连续.

例 11 函数 $y=x^a$ (a 实数) 在 $(0,\ +\infty)$ 内是连续的. 这是因为 $y=x^a=\mathrm{e}^{a\ln x}$, 函数 $u=a\ln x$ 在 $(0,+\infty)$ 内连续, 函数 $y=\mathrm{e}^u$ 在 $(-\infty,+\infty)$ 内连续, 所以 $y=x^a$ 在 $(0,+\infty)$ 内是连续的.

3. 反函数的连续性

定理 3 设 $y=f(x)$ 在 $[a,b]$ 上单调增加 (或单调减少) 且连续, 则它的反函数 $x=\varphi(y)$ 在对应区间 $[\alpha,\beta]$ 或 $[\beta,\alpha]$ 上也单调增加 (或单调减少) 且连续, 其中 $f(a)=\alpha, f(b)=\beta$.

证明从略.

例 12 由定理 3 立刻推出反三角函数的连续性如下:

因为 $y=\sin x$ 在 $\left[-\dfrac{\pi}{2},\dfrac{\pi}{2}\right]$ 上单调增加且连续, 所以反函数 $x=\arcsin y$ 在 $[-1,1]$ 上也单调增加且连续, 即 $y=\arcsin x$ 在 $[-1,1]$ 上单调增加且连续.

同样可说明: $y=\arccos x$ 在 $[-1,1]$ 上单调减少且连续; $y=\arctan x$ 在 $(-\infty,+\infty)$ 内单调增加且连续; $y=\operatorname{arccot} x$ 在 $(-\infty,+\infty)$ 内单调减少且连续.

总之, 反三角函数在定义域上是连续的. 基本初等函数在定义域内是连续的.

1.6.4 初等函数的连续性

根据极限的运算和函数连续的运算以及前面的例子, 得到如下结论.

定理 4 基本初等函数在定义域内是连续的, 初等函数在定义区间上是连续的.

所谓定义区间就是包含在定义域内的区间. 由定理 4 可得: 若 $f(x)$ 是初等函数, 且 x_0 是定义区间内一点, 则有

$$\lim_{x\to x_0} f(x)=f(x_0).$$

例 13 求 $\lim\limits_{x\to\sqrt{3}}\ln\arctan x$.

解 由于 $\ln\arctan x$ 是初等函数, $\sqrt{3}$ 在 $\ln\arctan x$ 的定义内, 故

$$\lim_{x\to\sqrt{3}}\ln\arctan x=\ln\arctan\sqrt{3}=\ln\frac{\pi}{3}.$$

例 14 如果极限 $\lim\limits_{x\to x_0}f(x)=A>0$, $\lim\limits_{x\to x_0}g(x)=B$ 存在, 则

$$\lim_{x\to x_0}[f(x)]^{g(x)}=A^B.$$

证明 函数 $y=\ln u$ 在 $(0,+\infty)$ 内连续, $\lim\limits_{x\to x_0}f(x)=A>0$, 由 1.4 节中的定理 5 得到

$$\lim_{x\to x_0}\ln f(x)=\ln[\lim_{x\to x_0}f(x)]=\ln A,$$

根据极限运算知 $\lim\limits_{x\to x_0}g(x)\ln f(x)=B\ln A$, 又函数 e^u 处处连续, 所以

$$\lim_{x\to x_0}[f(x)]^{g(x)}=\lim_{x\to x_0}\mathrm{e}^{g(x)\ln f(x)}=\mathrm{e}^{\lim\limits_{x\to x_0}g(x)\ln f(x)}=\mathrm{e}^{B\ln A}=A^B.$$

例 15 求函数 $f(x)=\lim\limits_{n\to+\infty}\dfrac{x\mathrm{e}^{n(x-1)}\cos(\pi x)+x+2}{1+\mathrm{e}^{n(x-1)}}$ 的间断点, 并指出其类型.

解 当 $x<1$ 时, $\lim\limits_{n\to+\infty}\mathrm{e}^{n(x-1)}=0$, $f(x)=x+2$, $f(1)=1$; 当 $x>1$ 时,

$$f(x)=\lim_{n\to+\infty}\frac{x\cos(\pi x)+(x+2)\mathrm{e}^{-n(x-1)}}{1+\mathrm{e}^{-n(x-1)}}=x\cos(\pi x),$$

即

$$f(x)=\begin{cases}x+2, & x<1,\\ 1, & x=1,\\ x\cos(\pi x), & x>1,\end{cases}$$

则函数 $f(x)$ 除 $x=1$ 外处处连续. 由于

$$\lim_{x\to1^-}f(x)=\lim_{x\to1^-}(x+2)=3,\qquad \lim_{x\to1^+}f(x)=\lim_{x\to1^+}x\cos(\pi x)=-1,$$

所以 $x=1$ 是 $f(x)$ 的跳跃间断点.

习　题　1.6

1. 研究下列函数的连续性, 并画出函数的图形.

(1) $f(x)=\begin{cases} x^2, & |x|\leqslant 1, \\ |x|, & |x|>1; \end{cases}$　　(2) $f(x)=\begin{cases} x^2+1, & x\neq 0, \\ 0, & x=0. \end{cases}$

2. 求下列函数的间断点, 并说明这些间断点的类型. 如果是可去的, 补充或改变定义使其连续.

(1) $f(x)=\cos\dfrac{1}{x}$;　　(2) $f(x)=x\cot x$;

(3) $f(x)=\dfrac{x^2+x-2}{x^3-1}$;　　(4) $f(x)=\dfrac{x}{\sin \pi x}$;

(5) $f(x)=x\sin\dfrac{1}{x}$;　　(6) $f(x)=\dfrac{1}{\mathrm{e}-\mathrm{e}^{\frac{1}{x}}}$;

(7) $f(x)=\begin{cases} \sqrt{x}\sin\dfrac{1}{x}, & x>0, \\ x^2+1, & x\leqslant 0; \end{cases}$　　(8) $f(x)=\begin{cases} \dfrac{1}{1+x}, & x\geqslant 0, \\ \mathrm{e}^{\frac{1}{x}}, & x<0. \end{cases}$

3. 确定常数 a 的值使函数 $f(x)=\begin{cases} \cos x, & x\geqslant 0, \\ a+x, & x<0 \end{cases}$ 在 $(-\infty,+\infty)$ 内处处连续.

4. 讨论函数的连续性. 若有间断点, 判别其类型.

(1) $f(x)=\lim\limits_{n\to\infty}\sqrt[n]{1+x^{2n}}$;　　(2) $f(x)=\lim\limits_{n\to\infty}\dfrac{x-x^{2n}}{1+x^{2n}}$.

5. 证明: 若函数 $f(x)$ 在点 x_0 连续且 $f(x_0)\neq 0$, 则存在 x_0 的某一邻域 $U(x_0)$, 当 $x\in U(x_0)$ 时, $f(x)\neq 0$.

6. 求下列极限:

(1) $\lim\limits_{x\to 0}\sqrt{\mathrm{e}^x+5x^2+3}$;　　(2) $\lim\limits_{x\to 1}\ln(1+\sin(\pi x))$;

(3) $\lim\limits_{x\to a}\dfrac{\sin x-\sin a}{x-a}$;　　(4) $\lim\limits_{x\to+\infty}\arctan(\sqrt{x^2+2x}-x)$;

(5) $\lim\limits_{x\to 0}(\cos x)^{\frac{1}{x\sin x}}$;　　(6) $\lim\limits_{x\to 0}\left(\dfrac{1+\tan x}{1+\sin x}\right)^{\frac{1}{x^3}}$.

1.7　闭区间上连续函数的性质

对于在闭区间 $[a,b]$ 上的连续函数, 有如下几个重要性质, 其中有些性质给出证明, 有些性质我们仅从几何上给出解释.

1.7.1　最大值最小值定理

定理 1　设 $f(x)$ 在 $[a,b]$ 上连续, 则 $f(x)$ 在 $[a,b]$ 上一定能取到最大值和最小值, 即存在 ξ_1, $\xi_2\in[a,b]$, 使对一切 $x\in[a,b]$, 有

$$f(\xi_2)\leqslant f(x)\leqslant f(\xi_1),$$

其中 $f(\xi_1)$ 和 $f(\xi_2)$ 分别称为 $f(x)$ 在 $[a,b]$ 上的最大值和最小值 (图 1-28).

注记　在最大值最小值定理中, 函数连续和区间是闭的是定理成立的重要条件, 缺一不可, 即

(1) 如果 $f(x)$ 在 (a,b) 内连续, 定理的结论不一定成立. 例如, $f(x)$ 在 (0, 1) 内连续, 但在 (0, 1) 内不能取到最大值和最小值.

(2) 如果 $f(x)$ 在 $[a,b]$ 上有间断点, 定理的结论也不一定成立. 例如,

$$f(x)=\begin{cases}-x+1, & 0\leqslant x<1,\\ 1, & x=1,\\ -x+3, & 1<x\leqslant 2\end{cases}$$

在区间 $[0,2]$ 上有间断点 $x=1$, 该函数在区间 $[0,2]$ 上不能取到最大值和最小值 (图 1-29).

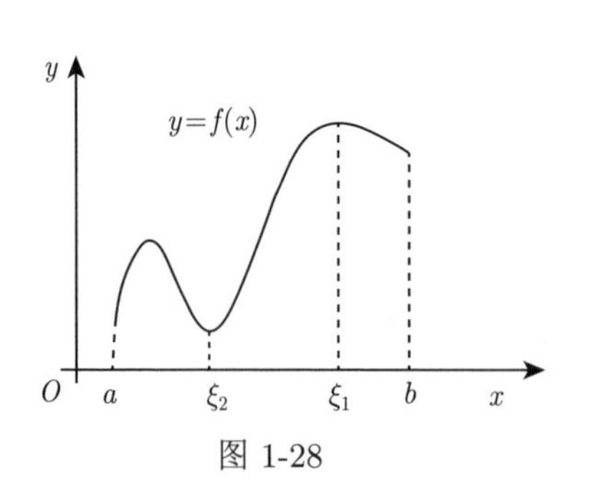

图 1-28

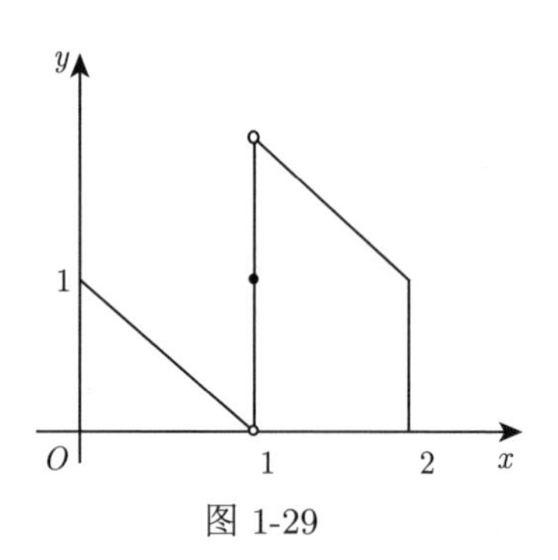

图 1-29

定理 2　设 $f(x)$ 在 $[a,b]$ 上连续, 则 $f(x)$ 在 $[a,b]$ 上有界.

证明　因为 $f(x)$ 在 $[a,b]$ 上连续, 由定理 1 可知, $f(x)$ 在 $[a,b]$ 上有最大值 M 和最小值 m, 即对任意 $x\in[a,b]$ 有 $m\leqslant f(x)\leqslant M$. 取 $K=\max\{|M|,|m|\}$, 则有

$$|f(x)|\leqslant K,\quad x\in[a,b],$$

所以 $f(x)$ 在 $[a,b]$ 上有界.

1.7.2　零点定理与介值定理 (中间值定理)

定理 3　设 $f(x)$ 在 $[a,b]$ 上连续, 且 $f(a)f(b)<0$, 那么在 (a,b) 内至少存在一点 ξ, 使 $f(\xi)=0$.

* **证明**　下面利用数列收敛准则和二分法来证明. 不妨设 $f(a)<0, f(b)>0$, 将区间 $[a, b]$ 二等分, 区间 $[a,b]$ 的中点为 $c=\dfrac{a+b}{2}$, 如果 $f(c)=0$, 则定理得证, 否则, 函数 $f(x)$ 在区间 $[a,c]$, $[c,b]$ 上必有一个区间的端点的值为异号, 记此

区间为 $[a_1,b_1]$, 且 $f(a_1)<0, f(b_1)>0$. 区间 $[a_1,b_1]$ 的中点为 $c_1=\dfrac{a_1+b_1}{2}$, 如果 $f(c_1)=0$, 则定理证明完成, 否则, 前面的方法继续下去, 由此得到: 经过有限次的区间划分, 在分点的函数值为零, 定理得证, 否则, 得到一列区间 $[a_n,b_n]$ $(n=1,2,\cdots)$, 满足

(1) $f(a_n)<0<f(b_n)$;

(2) $[a_{n+1},b_{n+1}]\subset[a_n,b_n]$, $b_n-a_n=\dfrac{b-a}{2^n}$ $(n=1,\ 2,\ \cdots)$,

则

$$a_1\leqslant a_2\leqslant\cdots\leqslant a_n\leqslant\cdots\leqslant b_n\leqslant b_{n-1}\leqslant\cdots\leqslant b_1,$$

由数列的收敛准则, 且 $b_n-a_n=\dfrac{b-a}{2^n}$ $(n=1,\ 2,\ \cdots)$, 得到

$$\lim_{n\to\infty}a_n=\lim_{n\to\infty}b_n=x_0\in[a,\ b].$$

根据函数 $f(x)$ 在 $[a,b]$ 上连续和 1.2 节中的定理 4, 则

$$f(x_0)=\lim_{n\to\infty}f(a_n)\leqslant 0,\quad f(x_0)=\lim_{n\to\infty}f(b_n)\geqslant 0,$$

所以 $f(x_0)=0$, 由于 $f(a)<0$, $f(b)>0$, 得 $x_0\in(a,\ b)$.

定理 4 设 $f(x)$ 在 $[a,b]$ 上连续, 且 $f(a)\neq f(b)$, 那么, 对介于 $f(a)$ 和 $f(b)$ 之间的任何数 μ, 在开区间 (a,b) 内至少存在一点 ξ, 使得 $f(\xi)=\mu$.

证明 对任意数 μ 介于 $f(a)$ 和 $f(b)$ 之间, 且不等于 $f(a)$ 或 $f(b)$, 记 $g(x)=f(x)-\mu$, 则 $g(x)$ 在 $[a,b]$ 上连续, 且

$$g(a)g(b)=[f(a)-\mu]\cdot[f(b)-\mu]<0,$$

由零点定理得到: 存在 $\xi\in(a,\ b)$, 使得 $g(\xi)=f(\xi)-\mu=0$, 即 $f(\xi)=\mu$.

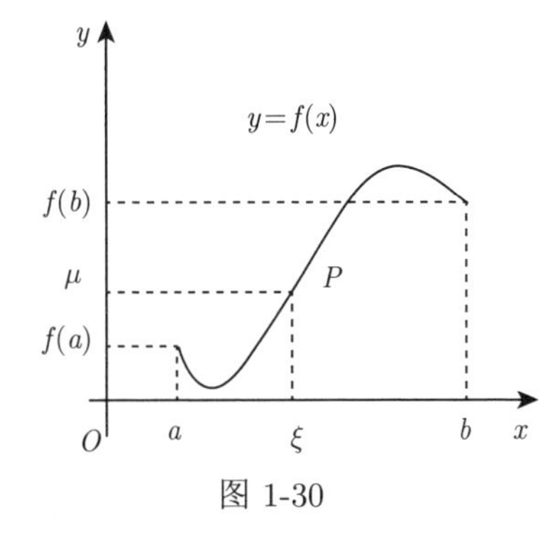

图 1-30

该定理的几何意义是明显的. 在 $[a,b]$ 上一条连续曲线与平行于 x 轴的直线 $y=\mu$ 至少有一个交点 $P(\xi,f(\xi))$, 其中 $\xi\in(a,b)$, $f(\xi)=\mu$ (图 1-30).

由这个定理我们可以得到以下推论.

推论 1 在闭区间 $[a,b]$ 上的连续函数 $f(x)$ 必取到介于最大值和最小值之间的任何值.

证明　设 $f(x_1)=M, f(x_2)=m$ 且有 $M\neq m$ (M 和 m 分别为最大值和最小值). 不妨设 $x_1<x_2$, 应用定理 4, 存在 $\xi\in(x_1,x_2)\subset[a,b]$, 使得 $f(\xi)=\mu\ (m<\mu<M)$.

例 1　证明方程 $x^5-10x-1=0$ 在 $(1,2)$ 内至少有一个根.

证明　令 $f(x)=x^5-10x-1$, $f(x)$ 在 $[1,\ 2]$ 上连续, 且 $f(1)=-10<0$, $f(2)=11>0$, 故 $f(1)f(2)<0$, 由定理 3 可知, 至少存在一点 $\xi\in(1,2)$ 使 $f(\xi)=0$, 即 ξ 是 $x^5-10x-1=0$ 的一个根 $(1<\xi<2)$.

例 2　证明方程 $x^5-5x^2-1=0$ 至少有一个正根.

证明　$f(x)=x^5-5x^2-1$, $f(x)$ 在 $[0,\ 2]$ 上连续, 且 $f(0)\cdot f(2)=(-1)\cdot 11=-11<0$, 由定理 3 可知, 至少存在一点 $\xi\in(0,\ 2)$ 使 $f(\xi)=0$, 即 $x^5-5x^2-1=0$ 有个正根 $\xi\in(0,\ 2)$.

注记　证明方程的根的存在性主要是利用零点定理 (定理 3), 关键是引入连续函数, 且说明函数在某闭区间上连续. 例 2 在区间 $[0,2]$ 上讨论, 也可在区间 $[0,3]$ 上讨论, 只要保证区间端点的值为异号即可.

例 3　设 $f(x)$ 在 $[a,b]$ 上连续, 且不为常数, 证明 $f([a,b])$ 是一个闭区间.

证明　由于 $f(x)$ 在 $[a,b]$ 上连续, 由定理 1 可知, $f(x)$ 在 $[a,b]$ 上有最大值 M 和最小值 m, 即对任意 $x\in[a,b]$ 有 $m\leqslant f(x)\leqslant M$, 即 $f([a,\ b])\subset[m,\ M]$.

另一方面, 对任意 $\mu\in[m,\ M]$, 由介值定理, 存在 $\xi\in[a,\ b]$, 使得 $\mu=f(\xi)$, 于是

$$\mu=f(\xi)\in f([a,\ b])=\{f(x)\mid x\in[a,\ b]\},$$

从而 $[m,\ M]\subset f([a,\ b])$, 所以 $f([a,\ b])=[m,\ M]$ 是一个闭区间.

习　题　1.7

1. 证明方程 $\mathrm{e}^x-x=2$ 在 $(0,2)$ 内至少有一个根.

2. 设其中 $a>0$, $b>0$, 证明方程 $x=a\sin x+b$ 至少有一个正根, 并且它不超过 $a+b$.

3. 设函数 $f(x)$ 对于闭区间 $[a,\ b]$ 上的任意两点 x,y, 恒有 $|f(x)-f(y)|\leqslant L|x-y|$, 其中 L 为正常数, 且 $f(a)\cdot f(b)<0$, 证明: 至少有一点 $\xi\in(a,b)$, 使得 $f(\xi)=0$.

4. 若 $f(x)$ 在 $[a,\ b]$ 上连续, $a<x_1<x_2<\cdots<x_n<b$, 则在 (x_1,x_n) 内至少有一点 ξ, 使

$$f(\xi)=\frac{f(x_1)+f(x_2)+\cdots+f(x_n)}{n}.$$

5. 证明: 若 $f(x)$ 在 $(-\infty,+\infty)$ 内连续, 且 $\lim\limits_{x\to\infty}f(x)$ 存在, 则 $f(x)$ 必在 $(-\infty,+\infty)$ 内有界.

6. 设 $f(x)$ 在区间 (a,b) 内连续, 且 $\lim\limits_{x\to a^+}f(x)=-\infty$, $\lim\limits_{x\to b^-}f(x)=+\infty$, 证明: 函数 $f(x)$ 在区间 (a,b) 内有零点.

总 习 题 一

1. 单项选择题.

(1) 函数 $f(x)=\dfrac{e^{\frac{1}{x}}}{(x-2)(x-3)}$ 在区间 (　　) 内有界.

(A) $(-1,0)$　　(B) $(0,1)$　　(C) $(1,2)$　　(D) $(2,3)$

(2) 设 n 为正整数, 当 $x\to 0$ 时, $\ln(1+x^2)$ 与 $x^n\sin x$ 是等价无穷小, 则 n=(　　).

(A) 1　　(B) 2　　(C) 3　　(D) 4

(3) 函数 $f(x)=\dfrac{x-x^3}{\sin(\pi x)}$ 的可去间断点个数为 (　　).

(A) 1　　(B) 2　　(C) 3　　(D) 无穷多个

(4) 极限 $\lim\limits_{x\to 0}\dfrac{\sqrt{1-\cos(2x)}}{x}$ 为 (　　).

(A) 0　　(B) 1　　(C) $\sqrt{2}$　　(D) 不存在

(5) $x=0$ 是函数 $\dfrac{\sin x}{1+e^{\frac{1}{x}}}$ 的 (　　).

(A) 可去间断点　　(B) 跳跃间断点　　(C) 无穷间断点　　(D) 连续点

2. 填空题.

(1) 极限 $\lim\limits_{n\to\infty}[\sqrt{2+4+\cdots+2n}-n]=$ ____________.

(2) 设 $f(x)=\begin{cases}2-x^2, & |x|<1,\\ 0, & |x|\geqslant 1,\end{cases}$ 则 $f(f(x))=$____________.

(3) 若极限 $\lim\limits_{x\to\infty}\left(\dfrac{1-2x^2}{2x+1}-ax\right)=\dfrac{1}{2}$, 则 $a=$____________.

(4) 若极限 $\lim\limits_{x\to\infty}\left(\dfrac{x+a}{x-a}\right)^x=4$, 则 $a=$ ____________.

(5) 函数 $f(x)=\dfrac{x\ln(x+2)}{(x^2-1)(x^2-9)}$ 的间断点的个数为____________.

3. 设 $|x|<1$, 求 $\lim\limits_{n\to\infty}(1+x)(1+x^2)(1+x^4)\cdots(1+x^{2^n})$.

4. 求 $\lim\limits_{n\to\infty}\left(\dfrac{1}{n^2+1}+\dfrac{2}{n^2+2}+\cdots+\dfrac{n}{n^2+n}\right)$.

5. 证明 $\lim\limits_{n\to\infty}\sqrt[n]{n}=1$.

6. 证明极限 $\lim\limits_{n\to\infty}\sin\left(\dfrac{n\pi}{2}\right)$ 不存在.

7. 求下列极限:

(1) $\lim\limits_{x\to\infty}x^2\left(1-\cos\dfrac{1}{x}\right)$;

(2) $\lim\limits_{x\to 0}(1+3\tan^2 x)^{\cot^2 x}$;

(3) $\lim\limits_{x\to 1}\dfrac{x^x-1}{\cos(\pi x)\ln x}$;

(4) $\lim\limits_{x\to\infty}x^2(a^{\frac{1}{x}}-a^{\frac{1}{x+1}})\ (a>0)$;

(5) $\lim\limits_{x\to 0}\dfrac{1-\sqrt{\cos x}}{\ln(1+x)(e^x-1)}$;

(6) $\lim\limits_{x\to 0}\left(\dfrac{\cos 2x}{\cos x}\right)^{\frac{1}{x^2}}$.

8. 讨论函数 $f(x)=\begin{cases}|x-1|, & |x|>1, \\ \cos\dfrac{\pi x}{2}, & |x|\leqslant 1\end{cases}$ 的连续性.

9. 设 $a_1>0, a_{n+1}=\dfrac{1}{2}\left(a_n+\dfrac{1}{a_n}\right)$ $(n=1,2,\cdots)$, 证明极限 $\lim\limits_{n\to\infty}a_n$ 存在, 并求 $\lim\limits_{n\to\infty}a_n$.

10. 讨论函数 $f(x)=\lim\limits_{n\to\infty}\dfrac{2\mathrm{e}^{nx}\cos x+\sin x}{1+\mathrm{e}^{nx}}$ 的连续性.

11. 设 a 为实数, 问 a 为何值时, 函数 $f(x)=\begin{cases}x^a\sin\dfrac{1}{x}, & x>0, \\ 0, & x\leqslant 0\end{cases}$ 在 $x=0$ 处连续.

12. 设 $f(x)$ 在 $[a,b]$ 上连续, 且 $f([a,b])\subset[a,b]$, 证明: 存在 $\xi\in[a,b]$, 使得 $f(\xi)=\xi$.

第 2 章　一元函数微分学

一元函数微分学中最基本的概念是导数, 导数表示的是函数的因变量关于自变量的变化率. 自然界的许多基本规律都涉及变化率, 而导数就是对各种变化率的统一数学抽象. 它在解决几何学和力学等中产生的各种问题, 其中包括最优化问题即极大值与极小值问题等都起着重要的作用.

微分是微分学中另一个基本概念, 它与导数密切相关. 微分的概念是在解决直与曲的矛盾中产生的, 直接的应用就是函数在局部范围内的线性近似. 本章从实例出发引入一元函数的导数与微分, 并介绍二者的运算以及应用等.

2.1　导数与微分的概念

2.1.1　导数的概念

1. 概念的引出

导数的思想源于法国数学家费马 (Fermat) 研究的极值问题, 后由英国数学家牛顿 (Newton) 和德国数学家莱布尼茨 (Leibniz) 分别在研究力学和几何学的过程中建立起来的. 下面我们以瞬时速度与切线的斜率这两个问题为背景引入导数的概念.

设一质点做直线运动, 其运动方程为 $s=s(t)$. 若该质点由时刻 t_0 到 $t_0+\Delta t$ 所经过的路程为 Δs, 则平均速度为

$$\bar{v}=\frac{\Delta s}{\Delta t}=\frac{s\left(t_0+\Delta t\right)-s\left(t_0\right)}{\Delta t};$$

若 $\Delta t\to 0$ 时, 平均速度的极限值存在, 则称极限

$$v\left(t_0\right)=\lim_{\Delta t\to 0}\frac{\Delta s}{\Delta t}=\lim_{\Delta t\to 0}\frac{s\left(t_0+\Delta t\right)-s\left(t_0\right)}{\Delta t}$$

为该质点在 t_0 时刻的瞬时速度.

设曲线 $y=f(x)$ 的图形如图 2-1 所示, 点 $M(x_0,y_0)$ 为曲线上一定点, 在曲线上取一动点 $N(x_0+\Delta x,y_0+\Delta y)$, 作割线 MN, 则 MN 的斜率为

$$\tan\varphi=\frac{\Delta y}{\Delta x}=\frac{f(x_0+\Delta x)-f(x_0)}{\Delta x},$$

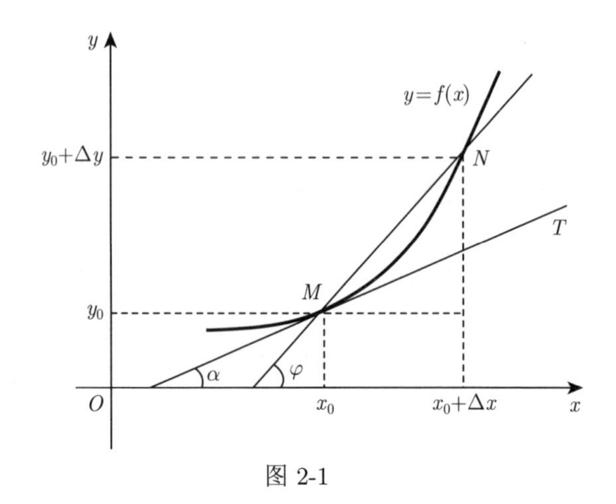

图 2-1

其中 φ 为割线 MN 的倾角. 当动点 N 沿曲线 L 趋近于点 M, 则割线 MN 也随之变动而趋向于极限位置直线 MT, 即定点 M 处的切线, 此时倾角 φ 趋向于切线 MT 的倾角 α, 则切线 MT 的斜率为

$$\tan\alpha=\lim_{\Delta x\to 0}\frac{\Delta y}{\Delta x}=\lim_{\Delta x\to 0}\frac{f(x_0+\Delta x)-f(x_0)}{\Delta x}.$$

上述两个问题来自完全不同的领域, 但是在解决问题的时候, 都涉及计算一类有着共同类型的极限, 即考虑: 当自变量的改变量趋于 0 时, 函数的改变量与相应的自变量的改变量之比的极限, 具体表达如下:

$$\lim_{\Delta x\to 0}\frac{f(x_0+\Delta x)-f(x_0)}{\Delta x}.$$

在现实生活中, 还有许多有关变化率的概念, 比如物理学中的电流强度、光热磁电的各种传导率、化学中的反应速率、经济学中的边际成本等. 我们撇开这些不同变化率所包含的具体内容, 而只将其中的数学本质抽象出来, 即把它们在数量关系上的共性抽取出来, 从而得到导数的概念.

2. 导数的定义与导函数

定义 1 设函数 $y=f(x)$ 在点 x_0 的某个邻域内有定义, 当自变量 x 在点 x_0 处有增量 Δx 时 (点 $x_0+\Delta x$ 在该邻域内), 相应地, 函数 y 取得增量 $\Delta y=f(x_0+\Delta x)-f(x_0)$. 当 $\Delta x\to 0$ 时, $\dfrac{\Delta y}{\Delta x}$ 的极限存在, 则称函数 $y=f(x)$ 在点 x_0 处可导, 并称该极限为函数 $y=f(x)$ 在点 x_0 处的导数, 记作 $f'(x_0)$, $y'|_{x=x_0}$, $\left.\dfrac{\mathrm{d}y}{\mathrm{d}x}\right|_{x=x_0}$ 或 $\left.\dfrac{\mathrm{d}f(x)}{\mathrm{d}x}\right|_{x=x_0}$, 即

$$f'(x_0)=\lim_{\Delta x\to 0}\frac{\Delta y}{\Delta x}=\lim_{\Delta x\to 0}\frac{f(x_0+\Delta x)-f(x_0)}{\Delta x}. \tag{2.1.1}$$

函数 $y=f(x)$ 在点 x_0 处可导也称为函数 $y=f(x)$ 在点 x_0 处具有导数或导数存在. 如果 $\lim\limits_{\Delta x\to 0}\dfrac{\Delta y}{\Delta x}$ 不存在, 则称函数 $y=f(x)$ 在点 x_0 处不可导, 特别地, 如果 $\lim\limits_{\Delta x\to 0}\dfrac{\Delta y}{\Delta x}=\infty$, 则称函数 $y=f(x)$ 在点 x_0 处导数为无穷大, 记作 $f'(x_0)=\infty$, 但要注意, 导数为无穷大表示不可导, 它只是为了方便表达.

令 $x_0+\Delta x=x$, 则 $\Delta x=x-x_0$, 当 $\Delta x\to 0$ 时, $x\to x_0$, 则 (2.1.1) 式可以改写为

$$f'(x_0)=\lim_{x\to x_0}\frac{f(x)-f(x_0)}{x-x_0}. \tag{2.1.2}$$

由导数定义可见, 导数是函数增量 Δy 与自变量 Δx 增量之比 $\dfrac{\Delta y}{\Delta x}$ 的极限, 这个增量比称为函数关于自变量的平均变化率, 那么导数 $f'(x_0)$ 即为函数 $f(x)$ 在点 x_0 处关于 x 的变化率, 它反映了函数在点 x_0 处因变量随自变量的变化而变化的快慢程度.

如果函数 $y=f(x)$ 在开区间 I 内的每点处都可导, 则称函数 $y=f(x)$ 在开区间 I 内可导, 或称函数 $y=f(x)$ 为开区间 I 内的可导函数, 记作 $f(x)\in D(I)$, 其中 $D(I)$ 表示区间 I 内可导函数的全体.

设 $f(x)\in D(I)$, 则对于区间 I 内每点 x, 都有一个确定的导数值与它对应, 这样就定义了一个新的函数, 称它为函数 $y=f(x)$ 在区间 I 内的导函数 (简称导数), 记作 $f'(x)$, y', $\dfrac{\mathrm{d}y}{\mathrm{d}x}$ 或 $\dfrac{\mathrm{d}f(x)}{\mathrm{d}x}$, 即

$$f'(x)=\lim_{\Delta x\to 0}\frac{\Delta y}{\Delta x}=\lim_{\Delta x\to 0}\frac{f(x+\Delta x)-f(x)}{\Delta x}.$$

显然, 对于可导函数 $f(x)$ 而言, $f'(x_0)$ 是其导函数 $f'(x)$ 在点 x_0 处的函数值, 即

$$f'(x_0)=f'(x)\left.\right|_{x=x_0}.$$

3. 求导数举例

下面根据导数的定义求一些具体函数的导数.

例 1 求函数 $f(x)=C$ (C 为常数) 的导数.

解 因为 $f'(x)=\lim\limits_{\Delta x\to 0}\dfrac{f(x+\Delta x)-f(x)}{\Delta x}=\lim\limits_{\Delta x\to 0}\dfrac{C-C}{\Delta x}=0$, 所以

$$(C)' = 0.$$

例 2 求幂函数 $f(x) = x^\mu (x > 0)$ 的导数.

解
$$f'(x) = \lim_{\Delta x \to 0} \frac{f(x+\Delta x) - f(x)}{\Delta x} = \lim_{\Delta x \to 0} \frac{(x+\Delta x)^\mu - x^\mu}{\Delta x}$$
$$= \lim_{\Delta x \to 0} x^\mu \frac{\left(1+\dfrac{\Delta x}{x}\right)^\mu - 1}{\Delta x}.$$

因为当 $\Delta x \to 0$ 时, $\dfrac{\Delta x}{x} \to 0$, 这时有 $\left(1+\dfrac{\Delta x}{x}\right)^\mu - 1 \sim \mu \cdot \dfrac{\Delta x}{x}$, 所以

$$f'(x) = \lim_{\Delta x \to 0} x^\mu \frac{\left(1+\dfrac{\Delta x}{x}\right)^\mu - 1}{\Delta x} = \lim_{\Delta x \to 0} x^\mu \cdot \frac{\mu \dfrac{\Delta x}{x}}{\Delta x} = \mu x^{\mu-1},$$

即

$$(x^\mu)' = \mu x^{\mu-1}.$$

注意对于具体给定的实数 μ, 幂函数 $f(x) = x^\mu$ 的定义域与可导的范围可能扩大, 例如, $y = x^n$(n 为自然数) 的定义域为 $(-\infty, +\infty)$, 它的导函数为

$$y' = nx^{n-1}, \quad x \in (-\infty, +\infty);$$

$y = \dfrac{1}{x^n}$(n 为自然数) 的定义域为 $(-\infty, 0) \cup (0, +\infty)$, 它的导函数为

$$y' = \frac{-n}{x^{n+1}}, \quad x \in (-\infty, 0) \cup (0, +\infty);$$

$y = x^{\frac{2}{3}}$ 的定义域为 $(-\infty, +\infty)$, 它的导函数为

$$y' = \frac{2}{3\sqrt[3]{x}}, \quad x \in (-\infty, 0) \cup (0, +\infty);$$

$y = x^{\frac{1}{2}}$ 的定义域为 $[0, +\infty)$, 它的导函数为

$$y' = \frac{1}{2\sqrt{x}}, \quad x \in (0, +\infty).$$

例 3 求正弦函数 $f(x) = \sin x$ 的导数.

解
$$f'(x) = \lim_{\Delta x \to 0} \frac{f(x+\Delta x) - f(x)}{\Delta x} = \lim_{\Delta x \to 0} \frac{\sin(x+\Delta x) - \sin x}{\Delta x}$$
$$= \lim_{\Delta x \to 0} \frac{2\cos\left(x+\dfrac{\Delta x}{2}\right)\sin\dfrac{\Delta x}{2}}{\Delta x}$$

$$= \lim_{\Delta x \to 0} \cos\left(x + \frac{\Delta x}{2}\right) \frac{\sin \dfrac{\Delta x}{2}}{\dfrac{\Delta x}{2}} = \cos x,$$

即

$$(\sin x)' = \cos x.$$

用类似的方法可求得

$$(\cos x)' = -\sin x.$$

例 4 求指数函数 $f(x) = a^x (a > 0, a \neq 1)$ 的导数.

解
$$f'(x) = \lim_{\Delta x \to 0} \frac{f(x + \Delta x) - f(x)}{\Delta x}$$
$$= \lim_{\Delta x \to 0} \frac{a^{x+\Delta x} - a^x}{\Delta x} = a^x \lim_{\Delta x \to 0} \frac{a^{\Delta x} - 1}{\Delta x},$$

因为当 $\Delta x \to 0$ 时, 有 $a^{\Delta x} - 1 \sim \Delta x \ln a$, 所以

$$f'(x) = a^x \lim_{\Delta x \to 0} \frac{a^{\Delta x} - 1}{\Delta x} = a^x \ln a,$$

即

$$(a^x)' = a^x \ln a.$$

特别地, 有

$$(\mathrm{e}^x)' = \mathrm{e}^x.$$

例 5 求对数函数 $f(x) = \log_a x$ $(a > 0, a \neq 1)$ 的导数.

解
$$f'(x) = \lim_{\Delta x \to 0} \frac{f(x + \Delta x) - f(x)}{\Delta x} = \lim_{\Delta x \to 0} \frac{\log_a (x + \Delta x) - \log_a x}{\Delta x}$$
$$= \lim_{\Delta x \to 0} \frac{\ln\left(1 + \dfrac{\Delta x}{x}\right)}{\Delta x \ln a}.$$

因为当 $\Delta x \to 0$ 时, 有 $\ln\left(1 + \dfrac{\Delta x}{x}\right) \sim \dfrac{\Delta x}{x}$, 所以

$$f'(x) = \lim_{\Delta x \to 0} \frac{\ln\left(1 + \dfrac{\Delta x}{x}\right)}{\Delta x \ln a} = \lim_{\Delta x \to 0} \frac{\dfrac{\Delta x}{x}}{\Delta x \ln a} = \frac{1}{x \ln a},$$

即

$$(\log_a x)' = \frac{1}{x \ln a}.$$

特别地, 有

$$(\ln x)' = \frac{1}{x}.$$

4. 单侧导数

由于

$$f'(x_0) = \lim_{\Delta x \to 0} \frac{f(x_0 + \Delta x) - f(x_0)}{\Delta x},$$

由极限存在的定义, 函数 $f(x)$ 在点 x_0 处可导的充要条件是相应的左极限、右极限存在且相等, 为说明方便, 我们引入左导数与右导数的概念.

定义 2　函数 $f(x)$ 在点 x_0 的某个右邻域 $[x_0, x_0 + \delta)$ 内有定义, 如果极限

$$\lim_{\Delta x \to 0^+} \frac{f(x_0 + \Delta x) - f(x_0)}{\Delta x}$$

存在, 则称该极限为函数 $f(x)$ 在点 x_0 处的右导数, 记作 $f'_+(x_0)$. 类似地, 定义函数 $f(x)$ 在点 x_0 处的左导数, 记作 $f'_-(x_0)$, 即

$$f'_-(x_0) = \lim_{\Delta x \to 0^-} \frac{f(x_0 + \Delta x) - f(x_0)}{\Delta x}.$$

函数 $f(x)$ 在点 x_0 处可导的充分必要条件是 $y = f(x)$ 在点 x_0 处的左、右导数都存在且相等. 换句话说, 若 $f(x)$ 在点 x_0 处的左、右导数中至少有一个不存在, 或是左、右导数都存在但不相等, 则 $f(x)$ 在点 x_0 处不可导.

例 6　讨论函数 $y = |x|$ 在 $x = 0$ 处的可导性.

解　由于

$$f'_+(0) = \lim_{\Delta x \to 0^+} \frac{f(0 + \Delta x) - f(0)}{\Delta x} = \lim_{\Delta x \to 0^+} \frac{|\Delta x|}{\Delta x} = \lim_{\Delta x \to 0^+} \frac{\Delta x}{\Delta x} = 1,$$

$$f'_-(0) = \lim_{\Delta x \to 0^-} \frac{f(0 + \Delta x) - f(0)}{\Delta x} = \lim_{\Delta x \to 0^-} \frac{|\Delta x|}{\Delta x} = \lim_{\Delta x \to 0^-} \frac{-\Delta x}{\Delta x} = -1,$$

则 $f'_+(0) \neq f'_-(0)$, 所以 $y = |x|$ 在 $x = 0$ 处不可导.

例 7　讨论函数 $f(x) = \begin{cases} x \sin \dfrac{1}{x}, & x > 0, \\ 0, & x \leqslant 0 \end{cases}$ 在 $x = 0$ 处的可导性.

解　由于

$$f'_+(0) = \lim_{\Delta x \to 0^+} \frac{f(0 + \Delta x) - f(0)}{\Delta x} = \lim_{\Delta x \to 0^+} \frac{\Delta x \sin \dfrac{1}{\Delta x}}{\Delta x} = \lim_{\Delta x \to 0^+} \sin \frac{1}{\Delta x},$$

而当 $\Delta x \to 0^+$ 时, 上式极限不存在 (思考), 即函数 $f(x)$ 在 $x=0$ 处的右导数不存在, 所以 $f(x)$ 在 $x=0$ 处不可导.

如果 $f(x)$ 在开区间 (a,b) 内可导, 且 $f'_+(a)$ 及 $f'_-(b)$ 都存在, 则称 $f(x)$ 在闭区间 $[a,b]$ 上可导.

5. 导数的几何意义

我们已经知道: 函数 $y=f(x)$ 在点 x_0 处的导数 $f'(x_0)$ 在几何上表示曲线 $y=f(x)$ 在点 $M(x_0,y_0)$ 处的切线的斜率, 即

$$\tan\alpha = f'(x_0),$$

其中 α 为切线 MT 的倾角 (图 2-2).

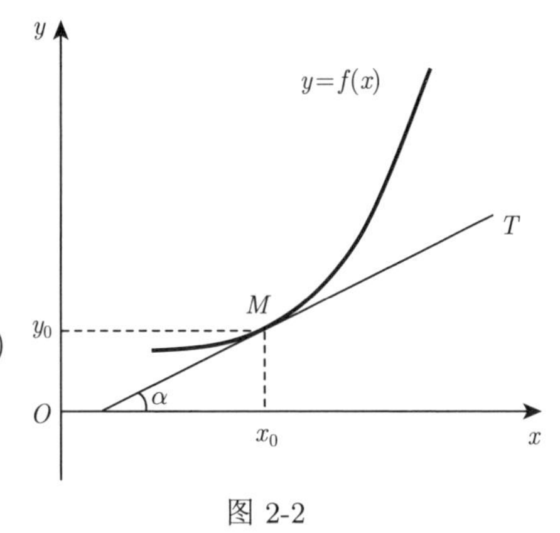

图 2-2

根据导数的几何意义, 可知曲线 $y=f(x)$ 在点 $M(x_0,y_0)$ 的切线方程为

$$y-y_0=f'(x_0)(x-x_0),$$

过切点 $M(x_0,y_0)$ 且与切线垂直的直线称为曲线 $y=f(x)$ 在 $M(x_0,y_0)$ 点的法线.

若 $f'(x_0)\neq 0$, 则法线方程为

$$y-y_0=-\frac{1}{f'(x_0)}(x-x_0).$$

如果 $f'(x_0)=\infty$, 此时曲线 $y=f(x)$ 在点 $M(x_0,y_0)$ 处的切线垂直于 x 轴, 即 $x=x_0$.

例 8 求抛物线 $y=x^3$ 上点 $(1,1)$ 处的切线方程和法线方程.

解 因为切线的斜率 $k=y'|_{x=1}=3x^2|_{x=1}=3$, 所以切线方程为

$$y-1=3(x-1),$$

即

$$3x-y-2=0.$$

法线方程为

$$y-1=-\frac{1}{3}(x-1),$$

即

$$x+3y-4=0.$$

2.1.2 函数的微分

1. 微分的定义

先考察一个具体问题: 一块边长为 x_0 的正方形金属薄片受热膨胀, 边长增加了 Δx, 其面积的改变量为

$$\Delta S=(x_0+\Delta x)^2-x_0^2=2x_0\Delta x+(\Delta x)^2.$$

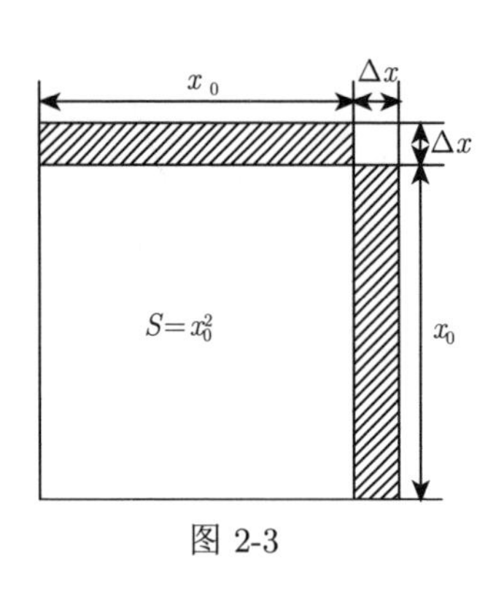

图 2-3

ΔS 由两部分组成: 第一部分 $2x_0\Delta x$ (即图 2-3 中阴影部分); 第二部分 $(\Delta x)^2$, 当 $\Delta x\to 0$ 时 ΔS 是关于 Δx 的高阶无穷小, 因此当 $|\Delta x|$ 很小时, 面积的改变量 ΔS 可以近似地用 $2x_0\Delta x$ 来代替. $2x_0\Delta x$ 是 Δx 的线性函数, 计算很简单; 并且 $|\Delta x|$ 越小, 近似程度越好.

在具体应用中出现的函数很多都具有如上例子的特性, 即函数的增量

$$\Delta y=f(x_0+\Delta x)-f(x_0)$$

可以写成两部分之和, 一部分是 Δx 的线性函数 $A\Delta x$(其中常数 A 不依赖于 Δx), 它是函数增量 Δy 的主要部分, 也叫做线性主部; 另一部分是 Δx 的高阶无穷小 $o(\Delta x)$. 我们常用线性主部来近似计算函数增量, 由此抽象出来数学的概念即为微分, 定义如下.

定义 3 设函数 $y=f(x)$ 在点 x_0 某个邻域内有定义, 当自变量在点 x_0 处取得增量 Δx 时, 相应的函数的增量 $\Delta y=f(x_0+\Delta x)-f(x_0)$ 可表示为

$$\Delta y=A\Delta x+o(\Delta x)\quad 或\quad \Delta y=A\Delta x+\alpha\Delta x,\quad 其中\ \lim_{\Delta x\to 0}\alpha=0,\qquad (2.1.3)$$

其中 A 是与 Δx 无关的常数 (与 x_0 有关), 当 $\Delta x\to 0$ 时, $o(\Delta x)$ 是比 Δx 高阶的无穷小, 那么称函数 $y=f(x)$ 在点 x_0 处可微, 称其线性主部 $A\Delta x$ 为函数 $y=f(x)$ 在点 x_0 处相应于自变量的增量 Δx 的微分, 记作 $\mathrm{d}y$, 即

$$\mathrm{d}y\,|_{x=x_0}=A\Delta x\quad 或\quad \mathrm{d}f(x)\,|_{x=x_0}=A\Delta x.$$

由定义可知, 当 $A\neq 0$ 时, 有

$$\lim_{\Delta x\to 0}\frac{\Delta y}{\mathrm{d}y}=\lim_{\Delta x\to 0}\frac{A\Delta x+o(\Delta x)}{A\Delta x}=\lim_{\Delta x\to 0}\left(1+\frac{o(\Delta x)}{A\Delta x}\right)=1,$$

所以, 当 $\Delta x \to 0$ 时, 函数的增量 Δy 与微分 $\mathrm{d}y$ 是等价无穷小; 而

$$\lim_{\Delta x \to 0} \frac{\Delta y - \mathrm{d}y}{\Delta x} = \lim_{\Delta x \to 0} \frac{o(\Delta x)}{\Delta x} = 0,$$

所以, 当 $\Delta x \to 0$ 时, $\Delta y - \mathrm{d}y$ 是比 Δx 高阶的无穷小.

如果函数 $y = f(x)$ 在区间 I 内的每点处都可微, 则称函数 $y = f(x)$ 是区间 I 内的可微函数. 函数 $f(x)$ 在区间 I 内任意一点 x 处的微分就称为函数的微分, 也记为 $\mathrm{d}y$, 即

$$\mathrm{d}y = A\Delta x \quad 或 \quad \mathrm{d}f(x) = A\Delta x.$$

2. 可导、可微与连续的关系

由函数可微的定义容易看出函数 $y = f(x)$ 在点 x_0 可导和可微是等价的.

定理 1 函数 $f(x)$ 在点 x_0 处可微的充要条件是函数 $f(x)$ 在点 x_0 处可导, 且 (2.1.3) 式中的 $A = f'(x_0)$.

证明 **必要性** 若函数 $f(x)$ 在点 x_0 处可微, 则由 (2.1.1) 式有

$$\frac{\Delta y}{\Delta x} = A + \frac{o(\Delta x)}{\Delta x},$$

两边同取极限有

$$f'(x_0) = \lim_{\Delta x \to 0} \frac{\Delta y}{\Delta x} = \lim_{\Delta x \to 0} \left(A + \frac{o(\Delta x)}{\Delta x} \right) = A,$$

所以函数 $f(x)$ 在点 x_0 处可导, 且 (2.1.3) 式中的 $A = f'(x_0)$.

充分性 若函数 $f(x)$ 在点 x_0 处可导, 则

$$f'(x_0) = \lim_{\Delta x \to 0} \frac{\Delta y}{\Delta x},$$

由极限与无穷小的关系可得

$$\frac{\Delta y}{\Delta x} = f'(x_0) + \alpha,$$

其中 $\lim\limits_{\Delta x \to 0} \alpha = 0$, 于是

$$\Delta y = f'(x_0)\Delta x + \alpha\Delta x = f'(x_0)\Delta x + o(\Delta x).$$

由微分定义可知, $y = f(x)$ 在点 x_0 处可微, 且有

$$\mathrm{d}y\,\big|_{x=x_0} = f'(x_0)\Delta x. \tag{2.1.4}$$

由定理易得可微函数 $f(x)$ 在区间 I 内任意一点 x 处的微分

$$\mathrm{d}y = f'(x)\Delta x. \tag{2.1.5}$$

特别地, 当 $y = x$ 时,

$$\mathrm{d}y = \mathrm{d}x = \Delta x,$$

这表示自变量的微分 $\mathrm{d}x$ 就等于自变量的增量, 于是 (2.1.5) 式可改写为

$$\mathrm{d}y = f'(x)\mathrm{d}x. \tag{2.1.6}$$

如果把 (2.1.6) 式写成

$$\frac{\mathrm{d}y}{\mathrm{d}x} = f'(x),$$

那么函数的导数就等于函数微分与自变量微分的商, 因此导数也叫 “微商”. 在此之前, 我们总是把 $\dfrac{\mathrm{d}y}{\mathrm{d}x}$ 看作一个运算符号的整体, 有了微分的概念之后, 也可以把它看作一个分式了.

接着我们讨论可微或可导与连续的关系.

定理 2 如果函数 $y = f(x)$ 在点 x_0 处可微 (可导), 则该函数在点 x_0 处连续.

证明 如果函数 $y = f(x)$ 在点 x_0 处可微, 则

$$\Delta y = A\Delta x + o(\Delta x),$$

两边同取极限

$$\lim_{\Delta x \to 0} \Delta y = \lim_{\Delta x \to 0} (A\Delta x + o(\Delta x)) = 0,$$

故函数 $y = f(x)$ 在点 x_0 处连续.

从例 2 我们可知, 虽然函数 $y = |x|$ 在点 $x = 0$ 处连续, 但它在 $x = 0$ 处不可导. 所以, 一个函数在某点连续未必在该点处可导.

例 9 讨论函数 $f(x) = \sqrt[3]{x}$ 在点 $x = 0$ 处的连续性和可导性.

解 因为

$$\lim_{\Delta x \to 0} \Delta y = \lim_{\Delta x \to 0} [f(0 + \Delta x) - f(0)] = \lim_{\Delta x \to 0} \sqrt[3]{\Delta x} = 0,$$

所以函数 $f(x) = \sqrt[3]{x}$ 在 $x = 0$ 处连续. 而

$$\lim_{\Delta x \to 0} \frac{f(0 + \Delta x) - f(0)}{\Delta x} = \lim_{\Delta x \to 0} \frac{\sqrt[3]{\Delta x} - 0}{\Delta x} = \lim_{\Delta x \to 0} \frac{1}{(\Delta x)^{\frac{2}{3}}} = +\infty,$$

所以函数 $f(x) = \sqrt[3]{x}$ 在 $x = 0$ 处不可导.

在例 9 中, 函数 $f(x) = \sqrt[3]{x}$ 在 $x = 0$ 处虽然不可导, 但是导数为无穷大, 说明曲线 $f(x) = \sqrt[3]{x}$ 在原点 O 处具有垂直于 x 轴的切线 $x = 0$.

通过上面的讨论可知, 函数在某点连续是函数在该点可导的必要条件, 但不是充分条件.

例 10 设函数 $f(x)=\begin{cases} e^{ax}, & x\leqslant 0, \\ b(1-x^2), & x>0 \end{cases}$ 在 $x=0$ 处可导, 求 a 和 b 的值.

解 因为

$$\lim_{x\to 0^+} f(x)=\lim_{x\to 0^+} b(1-x^2)=b, \quad \lim_{x\to 0^-} f(x)=\lim_{x\to 0^-} e^{ax}=1.$$

根据假设 $f(x)$ 在 $x=0$ 处可导, 由定理 2 得到: $f(x)$ 在 $x=0$ 处连续, 即

$$\lim_{x\to 0^+} f(x)=\lim_{x\to 0^-} f(x)=f(0)=1.$$

所以 $b=1$.

由于函数 $f(x)$ 在 $x=0$ 处可导的充要条件是 $f'_+(0)=f'_-(0)$, 且

$$f'_+(0)=\lim_{x\to 0^+}\frac{f(x)-f(0)}{x-0}=\lim_{x\to 0^+}\frac{1-x^2-1}{x}=0,$$

$$f'_-(0)=\lim_{x\to 0^-}\frac{f(x)-f(0)}{x-0}=\lim_{x\to 0^-}\frac{e^{ax}-1}{x}=\lim_{x\to 0^-}\frac{ax}{x}=a,$$

所以 $a=0$.

综上所述, 当 $a=0, b=1$ 时, 函数 $f(x)$ 在 $x=0$ 处可导.

3. 可微的几何意义与近似计算中的应用

下面我们通过图形直观了解一下微分的几何意义. 如图 2-4 所示, 曲线 $y=f(x)$ 上有一定点 $M(x_0,y_0)$, 让 $M(x_0,y_0)$ 沿着曲线运动到邻近点 $N(x_0+\Delta x,y_0+\Delta y)$, 过点 M 作曲线的切线 MT, 则

$$QP=\Delta x\tan\alpha=f'(x_0)\Delta x=\mathrm{d}y.$$

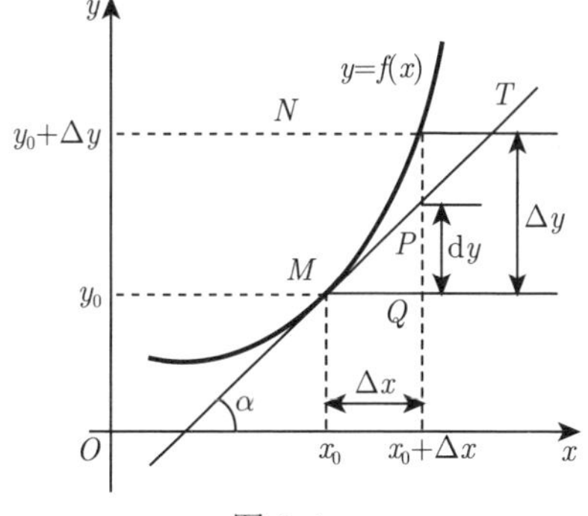

图 2-4

如果函数 $y=f(x)$ 可微, 当自变量有微小增量 Δx 时, Δy 是曲线 $y=f(x)$ 上的点的纵坐标的增量, $\mathrm{d}y$ 就是曲线的切线上的点的纵坐标的相应增量. 当 $|\Delta x|$ 很小, $|\Delta y-\mathrm{d}y|$ 比 $|\Delta x|$ 小得多, 因此当 MN 比较靠近时, 可以用切线段 MP 近似代替曲线段 MN.

一般地, 当 $|\Delta x|$ 很小, 且 $f'(x_0)\neq 0$ 时, $\Delta y\approx \mathrm{d}y$, 即

$$f(x_0+\Delta x)-f(x_0)\approx f'(x_0)\Delta x,$$

移项得

$$f(x_0+\Delta x)\approx f(x_0)+f'(x_0)\Delta x.$$

记 $x=x_0+\Delta x$, 则有

$$f(x)\approx f(x_0)+f'(x_0)(x-x_0). \tag{2.1.7}$$

因为上式右边是 x 的一次多项式, 所以称为 $f(x)$ 在 $x=x_0$ 处的一次近似式或线性逼近. 由可微的定义, 我们知道 $|\Delta y-\mathrm{d}y|$ 比 $|\Delta x|$ 的高阶无穷小, 当 $|\Delta x|$ 越小, 上式精确程度就越高.

例 11　在 $x=0$ 的邻近, 求 $f(x)=\sin x$ 的一次近似式.

解　在 (2.1.7) 式中取 $x_0=0$, 即有

$$f(x)\approx f(0)+f'(0)x.$$

现 $f(0)=0, f'(0)=\cos 0=1$, 故

$$\sin x\approx x.$$

当 $|x|$ 较小时, 应用 (2.1.7) 式还可以推得其他函数的一次近似式, 现把工程技术中常用到的几个一次近似式列在下面:

(1) $\sin x\approx x$;

(2) $\tan x\approx x$;

(3) $\mathrm{e}^x\approx 1+x$;

(4) $(1+x)^\alpha\approx 1+\alpha x$;

(5) $\ln(1+x)\approx x$.

例 12　求 $\sin 61^\circ$ 的近似值.

解　因为 $\sin 61^\circ=\sin\left(\frac{\pi}{3}+\frac{\pi}{180}\right)$, 取 $f(x)=\sin x$, $x_0=\frac{\pi}{3}$, $\Delta x=\frac{\pi}{180}$, 由 (2.1.7) 式可得

$$\begin{aligned}\sin 61^\circ&\approx\sin\frac{\pi}{3}+\cos\frac{\pi}{3}\cdot\frac{\pi}{180}\\&=\frac{\sqrt{3}}{2}+\frac{1}{2}\cdot\frac{\pi}{180}\approx 0.875.\end{aligned}$$

($\sin 61^\circ$ 查表为 0.875.)

习　题　2.1

1. 1g 物体的温度从 0℃ 升至 t℃ 时, 所需要的热量为 $Q(t)$. 试用导数的定义表示该物体在 t_0℃ 时的比热容 $c(t_0)$. (比热容 $c(t)$ 是 1g 物体温度升高 1℃ 所需的热量.)

2. 假定下列各题中 $f'(x_0)$ 存在, 按照导数的定义求出各极限值:

(1) $\lim\limits_{\Delta x\to 0}\dfrac{f(x_0-\Delta x)-f(x_0)}{\Delta x}$; (2) $\lim\limits_{h\to 0}\dfrac{f(x_0+3h)-f(x_0)}{h}$;

(3) $\lim\limits_{h\to 0}\dfrac{f(x_0+h)-f(x_0-h)}{h}$.

3. 设 $\lim\limits_{h\to 0}\dfrac{f(x_0+h)-f(x_0-h)}{h}$ 存在, 判断 $f'(x_0)$ 是否存在?

4. 已知函数 $f(x)$ 在 $x=0$ 处连续, 且 $\lim\limits_{x\to 0}\dfrac{f(x)}{2x}=3$, 求 $f'(0)$.

5. 已知 $f(0)=0$, 且 $f'(0)=2$, 求 $\lim\limits_{x\to 0}\dfrac{f(x)}{2\tan x}$.

6. 求曲线 $y=\ln x$ 在 $(\mathrm{e},1)$ 点处的切线方程和法线方程.

7. 求抛物线 $y=x^2$ 上平行于直线 $y=4x-5$ 的点的坐标以及切线垂直于直线 $2x-6y-5=0$ 的点的坐标.

8. 讨论下列函数在 $x=0$ 处的连续性与可导性.

(1) $y=|\tan x|$; (2) $y=\begin{cases}x^2, & x\geqslant 0,\\ x, & x<0;\end{cases}$

(3) $y=\sqrt[3]{x}$; (4) $y=\begin{cases}x^a\sin\dfrac{1}{x}, & x>0,\\ 0, & x\leqslant 0.\end{cases}$

9. 已知 $f(x)=\begin{cases}\sin x, & x\geqslant 0,\\ x, & x<0,\end{cases}$ 求 $f'(x)$.

10. 已知 $y=x^3$, 计算在 $x=1$ 处 $\Delta x=0.1$ 和 $\Delta x=0.01$ 时的 Δy 和 $\mathrm{d}y$.

11. 求下列函数的微分:

(1) $y=3^x$; (2) $y=\dfrac{1}{\sqrt[5]{x^4}}$; (3) $y=\lg x$.

12. 求下列函数在指定点的一次近似式:

(1) $y=\mathrm{e}^x, x=0$; (2) $y=\cos x, x=\dfrac{\pi}{3}$; (3) $y=\ln x, x=1$.

13. 利用微分计算近似值:

(1) $\sqrt{1.05}$; (2) $\ln 1.003$.

14. 确定常数 a,b, 使 $y=\begin{cases}ax+b, & x\leqslant 0,\\ \ln(1+x), & x>0\end{cases}$ 在 $x=0$ 点可导.

15. 证明: 双曲线 $xy=a^2$ 上任一点处的切线与两坐标轴构成三角形的面积为定值.

2.2 导数与微分的运算性质

2.1 节我们从定义出发求出了一些简单函数的导数, 对于一般函数的导数, 虽然也可以通过定义来求, 但通常计算烦琐. 本节将介绍导数和微分的运算性质和求导法则, 能比较简单地求出初等函数的导数以及微分.

2.2.1 函数线性组合、积、商的求导法则与微分法则

定理 1 设函数 $u=u(x)$ 和 $v=v(x)$ 在点 x 处可导, 则 $\alpha u(x)+\beta v(x)(\alpha,\beta\in\mathbf{R})$ 在点 x 处也可导, 且有

$$[\alpha u(x)+\beta v(x)]'=\alpha u'(x)+\beta v'(x).$$

证明 令 $f(x)=\alpha u(x)+\beta v(x)$, 则

$$\begin{aligned}&\lim_{\Delta x\to 0}\frac{f(x+\Delta x)-f(x)}{\Delta x}\\=&\lim_{\Delta x\to 0}\frac{[\alpha u(x+\Delta x)+\beta v(x+\Delta x)]-[\alpha u(x)+\beta v(x)]}{\Delta x}\\=&\lim_{\Delta x\to 0}\frac{[\alpha u(x+\Delta x)-\alpha u(x)]+[\beta v(x+\Delta x)-\beta v(x)]}{\Delta x}\\=&\lim_{\Delta x\to 0}\alpha\frac{[u(x+\Delta x)-u(x)]}{\Delta x}+\lim_{\Delta x\to 0}\beta\frac{[v(x+\Delta x)-v(x)]}{\Delta x}\\=&\alpha u'(x)+\beta v'(x).\end{aligned}$$

所以 $f(x)$ 在点 x 处可导, 且

$$[\alpha u(x)+\beta v(x)]'=f'(x)=\alpha u'(x)+\beta v'(x).$$

这个运算法则可以推广到有限个函数的情形.

例 1 设 $f(x)=3\cos x-\dfrac{1}{x}+4\sqrt{x}+\pi$, 求 $f'(x)$.

解 $f'(x)=3(\cos x)'-\left(\dfrac{1}{x}\right)'+4(\sqrt{x})'+(\pi)'=3\sin x+\dfrac{1}{x^2}+\dfrac{2}{\sqrt{x}}.$

定理 2 (函数乘积的求导法则) 设函数 $u=u(x)$ 和 $v=v(x)$ 在点 x 处可导, 则 $u(x)v(x)$ 在点 x 处也可导, 且有

$$[u(x)v(x)]'=u'(x)v(x)+u(x)v'(x).$$

证明 令 $f(x)=u(x)v(x)$, 则

$$\begin{aligned}&\lim_{\Delta x\to 0}\frac{f(x+\Delta x)-f(x)}{\Delta x}\\=&\lim_{\Delta x\to 0}\frac{[u(x+\Delta x)v(x+\Delta x)]-u(x)v(x)}{\Delta x}\\=&\lim_{\Delta x\to 0}\frac{[u(x+\Delta x)v(x+\Delta x)-u(x)v(x+\Delta x)]+[u(x)v(x+\Delta x)-u(x)v(x)]}{\Delta x}\end{aligned}$$

$$= \lim_{\Delta x \to 0} \frac{u(x+\Delta x)-u(x)}{\Delta x} \cdot \lim_{\Delta x \to 0} v(x+\Delta x) + u(x) \cdot \lim_{\Delta x \to 0} \frac{v(x+\Delta x)-v(x)}{\Delta x}$$

$$= u'(x)v(x) + u(x)v'(x),$$

其中因为 $v = v(x)$ 在点 x 处可导, 所以 $\lim\limits_{\Delta x \to 0} v(x+\Delta x) = v(x)$. 故此 $f(x)$ 在点 x 处可导, 且

$$[u(x)v(x)]' = f'(x) = u'(x)v(x) + u(x)v'(x).$$

函数乘积的求导法则可以推广到有限个函数乘积的情形.

$$\begin{aligned}&[u(x)v(x)\cdots w(x)]'\\ =& u'(x)v(x)\cdots w(x) + u(x)v'(x)\cdots w(x) + \cdots + u(x)v(x)\cdots w'(x).\end{aligned}$$

例 2 设 $f(x) = 3\cos x \sin x$, 求 $f'(x)$.

解 $$\begin{aligned}f'(x) &= 3(\cos x \sin x)' = 3(\cos x)' \sin x + 3\cos x (\sin x)'\\ &= -3\sin^2 x + 3\cos^2 x = 3\cos 2x.\end{aligned}$$

例 3 设 $f(x) = 3x^2 \mathrm{e}^x \sin x$, 求 $f'(x)$.

解 $$\begin{aligned}f'(x) &= 3(x^2\mathrm{e}^x \sin x)' = 3(x^2)'\mathrm{e}^x \sin x + 3(\mathrm{e}^x)' x^2 \sin x + 3(\sin x)' x^2 \mathrm{e}^x\\ &= 6x\mathrm{e}^x \sin x + 3\mathrm{e}^x x^2 \sin x + 3x^2 \mathrm{e}^x \cos x.\end{aligned}$$

定理 3 (函数商的求导法则) 设函数 $u = u(x)$ 和 $v = v(x)$ 在点 x 处可导, 且 $v(x) \neq 0$, 则 $\dfrac{u(x)}{v(x)}$ 在点 x 处也可导, 且有

$$\left[\frac{u(x)}{v(x)}\right]' = \frac{u'(x)v(x) - u(x)v'(x)}{v^2(x)}. \tag{2.2.1}$$

特别地, 当 $u(x) = 1$ 时, 有

$$\left[\frac{1}{v(x)}\right]' = -\frac{v'(x)}{v^2(x)}. \tag{2.2.2}$$

证明 我们先考虑 $\dfrac{1}{v(x)}$ 的导数. 令 $f(x) = \dfrac{1}{v(x)}$, 则

$$\begin{aligned}\lim_{\Delta x \to 0} \frac{f(x+\Delta x)-f(x)}{\Delta x} &= \lim_{\Delta x \to 0} \frac{\dfrac{1}{v(x+\Delta x)} - \dfrac{1}{v(x)}}{\Delta x}\\ &= \lim_{\Delta x \to 0} \frac{v(x)-v(x+\Delta x)}{v(x+\Delta x)v(x)\Delta x} = -\lim_{\Delta x \to 0} \frac{\dfrac{v(x+\Delta x)-v(x)}{\Delta x}}{v(x+\Delta x)v(x)}\end{aligned}$$

$$= -\frac{v'(x)}{v^2(x)}.$$

所以 $f(x)$ 在点 x 处可导, 且

$$\left[\frac{1}{v(x)}\right]' = f'(x) = -\frac{v'(x)}{v^2(x)}.$$

下面利用函数积的求导法则, 得

$$\left[\frac{u(x)}{v(x)}\right]' = u'(x)\left[\frac{1}{v(x)}\right] + u(x)\left[\frac{1}{v(x)}\right]'$$
$$= \frac{u'(x)}{v(x)} - \frac{u(x)v'(x)}{v^2(x)} = \frac{u'(x)v(x) - u(x)v'(x)}{v^2(x)}.$$

例 4　求正切函数 $y = \tan x$ 的导数.

解　$(\tan x)' = \left(\frac{\sin x}{\cos x}\right)' = \frac{(\sin x)'\cos x - \sin x(\cos x)'}{\cos^2 x}$

$$= \frac{\cos^2 x + \sin^2 x}{\cos^2 x} = \frac{1}{\cos^2 x} = \sec^2 x,$$

即

$$(\tan x)' = \sec^2 x.$$

类似可求得

$$(\cot x)' = -\csc^2 x.$$

例 5　求正割函数 $y = \sec x$ 的导数.

解　$$(\sec x)' = \left(\frac{1}{\cos x}\right)' = -\frac{(\cos x)'}{\cos^2 x} = \frac{\sin x}{\cos^2 x} = \sec x \tan x,$$

即

$$(\sec x)' = \sec x \tan x.$$

类似可求得

$$(\csc x)' = -\csc x \cot x.$$

由于函数的微分的表达式

$$\mathrm{d}y = f'(x)\mathrm{d}x.$$

因此对于每一个求导法则都有相应的微分运算法则, 具体如下.

(1) 函数线性组合的微分法则: $\mathrm{d}[\alpha u + \beta v] = \alpha \mathrm{d}u + \beta \mathrm{d}v$.

(2) 函数乘积的微分法则: $\mathrm{d}(uv)=v\mathrm{d}u+u\mathrm{d}v$.

(3) 函数商的微分法则: $\mathrm{d}\left(\dfrac{u}{v}\right)=\dfrac{v\mathrm{d}u-u\mathrm{d}v}{v^2}, v\neq 0$.

例 6 设 $f(x)=\dfrac{3x^2\mathrm{e}^x}{\sin x}$, 求 $\mathrm{d}y$.

解

$$\begin{aligned}\mathrm{d}y&=\mathrm{d}\left(\frac{3x^2\mathrm{e}^x}{\sin x}\right)=3\frac{\sin x\mathrm{d}(x^2\mathrm{e}^x)-x^2\mathrm{e}^x\mathrm{d}\sin x}{\sin^2 x}\\&=3\frac{\sin x(\mathrm{e}^x\mathrm{d}(x^2)+x^2\mathrm{d}(\mathrm{e}^x))-x^2\mathrm{e}^x\mathrm{d}\sin x}{\sin^2 x}\\&=3\frac{\sin x(2x\mathrm{e}^x+x^2\mathrm{e}^x)\mathrm{d}x-x^2\mathrm{e}^x\cos\mathrm{d}x}{\sin^2 x}\\&=3\frac{\sin x(2x\mathrm{e}^x+x^2\mathrm{e}^x)-x^2\mathrm{e}^x}{\sin^2 x}\mathrm{d}x.\end{aligned}$$

2.2.2 复合函数的导数与微分形式不变性

对于复合函数的求导, 有以下的"链式法则".

定理 4 设函数 $u=\varphi(x)$ 在 $x=x_0$ 处可导, 函数 $y=f(u)$ 在 $u=u_0=\varphi(x_0)$ 处可导, 则复合函数 $y=f[\varphi(x)]$ 在 $x=x_0$ 处也可导, 且有

$$(f[\varphi(x)])'_{x=x_0}=f'(u_0)\varphi'(x_0)=f'[\varphi(x_0)]\varphi'(x_0).$$

证明 由于函数 $y=f(u)$ 在点 u_0 处可导, 则由导数的定义, 有

$$f'(u_0)=\lim_{\Delta u\to 0}\frac{f(u_0+\Delta u)-f(u_0)}{\Delta u},$$

根据极限与无穷小的关系 (1.4 节中的定理 1), 当 $\Delta u\neq 0$, 且 Δu 充分小时, 有

$$f(u_0+\Delta u)-f(u_0)=\Delta y=f'(u_0)\Delta u+\alpha(\Delta u)\Delta u,$$

其中 $\lim\limits_{\Delta u\to 0}\alpha(\Delta u)=0$; 当 $\Delta u=0$ 时, $f(u_0+\Delta u)-f(u_0)=0$, 令 $\alpha(0)=0$, 则上式对 Δu 充分小都成立.

当 $\Delta x\neq 0$, 且 Δx 充分小时, 有 $\Delta u=\varphi(x_0+\Delta x)-\varphi(x_0)$, 且

$$\frac{f(\varphi(x_0+\Delta x))-f(\varphi(x_0))}{\Delta x}=\frac{f(u_0+\Delta u)-f(u_0)}{\Delta x}=f'(u_0)\frac{\Delta u}{\Delta x}+\alpha(\Delta u)\frac{\Delta u}{\Delta x},$$

两边同取极限得

$$\lim_{\Delta x\to 0}\frac{f(\varphi(x_0+\Delta x))-f(\varphi(x_0))}{\Delta x}=f'(u_0)\lim_{\Delta x\to 0}\frac{\Delta u}{\Delta x}+\lim_{\Delta x\to 0}\alpha(\Delta u)\cdot\lim_{\Delta x\to 0}\frac{\Delta u}{\Delta x}.$$

函数 $u=\varphi(x)$ 在点 $x=x_0$ 处可导, 即有 $\lim\limits_{\Delta x\to 0}\dfrac{\Delta u}{\Delta x}=\varphi'(x_0)$, 从而 $\lim\limits_{\Delta x\to 0}\Delta u=0$, 因此由 $\lim\limits_{\Delta u\to 0}\alpha(\Delta u)=0$ 可推出 $\lim\limits_{\Delta x\to 0}\alpha(\Delta u)=0$, 所以复合函数 $y=f[\varphi(x)]$ 在 $x=x_0$ 处可导, 且有

$$(f[\varphi(x)])'_{x=x_0}=f'(u_0)\varphi'(x_0)+0\cdot u'(x_0)=f'[\varphi(x_0)]\varphi'(x_0).$$

复合函数的求导法则可以写成

$$\frac{\mathrm{d}y}{\mathrm{d}x}=\frac{\mathrm{d}y}{\mathrm{d}u}\cdot\frac{\mathrm{d}u}{\mathrm{d}x},$$

我们称为“链式法则”.

复合函数的求导法则可推广到多个中间变量的情形. 例如, 设 $y=f(u)$, $u=\varphi(v)$, $v=\psi(x)$, 则

$$\frac{\mathrm{d}y}{\mathrm{d}x}=\frac{\mathrm{d}y}{\mathrm{d}u}\cdot\frac{\mathrm{d}u}{\mathrm{d}v}\cdot\frac{\mathrm{d}v}{\mathrm{d}x}.$$

例 7 求函数 $y=\sqrt{x^2-5}$ 的导数.

解 因为 $y=\sqrt{x^2-5}$ 可以看作由 $y=\sqrt{u}$, $u=x^2-5$ 复合而成, 故

$$\frac{\mathrm{d}y}{\mathrm{d}x}=\frac{\mathrm{d}y}{\mathrm{d}u}\cdot\frac{\mathrm{d}u}{\mathrm{d}x}=\frac{1}{2\sqrt{u}}\cdot 2x=\frac{x}{\sqrt{x^2-5}}.$$

例 8 设函数 $f(x)=\mathrm{e}^{\sin^2 x}$, 求 $y'(0)$, $y'(1)$.

解 因为 $y=\mathrm{e}^{\sin^2 x}$ 可以看作由 $y=\mathrm{e}^u$, $u=v^2$, $v=\sin x$ 复合而成, 故

$$\begin{aligned}\frac{\mathrm{d}y}{\mathrm{d}x}&=\frac{\mathrm{d}y}{\mathrm{d}u}\cdot\frac{\mathrm{d}u}{\mathrm{d}v}\cdot\frac{\mathrm{d}v}{\mathrm{d}x}=(\mathrm{e}^u)'\cdot(v^2)'\cdot(\sin x)'\\&=2v\mathrm{e}^u\cos x=2\sin x\cdot\cos x\cdot\mathrm{e}^{\sin^2 x}=(\sin 2x)\mathrm{e}^{\sin^2 x},\end{aligned}$$

因此 $y'(0)=0$, $y'(1)=(\sin 2)\mathrm{e}^{\sin^2 1}$.

读者在计算比较熟练以后, 就可以不写出中间变量 u, 而直接写出函数对中间变量的求导结果, 如

$$(\sqrt{1-x^2})'=\frac{1}{2\sqrt{1-x^2}}(1-x^2)'=-\frac{x}{\sqrt{1-x^2}}.$$

例 9 求函数 $y=\sinh x$ 的导数.

解 因为 $y=\sinh x=\dfrac{\mathrm{e}^x-\mathrm{e}^{-x}}{2}$, 所以

$$(\sinh x)'=\left(\frac{\mathrm{e}^x-\mathrm{e}^{-x}}{2}\right)'=\frac{\mathrm{e}^x-(-\mathrm{e}^{-x})}{2}=\frac{\mathrm{e}^x+\mathrm{e}^{-x}}{2}=\cosh x.$$

同样地, 可求得

$$(\cosh x)' = \sinh x.$$

例 10 求下列函数的导数:

(1) $f(x) = \ln(x + \sqrt{1+x^2})$; (2) $f(x) = \tan^2 \dfrac{1}{x}$.

解 (1) $$(\ln(x + \sqrt{1+x^2}))' = \frac{1}{x+\sqrt{1+x^2}}(x+\sqrt{1+x^2})'$$
$$= \frac{1}{x+\sqrt{1+x^2}}\left(1+\frac{x}{\sqrt{1+x^2}}\right) = \frac{1}{\sqrt{1+x^2}}.$$

(2) $$\left(\tan^2\frac{1}{x}\right)' = 2\tan\frac{1}{x}\left(\tan\frac{1}{x}\right)' = 2\tan\frac{1}{x}\sec^2\frac{1}{x}\left(\frac{1}{x}\right)' = -\frac{2}{x^2}\tan\frac{1}{x}\sec^2\frac{1}{x}.$$

例 11 已知 $y = \mathrm{e}^{f(x)}f(\mathrm{e}^x)$, 其中 $f(u)$ 为可导函数, 求 $\dfrac{\mathrm{d}y}{\mathrm{d}x}$.

解 $$\frac{\mathrm{d}y}{\mathrm{d}x} = [\mathrm{e}^{f(x)}]' \cdot f(\mathrm{e}^x) + \mathrm{e}^{f(x)} \cdot [f(\mathrm{e}^x)]'$$
$$= \mathrm{e}^{f(x)} \cdot f'(x) \cdot f(\mathrm{e}^x) + \mathrm{e}^{f(x)} \cdot f'(\mathrm{e}^x) \cdot \mathrm{e}^x$$
$$= \mathrm{e}^{f(x)}[f'(x) \cdot f(\mathrm{e}^x) + f'(\mathrm{e}^x) \cdot \mathrm{e}^x].$$

例 12 已知 $y = x^{\sin x}$, 求 $\dfrac{\mathrm{d}y}{\mathrm{d}x}$.

解 因为

$$y = x^{\sin x} = \mathrm{e}^{\ln x^{\sin x}} = \mathrm{e}^{\sin x \ln x},$$

所以

$$\frac{\mathrm{d}y}{\mathrm{d}x} = [\mathrm{e}^{\sin x \ln x}]' = \mathrm{e}^{\sin x \ln x}\left(\cos x \ln x + \frac{\sin x}{x}\right) = x^{\sin x}\left(\cos x \ln x + \frac{\sin x}{x}\right).$$

本例中的函数 $y = x^{\sin x}$ 是一个幂指函数, 一般地, 求幂指函数 $y = u(x)^{v(x)}$ 的导数时, 可先将函数化为指数形式, 再根据复合函数求导法则求导, 这种方法称为指数求导法.

由导数与微分的关系, 复合函数 $y = f[\varphi(x)]$ 的微分公式为

$$\mathrm{d}y = f'[\varphi(x)]\,\varphi'(x)\mathrm{d}x.$$

又由于 $f'[\varphi(x)] = f'(u)$, $\varphi'(x)\mathrm{d}x = \mathrm{d}u$, 所以上式也可以写成

$$\mathrm{d}y = f'(u)\mathrm{d}u.$$

由此可见, 不论 u 是自变量, 还是中间变量, 微分 $\mathrm{d}y=f'(u)\mathrm{d}u$ 的形式保持不变, 这一性质称为微分形式的不变性.

例 13 设函数 $y=\arctan(\ln\sin x)$, 求 $\mathrm{d}y$.

解 由微分形式的不变性, 有

$$\begin{aligned}\mathrm{d}y&=\frac{1}{1+\ln^2\sin x}\mathrm{d}(\ln\sin x)=\frac{1}{\sin x(1+\ln^2\sin x)}\mathrm{d}\sin x\\&=\frac{\cos x}{\sin x(1+\ln^2\sin x)}\mathrm{d}x.\end{aligned}$$

2.2.3 反函数的求导法则

定理 5 如果函数 $y=f(x)$ 在区间 I_x 内严格单调、可导, 且 $f'(x)\neq 0$, 那么它的反函数 $x=f^{-1}(y)$ 在对应区间 $I_y=\{y\,|y=f\,(x)\,,x\in I_x\}$ 内也可导, 且有

$$[f^{-1}(y)]'=\frac{1}{f'(x)}.$$

证明 因 $y=f(x)$ 在区间 I_x 内严格单调、可导, 故其反函数 $x=f^{-1}(y)$ 存在, 且在 I_y 内也单调、连续.

记 $\Delta y=f(x+\Delta x)-f(x)$, 所以 $f(x+\Delta x)=y+\Delta y$, 即 $f^{-1}(y+\Delta y)=x+\Delta x$, 任取 $y\in I_y$, 当 y 有增量 $\Delta y\neq 0(y+\Delta y\in I_y)$ 时, 由 $x=f^{-1}(y)$ 的单调性可知 $\Delta x\neq 0$, 因此

$$\frac{f^{-1}(y+\Delta y)-f^{-1}(y)}{\Delta y}=\frac{\Delta x}{f(x+\Delta x)-f(x)}=\left(\frac{f(x+\Delta x)-f(x)}{\Delta x}\right)^{-1}.$$

又因为 $x=f^{-1}(y)$ 在 I_y 内连续, 所以当 $\Delta y\to 0$ 时, $\Delta x\to 0$, 上式取极限得

$$\lim_{\Delta y\to 0}\frac{f^{-1}(y+\Delta y)-f^{-1}(y)}{\Delta y}=\lim_{\Delta x\to 0}\left(\frac{f(x+\Delta x)-f(x)}{\Delta x}\right)^{-1}=\frac{1}{f'(x)},$$

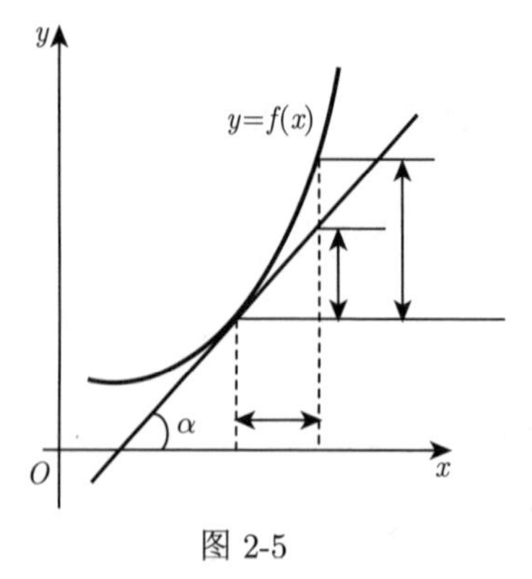

图 2-5

即

$$[f^{-1}(y)]'=\frac{1}{f'(x)}.$$

该定理我们可以通过图形直观理解一下. 大家都知道, 在同一个直角坐标系中, 函数 $y=f(x)$ 的图形与函数 $x=f^{-1}(y)$ 的图形是同一条曲线 (图 2-5), 设这条曲线在点 (x_0,y_0) 处有切线, 且这条切线同 x 轴、y 轴的正向夹角分别为 α, β. 容易看出 $\alpha+\beta=\dfrac{\pi}{2}$, 由此得到

$$\tan\beta = \frac{1}{\tan\alpha},$$

即 $[f^{-1}(y_0)]' = \dfrac{1}{f'(x_0)}$.

例 14 计算下列反三角函数的导数:

(1) $y = \arcsin x$; (2) $y = \arctan x$.

解 (1) $y = \arcsin x\ (-1 < x < 1)$ 是 $x = \sin y \left(-\dfrac{\pi}{2} < y < \dfrac{\pi}{2}\right)$ 的反函数, 而 $x = \sin y$ 在 $I_y = \left(-\dfrac{\pi}{2}, \dfrac{\pi}{2}\right)$ 内严格单调、可导, 且

$$(\sin y)' = \cos y > 0,$$

所以在对应区间 $I_x = (-1, 1)$ 内有

$$(\arcsin x)' = \frac{1}{(\sin y)'} = \frac{1}{\cos y} = \frac{1}{\sqrt{1-\sin^2 y}} = \frac{1}{\sqrt{1-x^2}},$$

即

$$(\arcsin x)' = \frac{1}{\sqrt{1-x^2}}.$$

用类似的方法可以算出

$$(\arccos x)' = -\frac{1}{\sqrt{1-x^2}}.$$

(2) $y = \arctan x$ 是 $x = \tan y \left(-\dfrac{\pi}{2} < y < \dfrac{\pi}{2}\right)$ 的反函数, 因为 $x = \tan y$ 在 $I_y = \left(-\dfrac{\pi}{2}, \dfrac{\pi}{2}\right)$ 内单调、可导, 并且

$$(\tan y)' = \sec^2 y > 0,$$

所以在对应区间 $I_x = (-\infty, +\infty)$ 内有

$$(\arctan x)' = \frac{1}{(\tan y)'} = \frac{1}{\sec^2 y} = \frac{1}{1+\tan^2 y} = \frac{1}{1+x^2},$$

即

$$(\arctan x)' = \frac{1}{1+x^2}.$$

用类似的方法可以算出

$$(\mathrm{arccot} x)' = -\frac{1}{1+x^2}.$$

2.2.4 导数与微分的公式和基本法则

到此为止，我们已经学习了简单的初等函数求导与微分公式，求导的运算法则，包括四则运算、链式法则、反函数的求导法则、微分的运算法则以及微分形式不变性. 现在我们以列表的形式把所学过的求导与微分的公式作一总览.

1. 常用的导数和微分公式 (表 2-1)

表 2-1

导数公式	微分公式
$(C)'=0$ (C 是任意常数)	$\mathrm{d}C=0$ (C是任意常数)
$(x^\mu)'=\mu x^{\mu-1}$	$\mathrm{d}(x^\mu)=\mu x^{\mu-1}\mathrm{d}x$
$(a^x)'=a^x\ln a(a>0,a\neq 1)$	$\mathrm{d}(a^x)=a^x\ln a\mathrm{d}x(a>0,a\neq 1)$
$(\mathrm{e}^x)'=\mathrm{e}^x$	$\mathrm{d}(\mathrm{e}^x)=\mathrm{e}^x\mathrm{d}x$
$(\log_a x)'=\dfrac{1}{x\ln a}(a>0,a\neq 1)$	$\mathrm{d}(\log_a x)=\dfrac{1}{x\ln a}\mathrm{d}x(a>0,a\neq 1)$
$(\ln x)'=\dfrac{1}{x}$	$\mathrm{d}(\ln x)=\dfrac{1}{x}\mathrm{d}x$
$(\sin x)'=\cos x$	$\mathrm{d}(\sin x)=\cos x\mathrm{d}x$
$(\cos x)'=-\sin x$	$\mathrm{d}(\cos x)=-\sin x\mathrm{d}x$
$(\tan x)'=\sec^2 x$	$\mathrm{d}(\tan x)=\sec^2 x\mathrm{d}x$
$(\cot x)'=-\csc^2 x$	$\mathrm{d}(\cot x)=-\csc^2 x\mathrm{d}x$
$(\sec x)'=\sec x\tan x$	$\mathrm{d}(\sec x)=\sec x\tan x\mathrm{d}x$
$(\csc x)'=-\csc x\cot x$	$\mathrm{d}(\csc x)=-\csc x\cot x\mathrm{d}x$
$(\arcsin x)'=\dfrac{1}{\sqrt{1-x^2}}$	$\mathrm{d}(\arcsin x)=\dfrac{1}{\sqrt{1-x^2}}\mathrm{d}x$
$(\arccos x)'=-\dfrac{1}{\sqrt{1-x^2}}$	$\mathrm{d}(\arccos x)=-\dfrac{1}{\sqrt{1-x^2}}\mathrm{d}x$
$(\arctan x)'=\dfrac{1}{1+x^2}$	$\mathrm{d}(\arctan x)=\dfrac{1}{1+x^2}\mathrm{d}x$
$(\mathrm{arccot}\ x)'=-\dfrac{1}{1+x^2}$	$\mathrm{d}(\mathrm{arccot}\ x)=-\dfrac{1}{1+x^2}\mathrm{d}x$

2. 函数的线性组合、积、商的求导法则和微分法则

设函数 $u=u(x)$, $v=v(x)$ 都可导，则有如下法则 (表 2-2).

表 2-2

函数的线性组合、积、商的求导法则	函数的线性组合、积、商的微分法则
$[\alpha u(x)+\beta v(x)]'=\alpha u'(x)+\beta v'(x)$	$\mathrm{d}[\alpha u+\beta v]=\alpha\mathrm{d}u+\beta\mathrm{d}v$
$[u(x)v(x)]'=u'(x)v(x)+u(x)v'(x)$	$\mathrm{d}(uv)=v\mathrm{d}u+u\mathrm{d}v$
$\left[\dfrac{u(x)}{v(x)}\right]'=\dfrac{u'(x)v(x)-u(x)v'(x)}{v^2(x)},v(x)\neq 0$	$\mathrm{d}\left(\dfrac{u}{v}\right)=\dfrac{v\mathrm{d}u-u\mathrm{d}v}{v^2},v\neq 0$

3. 复合函数的求导法则和微分法则

设 $u=\varphi(x)$ 在点 x 处可导, 而 $y=f(u)$ 在其对应点 $u=\varphi(x)$ 处可导, 则有如下法则 (表 2-3).

表 2-3

复合函数的求导法则	复合函数的微分法则
$(f[\varphi(x)])'=f'[\varphi(x)]\varphi'(x)$ 或	不论 u 是自变量, 还是中间变量
$\dfrac{\mathrm{d}y}{\mathrm{d}x}=\dfrac{\mathrm{d}y}{\mathrm{d}u}\cdot\dfrac{\mathrm{d}u}{\mathrm{d}x}$	微分 $\mathrm{d}y=f'(u)\mathrm{d}u$ 的形式保持不变

习 题 2.2

1. 推导下列函数的导数公式:

(1) $(\cot x)'=-\csc^2 x$;

(2) $(\csc x)'=-\csc x\cot x$;

(3) $(\mathrm{arccot}x)'=-\dfrac{1}{1+x^2}$;

(4) $(\tanh x)'=\dfrac{1}{\cosh^2 x}$.

2. 求下列函数的导数:

(1) $y=3\sin x+\ln x-\sqrt{x}$;

(2) $y=x\cos x+x^2+3$;

(3) $y=\dfrac{1}{x+\cos x}$;

(4) $y=\dfrac{x^2+\cot x}{\ln x}$;

(5) $y=(\mathrm{e}^x+\log_3 x)\arcsin x$;

(6) $y=\dfrac{x+\sin x}{\arctan x}$;

(7) $y=\arcsin(\mathrm{e}^{-x^2})$;

(8) $y=x\arccos\dfrac{1}{x}$;

(9) $y=\mathrm{e}^{-\arctan\sqrt{x}}$;

(10) $y=\ln(\csc x-\cot x)$;

(11) $y=\ln(x+\sqrt{a^2+x^2})$;

(12) $y=\ln[\ln(\tan x)]$;

(13) $y=\ln\sqrt{\dfrac{1-\sin x}{1+\sin x}}$;

(14) $y=\sec^3(\ln x)$;

(15) $y=\arctan\dfrac{1+x}{1-x}$;

(16) $y=x^x$.

3. 求下列函数的微分 $\mathrm{d}y$:

(1) $y=\sin x^3$;

(2) $y=(2x^2-x+1)^2$;

(3) $y=\mathrm{e}^{2x}\sin 3x$;

(4) $y=\ln\sqrt{\dfrac{(x+1)(x^2+3)}{x+2}}$;

(5) $y=\arccos(\cos^2 x)$;

(6) $y=2^{x^2}$;

(7) $y=\ln\left(\dfrac{1}{x}+\ln\dfrac{1}{x}\right)$;

(8) $y=\arcsin\left(\dfrac{x}{1+x^2}\right)$;

(9) $y=\mathrm{e}^{\tan\frac{1}{x}}\cdot\sin\dfrac{1}{x}$;

(10) $y=\sinh(\sin^2 x)$;

(11) $y=(\ln x)^{\tan 2x}$.

4. 求下列函数在给定点处的导数:

(1) $y = \tan\dfrac{x}{2} - \cot\dfrac{2}{x}$, 求 $\left.\dfrac{\mathrm{d}y}{\mathrm{d}x}\right|_{x=\frac{\pi}{2}}$;

(2) $y = \dfrac{\mathrm{e}^{-x} + \ln^3 x}{x}$, 求 $\left.\dfrac{\mathrm{d}y}{\mathrm{d}x}\right|_{x=1}$.

5. 将适当的函数填入下列括号内, 使等式成立:

(1) $\mathrm{d}(\quad) = \mathrm{e}^{-3x}\mathrm{d}x$;　　(2) $\mathrm{d}(\quad) = \dfrac{1}{\sqrt[4]{x}}\mathrm{d}x$;

(3) $\mathrm{d}(\quad) = \cos\omega x\mathrm{d}x$;　　(4) $\mathrm{d}(\quad) = \sec^2 2x\mathrm{d}x$;

(5) $\mathrm{d}(\quad) = \dfrac{1}{2x-1}\mathrm{d}x$;　　(6) $\mathrm{d}(\quad) = \mathrm{e}^{\sqrt{x}}\mathrm{d}\sqrt{x}$.

6. 设 $f(x)$ 可导, 求下列函数的导数 $\dfrac{\mathrm{d}y}{\mathrm{d}x}$:

(1) $y = \arctan[f(x)]$;　　(2) $y = f(\sin^2 x) + f(\cos^2 x)$;

(3) $y = f\left(\dfrac{1}{\ln x}\right)$;　　(4) $y = f\left(\dfrac{1}{f(x)}\right)$.

7. 求曲线 $y = \ln^2 x$ 上的点, 使曲线在该点处的切线过原点.

8. 已知曲线 $y = \dfrac{x^2+1}{2}$ 与 $y = 1 + \ln x$ 相切, 求切点及公切线.

9. 设 $f(x)$ 在 $(-l, l)$ 内可导, 证明: 如果 $f(x)$ 是偶函数, 那么 $f'(x)$ 是奇函数; 如果 $f(x)$ 是奇函数, 那么 $f'(x)$ 是偶函数.

10. 设 $f(x)$ 在 $(-\infty, +\infty)$ 内可导, 证明: 如果 $f(x)$ 是周期函数, 那么 $f'(x)$ 也是周期函数.

2.3　高 阶 导 数

设物体的运动方程为 $s = s(t)$, 则物体的运动速度为 $v(t) = s'(t)$, 而速度在时刻 t 的变化率就是运动物体在时刻 t 的加速度, 因此加速度就是速度函数的导数, 也就是运动方程 $s(t)$ 的导函数的导数, 即

$$a = v'(t) = [s'(t)]'.$$

从而产生了高阶导数的概念.

下面给出高阶导数的定义.

定义 1　设函数 $y = f(x)$ 的导数 $f'(x)$ 在点 x 的某个邻域内有定义, 若极限

$$\lim_{\Delta x \to 0} \frac{f'(x+\Delta x) - f'(x)}{\Delta x}$$

存在, 则称此极限值为函数 $f(x)$ 在点 x 处的二阶导数, 记作

$$f''(x),\quad y'',\quad \frac{\mathrm{d}^2 y}{\mathrm{d}x^2}\quad 或\quad \frac{\mathrm{d}^2 f(x)}{\mathrm{d}x^2}.$$

类似地, 二阶导数 $f''(x)$ 的导数称为函数 $f(x)$ 在点 x 处的三阶导数, 记作

$$f'''(x),\quad y''',\quad \frac{\mathrm{d}^3y}{\mathrm{d}x^3}\ \text{或}\ \frac{\mathrm{d}^3f(x)}{\mathrm{d}x^3}.$$

以此类推, 函数 $f(x)$ 的 $n-1$ 阶导数的导数称为函数 $f(x)$ 的 n 阶导数, 记作

$$f^{(n)}(x),\quad y^{(n)},\quad \frac{\mathrm{d}^ny}{\mathrm{d}x^n}\ \text{或}\ \frac{\mathrm{d}^nf(x)}{\mathrm{d}x^n}.$$

二阶及二阶以上的导数统称为高阶导数. 相应地, $f(x)$ 称为零阶导数, $f'(x)$ 称为一阶导数.

由高阶导数的定义知道, 只要按求导法则对 $f(x)$ 逐次求导即可. 下面我们先来求几个常用的基本初等函数的高阶导数.

例 1 求 $y=a^x$ 的 n 阶导数.

解

$$y'=a^x\ln a,$$

$$y''=(a^x\ln a)'=a^x(\ln a)^2,$$

$$y'''=[a^x(\ln a)^2]'=a^x(\ln a)^3,$$

$$\cdots\cdots$$

$$y^{(n)}=(a^x)^{(n)}=a^x(\ln a)^n.$$

特别地,

$$(\mathrm{e}^x)^{(n)}=\mathrm{e}^x.$$

例 2 求幂函数 $y=x^\mu$ 的 n 阶导数.

解

$$y'=\mu x^{\mu-1},$$

$$y''=(\mu x^{\mu-1})'=\mu(\mu-1)x^{\mu-2},$$

$$y'''=[\mu(\mu-1)x^{\mu-2}]'=\mu(\mu-1)(\mu-2)x^{\mu-3},$$

$$\cdots\cdots$$

$$y^{(n)}=(x^\mu)^{(n)}=\mu(\mu-1)(\mu-2)\cdots(\mu-n+1)x^{\mu-n}.$$

特别地, 当 $\mu=n$ 时,

$$y^{(n)}=(x^n)^{(n)}=n!,\quad y^{(n+1)}=(x^n)^{(n+1)}=(n!)'=0.$$

当 $\mu=-1$ 时,

$$y^{(n)}=(x^{-1})^{(n)}=(-1)(-2)\cdots(-n)x^{-1-n},$$

即

$$\left(\frac{1}{x}\right)^{(n)}=\frac{(-1)^n n!}{x^{n+1}}.$$

一般地,

$$\left(\frac{1}{ax+b}\right)^{(n)}=\frac{(-1)^n n!}{(ax+b)^{n+1}}\cdot a^n.$$

例 3　求对数函数 $y=\ln(1+x)(x>-1)$ 的 n 阶导数.

解　$y'=[\ln(1+x)]'=\dfrac{1}{1+x}$, 则

$$y^{(n)}=(y')^{(n-1)}=\left(\frac{1}{1+x}\right)^{(n-1)},$$

由例 2 可知

$$\left(\frac{1}{1+x}\right)^{(n-1)}=\frac{(-1)^{n-1}(n-1)!}{(1+x)^n},$$

即

$$[\ln(1+x)]^{(n)}=\frac{(-1)^{n-1}(n-1)!}{(1+x)^n}\quad(x>-1).$$

一般地,

$$[\ln(ax+b)]^{(n)}=\frac{(-1)^{n-1}(n-1)!}{(ax+b)^n}\cdot a^n\quad(ax+b>0).$$

例 4　求正弦函数 $y=\sin x$ 的 n 阶导数.

解

$$y'=\cos x=\sin\left(x+\frac{\pi}{2}\right),$$

$$y''=\cos\left(x+\frac{\pi}{2}\right)=\sin\left(x+\frac{\pi}{2}+\frac{\pi}{2}\right)=\sin\left(x+2\cdot\frac{\pi}{2}\right),$$

$$y'''=\cos\left(x+2\cdot\frac{\pi}{2}\right)=\sin\left(x+3\cdot\frac{\pi}{2}\right),$$

$$\cdots\cdots$$

$$y^{(n)}=(\sin x)^{(n)}=\sin\left(x+n\cdot\frac{\pi}{2}\right).$$

类似可求得

$$(\cos x)^{(n)}=\cos\left(x+n\cdot\frac{\pi}{2}\right).$$

一般地,

$$[\sin(ax+b)]^{(n)} = a^n \sin\left(ax+b+n\cdot\frac{\pi}{2}\right),$$

$$[\cos(ax+b)]^{(n)} = a^n \cos\left(ax+b+n\cdot\frac{\pi}{2}\right).$$

例 5 求函数 $f(x)=\begin{cases} x^2, & x\geqslant 0, \\ -x^2, & x<0 \end{cases}$ 的二阶导数.

解 当 $x>0$ 时, $f'(x)=2x$, $f''(x)=2$; 当 $x<0$ 时, $f'(x)=-2x$, $f''(x)=-2$.

当 $x=0$ 时, 由导数的定义

$$f'_+(0)=\lim_{\Delta x\to 0^+}\frac{f(0+\Delta x)-f(0)}{\Delta x}=\lim_{\Delta x\to 0^+}\frac{(\Delta x)^2}{\Delta x}=0,$$

$$f'_-(0)=\lim_{\Delta x\to 0^-}\frac{f(0+\Delta x)-f(0)}{\Delta x}=\lim_{\Delta x\to 0^-}\frac{-(\Delta x)^2}{\Delta x}=0.$$

所以

$$f'(x)=\begin{cases} 2x, & x>0, \\ 0, & x=0, \\ -2x, & x<0, \end{cases}$$

$$f''_+(0)=\lim_{\Delta x\to 0^+}\frac{f'(0+\Delta x)-f'(0)}{\Delta x}=\lim_{\Delta x\to 0^+}\frac{2\Delta x}{\Delta x}=2,$$

$$f''_-(0)=\lim_{\Delta x\to 0^-}\frac{f'(0+\Delta x)-f'(0)}{\Delta x}=\lim_{\Delta x\to 0^-}\frac{-2\Delta x}{\Delta x}=-2.$$

因为 $f''_+(0)\neq f''_-(0)$, 所以 $f''(0)$ 不存在, 从而

$$f''(x)=\begin{cases} 2, & x>0, \\ \text{不存在}, & x=0, \\ -2, & x<0. \end{cases}$$

注意: 对于分段函数分段点求高阶导数应从定义出发求解.

例 6 设 $f''(x)$ 存在, 求 $y=\dfrac{1}{f(x)}\,(f(x)\neq 0)$ 的二阶导数 y''.

解 $y'=\dfrac{-f'(x)}{f^2(x)}$,

$$y''=\frac{-f''(x)f^2(x)+2f'(x)f(x)f'(x)}{f^4(x)}=\frac{-f''(x)f(x)+2[f'(x)]^2}{f^3(x)}.$$

一阶导数的运算法则可以直接推广到高阶导数, 容易看出如果函数 u 和 v 都在点 x 处具有 n 阶导数, 则 $\alpha u \pm \beta v$ $(\alpha, \beta \in \mathbf{R})$ 在点 x 处具有 n 阶导数:

$$(\alpha u \pm \beta v)^{(n)} = \alpha(u)^{(n)} \pm \beta(v)^{(n)}.$$

乘法求导法则较为复杂一些, 设 $y = uv$, 则

$$\begin{aligned}
y' &= (uv)' = u'v + uv', \\
y'' &= (uv)'' = (u'v + uv')' = u''v + 2u'v' + uv'', \\
y''' &= (uv)''' = u'''v + 3u''v' + 3u'v'' + uv''',
\end{aligned}$$

如此计算下去, 不难发现计算结果与二项式 $(u+v)^n$ 展开式相似, 用数学归纳法证明可得

$$\begin{aligned}
(uv)^{(n)} &= u^{(n)}v^{(0)} + nu^{(n-1)}v' + \frac{n(n-1)}{2}u^{(n-2)}v'' + \cdots \\
&\quad + \frac{n(n-1)\cdots(n-k+1)}{k!}u^{(n-k)}v^{(k)} + \cdots + u^{(0)}v^{(n)} \\
&= \sum_{k=0}^{n} \mathrm{C}_n^k u^{(n-k)}v^{(k)},
\end{aligned}$$

其中 $u^{(0)} = u$, $v^{(0)} = v$. 这个公式称为莱布尼茨公式.

例 7　设 $y = \mathrm{e}^{2x}\sin x$, 求 $y^{(5)}$.

解　令 $u = \mathrm{e}^{3x}$, $v = \sin x$, 由莱布尼茨公式, 得

$$\begin{aligned}
y^{(5)} &= \sum_{k=0}^{5} \mathrm{C}_5^k u^{(5-k)}v^{(k)} \\
&= (\mathrm{e}^{3x})^{(5)}\sin x + \mathrm{C}_5^1(\mathrm{e}^{3x})^{(4)}\cdot(\sin x)' + \mathrm{C}_5^2(\mathrm{e}^{3x})'''\cdot(\sin x)'' \\
&\quad + \mathrm{C}_5^3(\mathrm{e}^{3x})''(\sin x)''' + \mathrm{C}_5^4(\mathrm{e}^{3x})'(\sin x)^{(4)} + (\mathrm{e}^{3x})(\sin x)^{(5)} \\
&= 12\mathrm{e}^{3x}\sin x + 316\mathrm{e}^{3x}\cos x.
\end{aligned}$$

利用已知的初等函数的高阶导数公式我们可以求一些特殊函数的高阶导数.

例 8　设 $y = \dfrac{x^3+3}{x^2+5x+6}$, 求 $y^{(n)}$.

解　将原式分解为

$$y = \frac{x^3+3}{(x+3)(x+2)} = x - 5 + \frac{24}{x+3} - \frac{5}{x+2}.$$

当 $n=1$ 时

$$y'=1-\frac{24}{(x+3)^2}+\frac{5}{(x+2)^2};$$

当 $n\geqslant 2$ 时

$$y^{(n)}=24\left(\frac{1}{x+3}\right)^{(n)}-5\left(\frac{1}{x+2}\right)^{(n)}=24\cdot\frac{(-1)^n n!}{(x+3)^{n+1}}-5\cdot\frac{(-1)^n n!}{(x+2)^{n+1}}.$$

习　题　2.3

1. 求下列函数的二阶导数:

(1) $y=x^3+2x^2-x+1$;　　(2) $y=x^4\ln x$;

(3) $y=\ln\sqrt{1+x^2}$;　　(4) $y=\dfrac{x^2}{\sqrt{1+x}}$;

(5) $y=\dfrac{x^2}{\mathrm{e}^x}$;

(6) $y=\dfrac{1}{2}(x\sqrt{x^2-a^2}-a^2\ln(x+\sqrt{x^2-a^2}))$.

2. 研究函数 $f(x)=\begin{cases}\sin x, & x\geqslant 0,\\ x, & x<0\end{cases}$ 的二阶导数.

3. 设 $f(x)$ 任意次可微, 求:

(1) $[f(\mathrm{e}^{-x})]'''$;　　(2) $[f(\ln x)]''$;

(3) $[f(\arctan x)]''$;　　(4) $[\ln f(x)]''$.

4. 求下列函数的 n 阶导数:

(1) $y=\sin^2 2x$;　　(2) $y=\dfrac{1}{x^2-5x+6}$;

(3) $y=x\ln x$;　　(4) $y=\ln(x^2+x-2)$.

5. 求下列函数的 n 阶导数:

(1) $y=\dfrac{\mathrm{e}^x}{x}$;　　(2) $y=2^x\ln x$.

6. 求下列函数所指定阶的导数:

(1) $y=x^3\cos 2x$, 求 $y^{(80)}$;　　(2) $y=(2x^2+1)\sinh x$, 求 $y^{(99)}$.

2.4 隐函数的导数和由参数方程确定的函数的导数

2.4.1 隐函数的导数

前面我们所学的函数的导数, 函数都可以表示为 $y=f(x)$ 的形式, 用这种形式表示的函数我们称为显函数. 在满足一定条件下, 方程 $F(x,y)=0$ 确定了一个

y 关于 x 的函数 $y=f(x)$, 我们称为隐函数. 例如, 方程 $\dfrac{x^2}{a^2}+\dfrac{y^2}{b^2}=1$, 通过计算得到上下半平面上的两个显函数

$$y=\pm\frac{b}{a}\sqrt{a^2-x^2}\quad(-a\leqslant x\leqslant a),$$

这样的计算过程我们称为隐函数的显化. 但很多情况下隐函数是不能被显化的, 例如方程

$$F(x,y)=y^5+3x^2y^4+2xy+6=0,$$

对于这样的隐函数可以方程的两边同时对 x 求导, y 看成是关于 x 的函数, 利用复合函数的求导法则来求导数.

例 1 求由方程 $y=\mathrm{e}^y+xy$ 确定的隐函数 $y=y(x)$ 的导函数 $y'(x)$, $y''(x)$.

解 方程两边对 x 求导, 注意到 y 是关于 x 的函数, 由复合函数的求导法则得

$$y'=\mathrm{e}^y y'+y+xy', \tag{2.4.1}$$

于是

$$y'=\frac{y}{1-\mathrm{e}^y-x}\quad(1-\mathrm{e}^y-x\neq 0).$$

方程 (2.4.1) 两边对 x 求导, 注意到 y, y' 都是关于 x 的函数, 得

$$y''=\mathrm{e}^y(y')^2+\mathrm{e}^y y''+2y'+xy'',$$

将 $y'=\dfrac{y}{1-\mathrm{e}^y-x}$ 代入, 整理得

$$y''=\frac{2y(1-\mathrm{e}^y-x)+y^2\mathrm{e}^y}{(1-\mathrm{e}^y-x)^2}.$$

对于隐函数的高阶导数的求法与一阶类似, 需要注意的是, 除了 y 看作是 x 的函数, 导函数 y' 也要看作是 x 的函数.

对于隐函数求导函数我们也可以利用一阶导数的微分形式不变性来求.

例 2 求由方程 $\sin y^2=\cos\sqrt{x}$ 确定的隐函数 $y=y(x)$ 的导函数 $y'(x)$.

解 对方程

$$\sin y^2=\cos\sqrt{x}$$

的两边求微分:

$$\mathrm{d}(\sin y^2)=\mathrm{d}(\cos\sqrt{x}),$$

对等式的左右两边分别应用一阶微分形式不变性, 得到

$$2y\cos y^2\mathrm{d}y=-\frac{\sin\sqrt{x}}{2\sqrt{x}}\mathrm{d}x,$$

即得到 y 的导数

$$\frac{\mathrm{d}y}{\mathrm{d}x}=-\frac{\sin\sqrt{x}}{4\sqrt{x}y\cos y^2}.$$

对方程的两边同时求导或求微分的方法, 无论对于显函数、可显化的隐函数还是不可显化的隐函数都是可以使用的, 特别注意的是, 两边同时求导的时候, 切记 y,y' 看成是关于 x 的函数. 此外, 以上方法求出的导函数仍然含有隐函数 y, 一般来说是允许的, 不用考虑化成 x 的表达式.

例 3 求由方程 $\ln(xy)+x^2y=1$ 确定的隐函数曲线在点 $(1,1)$ 处的切线方程和法线方程.

解 方程两边对 x 求导, 得

$$\frac{y+xy'}{xy}+2xy+x^2y'=0,$$

把 $x=1,\ y=1$ 代入得

$$y'(1)=-\frac{3}{2}.$$

则在点 $(1,1)$ 处的切线方程为

$$y-1=-\frac{3}{2}(x-1),$$

即

$$3x+2y-5=0.$$

在点 $(1,1)$ 处的法线方程为

$$y-1=\frac{2}{3}(x-1),$$

即

$$-2x+3y-1=0.$$

例 4 求 $y=(1+\sin x)^{x^2}$ 的导数.

解法 1 在等式的两边取对数, 得

$$\ln y=x^2\ln(1+\sin x),$$

等式两边对 x 求导, 得

$$\frac{1}{y}y' = 2x\ln(1+\sin x) + \frac{x^2\cos x}{1+\sin x},$$

所以

$$y' = y\left[2x\ln(1+\sin x) + \frac{x^2\cos x}{1+\sin x}\right] = (1+\sin x)^{x^2}\left[2x\ln(1+\sin x) + \frac{x^2\cos x}{1+\sin x}\right].$$

解法 2 利用复合函数求导数

$$\begin{aligned} y' &= \left(\mathrm{e}^{x^2\ln(1+\sin x)}\right)' = \mathrm{e}^{x^2\ln(1+\sin x)}\left(x^2\ln(1+\sin x)\right)' \\ &= (1+\sin x)^{x^2}\left(2x\ln(1+\sin x) + x^2\frac{\cos x}{1+\sin x}\right). \end{aligned}$$

本例中的函数属于 $y = u(x)^{v(x)}$ 这种类型的幂指函数, 在复合函数求导中, 我们介绍了指数求导法. 在这里我们采取先取对数化为隐函数, 然后两边同时求导, 这种方法称为对数求导法, 但需要注意的是, 最后的结果要把 y 关于 x 的表达式代入, 因为题目给出的函数是显函数的形式.

在遇到较复杂的乘、除、乘方和开方的函数求导时, 也可以利用对数求导法, 从而使计算更为简便.

例 5 设 $y = \dfrac{(x+2)^3\cdot\sqrt{1+x}}{(x-3)^2(x+6)}$, 求 y'.

解 等式两边同取对数, 得

$$\ln y = 3\ln(x+2) + \frac{1}{2}\ln(1+x) - 2\ln(x-3) - \ln(x+6),$$

等式两边对 x 求导,

$$\frac{1}{y}y' = \frac{3}{x+2} + \frac{1}{2(1+x)} - \frac{2}{x-3} - \frac{1}{x+6},$$

所以

$$y' = \frac{(x+2)^3\sqrt{1+x}}{(x-3)^2(x+6)}\left[\frac{3}{x+2} + \frac{1}{2(1+x)} - \frac{2}{x-3} - \frac{1}{x+6}\right].$$

注记 在例 5 中我们没有考虑定义域, 实际上取绝对值后再取对数与不取绝对值直接取对数, 它们的求导结果是一样的, 所以在使用对数求导法时, 常常省略了取绝对值的步骤.

2.4.2 由参数方程确定的函数的导数

在研究物体运动轨迹时, 我们常常会遇到参数方程, 比如椭圆的参数方程

$$\begin{cases} x = a\cos t, \\ y = b\sin t, \end{cases} \quad 0 \leqslant t \leqslant 2\pi.$$

一般地, 设参数方程为

$$\begin{cases} x = \varphi(t), \\ y = \psi(t), \end{cases} \quad \alpha \leqslant t \leqslant \beta.$$

对每一个 $t \in [\alpha, \beta]$, 都对应曲线上一点 (x, y), 因此可以确定 x 与 y 之间的函数关系, 称此函数为由参数方程所确定的函数.

如果 $x = \varphi(t)$, $y = \psi(t)$ 都可导, 且 $\varphi'(t) \neq 0$. 函数 $x = \varphi(t)$ 在定义域的某个区间上具有单调、连续的反函数 $t = \varphi^{-1}(x)$, 那么函数可以看作是 $y = \psi(t)$ 与 $t = \varphi^{-1}(x)$ 复合而成的复合函数 $y = \psi[\varphi^{-1}(x)]$, 利用复合函数和反函数的求导法则, 有

$$\frac{\mathrm{d}y}{\mathrm{d}x} = \frac{\mathrm{d}y}{\mathrm{d}t} \cdot \frac{\mathrm{d}t}{\mathrm{d}x} = \frac{\mathrm{d}y}{\mathrm{d}t} \cdot \frac{1}{\dfrac{\mathrm{d}x}{\mathrm{d}t}} = \frac{\psi'(t)}{\varphi(t)}.$$

例 6 求由参数方程 $\begin{cases} x = a(t - \sin t), \\ y = a(1 - \cos t) \end{cases}$ $(0 \leqslant t \leqslant 2\pi)$ 确定的函数 $y = f(x)$ 的导函数 y'.

解 由参数形式的函数求导公式, 即得

$$\frac{\mathrm{d}y}{\mathrm{d}x} = \frac{[a(1 - \cos t)]'}{[a(t - \sin t)]'} = \frac{a\sin t}{a(1 - \cos t)} = \frac{\sin t}{1 - \cos t}.$$

如果 $x = \varphi(t)$ 和 $y = \psi(t)$ 还具有二阶导数, 且 $\varphi'(t) \neq 0$, 那么函数 $y = y(x)$ 的导函数 $y'(x)$ 也可以看作由参数方程所确定的函数

$$\begin{cases} x = \varphi(t), \\ y' = \dfrac{\psi'(t)}{\varphi'(t)}, \end{cases} \quad \alpha \leqslant t \leqslant \beta,$$

根据参数方程求导公式得

$$\frac{\mathrm{d}^2 y}{\mathrm{d}x^2} = \frac{\left(\dfrac{\psi'(t)}{\varphi'(t)}\right)'}{\varphi'(t)} = \frac{\psi''(t)\varphi'(t) - \psi'(t)\varphi''(t)}{[\varphi'(t)]^2} \cdot \frac{1}{\varphi'(t)},$$

即

$$\frac{\mathrm{d}^2y}{\mathrm{d}x^2}=\frac{\psi''(t)\varphi'(t)-\psi'(t)\varphi''(t)}{[\varphi'(t)]^3}.$$

类似地, 可以推得参数方程的三阶导数

$$\frac{\mathrm{d}^3y}{\mathrm{d}x^3}=\frac{\mathrm{d}\left(\dfrac{\mathrm{d}^2y}{\mathrm{d}x^2}\right)}{\mathrm{d}x}=\frac{\dfrac{\mathrm{d}}{\mathrm{d}t}\left(\dfrac{\mathrm{d}^2y}{\mathrm{d}x^2}\right)}{\dfrac{\mathrm{d}x}{\mathrm{d}t}}.$$

例 7 求由参数方程 $\begin{cases} x=\ln(1+t^2), \\ y=t-\arctan t \end{cases}$ 所确定的函数的一阶导数 $\dfrac{\mathrm{d}y}{\mathrm{d}x}$ 和二阶导数 $\dfrac{\mathrm{d}^2y}{\mathrm{d}x^2}$.

解 根据方程所确定的函数求导公式, 有

$$\frac{\mathrm{d}y}{\mathrm{d}x}=\frac{(t-\arctan t)'}{(\ln(1+t^2))'}=\frac{1-\dfrac{1}{1+t^2}}{\dfrac{2t}{1+t^2}}=\frac{t}{2},\quad \frac{\mathrm{d}^2y}{\mathrm{d}x^2}=\frac{\left(\dfrac{t}{2}\right)'}{(\ln(1+t^2))'}=\frac{\dfrac{1}{2}}{\dfrac{2t}{1+t^2}}=\frac{1+t^2}{4t}.$$

例 8 设抛射体运动在 $t=0$ 时刻的水平速度和垂直速度分别等于 v_1 和 v_2, 问在什么时刻该物体的飞行倾角恰与地面平行?

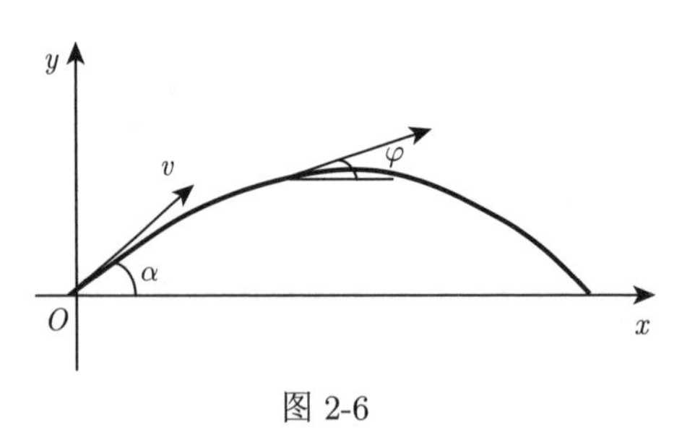

图 2-6

解 将抛射体运动视为水平方向和垂直方向上的运动的合成, 即得参数方程

$$\begin{cases} x=v_1t, \\ y=v_2t-\dfrac{1}{2}gt^2, \end{cases}\quad 0\leqslant t\leqslant\frac{2v_2}{g},$$

由导数的几何意义可知物体在任一 t 时刻飞行的倾角 φ(图 2-6) 应为

$$\varphi=\arctan\left(\frac{\mathrm{d}y}{\mathrm{d}x}\right)\Big|_{x=v_1t}=\arctan\frac{\left(v_2t-\dfrac{1}{2}gt^2\right)'}{(v_1t)'}=\arctan\frac{v_2-gt}{v_1},$$

要使飞行倾角与地面平行, 即 $\varphi=0$, 也即 $\dfrac{v_2-gt}{v_1}=0$, 解得

$$t=\frac{v_2}{g}.$$

2.4.3 相关变化率问题

如果 x 和 y 之间存在着某种函数关系, 而 $x=x(t)$, $y=y(t)$ 都是可导函数, 则它们的变化率 $\dfrac{\mathrm{d}x}{\mathrm{d}t}$ 和 $\dfrac{\mathrm{d}y}{\mathrm{d}t}$ 之间也存在一定的关系, 这样两个相互依赖的变化率称为相关变化率. 相关变化率问题主要是研究两个变化率之间的关系, 以便从一个已知变化率求出另一个变化率.

例 9 设溶液自深 18cm, 顶直径 12cm 的圆锥形漏斗中漏入一直径为 10cm 的圆柱形桶中, 开始时漏斗中盛满了溶液, 已知当溶液在漏斗中深为 12cm 时, 其液面下降的速率为 1cm/min, 问此时圆柱形桶中液面上升的速率为多少?

解 漏斗中液面的高度和圆柱形桶中液面的高度都是时间 t 的函数, 已知漏斗中液面的高度对时间 t 的变化率, 要求圆柱形桶中液面的高度对时间 t 的变化率, 此为相关变化率的问题. 关键就是要找到漏斗中液面的高度和圆柱形桶中液面的高度所满足的等式.

设 t 时刻漏斗中液面的高度为 $h(t)$, 圆柱形桶中液面的高度 $H(t)$, 则

$$\frac{\pi}{3}\left(\frac{h(t)}{3}\right)^2 h(t)+\pi 5^2 H(t)=V_0,$$

其中 V_0 是漏斗中液体的体积与圆柱形桶中液体的体积之和, 上式两边对 t 求导, 得

$$\frac{\pi h^2(t)h'(t)}{9}+25\pi H'(t)=0,$$

将 $h(t)=12, h'(t)=-1$ 代入后, 得

$$H'(t)=0.64\ (\mathrm{cm/min}).$$

例 10 如图 2-7 所示, 一气球在离开观察员 500m 处离地往上升, 上升速度是 120m/min. 当气球高度为 500m 时, 观察员视线的仰角的增加率是多少?

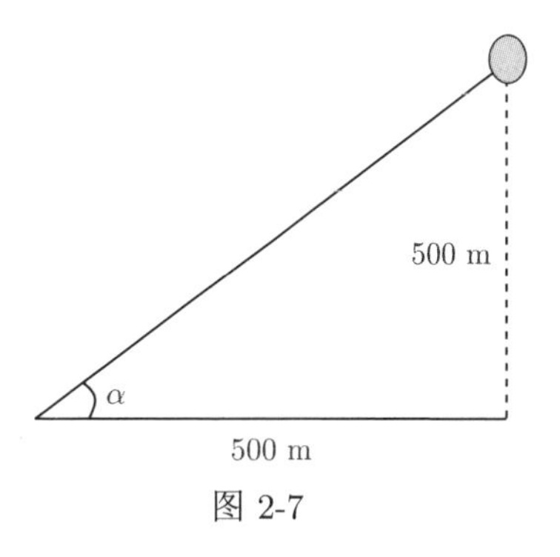

图 2-7

解 设气球上升 t 分钟后, 其高度为 $h(t)$ m, 观察员视线的仰角为 $\alpha(t)$ rad. 则

$$\tan\alpha=\frac{h}{500},$$

上式两边对 t 求导, 得

$$\sec^2\alpha\cdot\frac{\mathrm{d}\alpha}{\mathrm{d}t}=\frac{1}{500}\cdot\frac{\mathrm{d}h}{\mathrm{d}t},$$

因为 $h = 500$ m 时, $\sec^2\alpha = 2$, 且 $\dfrac{\mathrm{d}h}{\mathrm{d}t} = 120$ (m/ min), 所以

$$\frac{\mathrm{d}\alpha}{\mathrm{d}t} = 0.12(\mathrm{rad/\,min}).$$

习　题　2.4

1. 求下列方程所确定的隐函数 $y = y(x)$ 的导数 $\dfrac{\mathrm{d}y}{\mathrm{d}x}$:

(1) $xy = 1 + x\mathrm{e}^y$;　　(2) $\ln y - \sqrt{\dfrac{1-x}{1+x}} = 0$;

(3) $x^{\frac{2}{3}} + y^{\frac{2}{3}} = a^{\frac{2}{3}}$ (a 为常数);　　(4) $x - y - \arcsin y = 0$.

2. 求下列方程所确定的隐函数 $y = y(x)$ 的二阶导数 $\dfrac{\mathrm{d}^2y}{\mathrm{d}x^2}$:

(1) $\mathrm{e}^y + xy - \mathrm{e} = 0$;　　(2) $\sqrt{x^2 + y^2} = 8\mathrm{e}^{\arctan\frac{y}{x}}$.

3. 求下列参数方程所确定的函数的导数 $\dfrac{\mathrm{d}y}{\mathrm{d}x}$:

(1) $\begin{cases} x = t(1-\sin t), \\ y = t\cos t; \end{cases}$　　(2) $\begin{cases} x = a\mathrm{e}^{-t}, \\ y = b\mathrm{e}^{t}; \end{cases}$

(3) $\begin{cases} x = \sqrt{1+t}, \\ y = \sqrt{1-t}; \end{cases}$　　(4) $\begin{cases} x = a\cos^3 t, \\ y = b\sin^3 t. \end{cases}$

4. 求下列参数方程所确定的函数的二阶导数 $\dfrac{\mathrm{d}^2y}{\mathrm{d}x^2}$:

(1) $\begin{cases} x = at\cos t, \\ y = at\sin t; \end{cases}$　　(2) $\begin{cases} x = \sqrt{1+t^2}, \\ y = t - \arctan t. \end{cases}$

5. 求曲线

$$\begin{cases} x - \mathrm{e}^x\sin t + 1 = 0, \\ y - t^3 - 2t = 0 \end{cases}$$

在 $t = 0$ 点处的切线方程和法线方程.

6. 用对数求导法求下列函数的导数:

(1) $y = \left(x^3 + \sin x\right)^{\frac{1}{x}}$;　　(2) $y = (\ln x)^{\tan 2x}$;

(3) $y = \dfrac{(x+1)^2\sqrt[3]{x^2+2}}{(x^2+2)\sqrt{x}}$;　　(4) $y = \sqrt{x\sin x\sqrt[3]{1+\cos x}}$.

7. 落在平静水面上的石头, 产生同心波纹. 若最外一圈波半径的增大速率总是 6 m/s 的, 问在 3s 末扰动水面面积增大的速率为多少?

8. 以体流量 4 m^3/ min 往一深 8m、上顶直径 8 m 的正圆锥形容器中注水. 当水深为 5m 时, 其水面上升的速率为多少?

9. 空中指挥塔发现有两架飞机在同一高度同时飞向某一目标, 一架在该目标的正北 150km 处正以 450km/h 的速度飞行, 另一架在该目标的正东 200km 处正以 600km/h 的速度朝目标飞去, 求这两架飞机以什么速度互相接近?

2.5 微分中值定理与泰勒公式

微分中值定理是研究函数特性的一个有力工具, 它是微分学中最重要的结论之一. 在本节我们将以它为核心介绍微分学中与其有联系的几个重要定理.

2.5.1 费马定理

费马 (Fermat) 定理 设函数 $f(x)$ 在点 x_0 处的某邻域 $U(x_0)$ 内有定义并且在点 x_0 处可导, 如果对任意的 $x \in U(x_0)$ 恒有

$$f(x) \leqslant f(x_0) \quad (\text{或} f(x) \geqslant f(x_0)),$$

则有 $f'(x_0) = 0$.

证明 不妨设 $x \in U(x_0)$ 时, $f(x) \leqslant f(x_0)$. 对于 $x_0 + \Delta x \in U(x_0)$, 有

$$f(x_0 + \Delta x) - f(x_0) \leqslant 0.$$

当 $\Delta x > 0$ 时, 则有

$$\frac{f(x_0 + \Delta x) - f(x_0)}{\Delta x} \leqslant 0;$$

当 $\Delta x < 0$ 时, 则有

$$\frac{f(x_0 + \Delta x) - f(x_0)}{\Delta x} \geqslant 0.$$

因为函数 $f(x)$ 在 x_0 可导, 则 $f'(x_0) = f'_+(x_0) = f'_-(x_0)$, 根据极限的保号性, 有

$$f'(x_0) = f'_+(x_0) = \lim_{\Delta x \to 0^+} \frac{f(x_0 + \Delta x) - f(x_0)}{\Delta x} \leqslant 0,$$

$$f'(x_0) = f'_-(x_0) = \lim_{\Delta x \to 0^-} \frac{f(x_0 + \Delta x) - f(x_0)}{\Delta x} \geqslant 0,$$

所以

$$f'(x_0) = 0.$$

类似地, 可以证明 $f(x) \geqslant f(x_0)$ 的情形.

通常称导数为零的点为函数的驻点 (或称为稳定点或临界点).

费马定理的几何意义: 曲线 $y = f(x)$ 点 x_0 处的某邻域 $U(x_0)$ 上恒有 $f(x) \leqslant f(x_0)$(或 $f(x) \geqslant f(x_0)$), 若点 $P(x_0, f(x_0))$ 切线存在, 则切线一定是水平的. 直观地从图形上看, 若波峰与波谷对应点的切线存在, 则切线一定是水平的 (图 2-8).

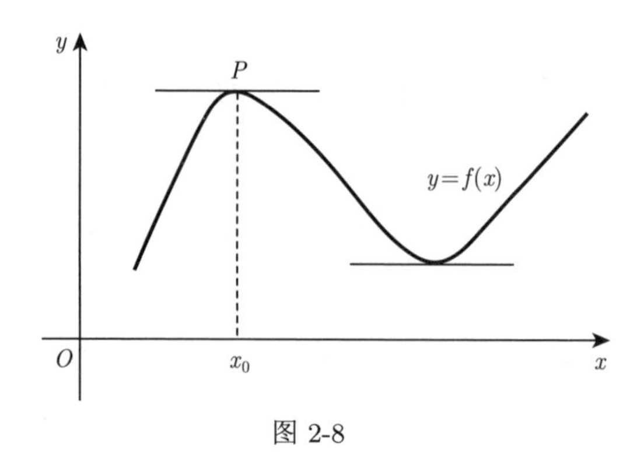

图 2-8

2.5.2　罗尔定理

由费马定理可以推导出如下的罗尔定理.

定理 1 (罗尔 (Rolle) 定理)　设函数 $f(x)$ 在闭区间 $[a,b]$ 上连续, 在开区间 (a,b) 内可导, 且 $f(a)=f(b)$, 则至少存在一点 $\xi\in(a,b)$, 使得 $f'(\xi)=0$.

证明　因为函数 $f(x)$ 在 $[a,b]$ 上连续, 由闭区间上连续函数的性质, 所以 $f(x)$ 在 $[a,b]$ 上必取得最大值 M 和最小值 m.

(1) 若 $M=m$, 则 $f(x)$ 在 $[a,b]$ 上恒为常数, 结论显然成立.

(2) 若 $M>m$, 因为 $f(a)=f(b)$, 所以 M 和 m 至少有一个不等于 $f(a)$, 不妨设 $M\neq f(a)$, 则在 (a,b) 内至少有一点 ξ, 使得 $f(\xi)=M$. 由于 $f(x)$ 在 ξ 处可导, 所以由费马定理即可得到 $f'(\xi)=0$.

罗尔定理的三个条件是充分非必要的, 例如: $y=x^3(x\in[-1,1])$, $y'(0)=0$, 但 $y(-1)\neq y(1)$. 但罗尔定理中的三个条件缺少任何一个, 结论将不一定成立 (图 2-9).

(a) $y=f(x)$ 在 $[a,b]$ 上不连续, 例如, $y=\begin{cases}1-x, & x\in(0,1],\\ 0, & x=0;\end{cases}$

(b) $y=f(x)$ 在 (a,b) 内不可导, 例如, $y=|x|(x\in[-1,1])$;

(c) $f(a)\neq f(b)$, 例如, $y=x$ $(x\in[0,1])$.

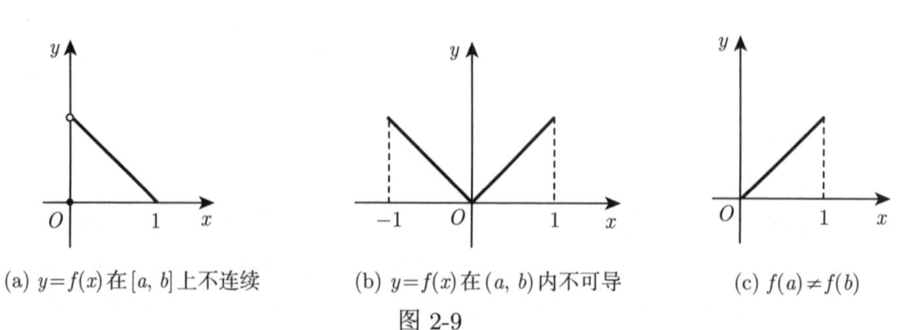

(a) $y=f(x)$ 在 $[a,\ b]$ 上不连续　(b) $y=f(x)$ 在 $(a,\ b)$ 内不可导　(c) $f(a)\neq f(b)$

图 2-9

罗尔定理的几何意义: 满足定理条件的函数在区间内至少存在一条平行于 x 轴的切线, 也即与曲线两个端点的连线平行 (图 2-10).

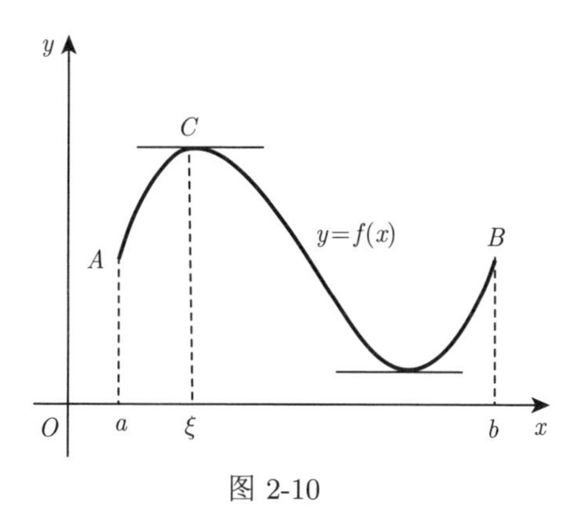

图 2-10

例 1 设 $f(x)$ 在 $(-\infty,+\infty)$ 上可导, 证明: 若方程 $f'(x)=0$ 没有实根, 则方程 $f(x)=0$ 至多只有一个实根.

证明 (反证法) 设方程 $f(x)=0$ 有两个实根 x_1 和 x_2 (设 $x_1<x_2$), 则函数 $f(x)$ 在 $[x_1,x_2]$ 上连续, 在 (x_1,x_2) 内可导, 且 $f(x_1)=f(x_2)$, 由罗尔定理, 至少存在一个 $\xi\in(x_1,x_2)$, 使得 $f'(\xi)=0$, 与 $f'(x)=0$ 没有实根矛盾.

证明 方程 $f(x)=0$ 在 (a,b) 内有根的问题, 一般有两种思路: (1) 如果满足 $f(a)f(b)<0$, 可以利用闭区间上连续函数的零点定理证明; (2) 构造辅助函数 $F(x)$ 且 $F'(x)=f(x)$, 验证满足罗尔定理的条件, 用罗尔定理证明.

例 2 设 $a_0+\dfrac{a_1}{2}+\dfrac{a_2}{2}+\cdots+\dfrac{a_n}{n+1}=0$, 证明在 $(0,1)$ 内至少存在一个 x, 满足

$$a_0+a_1x+a_2x^2+\cdots+a_nx^n=0.$$

证明 设 $F(t)=a_0t+\dfrac{a_1t^2}{2}+\dfrac{a_2t^3}{3}+\cdots+\dfrac{a_nt^{n+1}}{n+1}$, 则 $F(t)$ 在 $[0,1]$ 上连续, 在 $(0,1)$ 内可导, $F(0)=0$, $F(1)=a_0+\dfrac{a_1}{2}+\dfrac{a_2}{3}+\cdots+\dfrac{a_n}{n+1}=0$. 由罗尔定理, 至少存在一个 $x\in(0,1)$, 使得 $F'(x)=0$, 即

$$a_0+a_1x+a_2x^2+\cdots+a_nx^n=0.$$

上述例题函数的构造我们通过观察很容易就可以看出来, 但有的时候很难看出, 比如下面的例题.

例 3 设 $f(x)$ 在闭区间 $[a,b]$ 上连续, 在开区间 (a,b) 内可导, 且 $f(a)=f(b)=0$, 证明: 至少存在一点 $\xi\in(a,b)$, 使得 $f'(\xi)+f(\xi)=0$.

分析　本题可以理解为证明方程 $f'(x)+f(x)=0$ 在 (a,b) 内有根, 解决的关键在于函数的构造, 我们将 $f'(x)+f(x)=0$ 变形为 $\dfrac{f'(x)}{f(x)}+1=0$, 改写为导数的形式 $[\ln f(x)]'+(x)'=0$, 合并得 $[\ln(\mathrm{e}^x f(x))]'=0$, 也即 $[\mathrm{e}^x f(x)]'=0$, 所以辅助构造函数为 $F(x)=\mathrm{e}^x f(x)$. 通过这种方式构造函数的方法称为还原构造法.

证明　设 $F(x)=\mathrm{e}^x f(x)$, 则 $F(x)$ 在闭区间 $[a,b]$ 上连续, 在开区间 (a,b) 内可导, 且 $F(a)=F(b)=0$, 由罗尔定理, 至少存在一个 $\xi\in(a,b)$, 使得 $F'(\xi)=0$, 即 $\mathrm{e}^{\xi}f'(\xi)+\mathrm{e}^{\xi}f(\xi)=0$, 又因为 $\mathrm{e}^{\xi}\neq 0$, 所以

$$f'(\xi)+f(\xi)=0.$$

2.5.3　拉格朗日中值定理

定理 2 (拉格朗日 (Lagrange) 中值定理)　如果函数 $f(x)$ 在闭区间 $[a,b]$ 上连续, 在开区间 (a,b) 内可导, 则至少存在一点 $\xi\in(a,b)$, 使

$$f'(\xi)=\frac{f(b)-f(a)}{b-a}$$

或

$$f(b)-f(a)=f'(\xi)(b-a).$$

特别当 $f(a)=f(b)$ 时, 本定理即为罗尔定理, 说明罗尔定理是拉格朗日中值定理的一种特殊情形.

分析　拉格朗日中值定理的结论可以理解为证明方程 $f'(x)-\dfrac{f(b)-f(a)}{b-a}=0$ 在 (a,b) 内有根, 通过观察可以看出取 $F(x)=f(x)-\dfrac{f(b)-f(a)}{b-a}x$, 显然 $F'(x)=f'(x)-\dfrac{f(b)-f(a)}{b-a}$.

证明　设

$$F(x)=f(x)-\frac{f(b)-f(a)}{b-a}x,$$

则 $F(x)$ 在闭区间 $[a,b]$ 上连续, 在开区间 (a,b) 内可导, 且

$$F(a)=f(a)-\frac{f(b)-f(a)}{b-a}a=\frac{f(a)b-f(b)a}{b-a},$$

$$F(b)=f(b)-\frac{f(b)-f(a)}{b-a}b=\frac{f(a)b-f(b)a}{b-a},$$

即 $F(a)=F(b)$, 由罗尔定理可知, 在 (a,b) 内至少存在一点 ξ, 使 $F'(\xi)=0$, 即

$$f'(\xi)=\frac{f(b)-f(a)}{b-a}.$$

拉格朗日中值定理的结论 $f(b)-f(a)=f'(\xi)(b-a)$ 称为拉格朗日中值公式.

由于 $\xi\in(a,b)$, 因而总能找到某个 $\theta\in(0,1)$, 使

$$\xi=a+\theta(b-a),$$

所以拉格朗日中值公式也可以改写为

$$f(b)-f(a)=f'(a+\theta(b-a))(b-a),\quad \theta\in(0,1).$$

若取 $a=x,b-a=\Delta x$, 则上式又可以表示为

$$f(x+\Delta x)-f(x)=f'(x+\theta\Delta x)\Delta x,\quad \theta\in(0,1),$$

上式即为

$$\Delta y=f'(x+\theta\Delta x)\Delta x,\quad \theta\in(0,1),$$

上式给出了函数增量 Δy 的精确表达式, 因此我们也称拉格朗日中值公式为有限增量公式, 称拉格朗日中值定理为有限增量定理.

拉格朗日中值定理的几何意义: 满足定理条件的函数在区间内至少存在一条平行于弦 AB 的切线, 也即与曲线两个端点的连线平行 (图 2-11).

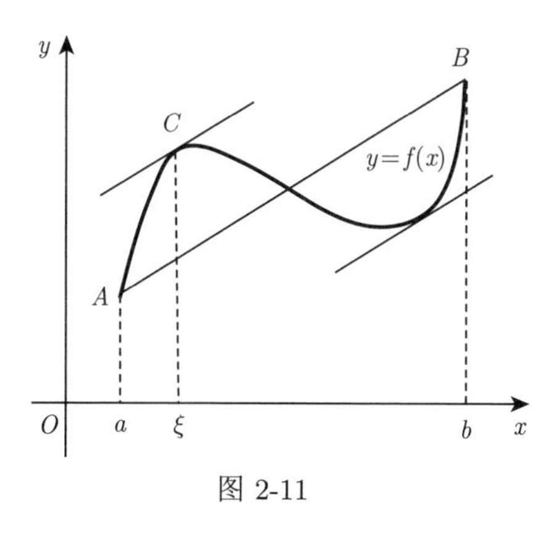

图 2-11

推论 1 如果函数 $f(x)$ 在区间 I 内的导数恒为零, 则 $f(x)$ 在 I 内是一个常数.

证明 任取 $x_1, x_2\in I$, 不妨假设 $x_1<x_2$, 在 $[x_1,x_2]$ 上应用拉格朗日中值定理, 有

$$f(x_2)-f(x_1)=f'(\xi)(x_2-x_1)\quad (\xi\in(x_1,x_2)).$$

由题意 $f'(\xi)=0$, 于是

$$f(x_2)-f(x_1)=0,$$

即

$$f(x_2)=f(x_1).$$

由 x_1, x_2 的任意性, 知 $f(x)$ 在 I 内的函数值恒相等, 所以 $f(x)=C$.

推论 2　如果对任意 $x\in I$, 有 $f'(x)=g'(x)$, 则 $f(x)=g(x)+C$ (C 为某个常数).

证明　由于 $\forall x\in I$, 有

$$[f(x)-g(x)]'=f'(x)-g'(x)=0,$$

由推论 1 可得

$$f(x)-g(x)=C\ (C \text{ 为某个常数}),$$

即

$$f(x)=g(x)+C.$$

推论 3 (导数极限定理)　设函数 $f(x)$ 在点 x_0 处的某邻域 $U(x_0)$ 内连续, 在 $\mathring{U}(x_0)$ 内可导, 且极限 $\lim\limits_{x\to x_0} f'(x)$ 存在, 则 $f(x)$ 在点 x_0 可导, 且

$$f'(x_0)=\lim_{x\to x_0} f'(x).$$

证明　因为 $\lim\limits_{x\to x_0} f'(x)=a$ 存在, 所以 $\lim\limits_{x\to x_0^+} f'(x)=\lim\limits_{x\to x_0^-} f'(x)=a$. 任取 $x\in \mathring{U}(x_0)$ 且 $x>x_0, f(x)$ 在 $[x_0,x]$ 上满足拉格朗日中值定理条件, 则存在 $\xi\in(x_0,x)$, 使得

$$\frac{f(x)-f(x_0)}{x-x_0}=f'(\xi).$$

当 $x\to x_0^+$ 时, $\xi\to x_0^+$, 上式两边同取极限得

$$f'_+(x_0)=\lim_{x\to x_0^+}\frac{f(x)-f(x_0)}{x-x_0}=\lim_{\xi\to x_0^+} f'(\xi)=a.$$

同理可得 $f'_-(x_0)=a$. 由于 $f'_+(x_0)=f'_-(x_0)=a$, 所以 $f(x)$ 在点 x_0 可导, 且

$$f'(x_0)=a=\lim_{x\to x_0} f'(x).$$

导数极限定理适合于求分段函数分段点的导数.

例 4 求分段函数

$$f(x)=\begin{cases} x+\sin x^2, & x\leqslant 0,\\ \ln(1+x), & x>0 \end{cases}$$

的导数.

解 首先易得

$$f'(x)=\begin{cases} 1+2x\cos x^2, & x<0,\\ \dfrac{1}{1+x}, & x>0, \end{cases}$$

在此之前, 我们求 $x=0$ 点导数只能通过导数的定义来求得, 现利用导数极限定理来求.

$$\lim_{x\to 0^+} f(x)=\lim_{x\to 0^+}\ln(1+x)=0=f(0),$$

$$\lim_{x\to 0^-} f(x)=\lim_{x\to 0^-}(x+\sin x^2)=0=f(0),$$

因此 $f(x)$ 在 $x=0$ 点处连续, 又因为

$$\lim_{x\to 0^+} f'(x)=\lim_{x\to 0^+}\frac{1}{1+x}=1,\quad \lim_{x\to 0^-} f'(x)=\lim_{x\to 0^-}(1+2x\cos x^2)=1,$$

所以 $\lim\limits_{x\to 0} f'(x)=1$, 由导数极限定理推知 $f(x)$ 在 $x=0$ 点处可导, 且 $f'(0)=1$.

注记 导数极限定理是充分非必要条件, 例如

$$f(x)=\begin{cases} 2x^2+x^2\sin\dfrac{1}{x}, & x\neq 0,\\ 0, & x=0, \end{cases}$$

当 $x\neq 0$ 时, $f'(x)=4x+2x\sin\dfrac{1}{x}-\cos\dfrac{1}{x}$, 显然 $\lim\limits_{x\to 0} f'(x)$ 不存在, 但根据导数的定义

$$f'(0)=\lim_{x\to 0}\frac{f(x)-f(0)}{x}=\lim_{x\to 0}\frac{2x^2+x^2\sin\dfrac{1}{x}}{x}=0.$$

由此例题我们知道导数极限定理适合于求分段函数分段点的导数存在的情况.

拉格朗日中值定理以及由此推出的推论具有重要的意义, 下面我们来看几个证明题.

例 5　证明当 $x \in (-\infty,+\infty)$ 时, 有

$$\arctan x+\operatorname{arccot} x=\frac{\pi}{2}.$$

证明　设 $f(x)=\arctan x+\operatorname{arccot} x$, 则当 $x \in (-\infty,+\infty)$ 时, 有

$$f'(x)=\frac{1}{1+x^2}-\frac{1}{1+x^2}=0,$$

所以 $f(x)=C$. 又因为

$$f(0)=\arctan 0+\operatorname{arccot} 0=\frac{\pi}{2},$$

所以当 $x \in (-\infty,+\infty)$ 时, 有

$$\arctan x+\operatorname{arccot} x=\frac{\pi}{2}.$$

例 6　证明当 $x>0$ 时, $\dfrac{x}{1+x}<\ln(1+x)<x$.

证明　令 $f(t)=\ln(1+t)(t>-1)$, 则 $f(t)$ 在 $[0,x]$ 上连续, 在 $(0,x)$ 内可导, 根据拉格朗日中值定理有

$$f(x)-f(0)=f'(\xi)(x-0)\quad(0<\xi<x),$$

即

$$\ln(1+x)=\frac{x}{1+\xi}.$$

又因为 $0<\xi<x$, 所以

$$\frac{x}{1+x}<\frac{x}{1+\xi}<x,$$

从而

$$\frac{x}{1+x}<\ln(1+x)<x.$$

例 7　设函数 $f(x)$ 在闭区间 $[a,b]$ 上连续, 在开区间 (a,b) 内可导, $|f'(x)| \leqslant M$ 且 $f(x)$ 在 (a,b) 内至少有一个零点, 证明: $|f(a)|+|f(b)| \leqslant M(b-a)$.

分析　题目中函数 $f(x)$ 涉及了具体的三点, 当遇到这种情况通常可以考虑利用两次拉格朗日中值定理.

证明　由题意, 存在 $c \in (a,b)$, $f(c)=0$, $f(x)$ 在 $[a,c]$, $[c,b]$ 上分别满足拉格朗日中值定理条件, 所以

$$f(c)-f(a)=f'(\xi_1)(c-a)\quad(\xi_1 \in (a,c)),$$

$$f(b)-f(c)=f'(\xi_2)(b-c)\quad (\xi_2\in(c,b)),$$

取绝对值得 $|f(a)|\leqslant M(c-a)$ 及 $|f(b)|\leqslant M(b-c)$, 两式相加即得结论.

下面我们把拉格朗日中值定理推广到两个函数的情形.

2.5.4 柯西中值定理

定理 3 (柯西 (Cauchy) 中值定理) 设函数 $f(x)$, $g(x)$ 在闭区间 $[a,b]$ 上连续, 在开区间 (a,b) 内可导, 且对于任意 $x\in(a,b)$, $g'(x)\neq 0$, 则至少存在一点 $\xi\in(a,b)$, 使得

$$\frac{f(b)-f(a)}{g(b)-g(a)}=\frac{f'(\xi)}{g'(\xi)}.$$

显然, 当 $g(x)=x$ 时, 上式即为拉格朗日中值公式, 所以拉格朗日中值定理是柯西中值定理的特殊情况.

分析 柯西中值定理证明可以理解为证明方程 $[f(b)-f(a)]g'(x)-[g(b)-g(a)]f'(x)=0$ 在 (a,b) 内有根, 通过观察可以看出取 $F(x)=[f(b)-f(a)]g(x)-[g(b)-g(a)]f(x)$, 则

$$F'(x)=[f(b)-f(a)]g'(x)-[g(b)-g(a)]f'(x).$$

证明 设

$$F(x)=[f(b)-f(a)]g(x)-[g(b)-g(a)]f(x),$$

则 $F(x)$ 在闭区间 $[a,b]$ 上连续, 在开区间 (a,b) 内可导, 且

$$F(a)=[f(b)-f(a)]g(a)-[g(b)-g(a)]f(a)=f(b)g(a)-f(a)g(b),$$

$$F(b)=[f(b)-f(a)]g(b)-[g(b)-g(a)]f(b)=f(b)g(a)-f(a)g(b),$$

即 $F(a)=F(b)$, 由罗尔定理可知, 在 (a,b) 内至少存在一点 ξ, 使 $F'(\xi)=0$, 即

$$[f(b)-f(a)]g'(\xi)-[g(b)-g(a)]f'(\xi)=0,$$

也即

$$\frac{f(b)-f(a)}{g(b)-g(a)}=\frac{f'(\xi)}{g'(\xi)}.$$

若换一个角度, 将 $f(t)$ 和 $g(t)$ 看成 xOy 平面上一条曲线的参数方程, 即 $y=F(x)$, 可以表示为

$$\begin{cases} x=g(t), \\ y=f(t), \end{cases}\quad t\in[a,b],$$

不妨设 $g(a)<g(b)$, 显然, 在 $y=F(x)$ 在 $[g(a),g(b)]$ 上连续, 在 $(g(a),g(b))$ 内可导, 由拉格朗日中值定理的几何意义, 存在曲线上一点 $(\eta,F(\eta))$, 过该点的切线的斜率 $F'(\eta)$ 等于曲线两个端点连线的斜率 $\dfrac{f(b)-f(a)}{g(b)-g(a)}$, 设 $x=\eta$ 对应于 $t=\xi$, 则由参数方程的求导公式, 有 $F'(\eta)=\dfrac{f'(\xi)}{g'(\xi)}=\dfrac{f(b)-f(a)}{g(b)-g(a)}$, 所以柯西中值定理可以看成拉格朗日中值定理参数表达形式.

例 8　设 $b>a>0$, 函数 $f(x)$ 在 $[a,b]$ 上连续, 在 (a,b) 内可导, 证明: 至少存在一点 $\xi\in(a,b)$, 使得

$$f(b)-f(a)=\xi f'(\xi)\ln\frac{b}{a}.$$

证明　结论可以变形为 $\dfrac{f(b)-f(a)}{\ln b-\ln a}=\dfrac{f'(\xi)}{1/\xi}$, 经观察设函数 $g(x)=\ln x$. $f(x)$, $g(x)$ 在 $[a,b]$ 上满足柯西中值定理的条件, 所以在 (a,b) 内至少存在一点 ξ, 使得

$$\frac{f(b)-f(a)}{\ln b-\ln a}=\frac{f'(\xi)}{1/\xi},$$

即

$$f(b)-f(a)=\xi f'(\xi)\ln\frac{b}{a}.$$

2.5.5　泰勒公式

多项式函数是一类比较简单的函数, 如果能够用多项式近似替代某些复杂的函数去研究它们的某些性质, 这样问题就会变得简单许多. 在实际的计算中, 某些复杂函数也是很难计算, 而多项式计算简单, 且有许多高效快速的算法, 若能把复杂函数用多项式近似计算, 显然也简单许多.

回顾一下在学习微分的时候, 我们知道如果函数 $f(x)$ 在 x_0 处可微, 则有一次近似式

$$f(x)\approx f(x_0)+f'(x_0)(x-x_0).$$

上式右边是 $(x-x_0)$ 的一次多项式. 例如, 当 $|x|$ 很小时, 我们可以得到 $\mathrm{e}^x\approx 1+x$, $\ln(1+x)\approx x$ (图 2-12).

一次近似式存在着一些不足, 比如它的精确度不高; 另外, 一次近似式不能进行误差估计, 我们只知道误差是 $(x-x_0)$ 的高阶无穷小. 为了提高精确程度以及估算误差, 必须考虑更高次数的多项式逼近.

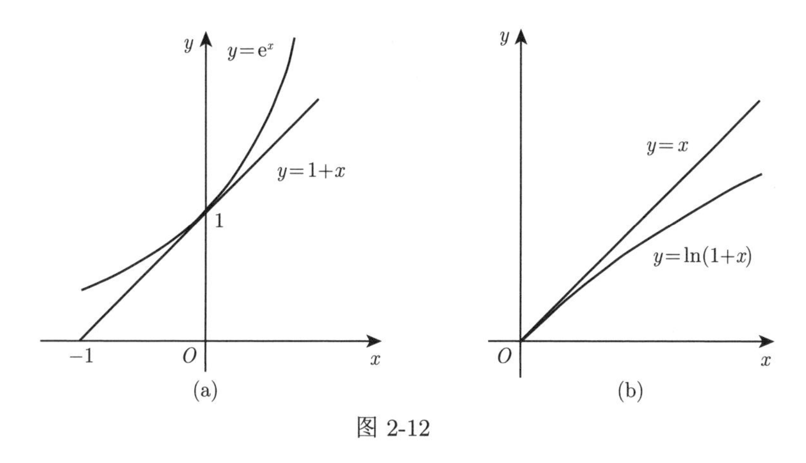

图 2-12

假设 $f(x)$ 是给定的一个函数, 我们希望找到一个多项式 $P_n(x)$:

$$P_n(x)=a_0+a_1(x-x_0)+a_2(x-x_0)^2+\cdots+a_n(x-x_0)^n,$$

用它来近似表达 $f(x)$, 希望它们的误差是 $(x-x_0)^n$ 的高阶无穷小, 并能给出误差的具体表达.

如果函数 $f(x)$ 和多项式 $P_n(x)$ 的图形在点 x_0 处相切, 则有

$$P_n(x_0)=f(x_0),\quad P_n'(x_0)=f'(x_0).$$

如果函数 $f(x)$ 和多项式 $P_n(x)$ 的图形在点 x_0 处弯曲方向相同, 则进一步有

$$P_n''(x_0)=f''(x_0),$$

$$\cdots\cdots$$

通过图形观察, 我们可以看出: 随着求导次数的增加, 近似程度越来越好.

假设函数 $f(x)$ 在含有 x_0 的开区间内具有直到 $(n+1)$ 阶导数,

$$P_n(x)=a_0+a_1(x-x_0)+a_2(x-x_0)^2+\cdots+a_n(x-x_0)^n,$$

由 $P_n^{(k)}(x_0)=f^{(k)}(x_0)(k=0,1,2,\cdots,n)$, 可以得到多项式中的各项系数:

$$a_0=f(x_0),\quad 1\cdot a_1=f'(x_0),\quad 2!\cdot a_2=f''(x_0),\quad \cdots,\quad n!\cdot a_n=f^{(n)}(x_0),$$

即

$$a_k=\frac{f^{(k)}(x_0)}{k!}\quad (k=0,1,2,\cdots,n),$$

代入 $P_n(x)$ 中, 得

$$P_n(x) = f(x_0) + f'(x_0)(x - x_0) + \frac{f''(x_0)}{2!}(x - x_0)^2 + \cdots + \frac{f^{(n)}(x_0)}{n!}(x - x_0)^n.$$

下面我们可以证明这样的 $P_n(x)$ 即为我们需要找的多项式.

定理 4 (泰勒 (Taylor) 中值定理)　设函数 $f(x)$ 在含有 x_0 点的某个开区间 (a,b) 内具有直到 $(n+1)$ 阶导数, 则对 (a,b) 内任意一点 x, 有

$$f(x) = f(x_0) + f'(x_0)(x - x_0) + \frac{f''(x_0)}{2!}(x - x_0)^2 + \cdots + \frac{f^{(n)}(x_0)}{n!}(x - x_0)^n + R_n(x),$$

其中

$$R_n(x) = \frac{f^{(n+1)}(\xi)}{(n+1)!}(x - x_0)^{n+1} \quad (\xi \text{ 介于 } x \text{ 与 } x_0 \text{ 之间}).$$

证明　对 (a,b) 内任意一个固定点 x, 作辅助函数

$$F(t) = f(x) - \left[f(t) + f'(t)(x - t) + \frac{f''(t)}{2!}(x - t)^2 + \cdots + \frac{f^{(n)}(t)}{n!}(x - t)^n\right],$$

$$G(t) = (x - t)^{n+1},$$

直接计算得

$$F'(t) = -\frac{f^{(n+1)}(t)}{n!}(x - t)^n, \quad G'(t) = -(n+1)(x - t)^n \neq 0,$$

且 $F(x) = G(x) = 0$, 不妨设 $x_0 < x$, 则 $F(t)$ 和 $G(t)$ 在 $[x_0, x]$ 上连续, 在 (x_0, x) 内可导, 由柯西中值定理得

$$\frac{F(x_0) - F(x)}{G(x_0) - G(x)} = \frac{F'(\xi)}{G'(\xi)},$$

其中 $\xi \in (x_0, x) \subset (a, b)$, 代入即得

$$\frac{F(x_0)}{G(x_0)} = \frac{f^{(n+1)}(\xi)}{(n+1)!},$$

也即对 (a,b) 内任意一点 x, 有

$$f(x) = f(x_0) + f'(x_0)(x - x_0) + \frac{f''(x_0)}{2!}(x - x_0)^2 + \cdots + \frac{f^{(n)}(x_0)}{n!}(x - x_0)^n + \frac{f^{(n+1)}(\xi)}{(n+1)!}(x - x_0)^{n+1}.$$

在泰勒中值定理中,

$$f(x)=f(x_0)+f'(x_0)(x-x_0)+\frac{f''(x_0)}{2!}(x-x_0)^2+\cdots+\frac{f^{(n)}(x_0)}{n!}(x-x_0)^n+R_n(x)$$

称为 $f(x)$ 按 $(x-x_0)$ 幂展开的 n 阶泰勒公式.

$$P_n(x)=f(x_0)+f'(x_0)(x-x_0)+\frac{f''(x_0)}{2!}(x-x_0)^2+\cdots+\frac{f^{(n)}(x_0)}{n!}(x-x_0)^n$$

称为 $f(x)$ 关于 $(x-x_0)$ 的 n 阶泰勒多项式.

$$R_n(x)=\frac{f^{(n+1)}(\xi)}{(n+1)!}(x-x_0)^{n+1}\quad(\xi\text{ 介于 }x\text{ 与 }x_0\text{ 之间})$$

称为拉格朗日型余项. 因 ξ 介于 x 与 x_0 之间, 可取 $\xi=x_0+\theta(x-x_0)(0<\theta<1)$, 余项可以表达为

$$R_n(x)=\frac{f^{(n+1)}(x_0+\theta(x-x_0))}{(n+1)!}(x-x_0)^{n+1}\quad(0<\theta<1).$$

如果对于某个固定的 n, 存在常数 $M>0$, 当 $x\in(a,b)$ 时, $\left|f^{(n+1)}(x)\right|\leqslant M$, 那么

$$|R_n(x)|=\left|\frac{f^{(n+1)}(\xi)}{(n+1)!}(x-x_0)^{n+1}\right|\leqslant\frac{M}{(n+1)!}|x-x_0|^{n+1},$$

所以

$$\lim_{x\to x_0}\frac{R_n(x)}{(x-x_0)^n}=0,$$

即

$$R_n(x)=o[(x-x_0)^n]$$

称为佩亚诺型余项.

当 $n=0$ 时, 泰勒中值定理中的结论成为

$$f(x)=f(x_0)+f'(\xi)(x-x_0)\quad(\xi\text{ 介于 }x\text{ 与 }x_0\text{ 之间}),$$

即拉格朗日中值定理的结论, 所以泰勒中值定理是拉格朗日中值定理的推广.

2.5.6 麦克劳林公式

当 $x_0=0$ 时, 得到泰勒公式

$$f(x)=f(0)+f'(0)x+\frac{f''(0)}{2!}x^2+\cdots+\frac{f^{(n)}(0)}{n!}x^n+\frac{f^{(n+1)}(\theta x)}{(n+1)!}x^{n+1}$$

称为带有拉格朗日型余项的 n 阶麦克劳林 (Maclaurin) 公式.

$$f(x)=f(0)+f'(0)x+\frac{f''(0)}{2!}x^2+\cdots+\frac{f^{(n)}(0)}{n!}x^n+o(x^n)$$

称为带有佩亚诺型余项的 n 阶麦克劳林公式, 由此得到近似公式:

$$f(x)\approx f(0)+f'(0)x+\frac{f''(0)}{2!}x^2+\cdots+\frac{f^{(n)}(0)}{n!}x^n,$$

上式右端多项式称为 $f(x)$ 的 n 阶麦克劳林多项式.

例 9 求函数 $f(x)=\mathrm{e}^x$ 的 n 阶麦克劳林公式.

解 因为 $f(x)=f'(x)=f''(x)=\cdots=f^{(n)}(x)=\mathrm{e}^x$, 所以

$$f(0)=f'(0)=f''(0)=\cdots=f^{(n)}(0)=1,$$

且 $f^{(n+1)}(\theta x)=\mathrm{e}^{\theta x}(0<\theta<1)$, 代入麦克劳林公式, 得

$$\mathrm{e}^x=1+x+\frac{1}{2!}x^2+\cdots+\frac{1}{n!}x^n+\frac{\mathrm{e}^{\theta x}}{(n+1)!}x^{n+1}\quad(0<\theta<1).$$

从而

$$\mathrm{e}^x\approx 1+x+\frac{1}{2!}x^2+\cdots+\frac{1}{n!}x^n,$$

其误差

$$|R_n(x)|=\left|\frac{\mathrm{e}^{\theta x}}{(n+1)!}x^{n+1}\right|<\frac{\mathrm{e}^{|x|}}{(n+1)!}|x|^{n+1}\quad(0<\theta<1).$$

如果取 $x=1$, 则

$$\mathrm{e}\approx 1+1+\frac{1}{2!}+\cdots+\frac{1}{n!},$$

其误差

$$|R_n(x)|<\frac{\mathrm{e}}{(n+1)!}<\frac{3}{(n+1)!}.$$

当 $n=10$ 时, 可计算出 $\mathrm{e}\approx 2.718282$, 其误差不超过 10^{-6}.

例 10 求函数 $f(x)=\sin x$ 的 n 阶麦克劳林公式.

解 因为

$$f^{(n)}(x)=\sin\left(x+n\cdot\frac{\pi}{2}\right),$$

所以

$$f^{(n)}(0)=\begin{cases}0, & n=2m,\\ (-1)^m, & n=2m+1,\end{cases}\quad m=0,\ 1,\ 2,\ \cdots,$$

代入麦克劳林公式中, 得

$$\sin x=\begin{cases}x-\dfrac{x^3}{3!}+\dfrac{x^5}{5!}-\cdots+\dfrac{(-1)^{m-1}}{(2m-1)!}x^{2m-1}+R_{2m}(x), & n=2m,\\ x-\dfrac{x^3}{3!}+\dfrac{x^5}{5!}-\cdots+\dfrac{(-1)^{m-1}}{(2m-1)!}x^{2m-1}+R_{2m-1}(x), & n=2m-1,\end{cases}$$

$$m=1,2,\cdots,$$

其中

$$R_n(x)=\frac{\sin\left[\theta x+(n+1)\dfrac{\pi}{2}\right]}{(n+1)!}x^{n+1}\quad(0<\theta<1).$$

类似地, 可求得

$$\cos x=\begin{cases}1-\dfrac{x^2}{2!}+\dfrac{x^4}{4!}-\cdots+\dfrac{(-1)^{m}}{(2m)!}x^{2m}+R_{2m}(x), & n=2m,\\ 1-\dfrac{x^2}{2!}+\dfrac{x^4}{4!}-\cdots+\dfrac{(-1)^{m-1}}{(2m-2)!}x^{2m-2}+R_{2m-1}(x), & n=2m-1,\end{cases}$$

$$m=1,\ 2,\ \cdots,$$

其中

$$R_n(x)=\frac{\cos\left[\theta x+(n+1)\dfrac{\pi}{2}\right]}{(n+1)!}x^{n+1}\quad(0<\theta<1).$$

例 11 求函数 $f(x)=\ln(1+x)$ 的 n 阶麦克劳林公式.

解 因为

$$f'(x)=\frac{1}{1+x},\quad f''(x)=-\frac{1}{(1+x)^2},$$

$$f'''(x)=\frac{2}{(1+x)^3},\quad \cdots,\quad f^{(n)}(x)=\frac{(-1)^{n-1}(n-1)!}{(1+x)^n},$$

所以

$$f(0)=0,\quad f'(0)=1,\quad f''(0)=-1,$$
$$f'''(0)=2,\quad \cdots,\quad f^{(n)}(0)=(-1)^{n-1}(n-1)!,$$

代入麦克劳林公式中, 得

$$\ln(1+x)=x-\frac{1}{2}x^2+\frac{1}{3}x^3-\cdots+\frac{(-1)^{n-1}}{n}x^n+R_n(x),$$

其中

$$R_n(x)=\frac{(-1)^n}{(n+1)(1+\theta x)^{n+1}}x^{n+1}\quad(0<\theta<1).$$

例 12　求函数 $f(x)=(1+x)^\alpha$(α 为任何实数) 的 n 阶麦克劳林公式.

解　因为

$$f'(x)=\alpha(1+x)^{\alpha-1},\quad f''(x)=\alpha(\alpha-1)(1+x)^{\alpha-2},\quad \cdots,$$
$$f^{(n)}(x)=\alpha(\alpha-1)\cdots(\alpha-n+1)(1+x)^{\alpha-n},$$

所以

$$f(0)=1,\quad f'(0)=\alpha,\quad f''(0)=\alpha(\alpha-1),\quad \cdots,$$
$$f^{(n)}(0)=\alpha(\alpha-1)\cdots(\alpha-n+1),$$

代入麦克劳林公式中, 得

$$(1+x)^\alpha=1+\alpha x+\frac{\alpha(\alpha-1)}{2!}x^2+\cdots+\frac{\alpha(\alpha-1)\cdots(\alpha-n+1)}{n!}x^n+R_n(x),$$

其中

$$R_n(x)=\frac{\alpha(\alpha-1)\cdots(\alpha-n+1)(\alpha-n)}{(n+1)!}(1+\theta x)^{\alpha-n-1}x^{n+1}\quad(0<\theta<1).$$

特别地, 当 $\alpha=-1$ 时,

$$\frac{1}{1+x}=1-x+x^2+\cdots+(-1)^n x^n+(-1)^{n+1}(1+\theta x)^{-n-2}x^{n+1}.$$

我们总结出几个常用函数的带有佩亚诺型余项的麦克劳林公式:

$$e^x = 1 + x + \frac{1}{2!}x^2 + \cdots + \frac{1}{n!}x^n + o(x^n),$$

$$\sin x = x - \frac{x^3}{3!} + \frac{x^5}{5!} - \cdots + \frac{(-1)^{m-1}}{(2m-1)!}x^{2m-1} + o(x^{2m}),$$

$$\cos x = 1 - \frac{x^2}{2!} + \frac{x^4}{4!} - \cdots + \frac{(-1)^m}{(2m)!}x^{2m} + o(x^{2m+1}),$$

$$\ln(1+x) = x - \frac{1}{2}x^2 + \frac{1}{3}x^3 - \cdots + \frac{(-1)^{n-1}}{n}x^n + o(x^n),$$

$$(1+x)^\alpha = 1 + \alpha x + \frac{\alpha(\alpha-1)}{2!}x^2 + \cdots + \frac{\alpha(\alpha-1)\cdots(\alpha-n+1)}{n!}x^n + o(x^n),$$

$$\frac{1}{1+x} = 1 - x + x^2 + \cdots + (-1)^n x^n + o(x^n).$$

例 13 写出 $f(x) = e^{-x^2}$ 的 $2n$ 阶麦克劳林公式, 并求 $f^{(98)}(0)$.

解 因为函数 e^x 的 n 阶麦克劳林公式为

$$e^x = 1 + x + \frac{1}{2!}x^2 + \cdots + \frac{1}{n!}x^n + o(x^n),$$

用 $-x^2$ 替换公式中 x, 得

$$e^{-x^2} = 1 - x^2 + \frac{1}{2!}(-x^2)^2 + \cdots + \frac{1}{n!}(-x^2)^n + o((-x^2)^n),$$

即 e^{-x^2} 的 $2n$ 阶麦克劳林公式为

$$e^{-x^2} = 1 - x^2 + \frac{1}{2!}x^4 + \cdots + \frac{1}{n!}(-1)^n x^{2n} + o(x^{2n}).$$

由泰勒公式系数的定义, x^{98} 的系数为 $\frac{1}{98!}f^{(98)}(0)$, 在上式中 x^{98} 的系数为 $\frac{1}{49!}(\ \ 1)^{49} = \ \ \frac{1}{49!}$, 因此

$$f^{(98)}(0) = -\frac{98!}{49!}.$$

例 14 利用带佩亚诺型余项的麦克劳林公式, 求极限

$$\lim_{x\to 0}\frac{\cos x - e^{-\frac{x^2}{2}}}{x^4}.$$

解 考虑到极限式的分母是 x^4, 所以分子位置的 $e^{-\frac{x^2}{2}}$, $\cos x$ 使用麦克劳林公式展开到四阶,

$$\mathrm{e}^{-\frac{x^2}{2}}=1-\frac{x^2}{2}+\frac{1}{8}x^4+o(x^4),\quad \cos x=1-\frac{x^2}{2!}+\frac{x^4}{4!}+o(x^4),$$

于是

$$\cos x-\mathrm{e}^{-\frac{x^2}{2}}=-\frac{x^4}{12}+o(x^4),$$

代入得

$$\lim_{x\to 0}\frac{\cos x-\mathrm{e}^{-\frac{x^2}{2}}}{x^4}=\lim_{x\to 0}\frac{-\frac{x^4}{12}+o(x^4)}{x^4}=-\frac{1}{12}.$$

习 题 2.5

1. 证明: 方程 $4x^3-6x^2+2x=0$ 在 $(0,1)$ 区间上至少有一根.

2. 不求函数 $f(x)=(x-1)(x-2)(x-3)(x-4)$ 的导数, 说明方程 $f'(x)=0$ 有几个实根, 并指出它们所在的区间.

3. 设 $f(x)$ 在 $[a,b]$ 上连续, 在 (a,b) 内可导, 且 $f(a)=f(b)=0$, 证明: 至少存在一点 $\xi\in(a,b)$, 使得 $\xi f'(\xi)+3f(\xi)=0$.

4. 设 $f(x)$, $g(x)$ 在 $[a,b]$ 上连续, 在 (a,b) 内可导, 且 $f(a)=f(b)=0$, 证明: 至少存在一点 $\xi\in(a,b)$, 使得 $f'(\xi)+f(\xi)g'(\xi)=0$.

5. 验证函数 $f(x)=\begin{cases}1-x^2, & -1\leqslant x<0,\\ 1+x^2, & 0\leqslant x\leqslant 1\end{cases}$ 在 $[-1,1]$ 上是否满足拉格朗日中值定理, 若满足, 求出满足定理的值 ξ.

6. 证明下列恒等式:

(1) $\arcsin x+\arccos x=\dfrac{\pi}{2}\ (x\in[-1,1])$;

(2) $\arctan \mathrm{e}^x+\arctan \mathrm{e}^{-x}=\dfrac{\pi}{2}$.

7. 证明下列不等式:

(1) $|\sin x-\sin y|\leqslant|x-y|$;

(2) 当 $a>b>0$ 时, $\dfrac{a-b}{a}<\ln\dfrac{a}{b}<\dfrac{a-b}{b}$.

8. 应用导数极限定理, 求分段函数

$$f(x)=\begin{cases}\sin x+2\mathrm{e}^x & x\leqslant 0,\\ 9\arctan x-2(x-1)^3 & x>0\end{cases}$$

的导数.

9. 设 $f(x)$ 在 $[0,1]$ 上连续, 在 $(0,1)$ 内可导, 且 $f(0)=0$, $f(1)=1$, $f(c)=\dfrac{1}{2}(0<c<1)$, 证明存在点 $\xi\in(0,c)$, $\eta\in(c,1)$, 使得 $\dfrac{1}{f'(\xi)}+\dfrac{1}{f'(\eta)}=2$.

10. 将多项式 $P(x)=3x^3-2x^2+4x-3$ 按 $(x+1)$ 的乘幂展开.

11. 写出下列函数在指定点处的带有佩亚诺型余项的三阶泰勒公式:

(1) $f(x)=\ln x$, 在 $x=\mathrm{e}$ 处; (2) $f(x)=\sqrt{x}$, 在 $x=2$ 处.

12. 写出下列函数的 n 阶麦克劳林公式:

(1) $f(x)=\cos x$;

(2) $f(x)=x\mathrm{e}^{x}$;

(3) $f(x)=\dfrac{1}{1+x}$;

(4) $f(x)=\dfrac{1-x}{1+x}$.

13. 利用麦克劳林公式求下列极限:

(1) $\lim\limits_{x\to 0}\dfrac{\ln(1+x)-x+\dfrac{5}{2}\sin x^{2}}{x^{2}}$;

(2) $\lim\limits_{x\to 0}\dfrac{\mathrm{e}^{x}\sin x-x(1+x)}{x^{3}}$.

14. 设 $f(x)=\dfrac{1}{1+x^{2}}$, 求 $f^{(97)}(0)$.

15. 应用三阶泰勒公式计算 $\sqrt[3]{30}$ 的近似值, 并估计误差.

2.6 洛必达法则与极限的计算方法

我们在第 1 章学习无穷小的比较时, 遇到过两个无穷小 (大) 之比的极限, 它们的极限值可能存在, 可能不存在, 因此我们把两个无穷小或两个无穷大比的极限统称为不定式极限, 将它们分别简记为 “$\dfrac{0}{0}$” 型和 “$\dfrac{\infty}{\infty}$” 型. 这节我们将以导数为工具研究不定式极限, 这个方法通常称为洛必达 (L'Hospital) 法则.

2.6.1 洛必达法则

定理 1 若函数 $f(x), g(x)$ 在点 x_0 处的某去心邻域内可导, 且 $g'(x)\neq 0$, 满足

(1) $\lim\limits_{x\to x_0} f(x)=\lim\limits_{x\to x_0} g(x)=0$;

(2) $\lim\limits_{x\to x_0}\dfrac{f'(x)}{g'(x)}=A$ (A 可为实数, 也可以为 ∞ 或 $\pm\infty$),

则

$$\lim_{x\to x_0}\frac{f(x)}{g(x)}=\lim_{x\to x_0}\frac{f'(x)}{g'(x)}.$$

证明 补充定义 $f(x_0)=g(x_0)=0$, 使得 $f(x), g(x)$ 在 x_0 的邻域内连续, 任取 $x\in\mathring{U}(x_0)$, 在闭区间即 $[x, x_0]$ 或 $[x_0, x]$ 上应用柯西中值定理, 有

$$\frac{f(x)}{g(x)}=\frac{f(x)-f(x_0)}{g(x)-g(x_0)}=\frac{f'(\xi)}{g'(\xi)}\quad (\xi \text{ 介于 } x_0 \text{ 与 } x \text{ 之间}),$$

当 $x\to x_0$ 时, 有 $\xi\to x_0$, 对上式取极限

$$\lim_{x\to x_0}\frac{f(x)}{g(x)}=\lim_{\xi\to x_0}\frac{f'(\xi)}{g'(\xi)}=\lim_{x\to x_0}\frac{f'(x)}{g'(x)}.$$

注意: 若将定理中的 $x \to x_0$ 换成 $x \to x_0^+, x \to {x_0}^-, x \to \infty, x \to +\infty, x \to -\infty$, 只要相应地修改一下邻域, 也可以得到同样的结论. 另外, 若 $\lim\limits_{x \to x_0} \dfrac{f'(x)}{g'(x)}$ 仍为 $\dfrac{0}{0}$ 型, 且 $f'(x)$, $g'(x)$ 满足定理 $f(x)$, $g(x)$ 所满足的条件, 则可继续使用洛必达法则, 即

$$\lim_{x \to x_0} \frac{f(x)}{g(x)} = \lim_{x \to x_0} \frac{f'(x)}{g'(x)} = \lim_{x \to x_0} \frac{f''(x)}{g''(x)},$$

并且可以以此类推, 直到求出所要求的极限.

这种在一定条件下, 通过分子、分母分别求导再求极限来计算不定式的方法称为洛必达法则.

例 1　求 $\lim\limits_{x \to 0} \dfrac{\mathrm{e}^x - \mathrm{e}^{-x}}{\tan x}$.

解　显然当 $x \to 0$ 时 $\mathrm{e}^x - \mathrm{e}^{-x} \to 0, \tan x \to 0$, 这是 $\dfrac{0}{0}$ 型, 由洛必达法则, 有

$$\lim_{x \to 0} \frac{\mathrm{e}^x - \mathrm{e}^{-x}}{\tan x} = \lim_{x \to 0} \frac{\mathrm{e}^x + \mathrm{e}^{-x}}{\sec^2 x} = 2.$$

例 2　求 $\lim\limits_{x \to 0} \dfrac{x - \tan x}{x^2 \sin x}$.

解　当 $x \to 0$ 时, 这是 $\dfrac{0}{0}$ 型, 可直接应用洛必达法则求解, 但若先等价替换再应用洛必达法则, 计算会简便一些. 当 $x \to 0$ 时, $\sin x \sim x$, 有

$$\lim_{x \to 0} \frac{x - \tan x}{x^2 \sin x} = \lim_{x \to 0} \frac{x - \tan x}{x^3} = \lim_{x \to 0} \frac{1 - \sec^2 x}{3x^2} = -\frac{1}{3} \lim_{x \to 0} \frac{\tan^2 x}{x^2} = -\frac{1}{3}.$$

例 3　求 $\lim\limits_{x \to 2} \dfrac{x^3 - 4x^2 + 4x}{x^3 - 3x^2 + 4}$.

解　这是 $\dfrac{0}{0}$ 型的不定式, 应用洛必达法则, 有

$$\lim_{x \to 2} \frac{x^3 - 4x^2 + 4x}{x^3 - 3x^2 + 4} = \lim_{x \to 2} \frac{3x^2 - 8x + 4}{3x^2 - 6x} = \lim_{x \to 2} \frac{6x - 8}{6x - 6} = \frac{2}{3}.$$

注记　上式中 $\lim\limits_{x \to 2} \dfrac{6x - 8}{6x - 6}$ 已经不是未定式, 不能使用洛必达法则, 否则就会出现错误的结果, 因此我们每次使用洛必达法则之前, 都必须验证极限是否为未定式.

定理 2　若函数 $f(x)$, $g(x)$ 在点 x_0 的某去心邻域内可导, 且 $g'(x) \neq 0$, 满足

(1) $\lim\limits_{x\to x_0} f(x)=\infty$, $\lim\limits_{x\to x_0} g(x)=\infty$;

(2) $\lim\limits_{x\to x_0} \dfrac{f'(x)}{g'(x)}=A$ (A 可为实数, 也可为 ∞ 或 $\pm\infty$),

那么

$$\lim_{x\to x_0}\frac{f(x)}{g(x)}=\lim_{x\to x_0}\frac{f'(x)}{g'(x)}.$$

证明从略.

若将定理中的 $x\to x_0$ 换成 $x\to x_0^+, x\to x_0^-, x\to\infty, x\to+\infty, x\to-\infty$, 也可以得到同样的结论.

另外, 若 $\lim\limits_{x\to x_0}\dfrac{f'(x)}{g'(x)}$ 仍为 $\dfrac{\infty}{\infty}$ 型, 且 $f'(x)$, $g'(x)$ 满足定理中 $f(x)$, $g(x)$ 所满足的条件, 则可继续使用洛必达法则, 即

$$\lim_{x\to x_0}\frac{f(x)}{g(x)}=\lim_{x\to x_0}\frac{f'(x)}{g'(x)}=\lim_{x\to x_0}\frac{f''(x)}{g''(x)},$$

并且可以以此类推, 直到求出所要求的极限.

例 4 求 $\lim\limits_{x\to+\infty}\dfrac{\ln x}{x^\mu}(\mu>0)$.

解 这是 $\dfrac{\infty}{\infty}$ 型, 由洛必达法则, 有

$$\lim_{x\to+\infty}\frac{\ln x}{x^\mu}=\lim_{x\to+\infty}\frac{1}{\mu x^\mu}=0.$$

例 5 求 $\lim\limits_{x\to+\infty}\dfrac{x^n}{\mathrm{e}^{\lambda x}}(\lambda>0, n$ 为正整数) .

解 这是 $\dfrac{\infty}{\infty}$ 型, 由洛必达法则, 有

$$\lim_{x\to+\infty}\frac{x^n}{\mathrm{e}^{\lambda x}}=\lim_{x\to+\infty}\frac{nx^{n-1}}{\lambda\mathrm{e}^{\lambda x}}=\lim_{x\to+\infty}\frac{n(n-1)x^{n-2}}{\lambda^2\mathrm{e}^{\lambda x}}=\cdots=\lim_{x\to+\infty}\frac{n!}{\lambda^n\mathrm{e}^{\lambda x}}=0.$$

如果 n 不是正整数, 而是正实数, 利用夹逼定理也容易得到上式极限仍是零 (作练习).

由上述两个例子我们知道: 当 x 取足够大时, $\ln x<x^\mu<\mathrm{e}^{\lambda x}(\mu>0,\lambda>0)$.

注记 自变量在某一趋向下, 当 $\lim\dfrac{f'(x)}{g'(x)}$ 不存在 (且不为 ∞) 时, 并不能说明 $\lim\dfrac{f(x)}{g(x)}$ 就一定不存在, 只是这时候不能使用洛必达法则来求极限.

比如 $\lim\limits_{x\to\infty}\dfrac{x+\cos x}{x}$, 虽然是 $\dfrac{\infty}{\infty}$ 型, 若使用洛必达法则:

$$\lim_{x\to\infty}\frac{x+\cos x}{x}=\lim_{x\to\infty}(1+\sin x),$$

得到的极限值是不存在的. 但事实上

$$\lim_{x\to\infty}\frac{x+\cos x}{x}=\lim_{x\to\infty}\left(1+\frac{1}{x}\cos x\right)=1,$$

因此, 当遇到应用洛必达法则求出极限不存在时, 不能下结论, 应寻求其他求极限的方法.

2.6.2 其他类型的不定式求极限

除了 $\dfrac{0}{0}$ 型和 $\dfrac{\infty}{\infty}$ 型的不定式, 还有 $0\cdot\infty$, $\infty-\infty$, 0^0, 1^∞, ∞^0 型的不定式, 经过简单变换, 它们都可以化成 $\dfrac{0}{0}$ 型和 $\dfrac{\infty}{\infty}$ 型的极限.

(1) $0\cdot\infty$ 型可转换为 $\dfrac{1}{\infty}\cdot\infty$ 型或 $0\cdot\dfrac{1}{0}$ 型.

例 6 求 $\lim\limits_{x\to0^+}x\ln x$.

解 这是 $0\cdot\infty$ 型, 将其转化为 $\dfrac{\infty}{\infty}$ 型:

$$\lim_{x\to0^+}x\ln x=\lim_{x\to0^+}\frac{\ln x}{\dfrac{1}{x}}=\lim_{x\to0^+}\frac{\dfrac{1}{x}}{-\dfrac{1}{x^2}}=\lim_{x\to0^+}(-x)=0.$$

(2) $\infty-\infty$ 型可看成 $\dfrac{1}{0}-\dfrac{1}{0}$ 型, 再通分转化为 $\dfrac{0}{0}$.

例 7 求 $\lim\limits_{x\to1}\left(\dfrac{1}{x-1}-\dfrac{1}{\ln x}\right)$.

解 这是 $\infty-\infty$ 型, 通分后转化为 $\dfrac{0}{0}$ 型:

$$\lim_{x\to1}\left(\frac{1}{x-1}-\frac{1}{\ln x}\right)=\lim_{x\to1}\frac{\ln x-x+1}{(x-1)\ln x}=\lim_{x\to1}\frac{\dfrac{1}{x}-1}{\dfrac{x-1}{x}+\ln x}=\lim_{x\to1}\frac{1-x}{x\ln x+x-1}$$

$$=\lim_{x\to1}\frac{-1}{2+\ln x}=-\frac{1}{2}.$$

(3) 0^0, 1^∞, ∞^0 型的不定式, 可以通过改写为指数形式, 从而转化为 $0\cdot\infty$ 型, 再根据 $0\cdot\infty$ 型的方法计算.

例 8 求 $\lim\limits_{x\to0^+} x^{\sin x}$.

解 这是 0^0 型, 作恒等变形 $x^{\sin x}=\mathrm{e}^{\sin x\cdot\ln x}$, 由于

$$\lim_{x\to0^+}\sin x\cdot\ln x=\lim_{x\to0^+}\frac{\ln x}{\csc x}=\lim_{x\to0^+}\frac{\dfrac{1}{x}}{-\csc x\cdot\cot x}=-\lim_{x\to0^+}\frac{\sin x}{x}\cdot\tan x=0,$$

从而

$$\lim_{x\to0^+}x^{\sin x}=\mathrm{e}^0=1.$$

例 9 求 $\lim\limits_{x\to0}(\cos x)^{\frac{1}{x^2}}$.

解法 1 这是 1^∞ 型, 作恒等变形 $(\cos x)^{\frac{1}{x^2}}=\mathrm{e}^{\frac{1}{x^2}\ln\cos x}$, 则

$$\lim_{x\to0}\frac{1}{x^2}\ln\cos x=\lim_{x\to0}\frac{-\tan x}{2x}=-\frac{1}{2},$$

从而

$$\lim_{x\to0}(\cos x)^{\frac{1}{x^2}}=\mathrm{e}^{-\frac{1}{2}}.$$

解法 2 1^∞ 型的不定式还可用重要极限来求极限, 即

$$\begin{aligned}\lim_{x\to0}(\cos x)^{\frac{1}{x^2}}&=\lim_{x\to0}\left[(1+\cos x-1)^{\frac{1}{\cos x-1}}\right]^{\frac{\cos x-1}{x^2}}\\&=\mathrm{e}^{\lim\limits_{x\to0}\frac{\cos x-1}{x^2}}=\mathrm{e}^{\lim\limits_{x\to0}\frac{-\sin x}{2x}}=\mathrm{e}^{-\frac{1}{2}}.\end{aligned}$$

例 10 求 $\lim\limits_{x\to0^+}\left(\dfrac{1}{x}\right)^{\tan x}$.

解 这是 ∞^0 型, 作恒等变形 $\left(\dfrac{1}{x}\right)^{\tan x}=\mathrm{e}^{\tan x\cdot\ln\frac{1}{x}}$, 由于

$$\lim_{x\to0^+}\tan x\cdot\ln\frac{1}{x^2}=-\lim_{x\to0^+}\frac{2\ln x}{\cot x}=-2\lim_{x\to0^+}\frac{\dfrac{1}{x}}{-\csc^2 x}=2\lim_{x\to0^+}\frac{\sin x}{x}\sin x=0,$$

从而

$$\lim_{x\to0^+}\left(\frac{1}{x}\right)^{\tan x}=\mathrm{e}^0=1.$$

注记　只有 $\dfrac{0}{0}$ 型和 $\dfrac{\infty}{\infty}$ 型的不定式, 才能直接使用洛必达法则, 而且每次使用洛必达法则之前, 都必须验证极限是否为 $\dfrac{0}{0}$ 型和 $\dfrac{\infty}{\infty}$ 型. 洛必达法则是计算未定型极限一种好用而又有效的方法, 但从前面的例题可以看出, 如果与其他求极限的方法结合使用, 效果更好.

习　题　2.6

1. 用洛必达法则求下列极限:

(1) $\lim\limits_{x\to 0}\dfrac{\mathrm{e}^{x}-\mathrm{e}^{-x}}{\sin x}$;

(2) $\lim\limits_{x\to 0}\dfrac{x^{3}}{x-\sin x}$;

(3) $\lim\limits_{x\to +\infty}\dfrac{\ln(1+\mathrm{e}^{x})}{x^{2}}$;

(4) $\lim\limits_{x\to 0}\dfrac{\sin x-x\cos x}{x(1-\cos x)}$;

(5) $\lim\limits_{x\to 0}\dfrac{\arctan x-x}{\ln(1+x^{3})}$;

(6) $\lim\limits_{x\to \infty}x^{2}\left(\dfrac{1}{x}-\ln\left(1+\dfrac{1}{x}\right)\right)$;

(7) $\lim\limits_{x\to 0}\left(\dfrac{1}{\sin^{2}x}-\dfrac{1}{x^{2}}\right)$;

(8) $\lim\limits_{x\to 0}\left(\dfrac{1}{x}-\dfrac{1}{\mathrm{e}^{x}-1}\right)$;

(9) $\lim\limits_{x\to 1^{-}}(1-x)^{\ln x}$;

(10) $\lim\limits_{x\to -\infty}\left(\dfrac{\pi}{2}+\arctan x\right)^{\frac{1}{x}}$;

(11) $\lim\limits_{x\to 0}(\cos x)^{\frac{x}{x-\tan x}}$;

(12) $\lim\limits_{x\to +\infty}\left(\dfrac{2}{\pi}\arctan x\right)^{x}$;

(13) $\lim\limits_{x\to 0}\dfrac{(1+x)^{\frac{1}{x}}-\mathrm{e}}{x}$;

(14) $\lim\limits_{x\to 0}\left(\dfrac{\ln(1+x)}{x}\right)^{\frac{1}{\sin x}}$.

2. 验证极限 $\lim\limits_{x\to 0}\dfrac{x^{2}\sin\dfrac{1}{x}}{\sin x}$ 存在, 但不能用洛必达法求得.

3. 设当 $x\to 0$ 时, $\mathrm{e}^{x}-(ax^{2}+bx+1)$ 是比 x^{2} 高阶的无穷小量, 求 a,b 的值.

4. 讨论函数

$$f(x)=\begin{cases}\left[\dfrac{(1+x)^{\frac{1}{x}}}{\mathrm{e}}\right]^{\frac{1}{x}}, & x>0,\\ \mathrm{e}^{-\frac{1}{2}}, & x\leqslant 0\end{cases}$$

在点 $x=0$ 处的连续性.

5. 设

$$f(x)=\begin{cases}\dfrac{g(x)}{x}, & x\neq 0,\\ 0, & x=0,\end{cases}$$

其中 $g(0)=0$, $g'(0)=0$, $g''(0)=10$, 求 $f'(0)$.

2.7 函数及其图象性态的研究

本节主要利用导数来研究函数的单调性、凹凸性以及函数的极值、最值, 进而根据这些特点描绘函数的图象.

2.7.1 函数单调性的判别方法

首先我们来观察一下下面一组图形, 图 2-13(a) 表示函数 $f(x)$ 在 $[a,b]$ 上单调增加, 在 $[a,b]$ 上任意一点切线斜率均大于等于零, 即 $f'(x)\geqslant 0$. 图 2-13(b) 表示函数 $f(x)$ 在 $[a,b]$ 上单调减少, 在 $[a,b]$ 上任意一点切线斜率均小于等于零, 即 $f'(x)\leqslant 0$. 由此推断, 函数的单调性与导数的符号有着密切的联系.

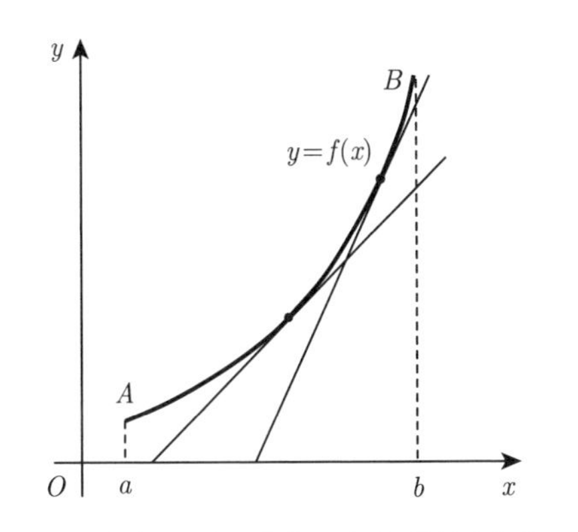

(a) 函数单调增加, 曲线上升, 切线斜率非负

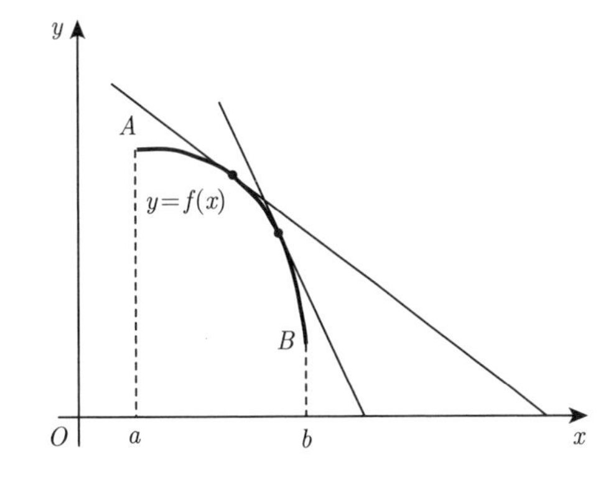

(b) 函数单调减少, 曲线下降, 切线斜率非正

图 2-13

事实上, 由导数中值定理, 便可证明观察的结果.

定理 1 设函数 $f(x)$ 在 $[a,b]$ 上连续, 在 (a,b) 内可导.

(1) 若对任意的 $x\in(a,b)$ 有 $f'(x)\geqslant 0$ $(f'(x)>0)$, 则 $f(x)$ 在 $[a,b]$ 上 (严格) 单调增加;

(2) 若对任意的 $x\in(a,b)$ 有 $f'(x)\leqslant 0$ $(f'(x)<0)$, 则 $f(x)$ 在 $[a,b]$ 上 (严格) 单调减少.

证明 任取 $x_1,x_2\in[a,b]$, 不妨设 $x_1<x_2$, 在 $[x_1,x_2]$ 上应用拉格朗日中值定理, 有

$$f(x_2)-f(x_1)=f'(\xi)(x_2-x_1)\quad(\xi\in(x_1,x_2)).$$

(1) 由于 $x_2-x_1>0$, 因此 $f(x_2)-f(x_1)$ 与 $f'(\xi)$ 同号, 即 $f(x_2)\geqslant f(x_1)(f(x_2)>f(x_1))$. 由 x_1,x_2 的任意性, 即知函数 $f(x)$ 在 $[a,b]$ 上 (严格) 单调增加.

(2) 由于 $x_2 - x_1 > 0$, 因此 $f(x_2) - f(x_1)$ 与 $f'(\xi)$ 同号, 即 $f(x_2) \leqslant f(x_1)(f(x_2) < f(x_1))$. 由 x_1, x_2 的任意性, 即知函数 $f(x)$ 在 $[a,b]$ 上 (严格) 单调减少.

注 1　如果把区间 $[a,b]$ 换成其他各种类型的区间 (包括无穷区间), 结论也是成立的.

注 2　如果在 (a,b) 内除有限个点外, 都有 $f'(x) > 0$ $(f'(x) < 0)$, 则函数 $f(x)$ 在 $[a,b]$ 上严格单调增加 (减少).

例如, $f(x) = x^3$ 在 $[-1,1]$ 上严格单调增加, $f'(x) = 3x^2$ 除 $x = 0$ 点外都大于零.

例 1　讨论函数 $f(x) = x^2 - 2x$ 的单调性.

解　函数 $f(x) = x^2 - 2x$ 的定义域是 $(-\infty, +\infty)$, $f'(x) = 2x - 2 = 2(x-1)$, 当 $x > 1$ 时, $f'(x) > 0$, 从而 $f(x)$ 在 $[1, +\infty)$ 内单调增加; 当 $x < 1$ 时, $f'(x) < 0$, 从而 $f(x)$ 在 $(-\infty, 1]$ 内单调减少 (图 2-14).

在该例题中, 我们发现 $x = 1$ 是函数 $f(x) = x^2 - 2x$ 单调区间的分界点, 而 $f'(1) = 0$, $x = 1$ 是该函数的驻点, 所以驻点可能是单调区间的分界点.

例 2　讨论函数 $f(x) = \sqrt[3]{x^2}$ 的单调性.

解　函数 $f(x) = \sqrt[3]{x^2}$ 的定义域是 $(-\infty, +\infty)$, $f'(x) = \dfrac{2}{3\sqrt[3]{x}}$, 则当 $x > 0$ 时, $f'(x) > 0$, $f(x)$ 在 $[0, +\infty)$ 内单调增加; 当 $x < 0$ 时, $f'(x) < 0$, $f(x)$ 在 $(-\infty, 0]$ 内单调减少 (图 2-15).

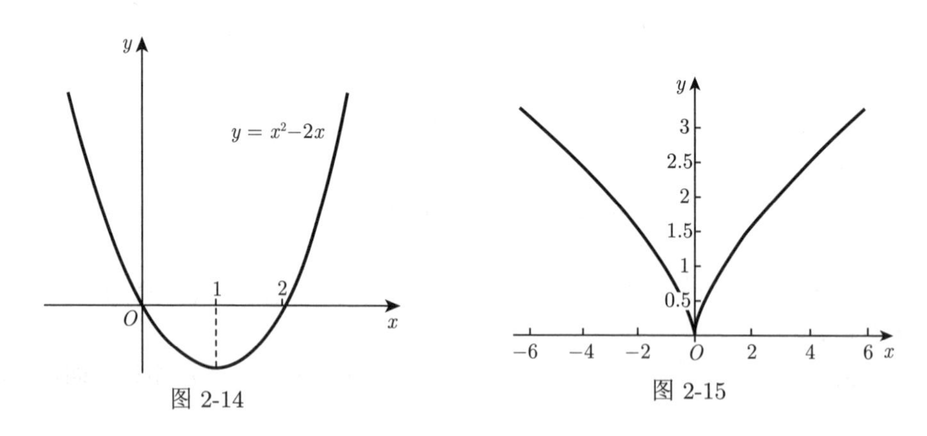

图 2-14　　　　图 2-15

在该例题中, 我们发现 $x = 0$ 是函数 $f(x) = \sqrt[3]{x^2}$ 单调区间的分界点, 当 $x = 0$ 是函数 $f(x) = \sqrt[3]{x^2}$ 导数不存在的点, 所以导数不存在的点也可能是单调区间的分界点.

综上两个例题可知: 函数的驻点以及导数不存在的点可能是函数单调区间的

分界点, 因此我们用函数的驻点以及导数不存在的点来划分定义域, 就可以判断函数在各个区间上的单调性.

例 3 确定函数 $f(x)=(x-2)\sqrt[3]{x^2}$ 的单调区间.

解 函数 $f(x)=(x-2)\sqrt[3]{x^2}$ 的定义域是 $(-\infty,+\infty)$, 且当 $x\neq 0$ 时

$$f'(x)=\sqrt[3]{x^2}+\frac{2}{3}(x-2)\frac{1}{\sqrt[3]{x}}=\frac{5x-4}{3\sqrt[3]{x}},$$

显然, 当 $x=\frac{4}{5}$ 时, $f'(x)=0$; 当 $x=0$ 时, 导数不存在. 用这两点把定义域 $(-\infty,+\infty)$ 划分成三个区间, 列表讨论如下 (表 2-4):

表 2-4

x	$(-\infty,0)$	0	$\left(0,\frac{4}{5}\right)$	$\frac{4}{5}$	$\left(\frac{4}{5},+\infty\right)$
$f'(x)$	$+$	不存在	$-$	0	$+$
$f(x)$	$\nearrow$		$\searrow$		$\nearrow$

所以, 函数 $f(x)$ 在 $(-\infty,0]$, $\left(\frac{4}{5},+\infty\right)$ 内单调增加, 在 $\left[0,\frac{4}{5}\right]$ 上单调减少.

例 4 讨论 $f(x)=x+\sin x$ 的单调性.

解 函数 $f(x)=x+\sin x$ 的定义域是 $(-\infty,+\infty)$, $f'(x)=1+\cos x\geqslant 0$, 除了 $x=(2k+1)\pi$ $(k\in \mathbf{Z})$ 外, $f'(x)>0$, 从而 $f(x)$ 在每个区间 $[2k\pi,2(k+1)\pi]$ 上单调增加, 所以 $f(x)$ 在 $(-\infty,+\infty)$ 内单调增加.

此例说明: 若使得导数为零的点在任何有限子区间内只有有限多个, 则不影响区间的单调性, 即函数在该区间内仍是单调的.

利用函数单调性是证明不等式的一个常用的方法.

例 5 证明: 当 $x>0$ 时, $\ln(1+x)>\frac{\arctan x}{1+x}$.

证明 因为 $x>0$ 时, 不等式可变形为 $(1+x)\ln(1+x)>\arctan x$, 令

$$f(x)=(1+x)\ln(1+x)-\arctan x,$$

则

$$f'(x)=\ln(1+x)+1-\frac{1}{1+x^2}=\ln(1+x)+\frac{x^2}{1+x^2}>0,\quad x\in(0,\ +\infty),$$

于是 $f(x)$ 在 $(0,+\infty)$ 上单调增加, 所以当 $x>0$ 时, $f(x)>f(0)=0$, 即 $(1+x)\ln(1+x)-\arctan x>0$, 即

$$\ln(1+x)>\frac{\arctan x}{1+x}.$$

2.7.2 函数的极值与最大、最小值及其求法

1. 函数的极值及其求法

定义 1　设函数 $f(x)$ 的定义域是 I, x_0 是 I 内的一个点:

如果存在 x_0 的某个邻域 $U(x_0)\subset I$, 使得对任意的 $x\in \mathring{U}(x_0)\subset I$, 都有 $f(x)<f(x_0)$, 则称 $f(x_0)$ 是函数 $f(x)$ 的一个极大值;

如果存在 x_0 的某个邻域 $U(x_0)\subset I$, 使得对任意的 $x\in \mathring{U}(x_0)\subset I$, 都有 $f(x)>f(x_0)$, 则称 $f(x_0)$ 是函数 $f(x)$ 的一个极小值.

函数的极大值和极小值统称为极值, 使函数取得极值的点称为极值点.

费马定理告诉我们, 若函数在 x_0 处可导, 且 x_0 为 $f(x)$ 的极值点, 则 $f'(x_0)=0$, 这就是说可导函数在 x_0 点取得极值的必要条件是 $f'(x_0)=0$, 即可导函数的极值点一定是驻点.

反之不成立, 即可导函数的驻点不一定是极值点. 例如, $f(x)=x^3$, $x=0$ 是该函数的驻点, 但是 $x=0$ 不是极值点.

设 $f(x)=|x|$, 函数在 $x=0$ 点处取得极小值, 而 $x=0$ 处函数导数不存在.

综上, 函数取得极值的可能点在于驻点与导数不存在的点, 把函数的驻点和不可导点称为可疑极值点. 我们在求函数极值的时候, 可先求出函数的驻点和不可导点, 然后判别是否为极值点. 下面我们讨论判别函数极值的充分条件.

定理 2 (极值的第一充分条件)　设函数 $f(x)$ 在点 x_0 处连续, 在某去心邻域 $\mathring{U}(x_0,\delta)$ 内可导.

(1) 当 $x\in(x_0-\delta,x_0)$ 时, $f'(x)>0$; 当 $x\in(x_0,x_0+\delta)$ 时, $f'(x)<0$, 则 $f(x)$ 在点 x_0 处取得极大值;

(2) 当 $x\in(x_0-\delta,x_0)$ 时, $f'(x)<0$; 当 $x\in(x_0,x_0+\delta)$ 时, $f'(x)>0$, 则 $f(x)$ 在点 x_0 处取得极小值;

(3) 当 $x\in\mathring{U}(x_0,\delta)$ 时, $f'(x)$ 同号, 则 x_0 不是 $f(x)$ 的极值点.

证明　(1) 当 $x\in(x_0-\delta,x_0)$ 时, $f'(x)>0$, 函数单调增加, 所以当 $x<x_0$ 时, 有 $f(x)<f(x_0)$. 当 $x\in(x_0,x_0+\delta)$ 时, $f'(x)<0$, 函数单调减少, 所以当 $x>x_0$ 时, 有 $f(x)<f(x_0)$. 故当 $x\in\mathring{U}(x_0,\delta)$ 时, 总有 $f(x)<f(x_0)$. 所以 $f(x)$ 在点 x_0 处取得极大值.

类似地, 可以证明情形 (2) 和 (3).

例如, 在例 3 中的函数 $f(x)=(x-2)\sqrt[3]{x^2}$ 在 $(-\infty,+\infty)$ 内连续, $x=0$ 是函数不可导的点, $x=\dfrac{4}{5}$ 是函数的驻点. 在 $(-\infty,0)$ 内, $f'(x)>0$; 在 $\left(0,\dfrac{4}{5}\right)$

内, $f'(x) < 0$, 所以函数在 $x = 0$ 处取得极大值 $f(0) = 0$; 又在 $\left(\frac{4}{5}, +\infty\right)$ 内, $f'(x) > 0$, 所以函数在驻点 $x = \frac{4}{5}$ 处取得极小值 $f\left(\frac{4}{5}\right) = -\frac{6}{5}\sqrt[3]{\frac{16}{25}}$.

如果 $f(x)$ 在点 x_0 处二阶导数存在, 则有如下判别法.

定理 3 (极值的第二充分条件) 设函数 $f(x)$ 某在点 x_0 的某个邻域 $U(x_0, \delta)$ 内可导, 在点 x_0 处二阶导数存在, 且有 $f'(x_0) = 0$, $f''(x_0) \neq 0$, 则

(1) 若 $f''(x_0) < 0$ 时, $f(x)$ 在点 x_0 处取得极大值;

(2) 若 $f''(x_0) > 0$ 时, $f(x)$ 在点 x_0 处取得极小值.

证明 (1) $f(x)$ 在点 x_0 处二阶导数存在, 且有 $f'(x_0) = 0$, 则

$$f''(x_0) = \lim_{x \to x_0} \frac{f'(x) - f'(x_0)}{x - x_0} = \lim_{x \to x_0} \frac{f'(x)}{x - x_0} < 0.$$

由极限的保号性, 存在 x_0 的一个去心邻域, 使得

$$\frac{f'(x)}{x - x_0} < 0.$$

所以, 当 $x < x_0$ 时, $f'(x_0) > 0$; 当 $x > x_0$ 时, $f'(x_0) < 0$. 根据定理 2 可知, $f(x)$ 在点 x_0 处取得极大值.

同理可证 (2).

注 定理 3 有局限性, 当 $f''(x_0) = 0$ 时, $f(x_0)$ 可能是也可能不是函数的极值. 此时, 仍需用定理 2 来判定. 例如: $f_1(x) = x^4, f_2(x) = x^3$ 在 $x = 0$ 点处 $f''(0) = 0$, $x = 0$ 是 $f_1(x) = x^4$ 的极小值点, $x = 0$ 不是 $f_2(x) = x^3$ 的极小值点.

例 6 求函数 $f(x) = x^2 + \frac{432}{x}$ 的极值点与极值.

解 当 $x \neq 0$ 时

$$f'(x) = 2x - \frac{432}{x^2} = \frac{2x^3 - 432}{x^2}, \quad f''(x) = 2 + \frac{864}{x^3},$$

令 $f'(x) = 0$, 得驻点 $x = 6$, 代入得 $f''(6) = 6 > 0$, 所以 $x = 6$ 是函数的极小值点, 极小值为 $f(6) = 108$.

例 7 设函数 $y(x)$ 是由方程 $x^3 + y^3 - 3x + 3y - 2 = 0$ 确定的, 求 $y(x)$ 的极值.

解 方程 $x^3 + y^3 - 3x + 3y - 2 = 0$ 两边同时对 x 求导得

$$3x^2 + 3y^2y' - 3 + 3y' = 0.$$

令 $y'(x) = 0$ 得 $x_1 = -1, x_2 = 1$, 对应的函数值为 $y(-1) = 0, y(1) = 1$, 再对方程 $3x^2 + 3y^2y' - 3 + 3y' = 0$ 两边同时求导, 得

$$6x+6y(y')^2+3y^2y''+3y''=0.$$

把对应值分别代入上式计算得 $y''(-1)=2>0, y''(1)=-1<0$, 所以 $x_1=-1$ 为 $y(x)$ 的极小值点, 极小值为 $y(-1)=0$, $x_2=1$ 为 $y(x)$ 的极大值点, 极大值为 $y(1)=1$.

2. 函数的最大值和最小值

在实际应用中我们经常会遇到求函数的最大、最小值问题. 由闭区间上连续函数的性质可知: 若 $f(x)$ 在 $[a,b]$ 上连续, 则 $f(x)$ 在 $[a,b]$ 上一定能取到最大值和最小值. 这为我们求连续函数的最值问题提供了理论保证. 下面我们将讨论如何求出这个最值.

对于一个定义在闭区间 $[a,b]$ 上的函数 $f(x)$ 来说, 区间的端点 a 和 b 有可能成为它的最值点, 若最值点是在开区间 (a,b) 内取得的, 则该点一定是函数的极值点, 所以我们只要求出端点、驻点、$f'(x)$ 不存在的点对应的函数值, 从中就可以找出最大、最小值.

下面给出求连续函数 $f(x)$ 在闭区间 $[a,b]$ 上最值的步骤.

(1) 求 $f'(x)$, 找出 $f(x)$ 在 (a,b) 内的驻点以及不可导点: $x_1, x_2, \cdots, x_k$.

(2) 算出 $f(x_1), f(x_2), \cdots, f(x_k)$ 及 $f(a), f(b)$.

(3) 比较上述值的大小, 有

$$\max_{x\in[a,b]} f(x)=\max\{f(x_1),\cdots,f(x_k),f(a),f(b)\},$$

$$\min_{x\in[a,b]} f(x)=\min\{f(x_1),\cdots,f(x_k),f(a),f(b)\}.$$

例 8　求函数 $f(x)=\left|2x^3-9x^2+12x\right|$ 在 $\left[-\dfrac{1}{4},\dfrac{5}{2}\right]$ 上的最大值和最小值.

解

$$\begin{aligned}f(x)&=\left|2x^3-9x^2+12x\right|=\left|x(2x^2-9x+12)\right|\\&=\begin{cases}-x(2x^2-9x+12), & -\dfrac{1}{4}\leqslant x\leqslant 0,\\ x(2x^2-9x+12), & 0<x\leqslant\dfrac{5}{2}.\end{cases}\end{aligned}$$

因此

$$\begin{aligned}f'(x)&=\begin{cases}-6x^2+18x-12, & -\dfrac{1}{4}\leqslant x<0,\\ 6x^2-18x+12, & 0<x\leqslant\dfrac{5}{2}\end{cases}\\&=\begin{cases}-6(x-1)(x-2), & -\dfrac{1}{4}\leqslant x<0,\\ 6(x-1)(x-2), & 0<x\leqslant\dfrac{5}{2}.\end{cases}\end{aligned}$$

由导数定义推出 $f(x)$ 在点 $x=0$ 处不可导, 令 $f'(x)=0$, 得 $x=1,2$, 计算

$$f(1)=5,\quad f(2)=4,\quad f(0)=0,\quad f\left(-\frac{1}{4}\right)=\frac{115}{32},\quad f\left(\frac{5}{2}\right)=5,$$

比较得函数的最大值为 $f(1)=f\left(\frac{5}{2}\right)=5$, 最小值为 $f(0)=0$.

注记 (1) 如果 $f(x)$ 在区间 I 上是单调函数, 则最值点在端点取得;

(2) 如果 $f(x)$ 在区间 I 上连续、可导, 在 I 内仅有一个极值点 x_0, 且 $f(x_0)$ 是极大值 (或极小值), 则 $f(x_0)$ 就是最大值 (或最小值). 在实际应用中, 根据问题的实际意义可知函数在 I 内一定有最大值 (或最小值), 那么 $f(x_0)$ 就一定是 $f(x)$ 的最大值 (或最小值), 不再需要另行判别.

例 9 设有一无盖圆柱形容器, 其底部材料的单位面积与侧面材料的单位面积的价格之比为 3 : 2, 求在容器体积 V 一定的条件下高与底面圆半径之比为多少时造价最省?

解 设底面半径为 r, 高为 h, 则 $\pi r^2h=V$, 即 $h=\frac{V}{\pi r^2}$, 又设底面单位造价为 $3p$, 侧面单位造价为 $2p$, 则总造价

$$y=3p\pi r^2+2p\cdot 2\pi rh=3p\pi r^2+\frac{4pV}{r},$$

$y'(r)=6p\pi r-\frac{4pV}{r^2}$, 令 $y'(r)=0$, 得 $r=\sqrt[3]{\frac{2V}{3\pi}}$ 是函数 y 在 $(0,+\infty)$ 内的唯一驻点.

$y''\left(\sqrt[3]{\frac{2V}{3\pi}}\right)=6p+\frac{8pV}{r^3}>0$, 由于总造价的最小值必定存在, 且必在区间 $(0,+\infty)$ 内取得, 据此可以断言, 当 $r=\sqrt[3]{\frac{2V}{3\pi}}$ 时, 总造价最省.

此时高为 $h=\frac{V}{\pi r^2}=\sqrt[3]{\frac{9V}{4\pi}}$, 所以 $\frac{h}{r}=\frac{\sqrt[3]{\frac{9V}{4\pi}}}{\sqrt[3]{\frac{2V}{3\pi}}}=\sqrt[3]{\frac{27}{8}}=\frac{3}{2}$, 从而高与底面圆半径之比为 3 : 2.

2.7.3 函数图象凹凸与拐点的判别方法

函数图象的凹凸性是我们研究函数性质的一项重要内容, 首先我们先从图形上直观了解一下图象的凹凸性.

图 2-16(a) 的曲线是向下凸的, 经观察发现过曲线上任意不同两点的连线总是位于这两点间的弧段的上方; 图 2-16(b) 的曲线是向上凸的, 过曲线上任意不同

两点的连线总是位于这两点间的弧段的下方. 那么如何用数量的方法来刻画函数图象的凹凸性呢?

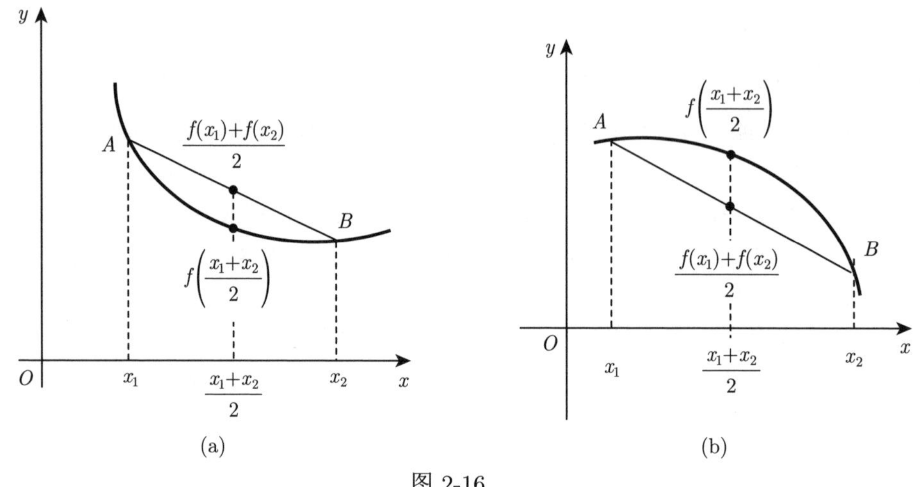

图 2-16

任取曲线上两点 $A(x_1, f(x_1))$ 和 $B(x_2, f(x_2))$, 则弦 AB 的中点为 $\left(\frac{x_1+x_2}{2}, \frac{f(x_1)+f(x_2)}{2}\right)$, 而曲线上 $x=\frac{x_1+x_2}{2}$ 处所对应的曲线弧上的函数值 $f\left(\frac{x_1+x_2}{2}\right)$, 若曲线是下凸的, 则

$$f\left(\frac{x_1+x_2}{2}\right)<\frac{f(x_1)+f(x_2)}{2}.$$

若曲线是上凸的, 则

$$f\left(\frac{x_1+x_2}{2}\right)>\frac{f(x_1)+f(x_2)}{2}.$$

定义 2　设函数 $f(x)$ 在区间 I 内连续, 如果对任意的 x_1, $x_2 \in I(x_1 \neq x_2)$, 恒有

$$f\left(\frac{x_1+x_2}{2}\right)<\frac{f(x_1)+f(x_2)}{2},$$

则称曲线 $y=f(x)$ 在区间 I 内是下凸的 (或称凹弧); 如果对任意的 $x_1,x_2 \in I\ (x_1 \neq x_2)$, 恒有

$$f\left(\frac{x_1+x_2}{2}\right)>\frac{f(x_1)+f(x_2)}{2},$$

则称曲线 $y=f(x)$ 在区间 I 内是上凸的 (或称凸弧).

定义 3 如果曲线 $y=f(x)$ 在经过点 $(x_0,f(x_0))$ 时改变了凹凸性, 则称点 $(x_0,f(x_0))$ 是曲线 $y=f(x)$ 的拐点.

我们观察发现: 图 2-17(a) 曲线是下凸的, 随着 x 的增大曲线上对应点的切线的斜率也跟着增大, 即 $f'(x)$ 单调增加; 图 2-17(b) 曲线是上凸的, 随着 x 的增大曲线上对应点的切线的斜率反而减少, 即 $f'(x)$ 单调减少, 从而得到曲线凹凸性的判别定理.

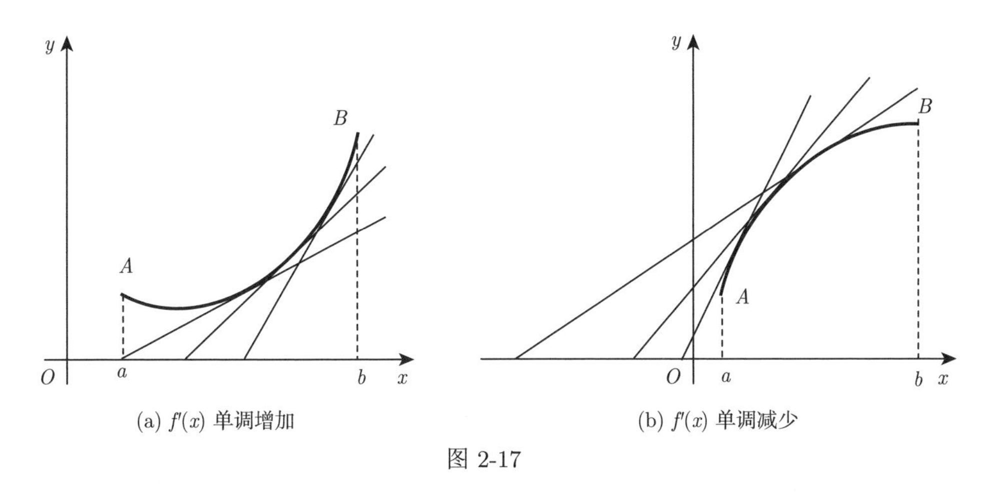

图 2-17

曲线凹凸性判别法 1 设函数 $f(x)$ 在区间 I 内可导, 若导函数 $f'(x)$ 在 I 内单调增加, 则曲线 $y=f(x)$ 在 I 内是下凸的; 若导函数 $f'(x)$ 在 I 内单调减少, 则曲线 $y=f(x)$ 在 I 内是上凸的.

证明 设 $f'(x)$ 在 I 内单调增加. 任取两点 $x_1,\ x_2\in I$ (不妨设 $x_1<x_2$), 记 $x_0=\dfrac{x_1+x_2}{2}$, 在 $[x_1,x_0]$ 区间上应用拉格朗日中值定理, 有

$$f(x_1)=f(x_0)+f'(\xi_1)(x_1-x_0)\quad(\xi_1\in(x_1,x_0)),$$

在 $[x_0,x_2]$ 区间上应用拉格朗日中值定理, 有

$$f(x_2)=f(x_0)+f'(\xi_2)(x_2-x_0)\quad(\xi_2\in(x_0,x_2)).$$

计算得

$$\begin{aligned}\frac{f(x_1)+f(x_2)}{2}&=f(x_0)+f'(\xi_1)\frac{x_1-x_0}{2}+f'(\xi_2)\frac{x_2-x_0}{2}\\&=f(x_0)+\frac{x_2-x_1}{4}[f'(\xi_2)-f'(\xi_1)],\end{aligned}$$

因为 $\xi_1<x_0<\xi_2$ 且 $f'(x)$ 在 I 内单调增加, 所以 $f'(\xi_1)<f'(\xi_2)$, 又 $x_2-x_1>0$, 从而有

$$\frac{f(x_1)+f(x_2)}{2}>f(x_0)=f\left(\frac{x_1+x_2}{2}\right).$$

再由 x_1, x_2 的任意性, 所以曲线 $y=f(x)$ 在 I 内是下凸的.

同理可证, $f'(x)$ 在 I 内单调减少的情况.

如果函数 $f(x)$ 的二阶导数存在, 还可以用二阶导数的符号来判断曲线的凹凸性.

曲线凹凸性判别法 2 设函数 $f(x)$ 在区间 I 内具有二阶导数.

(1) 若 $\forall x\in I$, $f''(x)>0$, 则曲线 $y=f(x)$ 在 I 内是下凸的;

(2) 若 $\forall x\in I$, $f''(x)<0$, 则曲线 $y=f(x)$ 在 I 内是上凸的.

例 10 讨论下列曲线的凹凸性并求出拐点:

(1) $y=x^3$; (2) $y=x^4$; (3) $y=\sqrt[3]{x}$.

解 (1) $y'=3x^2$, $y''=6x$. 在 $(-\infty,0)$ 内, $y''<0$, 所以曲线 $y=x^3$ 在 $(-\infty,0)$ 内是上凸的; 在 $(0,+\infty)$ 内, $y''>0$, 所以曲线 $y=x^3$ 在 $(0,+\infty)$ 内是下凸的, 在 $(0,0)$ 点曲线凹凸性发生改变, 所以 $(0,0)$ 点是拐点 (图 2-18(a)).

(2) $y'=4x^3$, $y''=12x^2$. 则当 $x\neq 0$ 时, $y''>0$, 所以曲线 $y=x^4$ 在 $(-\infty,+\infty)$ 内是下凸的, 没有拐点 (图 2-18(b)).

(3) $y'=\dfrac{1}{3}x^{-\frac{2}{3}}$, $y''=-\dfrac{2}{9}x^{-\frac{5}{3}}$. 则当 $x=0$ 时, y'' 不存在. 在 $(-\infty,0)$ 内, $y''>0$, 所以曲线 $y=\sqrt[3]{x}$ 在 $(-\infty,0)$ 内是下凸的; 在 $(0,+\infty)$ 内, $y''<0$, 所以曲线 $y=\sqrt[3]{x}$ 在 $(0,+\infty)$ 内是上凸的. 在 $(0,0)$ 点曲线凹凸性发生改变, 所以 $(0,0)$ 点是拐点 (图 2-18(c)).

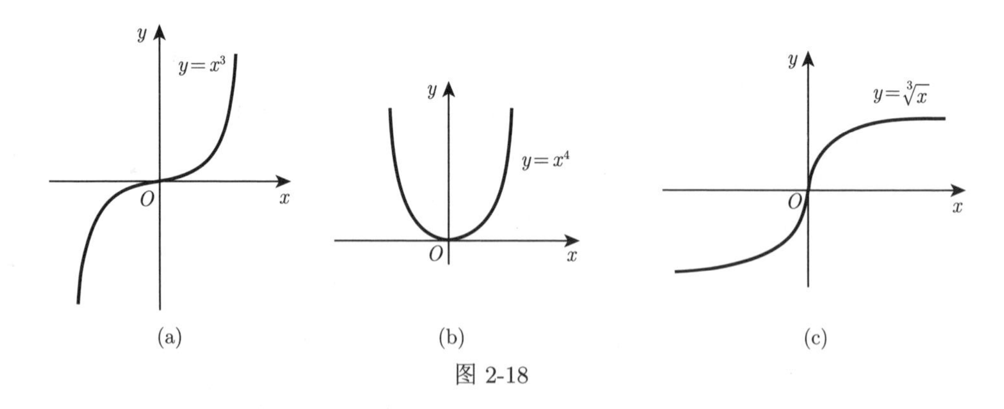

图 2-18

从以上例子来看, 曲线的拐点可能出现的点是 $f''(x)=0$ 以及二阶导数不存在的点. 因此, 求拐点以及曲线凹凸区间时, 首先求出 $f''(x)=0$ 以及二阶导数不存在的点, 用这些点将函数有定义的区间进行划分, 在各个区间上判断 $f''(x)$ 的符号, 从而求出曲线的凹凸区间, 若二阶导数在点 x_0 两侧区间异号, 则点 $(x_0, f(x_0))$ 为曲线的拐点.

例 11 讨论曲线 $f(x) = (x-2)\sqrt[3]{x^2}$ 的凹凸性并求出拐点.

解 当 $x \neq 0$ 时,

$$f'(x) = \frac{5}{3}x^{\frac{2}{3}} - \frac{4}{3}x^{-\frac{1}{3}}, \quad f''(x) = \frac{10}{9}x^{-\frac{1}{3}} + \frac{4}{9}x^{-\frac{4}{3}} = \frac{2(5x+2)}{9x^{\frac{4}{3}}},$$

则当 $x = -\dfrac{2}{5}$ 时, $f''(x) = 0$; 当 $x = 0$ 时, $f''(x)$ 不存在. 列表讨论如下 (表 2-5):

表 2-5

x	$\left(-\infty, -\frac{2}{5}\right)$	$-\frac{2}{5}$	$\left(-\frac{2}{5}, 0\right)$	0	$(0, +\infty)$
$f''(x)$	$-$	0	$+$	不存在	$+$
$y = f(x)$	上凸		下凸		下凸

综上所述, 曲线 $f(x) = (x-2)\sqrt[3]{x^2}$ 在 $\left(-\infty, -\dfrac{2}{5}\right)$ 是上凸的, 在 $\left(-\dfrac{2}{5}, +\infty\right)$ 是下凸的, 曲线的拐点为 $\left(-\dfrac{2}{5}, -\dfrac{12}{5}\sqrt[3]{\dfrac{4}{25}}\right)$.

利用曲线的凹凸性也可以证明一些不等式.

例 12 证明当 $0 < x < \dfrac{\pi}{2}$ 时, $\dfrac{2}{\pi}x < \sin x$.

证明 令 $f(x) = \sin x - \dfrac{2}{\pi}x$, $f'(x) = \cos x - \dfrac{2}{\pi}$, $f''(x) = -\sin x < 0$, 所以曲线 $f(x) = \sin x - \dfrac{2}{\pi}x$ 在 $\left(0, \dfrac{\pi}{2}\right)$ 内是上凸的, $f(0) = f\left(\dfrac{\pi}{2}\right) = 0$, 由上凸图形的特点可知 $f(x) = \sin x - \dfrac{2}{\pi} > 0 \left(0 < x < \dfrac{\pi}{2}\right)$.

事实上, 如果曲线 $f(x)$ 在 (a, b) 内是上 (下) 凸的, $f(a) = f(b) = 0$, 则在 (a, b) 内 $f(x) > 0\ (< 0)$.

2.7.4 函数曲线的渐近线

为了使函数的图象描绘尽可能准确, 还需要讨论渐近线.

1. 水平渐近线

如果 $\lim\limits_{x \to +\infty} f(x) = a$ 或 $\lim\limits_{x \to -\infty} f(x) = b$, 则称直线 $y = a$ 或 $y = b$ 为曲线的水平渐近线.

例 13 求 $y = \arctan x$ 的水平渐近线.

解　因为

$$\lim_{x\to-\infty}\arctan x=-\frac{\pi}{2},\qquad \lim_{x\to+\infty}\arctan x=\frac{\pi}{2},$$

所以 $y=-\dfrac{\pi}{2}$ 和 $y=\dfrac{\pi}{2}$ 都是 $y=\arctan x$ 的水平渐近线.

2. 铅直渐近线

如果 $\lim\limits_{x\to x_0^+}f(x)=\pm\infty$ 或 $\lim\limits_{x\to x_0^-}f(x)=\pm\infty$, 则称直线 $x=x_0$ 为曲线 $y=f(x)$ 的铅直渐近线.

例 14　求 $y=\dfrac{1}{x-1}$ 的铅直渐近线.

解　因为 $\lim\limits_{x\to1^+}\dfrac{1}{x-1}=+\infty$, 所以 $x=1$ 是 $y=\dfrac{1}{x-1}$ 的铅直渐近线.

3. 斜渐近线

如果 $\lim\limits_{x\to+\infty}[f(x)-(ax+b)]=0$ 或 $\lim\limits_{x\to-\infty}[f(x)-(ax+b)]=0$, 其中 a 和 b 为常数, 且 $a\neq0$, 则称直线 $y=ax+b$ 为曲线 $y=f(x)$ 的斜渐近线.

如何求曲线 $y=f(x)$ 的斜渐近线? 设 $y=ax+b$ 是曲线 $y=f(x)$ 的一条斜渐近线, $\lim\limits_{x\to+\infty}[f(x)-(ax+b)]=0$, 可得

$$0=\lim_{x\to+\infty}\frac{f(x)-(ax+b)}{x}=\lim_{x\to+\infty}\frac{f(x)}{x}-a,$$

从而

$$\lim_{x\to+\infty}\frac{f(x)}{x}=a.$$

所以, 我们可以通过

$$a=\lim_{x\to+\infty}\frac{f(x)}{x},\quad b=\lim_{x\to+\infty}[f(x)-ax]$$

来得到曲线 $y=f(x)$ 的斜渐近线 $y=ax+b$.

类似地, 可以讨论 $x\to-\infty$ 的情形.

斜渐近线 $y=ax+b$ 的计算公式:

$$a=\lim_{\substack{x\to+\infty\\(x\to-\infty)}}\frac{f(x)}{x},\quad b=\lim_{\substack{x\to+\infty\\(x\to-\infty)}}[f(x)-ax].$$

上式只要有一个极限不存在, 就说明曲线 $y=f(x)$ 无斜渐近线.

例 15 求曲线 $y=\dfrac{(1+x)^2}{4(1-x)}$ 的渐近线.

解 因为 $\lim\limits_{x\to 1}\dfrac{(1+x)^2}{4(1-x)}=\infty$, 所以 $x=1$ 是曲线 $y=\dfrac{(1+x)^2}{4(1-x)}$ 的铅直渐近线. $\lim\limits_{x\to\infty}\dfrac{(1+x)^2}{4(1-x)}=\infty$, 所以该曲线没有水平渐近线. 由于

$$\lim_{x\to\pm\infty}\frac{f(x)}{x}=\lim_{x\to\pm\infty}\frac{(1+x)^2}{4x(1-x)}=-\frac{1}{4},$$

$$\lim_{x\to\pm\infty}\left[f(x)-\left(-\frac{x}{4}\right)\right]=\lim_{x\to\pm\infty}\left(\frac{(1+x)^2}{4(1-x)}+\frac{x}{4}\right)=-\frac{3}{4},$$

所以 $y=-\dfrac{1}{4}x-\dfrac{3}{4}$ 是曲线 $y=\dfrac{(1+x)^2}{4(1-x)}$ 的斜渐近线.

2.7.5 函数图形的描绘

在中学里, 我们主要依赖描点来画一些简单函数的图象, 这样得到的图象一般来说比较粗糙, 无法确切地反映函数的性态 (如单调性、凹凸性、极值、拐点等). 现在我们应用前面所学过的方法, 再综合周期性、奇偶性、渐近线等知识, 就可以较准确地描绘出函数的图形, 具体步骤如下:

(1) 确定函数的定义域, 讨论函数奇偶性、周期性等;

(2) 求出使 $f'(x)=0$, $f''(x)=0$ 和 $f'(x)$, $f''(x)$ 不存在的点;

(3) 采用列表的方式, 用 (2) 中求出的点将定义域分成若干个部分区间, 在各个部分区间内讨论 $f'(x)$, $f''(x)$ 的符号, 从而确定单调性、极值、凹凸性和拐点;

(4) 讨论函数图形的渐近线;

(5) 建立坐标系, 综合以上讨论结果画图.

例 16 作函数 $y=\dfrac{x^2}{x-1}$ 的图形.

解 (1) 定义域为 $(-\infty,1)\cup(1,+\infty)$, 间断点 $x=1$.

(2) $y'=\dfrac{x(x-2)}{(x-1)^2}$, 令 $y'=0$, 得 $x=0$, $x=2$; $y''=\dfrac{2}{(x-1)^3}\neq 0$ $(x\neq 1)$.

(3) 列表讨论单调性、极值、凹凸性、拐点 (表 2-6).

表 2-6

x	$(-\infty,0)$	0	$(0,1)$	1	$(1,2)$	2	$(2,+\infty)$
y'	$+$	0	$-$		$-$	0	$+$
y''	$-$	$-$	$-$		$+$	$+$	$+$
$y=f(x)$	$\nearrow$, 上凸	极大值 0	$\searrow$, 上凸	间断点	$\searrow$, 下凸	极小值 4	$\nearrow$, 下凸

(4) 渐近线: 因为 $\lim\limits_{x\to 1}\dfrac{x^2}{x-1}=\infty$, 所以 $x=1$ 为函数图形的铅直渐近线.

$$\lim_{x\to\infty}\frac{f(x)}{x}=\lim_{x\to\infty}\frac{x^2}{x(x-1)}=1,$$

$$\lim_{x\to\infty}[f(x)-x]=\lim_{x\to\infty}\left(\frac{x^2}{x-1}-x\right)=\lim_{x\to\infty}\frac{x}{x-1}=1,$$

所以 $y=x+1$ 为函数图形的斜渐近线.

(5) 画出两条渐近线, 描出点 $(0,0),(2,4)$, 根据表格讨论的函数的单调性和曲线的凹凸性作图 (图 2-19).

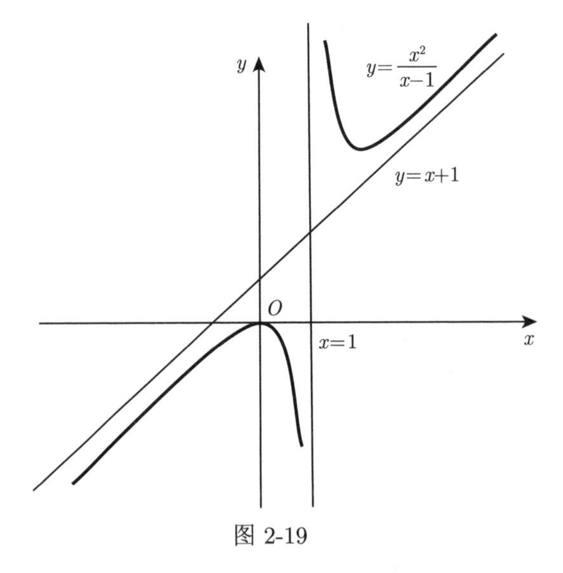

图 2-19

2.7.6　平面曲线的曲率

在日常生活中, 我们可以直观地感觉出曲线的弯曲程度, 比如直线不弯曲, 半径小的圆弯曲得比半径大的圆厉害一些. 但在工程技术中, 常常需要定量地刻画曲线的弯曲程度, 比如船体结构中的钢梁、机床的转轴等, 它们在荷载作用下要产生弯曲变形, 在设计时对它们的弯曲必须有一定的限制, 这需要定量地研究它们弯曲的程度; 再比如设计铁路弯道、高速公路的弯道等都需要定量刻画它们弯曲的程度, 由此就产生了曲线曲率的概念.

在如图 2-20, 有两条弯曲程度不同的曲线弧 AB 和 $A'B'$, 弧长相等, 当动点沿弧段由 A 移动到 B, 切线转过的角度为 α, 在第二条曲线上, A' 移动到 B' 切线的转角为 β, 显然 $\beta>\alpha$, 由图 2-20 也可直观看出曲线弧 $A'B'$ 比 AB 弯曲程度大, 说明长度相同的弧段, 弯曲程度大的切线转过的角度就比较大.

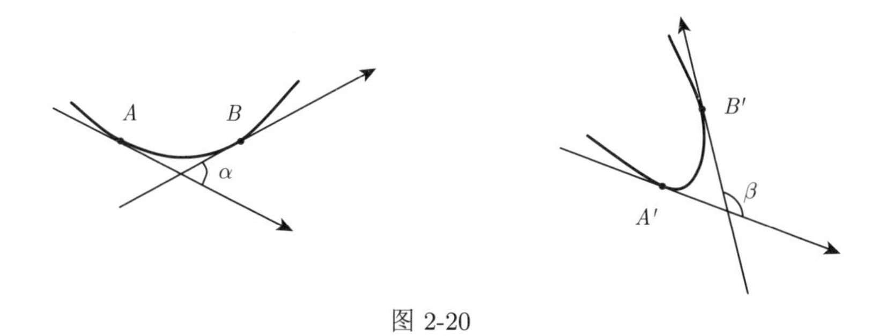

图 2-20

但是切线转过的角度的大小还不能完全反映曲线的弯曲程度. 如图 2-21, 两弧段 M_1M_2 和 N_1N_2 的切线转过的角度 φ 相同, 但是两弧段的弯曲程度却不相同, 短弧段比长弧段弯曲程度大. 由此可见曲线弧的弯曲程度与弧段的长度也有关系.

综上分析, 我们可以通过切线转角以及弧长来刻画曲线的弯曲程度. 如图 2-22 所示, 设曲线 L 是光滑的, 在曲线上选定一点 M_0 作为度量弧长的基点. 取曲线上点 M, M', $\widehat{M_0M}=s$, $\widehat{M_0M'}=s+\Delta s$, 则弧段 $\widehat{MM'}=|\Delta s|$. 从点 M 到 M', 曲线的切线的转角为 $|\Delta\varphi|$, 我们称

$$\bar{K}=\left|\frac{\Delta\varphi}{\Delta s}\right|$$

为弧段 $\widehat{MM'}$ 的平均曲率.

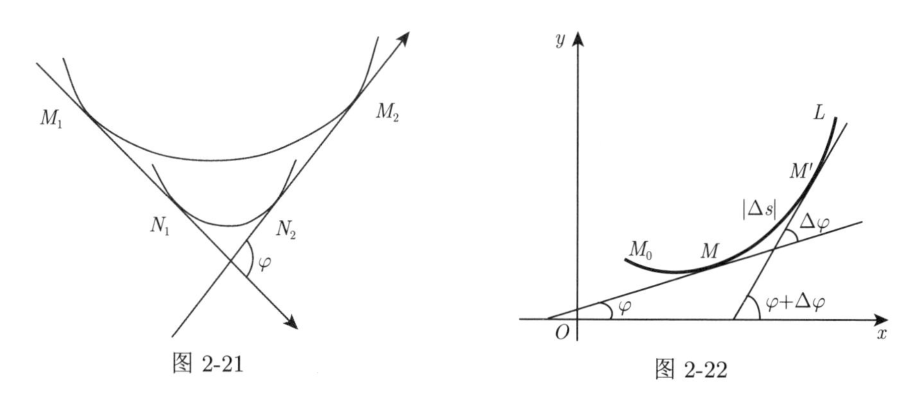

图 2-21 图 2-22

当点 M' 沿着曲线趋于点 M 时, 上述平均曲率的极限就称为曲线 L 在点 M 处的曲率, 记为 K, 即

$$K=\lim_{M\to M'}\left|\frac{\Delta\varphi}{\Delta s}\right|.$$

曲率 K 刻画的是曲线在一点处的弯曲程度.

对于直线来说, 任一点切线与本身重合, 当点沿着直线移动时, 切线转过的角度为零, 因此 $K=\lim\limits_{M\to M'}\left|\dfrac{\Delta\varphi}{\Delta s}\right|=0$, 即直线上每点的曲率为零, 说明直线不弯曲.

对于半径为 R 的圆来说, 圆周上任意两点 M,M', 从 M 转到 M' 的切线转过的角度 $|\Delta\varphi|$ 与弧 $\widehat{MM'}$ 所对的中心角是相等的, 而弧 $\widehat{MM'}$ 的长度 $|\Delta s|=R|\Delta\varphi|$, 所以圆上任一段弧的平均曲率为常数 $K=\lim\limits_{M\to M'}\left|\dfrac{\Delta\varphi}{\Delta s}\right|=\dfrac{1}{R}$. 这说明圆上任一点弯曲程度都相同, 半径越小, 圆弯曲得越厉害.

下面我们推导一下计算公式.

设曲线 L 的方程是 $y=f(x)$, $y(x)$ 具有二阶导数 ($y'(x)$ 连续, 从而曲线是光滑的). 在曲线 L 上取一定点 $M_0(x_0,y_0)$, 作为度量弧长的基点, 曲线上点 $M(x,y)$ 与 $M'(x+\Delta x,y+\Delta y)$ 之间的弧长为

$$|\Delta s|=|s(x+\Delta x)-s(x)|,$$

对应的弦 MM' 的长度为

$$|MM'|=\sqrt{(\Delta x)^2+(\Delta y)^2}.$$

当 M' 趋于 M, 即当 $\Delta x\to 0$ 时, 弧段 MM' 的长度 $|\Delta s|$ 与弦 MM' 的长度是等价无穷小. 所以

$$\begin{aligned}\lim_{\Delta x\to 0}\left|\frac{\Delta s}{\Delta x}\right|&=\lim_{\Delta x\to 0}\frac{|\Delta s|}{|MM'|}\frac{|MM'|}{|\Delta x|}=\lim_{\Delta x\to 0}\frac{|\Delta s|}{|MM'|}\cdot\lim_{\Delta x\to 0}\frac{|MM'|}{|\Delta x|}\\&=\lim_{\Delta x\to 0}\frac{\sqrt{(\Delta x)^2+(\Delta y)^2}}{|\Delta x|}=\lim_{\Delta x\to 0}\sqrt{1+\left(\frac{\Delta y}{\Delta x}\right)^2}=\sqrt{1+y'^2}.\end{aligned}$$

另一方面 φ 表示的是曲线的切线对于 x 轴正向转过的角度, 则有 $\varphi=\arctan y'$,

$$\lim_{\Delta x\to 0}\left|\frac{\Delta\varphi}{\Delta x}\right|=\left|\frac{\mathrm{d}\varphi}{\mathrm{d}x}\right|=\left|\frac{y''}{1+y'^2}\right|.$$

所以

$$K=\lim_{M\to M'}\left|\frac{\Delta\varphi}{\Delta s}\right|=\lim_{M\to M'}\frac{\left|\dfrac{\Delta\varphi}{\Delta x}\right|}{\left|\dfrac{\Delta s}{\Delta x}\right|}=\frac{|y''|}{(1+y'^2)^{\frac{3}{2}}}.$$

上式为曲线在点 $M(x,y)$ 处曲率的计算公式.

设曲线方程是由参数方程

$$\begin{cases}x=\varphi(t),\\ y=\psi(t)\end{cases}$$

给出的, 则可利用由参数方程所确定函数的求导方法, 求出 $\frac{\mathrm{d}y}{\mathrm{d}x}, \frac{\mathrm{d}^2y}{\mathrm{d}x^2}$ 代入曲率计算公式, 得

$$K=\frac{|\varphi'(t)\psi''(t)-\varphi''(t)\psi'(t)|}{[\varphi'^2(t)+\psi'^2(t)]^{\frac{3}{2}}}.$$

例 17 求抛物线 $y=ax^2+bx+c$ 上任一点处的曲率, 并讨论哪一点处曲率最大.

解 由 $y=ax^2+bx+c$ 得 $y'=2ax+b, y''=2a$, 代入曲率公式

$$K=\frac{|2a|}{[1+(2ax+b)^2]^{\frac{3}{2}}},$$

当 $x=-\frac{b}{2a}$ 时, K 取到最大值 $|2a|$, 即抛物线顶点的曲率最大.

设曲线 L 在点 M 处的曲率为 $K(K\neq 0)$. 在点 M 处作曲线 L 的法线, 并在曲线凹的一侧的法线上取一点 Q, 使得 $|MQ|=\rho=\frac{1}{K}$. 以 Q 为圆心, ρ 为半径作圆 (图 2-23), 这个圆称为曲线 L 在点 M 处的曲率圆. 圆心 Q 称为曲线 L 在点 M 处的曲率中心, 半径 $\rho=\frac{1}{K}$ 称为曲线 L 在点 M 处的曲率半径.

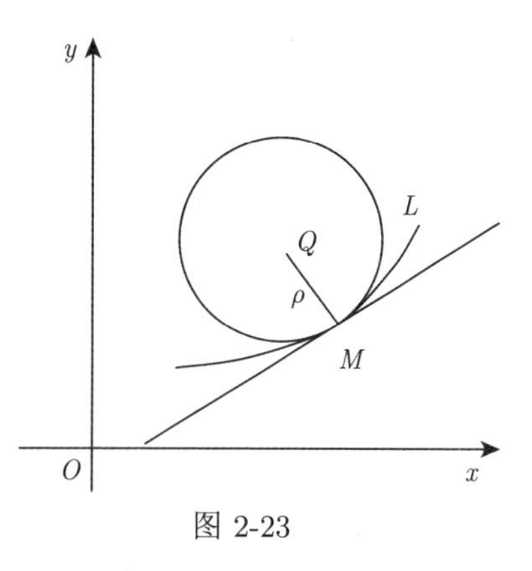

图 2-23

由以上定义可知曲率圆与曲线 L 在点 M 处有相同的切线和曲率, 在 M 附近的凸向也相同. 因此在实际应用中, 可以用曲率圆在 M 附近的一段圆弧来近似代替这点附近的曲线弧.

例 18 设工件内表面的截线为抛物线 $y=0.4x^2$. 现在要用砂轮磨削其内表面, 问用直径多大的砂轮才比较合适?

解 为了在磨削时不使砂轮与工件接触处附近的那部分工件磨去太多, 砂轮的半径应不大于抛物线上各点处曲率半径中的最小值. 由例 17 我们知道, 抛物线在其顶点处的曲率最大, 也就是在顶点处曲率半径最小, 因此只要求出抛物线 $y=0.4x^2$ 在顶点 $(0,0)$ 处的曲率半径. 由

$$y'|_{x=0}=0.8x|_{x=0}=0,\quad y''|_{x=0}=0.8$$

代入曲率公式得

$$K=0.8,$$

从而求得抛物线顶点处的曲率半径

$$\rho=\frac{1}{K}=1.25,$$

所以选用砂轮的半径不得超过 1.25 单位长, 即直径不得超过 2.50 单位长.

对于用砂轮磨削一般工件的内表面时, 也有类似的结论, 即选用砂轮的半径不应超过该工件内表面曲线上各点处曲率半径中的最小值.

习　题　2.7

1. 确定下列函数的单调区间:

(1) $y=2x^3-x^2-2x+1$;　(2) $y=\frac{2x}{1+x^2}$;

(3) $y=x-\arctan x$;　(4) $y=x^n\mathrm{e}^{-x}(n>0,x\geqslant 0)$.

2. 求由参数方程 $\begin{cases}x=t^2+2t,\\ y=t-\ln(1+t)\end{cases}$ 确定的函数的单调区间.

3. 求下列函数的极值:

(1) $y=\frac{1}{3}(x+1)^3(3x-2)^2$;　(2) $y=\frac{2x}{1+x^2}$;

(3) $y=\sqrt{x}\ln x$;　(4) $y=\mathrm{e}^x\sin x$.

4. 设函数 $y(x)$ 是由方程 $4x^2+y\ln y=0$ 确定的, 求 $y(x)$ 的极值.

5. 讨论下列曲线的凹凸性和拐点:

(1) $y=-x^3+3x^2$;　(2) $y=\sqrt{1+x^2}$;

(3) $y=x\mathrm{e}^{-x}$;　(4) $y=\ln\left(1+x^2\right)$.

6. 证明下列不等式:

(1) $2\sqrt{x}>3-\frac{1}{x}(x>1)$;　(2) $\tan x>x+\frac{x^3}{3}\left(0<x<\frac{\pi}{2}\right)$;

(3) $x-\frac{x^2}{2}<\ln(1+x)<x(x>0)$;　(4) $\frac{1-x}{1+x}\leqslant \mathrm{e}^{-2x}(0\leqslant x\leqslant 1)$.

7. 利用曲线的凹凸性, 证明下列不等式:

(1) $\frac{\mathrm{e}^x+\mathrm{e}^y}{2}>\mathrm{e}^{\frac{x+y}{2}}\ (x\neq y)$;

(2) $\frac{1}{2}(\ln x+\ln y)<\ln\frac{x+y}{2}\ (x>0,y>0,x\neq y)$;

(3) $1-\frac{2}{\pi}x<\cos x\left(0<x<\frac{\pi}{2}\right)$.

8. 求下列函数在指定区间上的最大值和最小值:

(1) $y=5-\sqrt{x^2-3x+16},x\in[0,4]$;　(2) $y=\mathrm{e}^{|x-3|},x\in[-5,5]$.

9. 试确定曲线 $y=ax^3+bx^2+cx+d$ 中的 a,b,c,d, 使得 $x=-2$ 处曲线的切线为水平, 点 $(1,-10)$ 为拐点, 且点 $(-2,44)$ 在曲线上.

10. 求曲线

(1) $y=\frac{2x}{1+x^2}$;　(2) $y=(2+x)\mathrm{e}^{\frac{1}{x}}$

的渐近线.

11. 描绘下列函数的图形:

(1) $y = x + \dfrac{x}{x^2 - 1}$; (2) $y = x^2 e^{-x}$.

12. 求曲线 $y = 4 - x^2$ 上与点 $(0, 2)$ 距离最小的点.

13. 在曲线 $y = 9 - x^2$ 的第一象限部分上求一点 $M(x_0, y_0)$, 使过此点所作切线与两坐标轴所围成的三角形的面积最小.

14. 有一个无盖的圆柱形容器, 当给定体积为 V 时, 要使容器的表面积最小, 问底的半径与容器的高的比应该是多少?

15. 从一块半径为 R 的圆铁片上挖去一个扇形做成一个漏斗, 问留下的扇形中心角 φ 取多大时, 做成的漏斗容积最大?

16. 汽车沿公路 (直线) 从 D 点开往 A 点, 一人在距离 D 为 a (m) 处的 B 点 ($BD \perp AD$). 在线 AD 上求一点 C, 使该人从 B 步行到 C 再搭车到 A 所用的总时间最短. 已知车速度为 v(m/min), 步行速度为 v_1(m/min) 且 $v_1 < v$.

17. 求下列函数在指定点处的曲率及曲率半径:

(1) $y = \dfrac{1}{x}$ 在点 $(1, 1)$ 处; (2) $\begin{cases} x = a\cos t, \\ y = b\sin t \end{cases}$ 在点 $(0, b)$ 处.

18. 求曲线 $y = \ln x$ 上哪一点处曲率最大.

2.8 导数在经济学的若干应用

数学在经济领域中的应用越来越广泛, 微积分的许多概念已经融入经济学, 本节主要介绍导数在经济学中的应用.

2.8.1 边际分析

在生产和经营活动中产品的成本、销售的收益以及利润都是关于产品数量 (产量) x 的函数, 记号如下成本函数 $C(x) =$ 生产 x 单位产品的总成本; 收益函数 $R(x) =$ 销售 x 单位产品的总收益; 利润函数 $P(x) = R(x) - C(x)$, 即生产 x 单位产品全部售出的总利润.

它们的导数在经济学上称为边际函数.

假设生产某种产品的成本函数为 $C(x)$, 当产量为 x 时, 每多生产 Δx 单位产品, 成本相应地增加 $\Delta C = C(x + \Delta x) - C(x)$, $\lim\limits_{\Delta x \to 0} \dfrac{\Delta C}{\Delta x}$ 称为该种产品在产量为 x 时的边际成本, 记为 MC,

$$C'(x) = \lim_{\Delta x \to 0} \frac{\Delta C}{\Delta x} = \lim_{\Delta x \to 0} \frac{C(x + \Delta x) - C(x)}{\Delta x}.$$

它反映的是产量为 x 时成本的瞬时变化率. 因产量 x 一般都很大, $\Delta x = 1$ 相对于 x 则很小, 所以上述极限值很接近于 $C(x+1) - C(x)$, 也就是再增加生产一个单位产品时所增加的成本, 将边际成本 MC 与平均成本 $\dfrac{C(x)}{x}$ 相比较, 若边际成本小于平均成本, 则考虑增加产量以减低单位产品的成本; 若边际成本大于平均成本, 则应考虑减少产量以降低单位产品的成本.

同样地, 定义边际收益 $R'(x)=\lim\limits_{\Delta x\to 0}\dfrac{\Delta R}{\Delta x}$, 记为 MR, 边际收益反映的是产量为 x 时收益的瞬时变化率. 边际利润 $L'(x)=\lim\limits_{\Delta x\to 0}\dfrac{\Delta L}{\Delta x}$, 记为 ML, 边际利润反映的是产量为 x 时利润的瞬时变化率.

因为 $L(x)=R(x)-C(x), L'(x)=R'(x)-C'(x), L(x)$ 取得最大值的必要条件为

$$L'(x)=0, \quad \text{即} \quad R'(x)=C'(x),$$

于是可取得最大利润的必要条件为边际收益等于边际成本.

$L(x)$ 取得最大值的充分条件为

$$L''(x)<0, \quad \text{即} \quad R''(x)<C''(x),$$

于是可取得最大利润的充分条件为边际收益的变化率小于边际成本的变化率.

例 1 某工厂生产 x 单位产品的成本和收益 (单位: 元) 分别是

$$C(x)=8000+11.6x+0.04x^2,$$

$$R(x)=80x,$$

则

$$\mathrm{MC}=11.6+0.08x, \quad \mathrm{MR}=80, \quad \mathrm{ML}=\mathrm{MR}-\mathrm{MC}=68.4-0.08x.$$

对于经营者来说最感兴趣的当然是最大利润, 令 $\mathrm{ML}=68.4-0.08x=0$, 解得唯一驻点 $x=855$, $R''(855)<C''(855)$, 因此生产 855 单位产品时所得的利润最大.

2.8.2 弹性分析

前面所讨论的函数的改变量与函数的变化率是绝对改变量与绝对变化率. 我们从实践中可以体会到, 仅仅研究函数的绝对改变量与绝对变化率是不够的. 比如: 商品甲每单位价格 10 元, 涨价 1 元; 商品乙每单位价格 1000 元, 涨价 1 元, 两种商品价格的绝对改变量都是 1 元, 但其与原价相比, 两者涨价的百分比却有很大的不同, 商品甲涨了 10%, 而商品乙涨了 0.1%, 因此我们还有必要研究函数的相对改变量与相对变化率. 在经济学中, 这就是“弹性”的问题.

设函数 $y=f(x)$ 在点 $x_0(x_0\neq 0)$ 处可导, 函数的相对改变量 $\dfrac{\Delta y}{y_0}=\dfrac{f(x_0+\Delta x)-f(x_0)}{f(x_0)}$ 与自变量的相对改变量 $\dfrac{\Delta x}{x_0}$ 之比 $\dfrac{\frac{\Delta y}{y_0}}{\frac{\Delta x}{x_0}}$, 称为函数 $y=f(x)$

从 x_0 到 $x_0+\Delta x$ 的平均相对变化率, 也称为两点间的弹性或弧弹性. 当 $\Delta x\to 0$ 时, 如果 $\dfrac{\frac{\Delta y}{y_0}}{\frac{\Delta x}{x_0}}$ 的极限存在, 则称该极限为函数 $y=f(x)$ 在点 x_0 处的相对变化率, 或称为在 x_0 处的弹性, 记为 e_{yx}, 即

$$e_{yx}=\lim_{\Delta x\to 0}\frac{\frac{\Delta y}{y_0}}{\frac{\Delta x}{x_0}}=\lim_{\Delta x\to 0}\frac{x_0}{f(x_0)}\frac{f(x_0+\Delta x)-f(x_0)}{\Delta x}=\frac{x_0}{f(x_0)}f'(x_0).$$

在商品市场中需求函数 $Q=Q(x)$ (x 表示价格) 是很重要的一类函数, 虽然有许多因素会影响需求, 但价格始终是一个决定性的因素. 价格高了, 需求会相应降低; 价格低了, 需求会增加, 即 $Q'(x)<0$.

相对变化率在决定产品价格上起着重要的作用. 假设一家公司原来以单价 x_0 销售产品, 现在想调整价格增加收益, 因为受需求函数的影响, 提价与降价都可能影响收益, 所以在考虑提价还是降价之前, 就必须先考虑该产品目前在市场上需求所能承受的价格变化的能力, 也就是需求函数关于产品价格的相对变化率, 即需求量对价格的弹性

$$e_{yx}=\lim_{\Delta x\to 0}\frac{\frac{\Delta Q}{Q(x_0)}}{\frac{\Delta x}{x_0}}=\frac{x_0}{Q(x_0)}Q'(x_0).$$

它反映了当价格为 x_0 时, 商品需求量对价格变化的反映程度. 即当价格在 x_0 的基础上变动 1%时, 需求量将变动 e_{yx}%.

例 2 假设某商品的需求函数为 $Q(x)=\mathrm{e}^{-\frac{x}{5}}$, 当价格 $x_0=5$ 时, 求需求量对价格的弹性 e_{yx}.

解 由于 $Q'(x)=-\dfrac{1}{5}\mathrm{e}^{-\frac{x}{5}}$, 则当价格 $x_0=5$ 时, $Q(5)=\mathrm{e}^{-1}$, 所以

$$e_{yx}=\frac{x_0}{Q(x_0)}Q'(x_0)=\frac{5}{\mathrm{e}^{-1}}\cdot\left(-\frac{1}{5}\right)\mathrm{e}^{-1}=-1.$$

这说明当价格为 5 时, 价格上升 1%, 需求量相应地下降 1%.

习 题 2.8

1. 某商品的总收益 R 关于销量 x 的函数为 $R(x)=100x-0.2x^2$, 当销售量为 50 个单位时的边际收益为多少?

2. 某产品的成本函数为 $C(x)=5x+200$ 和收益函数为 $R(x)=10x-0.01x^2$, x 表示产品的产量, 求:

(1) 边际成本函数、边际收益函数、边际利润函数;

(2) 生产多少单位产品时才能使利润最大.

3. 假设某商品的需求函数为 $y=75-x^2$, 求当价格 $x=4$ 时的需求弹性, 并说明其经济意义.

总习题二

1. 单项选择题.

(1) 已知 $f'(0)=1$, 则 $\lim\limits_{x\to 0}\dfrac{f\left(1-\mathrm{e}^h\right)}{\sinh}=(\quad)$.

(A) 1　　(B) 2　　(C) -2　　(D) -1

(2) 设 $f(x)$ 连续且 $\lim\limits_{x\to 2}\dfrac{f(x)}{(x-2)^2}=3$, 则下列结论正确的是 (　　).

(A) $f(2)=0$ 且 $x=2$ 为极小值点　　(B) $f(2)=0$ 且 $x=2$ 为极大值点

(C) $f(x)$ 在 $x=2$ 处不可导但 $x=2$ 为极值点 (D) $x=2$ 不是极值点

(3) 设函数 $f(x)=\begin{cases}\dfrac{x}{1+\mathrm{e}^{\frac{1}{x}}}, & x\neq 0,\\ 0, & x=0,\end{cases}$ 则 $f(x)$ 在 $x=0$ 点 (　　).

(A) 极限不存在　　(B) 极限存在但不连续

(C) 连续但不可导　　(D) 可导

(4) 对 $f'(x_0)=0$ 是 $f(x)$ 在点 $x=x_0$ 处取极值的 (　　) 条件.

(A) 必要而非充分　　(B) 充分而非必要

(C) 充分必要　　(D) 既非充分也非必要

(5) 设在 $[0,1]$ 上 $f''(x)>0$, 则 $f'(0),f'(1),f(1)-f(0)$ 的大小次序为 (　　).

(A) $f'(0)<f'(1)<f(1)-f(0)$　　(B) $f'(0)<f(1)-f(0)<f'(1)$

(C) $f(1)-f(0)<f'(0)<f'(1)$　　(D) $f(1)-f(0)<f'(1)<f'(0)$

2. 填空题.

(1) 用 "$\rightarrow$" 或 "$\rightleftarrows$" 表示在一点处函数极限存在、连续、可导、可微之间的关系, 可微________ 可导________ 连续________ 极限存在.

(2) 设 $f(x)=x(x-1)(x-2)\cdots(x-2018)$, 则 $f'(0)=$ ________.

(3) 设函数 $y=y(x)$ 由方程 $x^2+xy+y-\tan(x-y)=0$ 所确定的隐函数, 且 $y(0)=0$, 则 $y'(0)=$ ________.

(4) 设 $f(x)$ 二阶可导且 $f(0)=0, f'(0)=1, f''(0)=2$, 则 $\lim\limits_{x\to 2}\dfrac{f(x)-x}{x^2}=$ ________.

(5) 设函数 $f(x)=\dfrac{x^2}{x-1}$, 则 $f^{(20)}(0)=$________.

3. 设曲线 $xy^3-2y-1=0$ 与曲线 $y=x^2+ax+b$ 在点 $(1,-1)$ 处切线相同, 求 a,b.

4. 求下列函数的微分 $\mathrm{d}y$:

(1) $y=\left(\frac{a}{b}\right)^{x}\cdot\left(\frac{b}{x}\right)^{a}\cdot\left(\frac{x}{a}\right)^{b}$;

(2) $y^{2}=x^{2}\cdot\frac{a+x}{a-x}$ (a 为常数).

5. 求下列函数的导数 $\frac{\mathrm{d}y}{\mathrm{d}x}$:

(1) $y=\tan^{2}\left[\ln\left(x+\sqrt{x^{2}+a^{2}}\right)\right]$;

(2) $y=x(\sin x)^{\cos x}$;

(3) $y=f\left(\mathrm{e}^{-x}+\cos x\right)$;

(4) $y=x^{\sin^{2}\frac{1}{x}}$.

6. 设 $\begin{cases}x=t-\ln(1+t),\\ y=t^{2},\end{cases}$ 求 $\frac{\mathrm{d}y}{\mathrm{d}x},\frac{\mathrm{d}^{2}y}{\mathrm{d}x^{2}}$.

7. 设 $\begin{cases}\mathrm{e}^{xt}=t^{2}+x^{2},\\ y=2t,\end{cases}$ 求 $\frac{\mathrm{d}y}{\mathrm{d}x}$.

8. 设 $f(x)=\frac{5x-1}{2x^{2}+x-1}$, 求 $f^{(n)}(x)$.

9. 求下列极限:

(1) $\lim\limits_{x\to0}\frac{\mathrm{e}^{2}-(1+x)^{\frac{2}{x}}}{x}$;

(2) $\lim\limits_{x\to0}\frac{[\ln(1+x)-x]\left(\mathrm{e}^{2x}-1\right)}{x-\sin x}$;

(3) $\lim\limits_{x\to0}\left(\frac{1}{\sin^{2}x}-\frac{1}{x^{2}}\right)$;

(4) $\lim\limits_{x\to0}\left[\frac{\sin x}{x}\right]^{\frac{1}{x-\ln(1+x)}}$.

10. 证明下列不等式:

(1) 当 $0<a<b$ 时, 有 $\ln b-\ln a<\frac{b-a}{\sqrt{ab}}$;

(2) 当 $x\in(-\infty,+\infty)$ 时, 有 $1+x\ln\left(x+\sqrt{x^{2}+1}\right)\geqslant\sqrt{x^{2}+1}$.

11. 设 $f(x)$ 在 $[0,2]$ 上连续, 在 $(0,2)$ 内可导, 且 $2f(0)=f(1)+f(2)$, 证明: 至少存在 $\xi\in(0,2)$ 使

$$f'(\xi)=0.$$

12. 设 $f(x)$ 在 $[a,b]$ 上二阶可导, $\left|f''(x)\right|\leqslant M$, 且 $f(x)$ 的最小值点在 (a,b) 内, 证明:

$$\left|f'(a)\right|+\left|f'(b)\right|\leqslant M(b-a).$$

13. 曲线 $y=\frac{k}{2}\left(x^{2}-3\right)^{2}$ 在拐点处的法线过原点, 问 k 取何值?

14. 设 $y=f(x)$ 在 $x=x_0$ 的某邻域内具有三阶连续导数, 如果 $f'\left(x_0\right)=0,f'''\left(x_0\right)=0$ 而 $f'''\left(x_0\right)\neq0$, 试问 $x=x_0$ 是否极值点? 为什么? 并判断 $\left(x_0,f\left(x_0\right)\right)$ 是否拐点? 为什么?

15. 求函数 $f(x)=\sqrt[3]{\left(2x-x^{2}\right)^{2}}$ 在区间 $[-1,4]$ 上的最大值与最小值.

16. 求椭圆 $x^{2}-xy+y^{2}=3$ 上纵坐标最大和最小的点.

第 3 章　一元函数积分学

本章将讨论一元函数积分学包含定积分和不定积分及其应用, 它是近代数学的重要基础, 在工学、物理学、经济学等众多领域中有重要应用.

本章首先介绍定积分和不定积分的基本概念和性质, 并讨论一些常见的积分基本计算方法, 接着引入微积分学基本定理, 分析微分和积分之间内在联系. 最后通过举例阐述定积分在几何学和物理学中的某些实际应用.

3.1　定积分的概念与性质

为了更好地理解和掌握定积分定义, 本节首先通过列举两个不同领域的实际问题, 讨论和分析此类问题的特点及其解决方案, 据此, 概括和抽象出定积分的定义, 并随后讨论其一些重要的性质.

3.1.1　定积分问题举例

例 1　求曲边梯形的面积.

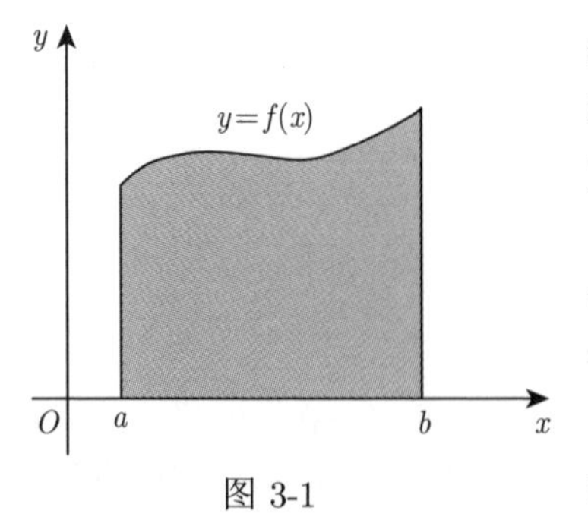

图 3-1

如图 3-1 所示, 由非负的连续曲线 $y = f(x)$, x 轴及两条直线 $x = a$, $x = b$ 所围成的平面图形称为**曲边梯形**. 以下我们将讨论曲边梯形面积是如何求解.

对于形状规则平面图形诸如矩形、三角形、圆等, 其面积可直接利用中学所学的相应公式求得. 但对于曲边梯形, 因其一条边是曲边, 在初等几何中, 无相匹配的公式计算其面积, 那么如何计算曲边梯形的面积？

虽然我们无法直接求出曲边梯形的面积, 但若以 $[a,b]$ 区间为底, 以 $f(a)$ 或 $f(b)$ 为高, 利用矩形面积公式: 底 $\times$ 高, 我们很容易可求得曲边梯形的面积的近似值, 即用矩形的面积来近似同底的曲边梯形面积. 然而, 我们也发现用一个矩形的面积来近似, 误差甚大. 那么如何提高误差精度呢？如图 3-2 所示, 我们把 $[a,b]$ 划分成 4 个小区间, 此时曲边梯形就相应地划分成 4 个小曲边梯形. 同样, 采用以上面积近似的策略, 可用每个小区间上小矩形面积来近似对应的小曲边梯形的面积. 此时, 累加 4 个小矩形的面积作为整个曲边梯形面积的近似值. 显然, 采用 4 个小矩形比采用一个大矩形, 其近似精度更高. 按此思路, 只要区间 $[a,b]$ 分得越细, 整体曲边梯形面积的近似值的精度越高. 结合第 1 章的极限思想, 当区间 $[a,b]$ 无限细分, 使得每个小区间的长度趋于零时, 所求得曲边梯形面积的近似值的极限, 就可定义为曲边梯形的面积. 以下给出计算曲边梯形面积的详细步骤:

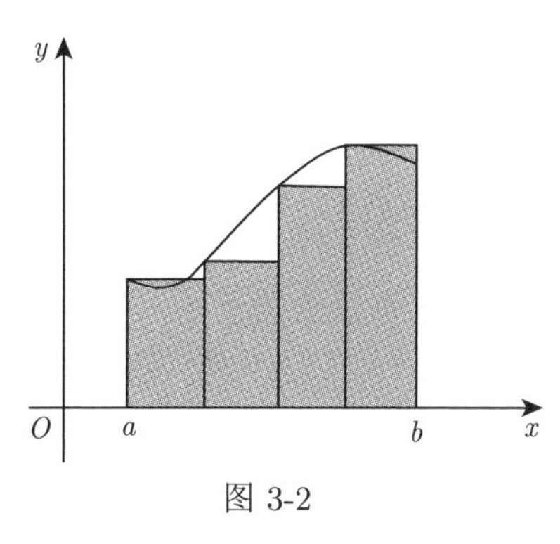

图 3-2

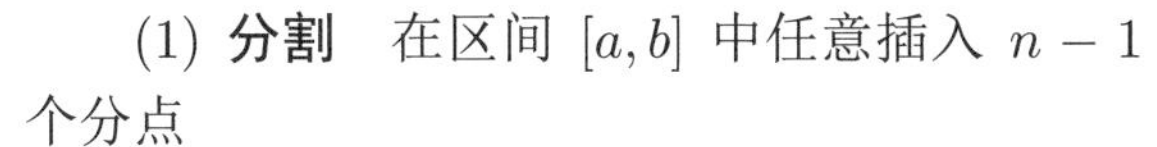

(1) **分割** 在区间 $[a,b]$ 中任意插入 $n-1$ 个分点

$$a=x_0<x_1<x_2<\cdots<x_{n-1}<x_n=b,$$

将区间 $[a,b]$ 分成 n 个小区间

$$[x_0,x_1],[x_1,x_2],\cdots,[x_{i-1},x_i],\cdots,[x_{n-1},x_n],$$

它们的长度依次为

$$\Delta x_1=x_1-x_0,\Delta x_2=x_2-x_1,\cdots,\Delta x_i=x_i-x_{i-1},\cdots,\Delta x_n=x_n-x_{n-1},$$

经过各分点作 y 轴的平行直线段, 将原曲边梯形分成 n 个小曲边梯形 (图 3-3).

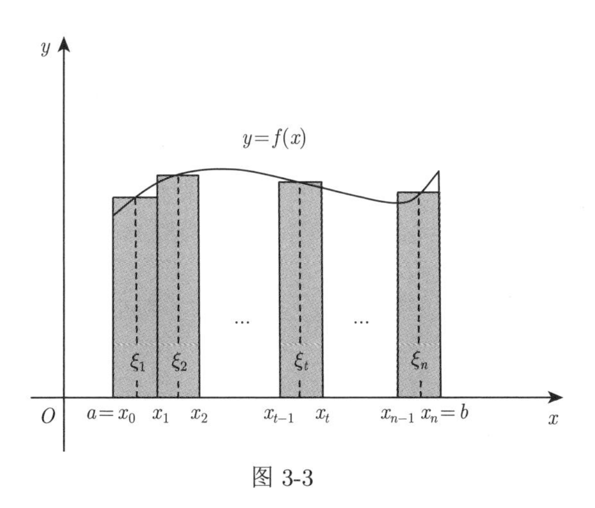

图 3-3

(2) **近似** 在每个小区间 $[x_{i-1},x_i](i=1,2,\cdots,n)$ 上任意取一点 ξ_i, 以 $[x_{i-1},x_i]$ 为底, $f(\xi_i)$ 为高的小矩形的面积近似第 i 个小曲边梯形的面积 ΔA_i, 即

$$\Delta A_i\approx f(\xi_i)\Delta x_i\quad(i=1,2,\cdots,n).$$

(3) **求和** 把 n 个小曲边梯形的面积之和作为所求曲边梯形面积 A 的近似值, 即

$$A \approx \sum_{i=1}^{n} f(\xi_i)\Delta x_i.$$

(4) **取极限** 设 $\lambda = \max\{\Delta x_1, \Delta x_2, \cdots, \Delta x_n\}$, 当 $\lambda \to 0$ 时, 可确保所有小区间的长度都趋于零. 求步骤 (3) 所得和式的极限, 即可得所求曲边梯形的面积

$$A = \lim_{\lambda \to 0} \sum_{i=1}^{n} f(\xi_i)\Delta x_i.$$

例 2 求变速直线运动的路程.

在这个例题中, 我们要讨论的问题是: 某物体做变速直线运动, 已知速度 $v = v(t)$ 是时间 t 的连续函数, 且 $v(t) \geqslant 0$, 如何求出该物体在时间段 $[T_1, T_2]$ 内所经过的路程 s.

在物体直线运动求路程的问题中, 最熟悉莫过于初等物理中的匀速运动路程问题, 其可用以下公式计算得到, 即

$$\text{路程} = \text{速度} \times \text{时间}.$$

但在变速直线运动中, 就无法用该公式计算路程, 因为速度是随时间而变化的. 但是, 若时间间隔很小时, 速度的变化不大, 可近似看成匀速运动, 此时, 我们就可利用匀速运动的路程公式计算出物体在该小时间间隔内所行驶路程的近似值. 于是, 把 $[T_1, T_2]$ 分成若干个小的时间间隔区间, 在每个小段时间内, 用匀速运动代替变速运动, 从而求出每个小时间间隔区间的路程近似值, 并取所有近似值之和作为物体在整个时间段 $[T_1, T_2]$ 上行驶的路程 s 的近似值. 最后, 引入的极限方法求出路程 s 的精确值. 详细步骤如下:

(1) **分割** 在 $[T_1, T_2]$ 内任意插入 $n-1$ 个分点

$$T_1 = t_0 < t_1 < t_2 < \cdots < t_{n-1} < t_n = T_2,$$

将区间 $[T_1, T_2]$ 分成 n 个小区间

$$[t_0, t_1], [t_1, t_2], \cdots, [t_{i-1}, t_i], \cdots, [t_{n-1}, t_n],$$

各小段时间长度依次为

$$\Delta t_1 = t_1 - t_0, \Delta t_2 = t_2 - t_1, \cdots, \Delta t_i = t_i - t_{i-1}, \cdots, \Delta t_n = t_n - t_{n-1}.$$

相应地, 各段的路程为

$$\Delta s_1, \Delta s_2, \cdots, \Delta s_i, \cdots, \Delta s_n.$$

(2) **近似**　在 $[t_{i-1}, t_i]$ 上任意取一个时刻 τ_i, 以 τ_i 时的速度 $v(\tau_i)$ 来表示物体在 $[t_{i-1}, t_i]$ 内的速度, 即匀速替代变速, 则求得

$$\Delta s_i \approx v(\tau_i)\Delta t_i \quad (i = 1, 2, \cdots, n).$$

(3) **求和**　累加所有小段时间段的近似值, 作为物体在 $[T_1, T_2]$ 内所经过的路程 s 的近似值, 即

$$s \approx \sum_{i=1}^{n} v(\tau_i)\Delta t_i.$$

(4) **取极限**　记 $\lambda = \max\{\Delta t_1, \Delta t_2, \cdots, \Delta t_n\}$, 当 $\lambda \to 0$ 时, 便可得所求变速直线运动所经过的路程 s 的精确值

$$s = \lim_{\lambda \to 0} \sum_{i=1}^{n} v(\tau_i)\Delta t_i.$$

3.1.2　定积分的概念

无论从研究的领域还是实际意义上来看, 以上两个实例的性质完全不同. 但从问题求解过程上看, 其计算方法和步骤保持高度一致, 均通过分割、近似、求和、取极限方法获得问题的精确解. 此外, 从数量上看, 其所求量的形式也是完全一致, 即均能表示为乘积和式的极限. 除了这两类问题, 实际上在物理学、力学和工程技术等方面, 还有很多相似的问题, 如: 不规则形状物体体积、变力做功等, 均能转化为乘积和式取极限的方式来解决. 据此, 可总结和抽象出定积分的定义.

定义 1　设函数 $f(x)$ 在 $[a, b]$ 上有界, 在 $[a, b]$ 中任意插入 $n-1$ 个分点

$$a = x_0 < x_1 < x_2 < \cdots < x_{n-1} < x_n = b,$$

将区间 $[a, b]$ 分成 n 个小区间

$$[x_0, x_1], [x_1, x_2], \cdots, [x_{n-1}, x_n],$$

各个小区间的长度依次为

$$\Delta x_1 = x_1 - x_0, \Delta x_2 = x_2 - x_1, \cdots, \Delta x_n = x_n - x_{n-1},$$

在每个小区间 $[x_{i-1}, x_i]$ 上任取一点 ξ_i, 作和式

$$S=\sum_{i=1}^{n} f(\xi_i)\Delta x_i,$$

记 $\lambda=\max\{\Delta x_1,\Delta x_2,\cdots,\Delta x_n\}$, 若不论对 $[a,b]$ 作怎样的分法, 也不论 ξ_i 作如何取法, 只要当 $\lambda\to 0$ 时, 和式 S 总趋于确定常数 I, 则称这个极限 I 为函数 $f(x)$ 在区间 $[a,b]$ 上的**定积分**, 记作 $\int_a^b f(x)\mathrm{d}x$, 即

$$I=\int_a^b f(x)\mathrm{d}x=\lim_{\lambda\to 0}\sum_{i=1}^{n} f(\xi_i)\Delta x_i,$$

其中 $\int$ 称为积分号, $f(x)$ 称为**被积函数**, $f(x)\mathrm{d}x$ 称为**被积表达式**, x 称为**积分变量**, $[a,b]$ 称为积分区间, a 和 b 分别称为积分**下限**和**上限**, $\sum\limits_{i=1}^{n} f(\xi_i)\Delta x_i$ 常称为**积分和**. 如果定积分 $\int_a^b f(x)\mathrm{d}x$ 存在时, 我们就称 $f(x)$ 在 $[a,b]$ 上**可积**, 反之称 $f(x)$ 在 $[a,b]$ 上**不可积**.

利用定积分的定义, 我们可以将前面两个例子分别简化表示为

$$A=\int_a^b f(x)\mathrm{d}x;\quad S=\int_{T_1}^{T_2} v(t)\mathrm{d}t.$$

关于定积分的定义, 需要注意以下几点:

(1) 由以上定积分的定义可知, 定积分是一个乘积和式的极限, 是常数, 它仅与被积函数 $f(x)$ 和积分区间 $[a,b]$ 有关, 而与积分变量所使用的符号无关, 即有

$$\int_a^b f(x)\mathrm{d}x=\int_a^b f(y)\mathrm{d}y=\int_a^b f(t)\mathrm{d}t.$$

(2) 若定积分定义成立, 积分区间 $[a,b]$ 的分法和 ξ_i 的取法需要满足任意性. 但已知定积分存在的情况下, 有时为了计算方便, 区间 $[a,b]$ 往往采取 n 等分, 而区间两个端点常常作为 ξ_i 选取的对象.

(3) 若在 $[a,b]$ 上有 $f(x)\equiv 1$, 则 $\int_a^b f(x)\mathrm{d}x=\int_a^b 1\mathrm{d}x=b-a$.

(4) 在几何上, 当 $f(x)\geqslant 0$ 时, $\int_a^b f(x)\mathrm{d}x$ 可表示以被积函数 $y=f(x)$ 为曲边的曲边梯形的面积. 当 $f(x)\leqslant 0$ 时, 由定积分的定义易知 $\int_a^b f(x)\mathrm{d}x$ 等于相应

曲边梯形的面积负值. 更一般的情况, 当 $f(x)$ 在 $[a,b]$ 上有正有负时, $\int_a^b f(x)\mathrm{d}x$ 等于 x 轴上侧的所有曲边梯形的面积和减去下侧所有曲边梯形面积的和. 关于这一点, 读者可自行证明. 利用定积分直观的几何意义, 有时在计算定积分过程可起到简化的作用. 如求 $\int_0^1 \sqrt{1-x^2}\mathrm{d}x$, 此时借助几何意义可知该积分等于四分之一单位圆面积, 即 $\int_0^1 \sqrt{1-x^2}\mathrm{d}x=\dfrac{\pi}{4}$.

(5) 在定积分定义中, 积分下限被限制是小于积分上限, 但为了便于计算和应用, 我们对定积分的定义做了如下两点补充:

当 $a=b$ 时, 规定 $\int_a^b f(x)\mathrm{d}x=0$;

当 $a>b$ 时, 规定 $\int_a^b f(x)\mathrm{d}x=-\int_b^a f(x)\mathrm{d}x$.

接着, 我们讨论定积分另外一个重要问题, 即如何判断一个函数在一个小区间上是否可积? 关于这个问题, 数学证明较为复杂, 本书不作深入讨论, 仅给出两个关于函数可积性的重要结论.

定理 1 如果 $f(x)$ 在 $[a,b]$ 上连续, 则 $f(x)$ 在 $[a,b]$ 上可积.

把定理 1 的条件适当放宽, 我们可得另外一个判定函数是否可积的结论.

定理 2 如果 $f(x)$ 在 $[a,b]$ 上有界, 且只具有有限个第一类间断点, 则 $f(x)$ 在 $[a,b]$ 上可积.

注记 定理 1 和定理 2 是函数可积的充分条件, 而非充要条件. 但若函数可积, 一定能推出该函数在积分区间上有界.

3.1.3 定积分的性质

利用定义 1, 不难推出定积分具有下述性质:

(1) (**线性**) 设函数 $f(x)$ 和 $g(x)$ 在区间 $[a,b]$ 上可积, α,β 是常数, 则

$$\int_a^b [\alpha f(x)\pm\beta g(x)]\mathrm{d}x=\alpha\int_a^b f(x)\mathrm{d}x\pm\beta\int_a^b g(x)\mathrm{d}x;$$

(2) (**积分可加性**) 设函数 $f(x)$ 在区间 $[a,b]$, $[a,c]$, $[c,b]$ 上分别可积, 则

$$\int_a^b f(x)\mathrm{d}x=\int_a^c f(x)\mathrm{d}x+\int_c^b f(x)\mathrm{d}x;$$

(3) (**保号性**) 设函数 $f(x)$ 在区间 $[a,b]$ 上可积, 且 $f(x) \geqslant 0$, 则

$$\int_a^b f(x)\mathrm{d}x \geqslant 0;$$

(4) (**估值定理**) 设函数 $f(x)$ 在区间 $[a,b]$ 上可积, 且 m 和 M 分别为 $f(x)$ 在 $[a,b]$ 上的最小值和最大值, 则

$$m(b-a) \leqslant \int_a^b f(x)\mathrm{d}x \leqslant M(b-a);$$

(5) (**积分中值定理**) 设函数 $f(x)$ 在区间 $[a,b]$ 上连续, 则在 $[a,b]$ 上至少存在一点 ξ, 使

$$\int_a^b f(x)\mathrm{d}x = f(\xi)(b-a).$$

定积分性质的证明　(1) 由积分定义可知,

$$\begin{aligned}\int_a^b [\alpha f(x) \pm \beta g(x)]\mathrm{d}x &= \lim_{\lambda\to 0}\sum_{i=1}^n [\alpha f(\xi_i) \pm \beta g(\xi_i)]\Delta x_i \\ &= \alpha \lim_{\lambda\to 0}\sum_{i=1}^n f(\xi_i)\Delta x_i \pm \beta \lim_{\lambda\to 0}\sum_{i=1}^n g(\xi_i)\Delta x_i \\ &= \alpha\int_a^b f(x)\mathrm{d}x \pm \beta\int_a^b g(x)\mathrm{d}x.\end{aligned}$$

注记　该性质可推广到有限多个函数的情形.

(2) 设 $a<c<b$, 由于定积分存在与区间的分法无关, 因此, 我们可以假设 c 为一个分点, 设为 x_{n_c}, 于是 $f(x)$ 在 $[a,b]$ 上的积分和可表示为 $[a,c]$ 和 $[c,b]$ 上积分和之和, 即有

$$\sum_{i=1}^n f(\xi_i)\Delta x_i = \sum_{i=1}^{n_c} f(\xi_i)\Delta x_i + \sum_{i=n_c}^n f(\xi_i)\Delta x_i,$$

令 $\lambda\to 0$, 则

$$\int_a^b f(x)\mathrm{d}x = \int_a^c f(x)\mathrm{d}x + \int_c^b f(x)\mathrm{d}x.$$

注记　积分可加性对 a,b,c 之间的大小不作限制, 即无论 a,b,c 的相对大小如何, 该性质均成立.

(3) 因 $f(x) \geqslant 0$, 故 $f(\xi_i) \geqslant 0\ (i=1,2,\cdots,n)$, 又由于 $\Delta x_i \geqslant 0$, 则

$$\int_a^b f(x)\mathrm{d}x = \lim_{\lambda\to 0}\sum_{i=1}^n f(\xi_i)\Delta x_i \geqslant 0.$$

利用性质 (3), 我们很容易推出以下两个重要结论.

推论 1 (积分不等式) 若 $f(x)$ 和 $g(x)$ 在 $[a,b]$ 上可积 $f(x) \leqslant g(x)(x \in [a,b])$, 则

$$\int_a^b f(x)\mathrm{d}x \leqslant \int_a^b g(x)\mathrm{d}x.$$

推论 2 若 $f(x)$ 在 $[a,b]$ 上可积, 则

$$\left|\int_a^b f(x)\mathrm{d}x\right| \leqslant \int_a^b |f(x)|\,\mathrm{d}x.$$

(4) 由性质 (3) 的推论 1 可得

$$\int_a^b m\mathrm{d}x \leqslant \int_a^b f(x)\mathrm{d}x \leqslant \int_a^b M\mathrm{d}x,$$

又因为

$$\int_a^b m\mathrm{d}x = m(b-a) \text{ 且 } \int_a^b M\mathrm{d}x = M(b-a),$$

所以

$$m(b-a) \leqslant \int_a^b f(x)\mathrm{d}x \leqslant M(b-a).$$

(5) 因为 $f(x)$ 在闭区间 $[a,b]$ 上连续, 所以由闭区间连续函数的最值定理可知,

$$m \leqslant f(x) \leqslant M,$$

其中, m, M 分别为 $f(x)$ 在闭区间 $[a,b]$ 上的最小值和最大值, 结合性质 (4) 可得

$$m(b-a) \leqslant \int_a^b f(x)\mathrm{d}x \leqslant M(b-a),$$

即

$$m \leqslant \frac{1}{b-a}\int_a^b f(x)\mathrm{d}x \leqslant M,$$

再由闭区间上连续函数的介值定理知, 在 $[a,b]$ 上至少存在一点 ξ, 使

$$f(\xi)=\frac{1}{b-a}\int_a^b f(x)\mathrm{d}x,$$

即

$$\int_a^b f(x)\mathrm{d}x=f(\xi)(b-a).$$

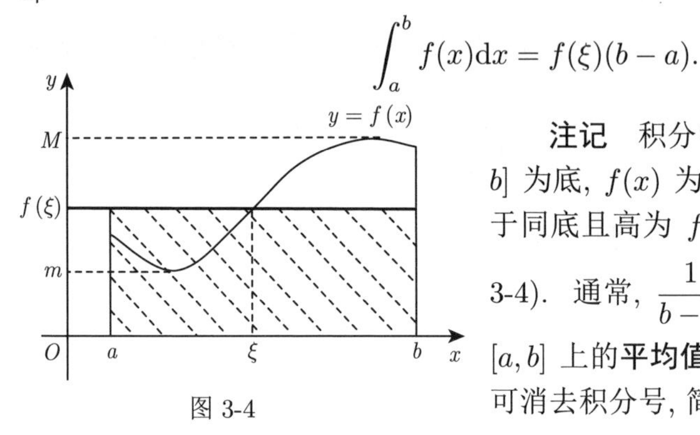

图 3-4

注记　积分中值定理的几何意义: 以 $[a,b]$ 为底, $f(x)$ 为曲边的曲边梯形的面积, 等于同底且高为 $f(\xi)$ 的一个矩形的面积 (图 3-4). 通常, $\frac{1}{b-a}\int_a^b f(x)\mathrm{d}x$ 称为 $f(x)$ 在 $[a,b]$ 上的**平均值**. 另一方面, 积分中值定理可消去积分号, 简化问题求解.

习　题　3.1

1. 利用定积分的几何意义, 填写下列结果:

(1) $\int_0^a \sqrt{a^2-x^2}\mathrm{d}x\ (a>0)=$__________;

(2) $\int_{-\pi}^{\pi}\sin x\mathrm{d}x=$__________;

(3) $\int_{-\frac{\pi}{2}}^{\frac{\pi}{2}}\cos x\mathrm{d}x=$__________$\int_0^{\frac{\pi}{2}}\cos x\mathrm{d}x$.

2. 用定积分表示下列极限:

(1) $\lim\limits_{n\to\infty}\frac{1^a+2^a+\cdots+n^a}{n^{a+1}}$;　　(2) $\lim\limits_{n\to\infty}\sum\limits_{k=1}^{n}\frac{1}{\sqrt{n^2+k^2}}$;

(3) $\lim\limits_{n\to\infty}\frac{1}{n}\left[\sin\frac{\pi}{n}+\sin\frac{2\pi}{n}+\cdots+\sin\frac{(n-1)\pi}{n}\right]$.

3. 比较下列各积分的大小:

(1) $\int_0^1 \mathrm{e}^x\mathrm{d}x$ 与 $\int_0^1(1+x)\mathrm{d}x$;　　(2) $\int_3^4 \ln x\mathrm{d}x$ 与 $\int_3^4\ln^2 x\mathrm{d}x$.

4. 证明下列不等式:

(1) $\frac{1}{2}<\int_{\frac{\pi}{4}}^{\frac{\pi}{2}}\frac{\sin x}{x}\mathrm{d}x<\frac{\sqrt{2}}{2}$;　　(2) $2\mathrm{e}^{-\frac{1}{4}}\leqslant\int_0^2\mathrm{e}^{x^2-x}\mathrm{d}x\leqslant 2\mathrm{e}^2$.

5. 利用定积分中值定理求下列极限:

(1) $\lim\limits_{n\to\infty}\int_{-\frac{1}{2}}^{\frac{1}{2}}\frac{x^n}{1+x}\mathrm{d}x$;　　(2) $\lim\limits_{n\to\infty}\int_n^{n+p}\frac{\sin x}{x}\mathrm{d}x\ (p>0)$.

3.2 原函数与微积分学基本公式

在 3.1 节介绍了定积分的定义, 并给出了定积分几个重要的性质. 但在实际计算中, 直接通过定积分的定义和性质来计算定积分, 通常不是一件很容易的事. 因此, 我们需要寻找一种计算定积分的简单通用的方法, 这种方法就是本节要介绍的微积分学基本公式. 为了能够对该公式有更深入的了解, 本节先介绍与之相关的原函数的概念, 接着给出一种特殊原函数的形式—变限的定积分, 然后再引出计算定积分的微积分学基本公式.

3.2.1 原函数与不定积分的概念

由第 2 章的微分学知道, 我们可以通过求导的方法很容易计算出一条曲线上某点处的切线的斜率, 但反过来如果已知某点处切线的斜率如何去求该曲线的方程呢? 实际上, 这种问题不局限于几何上, 在其他的学科上也经常碰到, 比如物理学上已知某物体速度求其路程的问题. 其实, 这类问题的本质就是已知函数 $f(x)$ 的导数 $f'(x)$, 如何去求 $f(x)$, 即求导运算的反问题. 为了解决此类的问题, 我们引入了原函数和不定积分的概念.

定义 1 设函数 $F(x)$ 在区间 I 上可导, 若对 $\forall x \in I$ 满足

$$F'(x) = f(x) \quad 或 \quad \mathrm{d}F(x) = f(x)\mathrm{d}x, \tag{3.2.1}$$

则称 $F(x)$ 是 $f(x)$ 在区间 I 上的一个**原函数**.

例如, 对 $\forall x \in \mathbf{R}$, $(\sin x)' = \cos x$, 故 $\sin x$ 是 $\cos x$ 在 $(-\infty, +\infty)$ 内的一个原函数. 类似地, 对 $\forall x \in \left(-\dfrac{\pi}{2}, \dfrac{\pi}{2}\right)$, $(\tan x)' = \sec^2 x$, 故 $\tan x$ 是 $\sec^2 x$ 在 $\left(-\dfrac{\pi}{2}, \dfrac{\pi}{2}\right)$ 内的一个原函数. 由微分学可知, 任意常数 C, 其导数均为零. 因此, 一个可导的函数加上不同的常数所构成的函数, 其导数始终相等. 如

$$(\sin x + 1)' = \left(\sin x + \frac{1}{2}\right)' = \cos x, \quad (\tan x + 1)' = \left(\tan x + \frac{3}{5}\right)'' = \sec^2 x,$$

基于常数 C 的任意性和原函数的定义可知, 一个存在原函数的函数, 其原函数有无穷多个. 除此之外, 通过微分学方法, 也很容易证得一个函数的所有原函数两两之间只差一个常数, 具体如下:

设 $F(x)$ 和 $G(x)$ 为 $f(x)$ 的任意两个原函数, 则

$$(G(x) - F(x))' = G'(x) - F'(x) = f(x) - f(x) = 0,$$

即 $G(x) - F(x) = C$.

根据原函数这个特点, 一个函数 $f(x)$ 的全体原函数均能表示成一个原函数 $F(x)$ 加上一个任意常数 C, 即 $F(x)+C$. 为了便于讨论和计算, 这里引入不定积分来表示一个函数的全体原函数.

定义 2　设 $F(x)$ 是 $f(x)$ 在区间 I 上一个原函数, 则 $F(x)+C$(C 为任意常数) 称为 $f(x)$ 在区间 I 上的**不定积分**, 记作 $\int f(x)\mathrm{d}x$, 其中 $\int$ 称为积分号, $f(x)$ 称为被积函数, $f(x)\mathrm{d}x$ 称为被积表达式, x 称为积分变量, C 称为积分常数.

从定义 2 可知, 若求函数 $f(x)$ 的不定积分, 即求 $f(x)$ 的全体原函数, 只需求出它的一个原函数 $F(x)$, 则

$$\int f(x)\mathrm{d}x = F(x)+C \quad (C\text{ 为任意常数}). \tag{3.2.2}$$

注记　(1) 并不是所有函数均存在原函数, 但如果在区间 I 上连续的函数, 其原函数一定存在, 关于这一结论将在后续变限积分那节给予证明. 由第 1 章的内容可知, 初等函数在其定义区间上具有连续性, 因此, 以初等函数作为被积函数的不定积分一定存在, 但却不一定能够用初等函数表示, 比如:

$$\int \mathrm{e}^{-x^2}\mathrm{d}x, \quad \int \frac{\mathrm{d}x}{\ln x}, \quad \int \frac{\sin x}{x}\mathrm{d}x.$$

(2) 要注意不定积分与定积分的区别, 前者计算的结果是被积函数原函数的全体集合, 后者计算的结果是一个数值.

例 1　求 $\int \sin x\mathrm{d}x$.

解　因为 $(-\cos x)' = \sin x$, 即 $-\cos x$ 是 $\sin x$ 的一个原函数, 故

$$\int \cos x\mathrm{d}x = \sin x + C.$$

例 2　求 $\int x^5\mathrm{d}x$.

解　因为 $\left(\dfrac{x^6}{6}\right)' = x^5$, 即 $\dfrac{x^6}{6}$ 是 x^5 的一个原函数, 故

$$\int x^5\mathrm{d}x = \frac{x^6}{6} + C.$$

例 3　求 $\int \frac{1}{x}\mathrm{d}x$.

解 当 $x>0$ 时, 因为 $(\ln x)'=\dfrac{1}{x}$, 即 $\ln x$ 是 $\dfrac{1}{x}$ 的一个原函数, 故

$$\int \frac{1}{x}\mathrm{d}x=\ln x+C.$$

当 $x<0$ 时, 因为 $[\ln(-x)]'=\dfrac{1}{-x}(-x)'=\dfrac{1}{x}$, 即 $\ln(-x)$ 是 $\dfrac{1}{x}$ 的一个原函数, 故

$$\int \frac{1}{x}\mathrm{d}x=\ln(-x)+C.$$

综上所述, 当 $x\neq 0$ 时,

$$\int \frac{1}{x}\mathrm{d}x=\ln|x|+C.$$

注记 例 3 说明不定积分与积分变量符号有关.

例 4 一曲线通过点 $\left(1,\dfrac{4}{3}\right)$, 且其上任一点处的切线的斜率等于该点的横坐标的平方, 求该曲线的方程.

解 设曲线方程为 $y=f(x)$, 则 $\dfrac{\mathrm{d}y}{\mathrm{d}x}=x^2$, 于是

$$y=\int x^2\mathrm{d}x=\frac{x^3}{3}+C,$$

又 $y(1)=\dfrac{4}{3}$, 得 $C=1$, 故所求曲线方程为

$$y=\frac{x^3}{3}+1.$$

注记 在几何上, 函数 $f(x)$ 的一个原函数的图象通常称为**积分曲线**, 而 $f(x)$ 的全体原函数即不定积分称为 $f(x)$ 的**积分曲线族**. 结合原函数定义可知, $f(x)$ 的积分曲线族里所有曲线在横坐标相同的点处切线互相平行.

假设以下讨论的不定积分存在, 由定义容易推出不定积分有下述性质.

性质 1 $\left[\displaystyle\int f(x)\mathrm{d}x\right]'=f(x)$ 或 $\mathrm{d}\left[\displaystyle\int f(x)\mathrm{d}x\right]=f(x)\mathrm{d}x$.

证明 设 $f(x)$ 的一个原函数为 $F(x)$, 根据定义 2 可得 $\displaystyle\int f(x)\mathrm{d}x=F(x)+C$, 则

$$\left[\int f(x)\mathrm{d}x\right]'=[F(x)+C]'=F'(x)=f(x).$$

性质 2 $\int F'(x)\mathrm{d}x = F(x) + C.$

因为 $F(x)$ 是 $F'(x)$ 的原函数, 由定义 2, 性质 2 显然成立.

该性质也常写成 $\int \mathrm{d}F(x) = F(x) + C.$

注记 性质 2 表明在不考虑积分常数时, 求不定积分与求导是互逆的过程.

性质 3 $\int [\alpha f(x) + \beta g(x)]\mathrm{d}x = \alpha \int f(x)\mathrm{d}x + \beta \int g(x)\mathrm{d}x$, 其中 α, β 为常数.

证明 因为

$$\left[\alpha \int f(x)\mathrm{d}x + \beta \int g(x)\mathrm{d}x\right]' = \alpha \left[\int f(x)\mathrm{d}x\right]' + \beta \left[\int g(x)\mathrm{d}x\right]' = \alpha f(x) + \beta g(x),$$

故性质 3 成立.

注记 性质 3 中常数 α, β 不能全为零. 若 $\alpha = \beta = 0$, 则左端 $\int [\alpha f(x) + \beta g(x)]\mathrm{d}x = \int 0\mathrm{d}x = C$, 此时右端却等于零. 此外, 性质 3 可以推广到有限多个函数线性组合的情况.

3.2.2 变限的定积分

由原函数存在定理可知, 一个连续的函数 $f(x)$ 其原函数 $F(x)$ 必存在. 为了使读者对这个存在性有个更直观理解, 我们将介绍一类特殊的定积分, 即变上限的定积分. 若以连续函数 $f(x)$ 作为该型定积分的被积函数, 则该变上限的定积分就是 $f(x)$ 的一个原函数. 下面我们就给出变上限的定积分的具体定义.

由定积分的可积性知, 若 $f(x)$ 在 $[a, b]$ 上连续, 且 x 为 $[a, b]$ 上的一点, 则对应的定积分 $\int_a^x f(t)\mathrm{d}t$ 必存在. 从而, 对 $[a, b]$ 上任意一点 x, 均有一个值, 即 $\int_a^x f(t)\mathrm{d}t$, 与之对应. 因此, 从一元函数的角度来看, $\int_a^x f(t)\mathrm{d}t$ 可看作是一个自变量为 x, 定义域为 $[a, b]$ 的函数. 为了以后叙述方便, 我们用记号 $\varPhi(x)$ 表示该函数, 即

$$\varPhi(x) = \int_a^x f(t)\mathrm{d}t, \tag{3.2.3}$$

并称其为**积分上限的函数**或**变上限积分**.

类似地, 我们也可以定义出积分下限的函数 $\varPhi(x) = \int_x^b f(t)\mathrm{d}t.$

关于积分上限的函数, 有如下两个重要的结论.

定理 1 设函数 $f(x)$ 在区间 $[a,b]$ 上连续, 则对应的积分上限的函数

$$\Phi(x)=\int_a^x f(t)\mathrm{d}t$$

在 $[a,b]$ 上可导, 且导数为

$$\Phi'(x)=\frac{\mathrm{d}}{\mathrm{d}x}\int_a^x f(t)\mathrm{d}t=f(x). \tag{3.2.4}$$

证明 因为函数 $\Phi(x)$ 的增量为 $\Delta\Phi(x)=\Phi(x+\Delta x)-\Phi(x)$, 所以由积分上限的函数定义可得

$$\Delta\Phi(x)=\Phi(x+\Delta x)-\Phi(x)=\int_a^{x+\Delta x} f(t)\mathrm{d}t-\int_a^x f(t)\mathrm{d}t,$$

利用积分可加性

$$\Delta\Phi(x)=\int_a^{x+\Delta x} f(t)\mathrm{d}t-\int_a^x f(t)\mathrm{d}t=\int_x^{x+\Delta x} f(t)\mathrm{d}t,$$

又由积分中值定理可知

$$\Delta\Phi(x)=\int_x^{x+\Delta x} f(t)\mathrm{d}t=f(\xi)\Delta x,$$

其中, ξ 介于 x 与 Δx 之间, 根据导数的定义可得

$$\Phi'(x)=\lim_{\Delta x\to 0}\frac{\Delta\Phi}{\Delta x}=\lim_{\Delta x\to 0} f(\xi)=f(x).$$

注记 在定理 1 的证明过程中仅对 $x\in[a,b]$ 的点讨论, 而在区间 $[a,b]$ 的端点 a 仅可考虑右导数, 端点 b 仅可考虑左导数. 类似地, 可证得 $\dfrac{\mathrm{d}}{\mathrm{d}x}\displaystyle\int_x^b f(t)\mathrm{d}t=-f(x)$, 且利用复合函数求导法则, 可进一步推得更一般的变限积分求导公式:

$$\frac{\mathrm{d}}{\mathrm{d}x}\int_{\psi(x)}^{\phi(x)} f(t)\mathrm{d}t=f[\phi(x)]\phi'(x)-f[\psi(x)]\psi'(x). \tag{3.2.5}$$

例 5 求 $\Phi(x)=\displaystyle\int_0^x \sin 2t\mathrm{d}t$, 求 $\Phi'(x)$.

解 $\Phi'(x)=\sin 2x$.

例 6 求 $\Phi(x)=\displaystyle\int_{x^2}^{\cos x}\frac{t^2}{1+t}\mathrm{d}t$, 求 $\Phi'(x)$.

解 利用变限积分求导公式 (3.2.5), 得到

$$\Phi'(x)=\frac{\cos^2 x}{1+\cos x}\cdot(\cos x)'-\frac{(x^2)^2}{1+x^2}\cdot(x^2)'=-\frac{\sin x\cdot\cos^2 x}{1+\cos x}-2\frac{x^5}{1+x^2}.$$

例 7 求 $\lim\limits_{x\to 0}\dfrac{\displaystyle\int_{\cos x}^{1}\mathrm{e}^{-t^2}\mathrm{d}t}{x^2}$.

解 当 $x\to 0$ 时, $\displaystyle\int_{\cos x}^{1}\mathrm{e}^{-t^2}\mathrm{d}t$ 和 x^2 均趋向于 0, 故该极限属于 $\dfrac{0}{0}$ 型的未定式, 则由洛必达法则可得

$$\lim_{x\to 0}\frac{\displaystyle\int_{\cos x}^{1}\mathrm{e}^{-t^2}\mathrm{d}t}{x^2}=\lim_{x\to 0}\frac{-\mathrm{e}^{-\cos^2 x}(-\sin x)}{2x}=\lim_{x\to 0}\frac{\mathrm{e}^{-\cos^2 x}x}{2x}=\frac{1}{2\mathrm{e}}.$$

由定理 1 可知, 以连续函数 $f(x)$ 作为被积函数的积分上限的函数 $\Phi(x)$ 的导数为 $f(x)$. 根据原函数的定义, 我们可推出如下另外一个重要结论.

定理 2 设函数 $f(x)$ 在区间 $[a,b]$ 上连续, 则对应的积分上限的函数

$$\Phi(x)=\int_a^x f(t)\mathrm{d}t$$

就是 $f(x)$ 的一个原函数.

注记 定理 1 和定理 2 的重要意义在于, 不仅保证了连续函数的原函数存在性, 而且也从正面揭示了定积分与原函数之间的内在联系.

3.2.3 微积分学基本公式

在 3.2.2 小节中, 我们已经讨论了积分上限的函数的定义和与之相关的两个重要定理, 接下来, 在此基础上推出用于计算定积分的一个简单通用的公式, 即微积分学基本公式.

定理 3 设 $f(x)$ 在区间 $[a,b]$ 上连续, 且 $F(x)$ 是 $f(x)$ 在区间 $[a,b]$ 上的一个原函数, 则

$$\int_a^b f(x)\mathrm{d}x=F(b)-F(a). \tag{3.2.6}$$

公式 (3.2.6) 称为**牛顿–莱布尼茨公式**.

证明 由定理 2 可知, $\Phi(x)=\int_a^x f(t)\mathrm{d}t$ 是 $f(x)$ 的一个原函数, 又因 $F(x)$ 也是 $f(x)$ 的原函数, 故

$$F(x)-\Phi(x)=C \quad (C\text{ 为常数}).$$

令 $x=a$, 得 $F(a)-\Phi(a)=C$, 即 $C=F(a)$, 从而 $F(x)-\Phi(x)=F(a)$. 再令 $x=b$, 则可推出: $F(b)-\Phi(b)=F(a)$, 即

$$\int_a^b f(x)\mathrm{d}x=F(b)-F(a).$$

为了方便, $F(b)-F(a)$ 可记作 $F(x)\big|_a^b$, 即

$$\int_a^b f(x)\mathrm{d}x=F(x)\big|_a^b=F(b)-F(a).$$

注记 (1) 牛顿–莱布尼茨公式对积分上下限相对大小不作限制, 即当 $a>b$ 时, 该公式也是成立.

(2) 从牛顿–莱布尼茨公式中, 我们发现要求连续函数 $f(x)$ 在 $[a,b]$ 上的定积分, 关键只要求出 $f(x)$ 的原函数即可, 即是说求定积分的问题可转化为求被积函数的原函数. 而原函数往往可通过不定积分求得, 因此, 牛顿–莱布尼茨公式打通了定积分与不定积分之间的内在联系, 鉴于其重要性, 常被称为**微积分学基本公式**.

习 题 3.2

1. 验证下列各组函数是否是同一函数的原函数:

(1) 设 $F_1(x)=x^2$, $F_2(x)=5+\dfrac{x^3}{3}$;

(2) 设 $F_1(x)=5^x$, $F_2(x)=5^{5x}$;

(3) 设 $F_1(x)=\dfrac{1}{2}\sin^2 x+C$, $F_2(x)=-\dfrac{1}{4}\cos 2x+C$.

2. 若 $\left(\int f(x)\mathrm{d}x\right)'=F(x)$, 则 $\int F(x)\mathrm{d}x=$____________.

3. 设 $f(x)$ 的导数是 2^x, 求 $f(x)$ 的原函数的全体.

4. 设 $\int xf(x)\mathrm{d}x=\ln 2x^3+C$, 求 $f(x)$.

5. 设 $f(x)=\int_1^x \dfrac{\sin t}{t}\mathrm{d}t$, 求 $f'(x)$, $f'\left(\dfrac{\pi}{2}\right)$.

6. 利用洛必达法则求下列极限:

(1) $\lim\limits_{x\to 0^-}\dfrac{\displaystyle\int_0^{x^2}\sin\sqrt{t}\mathrm{d}t}{x^3}$; (2) 求 $\lim\limits_{x\to 0+}\dfrac{\displaystyle\int_0^{\sin x}\sqrt{\tan t}\mathrm{d}t}{\displaystyle\int_0^{\tan x}\sqrt{\sin t}\mathrm{d}t}$.

7. 求 $\lim\limits_{n\to\infty}\displaystyle\int_0^1\frac{x^n}{1+x}\mathrm{d}x$.

8. 设 $f(x)$ 在 $[0,+\infty]$ 内连续且 $f(x)>0$, 证明函数

$$F(x)=\frac{\displaystyle\int_0^x tf(t)\mathrm{d}t}{\displaystyle\int_0^x f(t)\mathrm{d}t}$$

在 $(0,+\infty)$ 内单调递增.

9. 计算下列定积分:

(1) $\displaystyle\int_1^2 x^3\mathrm{d}x$; (2) $\displaystyle\int_1^3(3x-1)\mathrm{d}x$.

10. 计算 $y=\cos x$ 在 $\left[-\dfrac{\pi}{2},\dfrac{\pi}{2}\right]$ 上与 x 轴所围成平面图形的面积.

3.3 基本积分表和积分的简单计算

前面我们已经给出了定积分和不定积分的定义, 并讨论了相应的一些重要性质和结论. 在本节中, 我们主要通过举例来进一步加深读者对定积分和不定积分的理解, 特别要搞清楚两者间的区别和联系.

3.3.1 不定积分的基本积分表

根据不定积分的定义以及微积分学的基本公式可知, 不论是定积分还是不定积分, 求解过程均需求出被积函数的原函数. 特别, 不定积分本身就是专注于求原函数, 因此, 如果能够熟练掌握不定积分的计算, 那么定积分的计算就相对简单了. 此外, 在计算不定积分过程中, 我们会发现大部分的不定积分最终总能化成某些具有相同结构的简单不定积分, 如类似 $\displaystyle\int x^\mu\mathrm{d}x$, $\displaystyle\int\frac{\mathrm{d}x}{1+x^2}$ 等等, 为了便于今后不定积分计算, 这里把这些简单不定积分作为基本积分公式给出. 当然, 这些公式可以利用不定积分定义和性质推得. 但我们也可以根据求不定积分和求导的互逆运算关系, 直接把第 2 章的求导基本公式反过来使用, 导出相应的基本积分公式. 下面就以表的形式 (即**基本积分表**) 列出.

(1) $\displaystyle\int k\mathrm{d}x=kx+C$ (k 为常数);

(2) $\int x^{\mu}\mathrm{d}x=\dfrac{x^{\mu+1}}{\mu+1}+C$ (μ 为常数, 且 $\mu\neq-1$);

(3) $\int \dfrac{\mathrm{d}x}{x}=\ln|x|+C$;

(4) $\int \dfrac{\mathrm{d}x}{\sqrt{1-x^2}}=\arcsin x+C=-\arccos x+C$;

(5) $\int \dfrac{\mathrm{d}x}{1+x^2}=\arctan x+C=-\mathrm{arccot}\ x+C$;

(6) $\int \cos x\mathrm{d}x=\sin x+C$;

(7) $\int \sin x\mathrm{d}x=-\cos x+C$;

(8) $\int \dfrac{\mathrm{d}x}{\cos^2 x}=\int \sec^2 x\mathrm{d}x=\tan x+C$;

(9) $\int \dfrac{\mathrm{d}x}{\sin^2 x}=\int \csc^2 x\mathrm{d}x=-\cot x+C$;

(10) $\int \sec x\tan x\mathrm{d}x=\sec x+C$;

(11) $\int \csc x\cot x\mathrm{d}x=-\csc x+C$;

(12) $\int a^x\mathrm{d}x=\dfrac{a^x}{\ln a}+C$ ($a>0$, 且 $a\neq-1$);

(13) $\int \sinh x\mathrm{d}x=\cosh x+C$;

(14) $\int \cosh x\mathrm{d}x=\sinh x+C$.

注记 公式 (12) 当 $a=\mathrm{e}$ 时, 可得 $\int \mathrm{e}^x\mathrm{d}x=\mathrm{e}^x+C$, 这个公式在今后积分计算中经常用到. 以上基本积分表里的公式是求不定积分的基础, 请读者务必记牢.

3.3.2 不定积分的计算举例

这里我们把着眼点放在一些简单的例题求解上, 使读者对不定积分的定义、性质以及基本积分表的应用有直观的理解.

例 1 求 $\int \dfrac{1}{x^2}\mathrm{d}x$.

解 $\int \dfrac{1}{x^2}\mathrm{d}x=\dfrac{x^{-2+1}}{-2+1}+C=-\dfrac{1}{x}+C$.

例 2 求 $\int 3^x\mathrm{e}^x\mathrm{d}x$.

解 $\int 3^x \mathrm{e}^x \mathrm{d}x = \int (3\mathrm{e})^x \mathrm{d}x = \frac{(3\mathrm{e})^x}{\ln(3\mathrm{e})} + C = \frac{3^x \mathrm{e}^x}{1+\ln 3} + C.$

例 3 求 $\int (x^2-1)(\sqrt{x}+x)\mathrm{d}x.$

解

$$\begin{aligned}&\int (x^2-1)(\sqrt{x}+x)\mathrm{d}x\\&= \int (x^{\frac{5}{2}} + x^3 - \sqrt{x} - x)\mathrm{d}x\\&= \int x^{\frac{5}{2}}\mathrm{d}x + \int x^3\mathrm{d}x - \int \sqrt{x}\mathrm{d}x - \int x\mathrm{d}x\\&= \frac{2}{7}x^{\frac{7}{2}} + C_1 + \frac{1}{4}x^4 + C_2 - \frac{2}{3}x^{\frac{3}{2}} + C_3 - \frac{1}{2}x^2 + C_4.\end{aligned}$$

由于任意常数之和还是任意常数, 故

$$\int (x^2-1)(\sqrt{x}+x)\mathrm{d}x = \frac{2}{7}x^{\frac{7}{2}} + \frac{1}{4}x^4 - \frac{2}{3}x^{\frac{3}{2}} - \frac{1}{2}x^2 + C.$$

注记 今后在计算不定积分时, 若一个不定积分拆成若干个不定积分时, 仅需在计算结果中不出现不定积分项时加上一个任意常数即可.

例 4 求 $\int \frac{x^2+x+1}{(x^2+1)x}\mathrm{d}x.$

解

$$\begin{aligned}\int \frac{x^2+x+1}{(x^2+1)x}\mathrm{d}x &= \int \left(\frac{1}{x} + \frac{1}{x^2+1}\right)\mathrm{d}x\\&= \int \frac{1}{x}\mathrm{d}x + \int \frac{1}{x^2+1}\mathrm{d}x = \ln|x| + \arctan x + C.\end{aligned}$$

例 5 求 $\int \mathrm{e}^x(2+\mathrm{e}^{-x}\sin x)\mathrm{d}x.$

解 $\int \mathrm{e}^x(2+\mathrm{e}^{-x}\sin x)\mathrm{d}x = 2\int \mathrm{e}^x\mathrm{d}x + \int \sin x\mathrm{d}x = 2\mathrm{e}^x - \cos x + C.$

例 6 求 $\int \frac{\cos 2x}{\cos^2 x\sin^2 x}\mathrm{d}x.$

解

$$\begin{aligned}\int \frac{\cos 2x}{\cos^2 x\sin^2 x}\mathrm{d}x &= \int \frac{\cos^2 x - \sin^2 x}{\cos^2 x\sin^2 x}\mathrm{d}x = \int \frac{1}{\sin^2 x}\mathrm{d}x - \int \frac{1}{\cos^2 x}\mathrm{d}x\\&= \int \csc^2 x\mathrm{d}x - \int \sec^2 x\mathrm{d}x = -\cot x - \tan x + C.\end{aligned}$$

例 7 求 $\int \cos^2\frac{x}{2}\mathrm{d}x.$

解
$$\int \cos^2\frac{x}{2}\mathrm{d}x = \int \frac{1+\cos x}{2}\mathrm{d}x = \int \frac{1}{2}\mathrm{d}x + \frac{1}{2}\int \cos x\mathrm{d}x$$
$$= \frac{1}{2}(x+\sin x) + C.$$

例 8 若 $f'(2x) = \dfrac{\sin^2(2x)+1}{\cos^2(2x)} + x^2$, 求 $f(x)$.

解 $f'(2x) = \dfrac{\sin^2(2x)+1}{\cos^2(2x)} + x^2 = \tan^2(2x) + \sec^2(2x) + \dfrac{1}{4}(2x)^2$, 即

$$f'(x) = \tan^2 x + \sec^2 x + \frac{1}{4}x^2,$$

则

$$f(x) = \int \left(\tan^2 x + \sec^2 x + \frac{1}{4}x^2\right)\mathrm{d}x = \int \left(\sec^2 x - 1 + \sec^2 x + \frac{1}{4}x^2\right)\mathrm{d}x$$
$$= \int \left(2\sec^2 x - 1 + \frac{1}{4}x^2\right)\mathrm{d}x = 2\int \sec^2 x\mathrm{d}x - \int \mathrm{d}x + \int \frac{1}{4}x^2\mathrm{d}x$$
$$= 2\tan x - x + \frac{1}{12}x^3 + C.$$

注记 例 3—例 8 的不定积分直接利用不定积分性质和基本积分公式求出结果, 这种求不定积分的方法称为**直接积分法**.

3.3.3 定积分的计算举例

利用定积分的性质和牛顿–莱布尼茨公式, 并结合基本积分表, 我们可以初步地求出一些简单的定积分.

例 9 $\displaystyle\int_{\frac{\pi}{2}}^{\pi} \sin x\mathrm{d}x$.

解 $\displaystyle\int_{\frac{\pi}{2}}^{\pi} \sin x\mathrm{d}x = -\cos x\Big|_{\frac{\pi}{2}}^{\pi} = -\left(\cos\pi - \cos\frac{\pi}{2}\right) = 1.$

例 10 求 $\displaystyle\int_{-1}^{\sqrt{3}} \frac{1}{1+x^2}\mathrm{d}x$.

解
$$\int_{-1}^{\sqrt{3}} \frac{1}{1+x^2}\mathrm{d}x = \arctan x\Big|_{-1}^{\sqrt{3}} = \arctan\sqrt{3} - \arctan(-1)$$
$$= \frac{\pi}{3} - \left(-\frac{\pi}{4}\right) = \frac{7\pi}{12}.$$

例 11 设 $f(x) = \begin{cases} 2x, & 0 \leqslant x \leqslant 1, \\ \mathrm{e}^x, & 1 < x \leqslant 2, \end{cases}$ 求 $\displaystyle\int_0^2 f(x)\mathrm{d}x$.

解 $\displaystyle\int_0^2 f(x)\mathrm{d}x=\int_0^1 f(x)\mathrm{d}x+\int_1^2 f(x)\mathrm{d}x=\int_0^1 2x\mathrm{d}x+\int_1^2 \mathrm{e}^x\mathrm{d}x$

$$=x^2\Big|_0^1+\mathrm{e}^x\Big|_1^2=1-0+\mathrm{e}^2-\mathrm{e}=\mathrm{e}^2-\mathrm{e}+1.$$

注记 (1) 分段函数不定积分可利用积分区间可加性, 根据分段点把原区间的定积分转化成若干个子区间的定积分之和.

(2) 对于 $\displaystyle\int_1^2 f(x)\mathrm{d}x$ 来说, 当 $x=1$ 时, $f(x)=2x$; 当 $x\in(1,2]$ 时, $f(x)=\mathrm{e}^x$, 则被积函数 $f(x)$ 在区间 $[1,2]$ 上不统一, 故 $\displaystyle\int_1^2 f(x)\mathrm{d}x$ 无法直接用牛顿–莱布尼茨公式计算出结果. 此时, 我们可以补充定义 $f(1)=\mathrm{e}$, 使 $f(x)$ 在 $[1,2]$ 上的被积函数均为 e^x, 从而可以直接采用牛顿–莱布尼茨公式计算出结果. 在定积分中, 这种在有限个点处变更函数值的操作, 并不会影响整个区间上积分值, 主要原因是单点处的积分值为 0.

例 12 求 $\displaystyle\int_{-2}^5 |x-2|\,\mathrm{d}x$.

解 $\displaystyle\int_{-2}^5 |x-2|\,\mathrm{d}x=\int_{-2}^2(2-x)\mathrm{d}x+\int_2^5(x-2)\mathrm{d}x$

$$=\left(2x-\frac{x^2}{2}\right)\Big|_{-2}^2+\left(\frac{x^2}{2}-2x\right)\Big|_2^5$$

$$=(4-2)-(-4-2)+\left(\frac{25}{2}-10\right)-(2-4)=\frac{25}{2}.$$

注记 若某定积分的被积函数是绝对值函数, 通常先把绝对值函数转化成分段函数, 然后按例 11 的方法求出该定积分.

例 13 求 $\displaystyle\int_{-\frac{\pi}{2}}^{\frac{\pi}{3}}\sqrt{1-\cos^2 x}\mathrm{d}x$.

解 $\displaystyle\int_{-\frac{\pi}{2}}^{\frac{\pi}{3}}\sqrt{1-\cos^2 x}\mathrm{d}x=\int_{-\frac{\pi}{2}}^{\frac{\pi}{3}}|\sin x|\,\mathrm{d}x=-\int_{-\frac{\pi}{2}}^{0}\sin x\mathrm{d}x+\int_0^{\frac{\pi}{3}}\sin x\mathrm{d}x$

$$=\left(\cos 0-\cos\left(-\frac{\pi}{2}\right)\right)-\left(\cos\left(\frac{\pi}{3}\right)-\cos 0\right)=\frac{3}{2}.$$

注记 若某定积分的被积函数是偶次根式, 通常先把被积函数变换成绝对值函数, 然后再按例 12 的方法求出该定积分.

例 14 汽车以 36 km/h 的速度行驶, 到某处需要减速停车, 设汽车以等加速度 $a=-5\mathrm{m/s^2}$ 刹车, 问从开始刹车到停车, 汽车行驶的距离?

解 由 3.1.1 小节的例 2 可知, $[T_1,T_2]$ 时间段内, 以速度为 $v(t)(t\in[T_1,T_2])$

的汽车行驶的距离为

$$s=\int_{T_1}^{T_2} v(t)\mathrm{d}t,$$

由物理学可知

$$v(t)=v_0+at,$$

其中 v_0 为初始速度且 $v_0=10\mathrm{m/s}$, 代入上式可得

$$v(t)=v_0+at=10-5t,$$

令 $v(t)=0$, 可求停车时刻 T_2 的值为 2.

综上可得

$$s=\int_{T_1}^{T_2} v(t)\mathrm{d}t=\int_0^2(10-5t)\mathrm{d}t=\left(10t-\frac{5}{2}t^2\right)\Big|_0^2=10(\mathrm{m}),$$

即刹车后, 汽车需要行驶 10m 才能停车.

习 题 3.3

1. 求下列不定积分:

(1) $\int 2x^3\mathrm{d}x$; (2) $\int\left(1+\frac{1}{x}+\sin x\right)\mathrm{d}x$; (3) $\int\sqrt{x}(x^3-1)\mathrm{d}x$;

(4) $\int\frac{(x-1)^3}{x^3}\mathrm{d}x$; (5) $\int\sqrt{x\sqrt{x\sqrt[3]{x}}}\mathrm{d}x$; (6) $\int(3^x+x^3)\mathrm{d}x$;

(7) $\int\mathrm{e}^{x+3}\mathrm{d}x$; (8) $\int(1+\mathrm{e}^x+2^x\mathrm{e}^x)\mathrm{d}x$; (9) $\int\frac{\mathrm{e}^{2x}-1}{\mathrm{e}^x+1}\mathrm{d}x$;

(10) $\int\frac{2\cdot 3^x-5\cdot 2^x}{3^x}\mathrm{d}x$; (11) $\int(\mathrm{e}^x-2\cos x)\mathrm{d}x$; (12) $\int\frac{3}{5\cos^2 x}\mathrm{d}x$;

(13) $\int\frac{1}{\cos^2 x\sin^2 x}\mathrm{d}x$; (14) $\int\frac{1}{1+\cos 2x}\mathrm{d}x$; (15) $\int\cot^2 x\mathrm{d}x$;

(16) $\int\sin^2\frac{x}{2}\mathrm{d}x$; (17) $\int\csc x(\csc x-\cot x)\mathrm{d}x$; (18) $\int\frac{x-1}{\sqrt{x}+1}\mathrm{d}x$.

2. 若 $\int f(x)\mathrm{d}x=3\mathrm{e}^{-\frac{1}{3}x}+\tan x+C$, 求 $f(x)$.

3. 设曲线过点 $(\mathrm{e}^3,4)$, 且其上任一点的切线的斜率为该点横坐标的倒数, 求该曲线的方程.

4. 一辆汽车由静止开始行驶, 经 t 秒后的速度是 $4t^3$(米/秒), 问:

(1) 在 5 秒后该汽车离开出发点的距离是多少?

(2) 该汽车行驶 500 米需要多少时间?

5. 已知函数 $y=y(x)$ 由下式

$$\int_0^y \mathrm{e}^{-t^2}\mathrm{d}t+\int_0^x\cos x^2\mathrm{d}x=0$$

所确定, 求 $\dfrac{\mathrm{d}y}{\mathrm{d}x}, \left.\dfrac{\mathrm{d}y}{\mathrm{d}x}\right|_{x=0}$.

6. 设 $f(x)$ 为连续函数, $\varphi(x)=\int_a^x tf(x-t)\mathrm{d}t$, 求 $\dfrac{\mathrm{d}\varphi}{\mathrm{d}t}$.

7. 求极限 $\lim\limits_{x\to 0}\dfrac{\int_0^x \mathrm{e}^{t^2}\mathrm{d}t}{\sin x}$.

8. 求下列定积分:

(1) $\int_2^3\left(\sqrt{x}+\dfrac{1}{\sqrt{x}}\right)\mathrm{d}x$; (2) $\int_0^{\frac{\pi}{2}} 2\sin^2\dfrac{x}{2}\mathrm{d}x$;

(3) $\int_0^{\pi}\sqrt{\cos^2 x}\mathrm{d}x$; (4) $\int_{-\frac{1}{2}}^{\frac{1}{2}}\dfrac{1}{\sqrt{1-x^2}}\mathrm{d}x$;

(5) $\int_{-2}^{2}\min\left(x^2,\dfrac{1}{|x|}\right)\mathrm{d}x$.

9. 设 $f(x)=\begin{cases}\dfrac{\sin x}{2}, & 0\leqslant x\leqslant \pi,\\ 0, & x<0, x>\pi,\end{cases}$ 求 $F(x)=\int_0^x f(t)\mathrm{d}t$ 在 $(-\infty,+\infty)$ 内的表达式.

10. 设函数 $f(x)$ 在 $[a,b]$ 上连续, 且 $f(x)>0$, $F(x)=\int_a^x f(t)\mathrm{d}t+\int_b^x\dfrac{1}{f(t)}\mathrm{d}t$. 证明:

(1) $F'(x)>0$;

(2) 方程 $F(x)=0$ 在 (a,b) 内有唯一的实根.

3.4 换元积分法

通常, 直接积分法只能处理一些简单的不定积分, 对于某些被积函数稍微复杂一点的不定积分, 就显得能力不足. 如 $\int\dfrac{1}{1+3x}\mathrm{d}x$. 因此, 我们有必要进一步学习和掌握求不定积分的一些常用方法和技巧. 在本节, 我们首先引入复合函数求导法则, 通过换元机制, 简化一些不易积分的不定积分的形式, 再利用直接积分法求出结果. 这种通过换元求不定积分的方法, 称为**换元积分法**. 根据换元表示形式的不同, 又分为**第一类换元积分法**和**第二类换元积分法**. 最后, 本节将换元积分法推广到定积分, 同时, 也对该方法在定积分和不定积分中的差异性进行讨论.

3.4.1 不定积分的第一类换元积分法

定理 1 (第一类换元积分公式) 设 $f(u)$ 的原函数为 $F(u)$, $u=\varphi(x)$ 可微, 则

$$\int f[\varphi(x)]\varphi'(x)\mathrm{d}x \xlongequal{\varphi(x)=u} \int f(u)\mathrm{d}u=F(u)+C \xlongequal{u=\varphi(x)} F(\varphi(x))+C. \quad (3.4.1)$$

证明 根据复合函数求导法则可得

$$(F(\varphi(x)))' = F'(\varphi(x)) \cdot \varphi'(x),$$

又 $F(u)$ 是 $f(u)$ 的原函数, 故

$$(F(\varphi(x)))' = f(\varphi(x)) \cdot \varphi'(x),$$

因此, $F(\varphi(x))$ 是 $f(\varphi(x)) \cdot \varphi'(x)$ 一个原函数, 由定义 2 可知公式 (3.4.1) 成立.

注记 利用公式 (3.4.1) 求不定积分, 需要把一个一般的不定积分 $\int g(x)\mathrm{d}x$ 先转化成 $\int f(\varphi(x))\varphi'(x)\mathrm{d}x$ 形式, 然后再利用该公式计算. 由于转化过程需要拼凑出满足条件的微分形式 $\varphi'(x)\mathrm{d}x$, 故第一类换元积分法又称为凑微分法.

例 1 求 $\int \frac{1}{1+3x}\mathrm{d}x$.

解
$$\begin{aligned}\int \frac{1}{1+3x}\mathrm{d}x &= \frac{1}{3}\int \frac{1}{1+3x}(1+3x)'\mathrm{d}x = \frac{1}{3}\int \frac{1}{1+3x}\mathrm{d}(1+3x)\\ &\xlongequal{1+3x=u} \frac{1}{3}\int \frac{1}{u}\mathrm{d}u = \frac{1}{3}\ln|u| + C\\ &\xlongequal{u=1+3x} \frac{1}{3}\ln|1+3x| + C.\end{aligned}$$

注记 由于不定积分计算与积分变量有关, 因此利用凑微分法计算不定积分时, 最后结果必须回代. 当然, 在熟练掌握凑微分法后, 可省去换元和回代过程. 如例 1 计算过程可简写成

$$\int \frac{1}{1+3x}\mathrm{d}x = \frac{1}{3}\int \frac{1}{1+3x}\mathrm{d}(1+3x) = \frac{1}{3}\ln|1+3x| + C.$$

例 2 求 $\int x^2 \mathrm{e}^{-\frac{1}{3}x^3}\mathrm{d}x$.

解
$$\begin{aligned}\int x^2 \mathrm{e}^{-\frac{1}{3}x^3}\mathrm{d}x &= \int \mathrm{e}^{-\frac{1}{3}x^3}\mathrm{d}\left(\frac{1}{3}x^3\right)\\ &= -\int \mathrm{e}^{-\frac{1}{3}x^3}\mathrm{d}\left(-\frac{1}{3}x^3\right) = -\mathrm{e}^{-\frac{1}{3}x^3} + C.\end{aligned}$$

例 3 $\int \frac{1}{x^2-a^2}\mathrm{d}x \ (a \neq 0)$.

解 $$\int\frac{1}{x^2-a^2}\mathrm{d}x=\frac{1}{2a}\int\left(\frac{1}{x-a}-\frac{1}{x+a}\right)\mathrm{d}x$$
$$=\frac{1}{2a}\left[\int\frac{1}{x-a}\mathrm{d}(x-a)-\int\frac{1}{x+a}\mathrm{d}(x+a)\right]$$
$$=\frac{1}{2a}[\ln|x-a|-\ln|x+a|]+C$$
$$=\frac{1}{2a}\ln\left|\frac{x-a}{x+a}\right|+C.$$

注记　类似地, 可求出 $\int\frac{1}{a^2-x^2}\mathrm{d}x=\frac{1}{2a}\ln\left|\frac{x+a}{x-a}\right|+C\ (a\neq 0)$.

例 4　$\int\frac{1}{a^2+x^2}\mathrm{d}x\ (a\neq 0)$.

解 $$\int\frac{1}{a^2+x^2}\mathrm{d}x=\frac{1}{a^2}\int\frac{1}{1+\left(\frac{x}{a}\right)^2}\mathrm{d}x$$
$$=\frac{1}{a}\int\frac{1}{1+\left(\frac{x}{a}\right)^2}\mathrm{d}\left(\frac{x}{a}\right)=\frac{1}{a}\arctan\frac{x}{a}+C.$$

例 5　$\int\frac{1}{\sqrt{a^2-b^2x^2}}\mathrm{d}x\ (a>0,b>0)$.

解 $$\int\frac{1}{\sqrt{a^2-b^2x^2}}\mathrm{d}x=\int\frac{1}{a\sqrt{1-\frac{b^2}{a^2}x^2}}\mathrm{d}x=\int\frac{1}{a\sqrt{1-\left(\frac{b}{a}x\right)^2}}\mathrm{d}x$$
$$=\frac{1}{b}\int\frac{1}{\sqrt{1-\left(\frac{b}{a}x\right)^2}}\mathrm{d}\left(\frac{b}{a}x\right)=\frac{1}{b}\arcsin\left(\frac{b}{a}x\right)+C.$$

例 6　求 $\int\frac{1}{x^2-3x+2}\mathrm{d}x$.

解 $$\int\frac{1}{x^2-3x+2}\mathrm{d}x=\int\frac{1}{(x-1)(x-2)}\mathrm{d}x=\int\left[\frac{1}{x-2}-\frac{1}{x-1}\right]\mathrm{d}x$$
$$=\int\left[\frac{1}{x-2}-\frac{1}{x-1}\right]\mathrm{d}x=\int\frac{1}{x-2}\mathrm{d}x-\int\frac{1}{x-1}\mathrm{d}x$$
$$=\ln|x-2|-\ln|x-1|+C=\ln\left|\frac{x-2}{x-1}\right|+C.$$

例 7　求 $\int\frac{1}{x^2+2x+1}\mathrm{d}x$.

解 $\int \frac{1}{x^2+2x+1}\mathrm{d}x = \int \frac{1}{(x+1)^2}\mathrm{d}x = \int \frac{1}{(x+1)^2}\mathrm{d}(x+1) = -\frac{1}{x+1}+C.$

例 8 求 $\int \frac{1}{x^2-2x+5}\mathrm{d}x$.

解
$$\int \frac{1}{x^2-2x+5}\mathrm{d}x = \int \frac{1}{(x-1)^2+4}\mathrm{d}x$$
$$= \int \frac{1}{(x-1)^2+4}\mathrm{d}(x-1) = \frac{1}{2}\arctan\left(\frac{x-1}{2}\right)+C.$$

注记 由例 6—例 8 可知, 求形如 $\int \frac{A}{x^2+mx+n}\mathrm{d}x$ 的关键在于分母 x^2+mx+n 的根的情况: ① 当 $m^2-4n>0$ 时, 即有两个互异的根, 则采用因式分解, 由此分拆成两个不定积分, 最后利用积分表公式 (3) 求出结果; ② 当 $m^2-4n=0$ 时, 即有两个相同根, 则利用积分表公式 (2) 求出结果; ③ 当 $m^2-4n<0$ 时, 即无根, 则先对 x^2+mx+n 采用配方法处理, 然后利用积分表公式 (5) 求出结果.

例 9 求 $\int 2\sin 2x\mathrm{d}x$.

解法 1
$$\int 2\sin 2x\mathrm{d}x = \int \sin 2x\mathrm{d}(2x) = -\cos 2x + C;$$

解法 2
$$\int 2\sin 2x\mathrm{d}x = 4\int \sin x\cos x\mathrm{d}x = 4\int \sin x\mathrm{d}\sin x = 2(\sin x)^2 + C;$$

解法 3
$$\int 2\sin 2x\mathrm{d}x = 4\int \sin x\cos x\mathrm{d}x = -4\int \cos x\mathrm{d}\cos x$$
$$= -2(\cos x)^2 + C.$$

注记 如例 9, 被积函数处理方式的不同, 会导致所求结果差异甚大, 这也再一次说明了一个函数的原函数不唯一. 但可以通过检验其导数是否被积函数来判别所求结果正确与否.

例 10 求 $\int \tan x\mathrm{d}x$.

解 $\int \tan x\mathrm{d}x = \int \frac{\sin x}{\cos x}\mathrm{d}x = -\int \frac{1}{\cos x}\mathrm{d}\cos x = -\ln|\cos x| + C.$

注记 类似可求得 $\int \cot x\mathrm{d}x = \ln|\sin x| + C$.

例 11 求 $\int \csc x\mathrm{d}x$.

解

$$\int \csc x\mathrm{d}x=\int \frac{1}{\sin x}\mathrm{d}x=\int \frac{1}{2\sin\frac{x}{2}\cos\frac{x}{2}}\mathrm{d}x=\int \frac{\mathrm{d}\frac{x}{2}}{\tan\frac{x}{2}\cos^2\frac{x}{2}}$$

$$=\int \frac{\sec^2\frac{x}{2}\mathrm{d}\frac{x}{2}}{\tan\frac{x}{2}}=\int \frac{\mathrm{d}\tan\frac{x}{2}}{\tan\frac{x}{2}}=\ln\left|\tan\frac{x}{2}\right|+C$$

$$=\ln|\csc x-\cot x|+C.$$

注记　类似可求得 $\int \sec x\mathrm{d}x=\ln|\sec x+\tan x|+C.$

例 12　求 $\int \sin^3 x\mathrm{d}x.$

解

$$\int \sin^3 x\mathrm{d}x=\int \sin^2 x\sin x\mathrm{d}x=-\int (1-\cos^2 x)\mathrm{d}\cos x$$

$$=-\int \mathrm{d}\cos x+\int \cos^2 x\mathrm{d}\mathrm{cos}x$$

$$=-\cos x+\frac{1}{3}\cos^3 x+C.$$

例 13　求 $\int (\cos x+\sin x)^n\cos 2x\mathrm{d}x.$

解　当 $n\neq -2$ 时, 有

$$\int (\cos x+\sin x)^n\cos 2x\mathrm{d}x=\int (\cos x+\sin x)^n(\cos^2 x-\sin^2 x)\mathrm{d}x$$

$$=\int (\cos x+\sin x)^n(\cos x+\sin x)(\cos x-\sin x)\mathrm{d}x$$

$$=\int (\cos x+\sin x)^{n+1}\mathrm{d}(\cos x+\sin x)$$

$$=\frac{1}{n+2}(\cos x+\sin x)^{n+2}+C.$$

当 $n=-2$ 时, 有

$$\int (\cos x+\sin x)^n\cos 2x\mathrm{d}x=\int \frac{\cos^2 x-\sin^2 x}{(\cos x+\sin x)^2}\mathrm{d}x=\int \frac{\cos x-\sin x}{\cos x+\sin x}\mathrm{d}x$$

$$=\int \frac{\mathrm{d}(\cos x+\sin x)}{\cos x+\sin x}=\ln|\sin x+\cos x|+C.$$

例 14　求 $\int \sin 2x\cos x\mathrm{d}x.$

解法 1

$$
\begin{aligned}
\int \sin 2x \cos x \mathrm{d}x &= \frac{1}{2}\int [\sin(2x+x)+\sin(2x-x)]\mathrm{d}x \\
&= \frac{1}{2}\int [\sin 3x + \sin x]\mathrm{d}x \\
&= \frac{1}{2}\int \sin 3x \mathrm{d}x + \frac{1}{2}\int \sin x \mathrm{d}x \\
&= -\frac{1}{6}\cos 3x - \frac{1}{2}\cos x + C.
\end{aligned}
$$

解法 2

$$
\begin{aligned}
\int \sin 2x \cos x \mathrm{d}x &= \int 2\sin x \cos^2 x \mathrm{d}x = -2\int \cos^2 x \mathrm{d}\cos x \\
&= -\frac{2}{3}\cos^3 x + C.
\end{aligned}
$$

注记 如例 10—例 14, 三角函数恒等变形是求与三角函数有关的不定积分的一种常用技巧. 在计算不定积分过程中, 常用的三角恒等变形见附录.

例 15 求 $\int \cos^4 x \sin^5 x \mathrm{d}x$.

解

$$
\begin{aligned}
\int \cos^4 x \sin^5 x \mathrm{d}x &= -\int \cos^4 x(1-\cos^2 x)^2 \mathrm{d}\cos x \\
&= -\int (\cos^4 x - 2\cos^6 x + \cos^8 x)\mathrm{d}\cos x \\
&= -\frac{1}{5}\cos^5 x + \frac{2}{7}\cos^7 x - \frac{1}{9}\cos^9 x + C.
\end{aligned}
$$

注记 当被积函数是三角函数乘积时, 常用技巧是: 拆奇次项一个三角函数去凑微分, 如例 15 中 $\sin x \mathrm{d}x = -\mathrm{d}\cos x$; 若是偶次项, 则往往采取降次的思想来求解.

3.4.2 不定积分的第二类换元积分法

凑微分法的目的是将 $\int f(\varphi(x))\varphi'(x)\mathrm{d}x$ 转变为易于求积分的 $\int f(u)\mathrm{d}u$, 此处是把积分变量的某一个函数换元成另外一个新积分变量, 即 $u=\varphi(x)$. 但某些不定积分, 特别是被积函数含有根式, 采用凑微分法往往行不通. 这时, 把凑微分法的思想反过来使用, 反而可能更容易求出结果, 即引入新的积分变量 t, 通过换元 $x=\varphi(t)$, 将待求的 $\int f(x)\mathrm{d}x$ 转变为易求的 $\int f[\varphi(t)]\varphi'(t)\mathrm{d}t$. 这种换元方式求不定积分的方法, 就是所谓的**第二类换元积分法**.

定理 2 (第二类换元积分法) 设 $x=\varphi(t)$ 是单调可导的函数, 且 $\varphi'(t)$ 连续, $\varphi'(t)\neq 0$, 则

$$\int f(x)\mathrm{d}x \xlongequal{x=\varphi(t)} \int f(\varphi(t))\varphi'(t)\mathrm{d}t = F(t)+C \xlongequal{t=\varphi^{-1}(x)} F(\varphi^{-1}(x))+C, \quad (3.4.2)$$

其中 $F(t)$ 是 $f(\varphi(t))\varphi'(t)$ 的原函数, $t=\varphi^{-1}(x)$ 为 $x=\varphi(t)$ 的反函数.

证明　根据复合函数求导法可得

$$[F(\varphi^{-1}(x))]' \xlongequal{t=\varphi^{-1}(x)} \frac{\mathrm{d}F}{\mathrm{d}t}\cdot\frac{\mathrm{d}t}{\mathrm{d}x} = f(\varphi(t))\varphi'(t)\cdot\frac{\mathrm{d}t}{\mathrm{d}x}.$$

由反函数和直接函数的导数关系可知

$$\frac{\mathrm{d}t}{\mathrm{d}x} = \frac{1}{\varphi'(x)},$$

故

$$[F(\varphi^{-1}(x))]' = f(\varphi(t))\varphi'(t)\cdot\frac{1}{\varphi'(t)} = f(\varphi(t)) \xlongequal{x=\varphi(t)} f(x).$$

因此 $F(\varphi^{-1}(x))$ 是 $f(x)$ 一个原函数, 则公式 (3.4.2) 成立.

注记　显而易见, 第二类和第一类换元积分法在换元和回代过程是相反的. 在大多数情况下, 第二类换元积分法可用来消去被积函数中的根式, 起到简化积分的目的, 有助于求出不定积分. 当然, 选择满足定理 2 条件的合适换元式 $x=\varphi(t)$ 是第二类换元积分法的关键, 其中三角代换就是一种最常用的换元技巧.

例 16　求 $\int\sqrt{a^2-x^2}\mathrm{d}x \ (a>0)$.

解　令 $x=a\sin t\left(-\dfrac{\pi}{2}\leqslant t\leqslant\dfrac{\pi}{2}\right)$, 则 $\mathrm{d}x=a\cos t\mathrm{d}t$, 故

$$\begin{aligned}\int\sqrt{a^2-x^2}\mathrm{d}x &= \int a\cos t a\cos t\mathrm{d}t = a^2\int\cos^2 t\mathrm{d}t\\ &= a^2\int\frac{1+\cos 2t}{2}\mathrm{d}t = \frac{a^2}{2}t+\frac{a^2}{4}\sin 2t+C\\ &= \frac{a^2}{2}t+\frac{a^2}{2}\sin t\cos t+C\\ &= \frac{a^2}{2}\arcsin\frac{x}{a}+\frac{a^2}{2}\frac{x}{a}\cos t+C,\end{aligned}$$

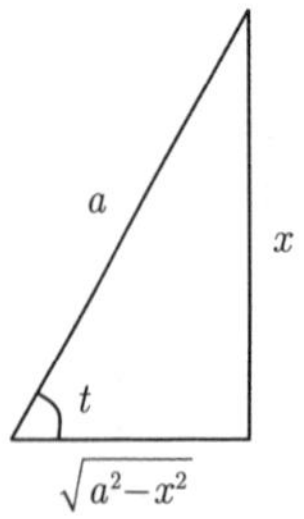

由 $x=a\sin t$ 构造直角三角形 (图 3-5), 可直观地求出

a　x　t　$\sqrt{a^2-x^2}$

图 3-5

$$\cos t = \frac{\sqrt{a^2-x^2}}{a},$$

因此 $\int\sqrt{a^2-x^2}\mathrm{d}x=\dfrac{a^2}{2}\arcsin\dfrac{x}{a}+\dfrac{1}{2}x\sqrt{a^2-x^2}+C.$

注记 例 16 也可以用替换 $x=a\cos t\ (0\leqslant t\leqslant\pi)$ 来去掉根式, 算出不定积分. 读者可自行练习.

例 17 求 $\int\dfrac{\mathrm{d}x}{\sqrt{x^2+a^2}}\mathrm{d}x\ (a>0)$.

解法 1 令 $x=a\tan t\left(-\dfrac{\pi}{2}\leqslant t\leqslant\dfrac{\pi}{2}\right)$, 则 $\mathrm{d}x=a\sec^2 t\mathrm{d}t$, 故

$$\begin{aligned}\int\frac{\mathrm{d}x}{\sqrt{x^2+a^2}}\mathrm{d}x&=\int\frac{1}{a\sec t}a\sec^2 t\mathrm{d}t=\int\sec t\mathrm{d}t\\&=\ln|\sec t+\tan t|+C=\ln\left|\sec t+\frac{x}{a}\right|+C.\end{aligned}$$

同样, 借助直角三角形技巧 (图 3-6), 很容易求出 $\sec t=\dfrac{\sqrt{x^2+a^2}}{a}$, 代入上式, 可得

$$\begin{aligned}\int\frac{\mathrm{d}x}{\sqrt{x^2+a^2}}\mathrm{d}x&=\ln\left|\frac{\sqrt{x^2+a^2}}{a}+\frac{x}{a}\right|+C\\&=\ln\left|x+\sqrt{x^2+a^2}\right|-\ln a+C,\end{aligned}$$

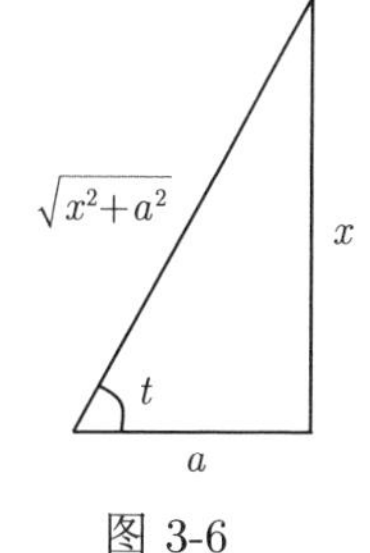

图 3-6

由于 $-\ln a+C$ 还是任意常数, 故计算结果往往写成

$$\int\frac{\mathrm{d}x}{\sqrt{x^2+a^2}}\mathrm{d}x=\ln\left|x+\sqrt{x^2+a^2}\right|+C=\ln(x+\sqrt{x^2+a^2})+C.$$

解法 2 根据求导公式:

$$\left[\ln(x+\sqrt{x^2+a^2})\right]'=\frac{1}{\sqrt{x^2+a^2}},\quad x\in(-\infty,+\infty),$$

即 $\ln(x+\sqrt{x^2+a^2})$ 是 $\dfrac{1}{\sqrt{x^2+a^2}}$ 在 $(-\infty,+\infty)$ 内的一个原函数, 所以

$$\int\frac{\mathrm{d}x}{\sqrt{x^2+a^2}}\mathrm{d}x=\ln(x+\sqrt{x^2+a^2})+C.$$

例 18 求 $\int\dfrac{\mathrm{d}x}{\sqrt{x^2-a^2}}\mathrm{d}x\ (a>0)$.

解 依题可知, 积分变量应满足条件: $|x|>a$, 即 $x>a$ 或 $x<-a$. 又根据定理 2, 换元 $x=\varphi(t)$ 中的函数 $\varphi(t)$ 应具有单调、可导性, 且导函数 $\varphi'(t)$ 还具有连续性. 基于这些条件的限制, 以下分两种情况来讨论:

当 $x>a$ 时, 设 $x=a\sec t\left(0<t<\dfrac{\pi}{2}\right)$, 则 $\mathrm{d}x=a\sec t\tan t\mathrm{d}t$, 故

$$\begin{aligned}\int\frac{\mathrm{d}x}{\sqrt{x^2-a^2}}\mathrm{d}x&=\int\frac{a\sec t\tan t}{a\tan t}\mathrm{d}t\\&=\int\sec t\mathrm{d}t=\ln|\sec t+\tan t|+C.\end{aligned}$$

如图 3-7 可知, 将

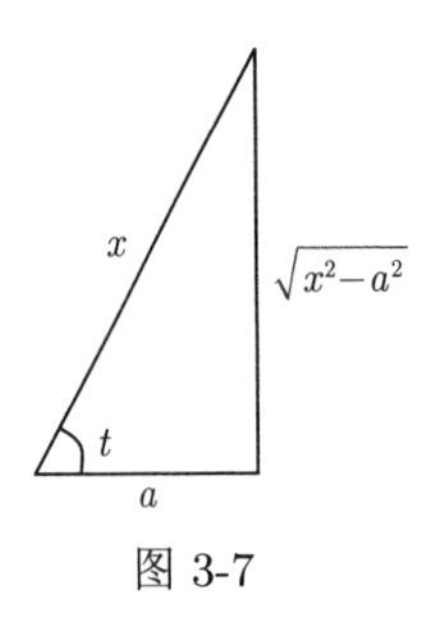

图 3-7

$$\sec t=\frac{x}{a},\quad \tan t=\frac{\sqrt{x^2-a^2}}{a}$$

代入上式, 可得 $\displaystyle\int\frac{\mathrm{d}x}{\sqrt{x^2-a^2}}\mathrm{d}x=\ln\left|x+\sqrt{x^2-a^2}\right|+C.$

当 $x<-a$ 时, 令 $x=-a\sec t\left(0<t<\dfrac{\pi}{2}\right)$, 则 $\mathrm{d}x=-a\sec t\tan t\mathrm{d}t$, 类似可求得

$$\int\frac{\mathrm{d}x}{\sqrt{x^2-a^2}}\mathrm{d}x=\ln\left|x+\sqrt{x^2-a^2}\right|+C.$$

综上所述,

$$\int\frac{\mathrm{d}x}{\sqrt{x^2-a^2}}\mathrm{d}x=\ln|x+\sqrt{x^2-a^2}|+C.$$

注记　如例 16—例 18, 当被积函数中含二次根式 $\sqrt{a^2-x^2}$, $\sqrt{x^2+a^2}$ 和 $\sqrt{x^2-a^2}$ 时, 可利用三角代换方法去掉根式, 从而求出积分. 若被积函数含有非二次根式或根式里一次式, 如 $\sqrt[n]{\dfrac{ax+b}{cx+d}}$ 或 $\sqrt{ax+b}$, 此时直接采用三角代换, 就不易去掉根式, 但可采用令整个根式为一个新变量, 即 $\sqrt[n]{\dfrac{ax+b}{cx+d}}=t$ 或 $\sqrt{ax+b}=t$, 从而达到消去根式的目的.

例 19　求 $\displaystyle\int\frac{1}{1+\sqrt{x+2}}\mathrm{d}x.$

解　令 $\sqrt{x+2}=t$, 则 $x=t^2-2\ (t>0)$, $\mathrm{d}x=2t\mathrm{d}t$, 故

$$\begin{aligned}\int\frac{1}{1+\sqrt{x+2}}\mathrm{d}x&=2\int\frac{t}{1+t}\mathrm{d}t=2\int\frac{t+1-1}{1+t}\mathrm{d}t\\&=2\int\left[1-\frac{1}{1+t}\right]\mathrm{d}t=2t-2\ln|1+t|+C\end{aligned}$$

$$= 2\left[\sqrt{x+2} - \ln(1+\sqrt{x+2})\right] + C.$$

注记 在本题中, 新积分变量 t 表示成原积分变量 x 的函数, 即 $t=\sqrt{x+2}$, 容易让人误解成凑微分法中的换元方式, 其实不然. 此处 $t=\sqrt{x+2}$ 实则是 $x=t^2-2(t>0)$, 假设成 $t=\sqrt{x+2}$, 原因是假设时比较直观, 且易将 x 表示成新积分变量的函数. 与凑微分法另外一个不同之处就是不定积分的被积表达式不需要拼凑成微分形式, 即 $\varphi'(x)\mathrm{d}x=\mathrm{d}\varphi(x)$.

例 20 $\displaystyle\int \frac{1}{x}\sqrt{\frac{x+1}{x}}\mathrm{d}x$.

解 令 $\sqrt{\dfrac{x+1}{x}}=t$, 则 $x=\dfrac{1}{t^2-1}, \mathrm{d}x=\dfrac{-2t}{(t^2-1)^2}\mathrm{d}t$, 故

$$\begin{aligned}\int \frac{1}{x}\sqrt{\frac{x+1}{x}}\mathrm{d}x &= \int (t^2-1)t\frac{-2t}{(t^2-1)^2}\mathrm{d}t\\ &= -2\int \frac{t^2}{t^2-1}\mathrm{d}t = -2t-\ln\left|\frac{t-1}{t+1}\right|+C\\ &= -2\sqrt{\frac{x+1}{x}}-\ln\left|x\left(\sqrt{\frac{x+1}{x}}-1\right)^2\right|+C.\end{aligned}$$

例 21 $\displaystyle\int \frac{1}{\sqrt{x+1}+\sqrt[3]{x+1}}\mathrm{d}x$.

解 令 $\sqrt[6]{x+1}=t$, 则 $x=t^6-1, \mathrm{d}x=6t^5\mathrm{d}t$, 故

$$\begin{aligned}&\int \frac{1}{\sqrt{x+1}+\sqrt[3]{x+1}}\mathrm{d}x\\ &= \int \frac{6t^5}{t^3+t^2}\mathrm{d}t = \int \frac{6t^3+6-6}{t+1}\mathrm{d}t\\ &= 6\int (t^2-t+1)\mathrm{d}t - 6\int \frac{1}{t+1}\mathrm{d}t\\ &= 2t^3-3t^2+6t-6\ln|t+1|+C\\ &= 2\sqrt{x+1}-3\sqrt[3]{x+1}+6\sqrt[6]{x+1}-6\ln\left|\sqrt[6]{x+1}+1\right|+C.\end{aligned}$$

注记 如本题, 若被积函数同时出现多个形如, $\sqrt[m]{ax+b}$, $\sqrt[n]{ax+b}$, $\cdots$, $\sqrt[s]{ax+b}$ 的根式, 可令 $\sqrt[u]{ax+b}=t$, 其中 u 为各根指数的最小公倍数.

在第二类换元积分法中, 除了以上的换元技巧外, 倒代换也是一种常见的换元方法, 比较适合于被积函数分母含有幂次较高的积分变量的情形.

例 22　求 $\int \frac{1}{x\sqrt{1+x^2}}\mathrm{d}x\ (x>0)$.

解　令 $x=\frac{1}{t}$, 则 $\mathrm{d}x=-\frac{1}{t^2}\mathrm{d}t$, 故

$$\int \frac{1}{x\sqrt{1+x^2}}\mathrm{d}x=\int \frac{1}{\frac{1}{t}\sqrt{1+\frac{1}{t^2}}}\left(-\frac{1}{t^2}\right)\mathrm{d}t=-\int \frac{1}{\sqrt{1+t^2}}\mathrm{d}t$$

$$=-\ln(t+\sqrt{1+t^2})+C=\ln\frac{\sqrt{1+x^2}-1}{x}+C.$$

注记　本题也可采用三角代换的方法, 读者可自行练习.

3.4.3　定积分的换元积分法

前面我们已经介绍了不定积分的换元积分法, 这是求被积函数的原函数的一种重要的方法. 由微积分学的基本公式可知, 求定积分首要解决的问题是求被积函数的原函数, 因而不定积分的换元积分法在求定积分的过程中同样适用. 以下就着重介绍下定积分的换元积分法.

定理 3　设函数 $f(x)$ 在 $[a,b]$ 上连续, 函数 $x=\varphi(t)$ 在相应的区间上连续可导, 且满足 $\varphi(\alpha)=a$, $\varphi(\beta)=b$, 则

$$\int_a^b f(x)\mathrm{d}x=\int_\alpha^\beta f\left[\varphi(t)\right]\varphi'(t)\mathrm{d}t. \tag{3.4.3}$$

公式 (3.4.3) 称为定积分的**换元公式**.

证明　设 $F(x)$ 为 $f(x)$ 在 $[a,b]$ 上的一个原函数, 有微积分学的基本公式可得

$$\int_a^b f(x)\mathrm{d}x=F(b)-F(a),$$

由复合函数求导法则可知,

$$(F[\varphi(t)])'=F'[\varphi(t)]\varphi'(t)=f[\varphi(t)]\varphi'(t),$$

即 $F[\varphi(t)]$ 为 $f[\varphi(t)]\varphi'(t)$ 的原函数, 故 (3.4.3) 式的右端变为

$$\int_\alpha^\beta f\left[\varphi(t)\right]\varphi'(t)\mathrm{d}t=F[\varphi(\beta)]-F[\varphi(\alpha)]=F(b)-F(a),$$

所以 $\int_a^b f(x)\mathrm{d}x=\int_\alpha^\beta f\left[\varphi(t)\right]\varphi'(t)\mathrm{d}t$.

注记 (1) 该公式对 a, b 的相对大小不做限制, 即 $a > b$ 也成立.

(2) 换元必换限, 即引入新变量 t 后, 积分的上下限也要随之变动, 且 a, b 大小关系与 α, β 大小关系不需保持一致, 但旧变量 x 和新变量 t 的上下限要遵循一一对应原则: x 的上限对应 t 的上限, x 的下限对应 t 的下限.

(3) 在不定积分里, 换元计算所得结果必须回代, 但定积分不需要新变量 t 回代成旧变量 x 的步骤, 可直接在新积分变量 t 下利用微积分学的基本公式求出定积分.

(4) 从形式上看, 定积分的换元公式 (3.4.3) 与不定积分的第二类换元积分法相似, 只不过多了积分上下限的处理. 同样, 类似于不定积分的第一类换元积分法, 我们可以把公式 (3.4.3) 反过来使用, 即

$$\int_a^b f[\varphi(x)]\varphi'(x)\mathrm{d}x \xlongequal{\varphi(x)=t} \int_\alpha^\beta f(t)\mathrm{d}t,$$

但此类型的换元过程中也必须遵守注记 (1), (2).

例 23 求 $\displaystyle\int_0^2 \sqrt{4-x^2}\mathrm{d}x$.

解 设 $x = 2\sin t\left(-\dfrac{\pi}{2} \leqslant t \leqslant \dfrac{\pi}{2}\right)$, 则 $\mathrm{d}x = 2\cos t\mathrm{d}t$, 由上下限对应规则, 新变量 t 的上限为 $\dfrac{\pi}{2}(x=2$ 时), 下限为 $0(x=0$ 时), 于是

$$\begin{aligned}\int_0^2 \sqrt{4-x^2}\mathrm{d}x &= \int_0^{\frac{\pi}{2}} 4\cos^2 t\mathrm{d}t = 2\int_0^{\frac{\pi}{2}} (1+\cos 2t)\mathrm{d}t \\ &= 2\left(\int_0^{\frac{\pi}{2}} 1\mathrm{d}t + \int_0^{\frac{\pi}{2}} \cos 2t\mathrm{d}t\right) = 2\left(t\Big|_0^{\frac{\pi}{2}} + \frac{1}{2}\sin 2t\Big|_0^{\frac{\pi}{2}}\right) = \pi.\end{aligned}$$

注记 本题也可直接利用定积分的几何意义, 无需计算即可得知其值等于半径为 2 的圆的面积的四分之一.

例 24 求 $\displaystyle\int_1^{\sqrt{3}} \frac{x}{\sqrt{1+x^2}}\mathrm{d}x$.

解 设 $x = \tan t\left(-\dfrac{\pi}{2} < t < \dfrac{\pi}{2}\right)$, 则 $\mathrm{d}x = \sec^2 t\mathrm{d}t$, 故

$$\int_1^{\sqrt{3}} \frac{x}{\sqrt{1+x^2}}\mathrm{d}x = \int_{\frac{\pi}{4}}^{\frac{\pi}{3}} \frac{\tan t}{\sec t}\sec^2 t\mathrm{d}t = \int_{\frac{\pi}{4}}^{\frac{\pi}{3}} \sec t\tan t\mathrm{d}t = \sec t\Big|_{\frac{\pi}{4}}^{\frac{\pi}{3}} = 2-\sqrt{2}.$$

例 25 $\displaystyle\int_0^4 \frac{x+2}{\sqrt{2x+1}}\mathrm{d}x$.

解　设 $t=\sqrt{2x+1}$, 即 $x=\dfrac{t^2-1}{2}$, 则 $\mathrm{d}x=t\mathrm{d}t$, 同时易求出: 当 $x=0$ 时, $t=1$; 当 $x=4$ 时, $t=3$, 于是

$$\int_0^4 \frac{x+2}{\sqrt{2x+1}}\mathrm{d}x=\int_1^3 \frac{\dfrac{t^2-1}{2}+2}{t}t\mathrm{d}t=\frac{1}{2}\int_1^3 (t^2+3)\mathrm{d}t=\frac{1}{2}\left(\frac{t^3}{3}+3t\right)\Big|_1^3=\frac{22}{3}.$$

例 26　求 $\displaystyle\int_0^{\frac{\pi}{2}} \cos^5 x\sin x\mathrm{d}x$.

解　由于 $\displaystyle\int_0^{\frac{\pi}{2}} \cos^5 x\sin x\mathrm{d}x=-\int_0^{\frac{\pi}{2}} \cos^5 x(\cos x)'\mathrm{d}x$, 设 $t=\cos x$, 则当 $x=0$ 时, $t=1$; 当 $x=\dfrac{\pi}{2}$ 时, $t=0$. 于是

$$\int_0^{\frac{\pi}{2}} \cos^5 x\sin x\mathrm{d}x=-\int_0^{\frac{\pi}{2}} \cos^5 x(\cos x)'\mathrm{d}x=-\int_1^0 u^5\mathrm{d}u=-\left(\frac{1}{6}u^6\right)\Big|_1^0=\frac{1}{6}.$$

注记　本题也可以不需要作换元操作求出结果, 即

$$\int_0^{\frac{\pi}{2}} \cos^5 x\sin x\mathrm{d}x=-\int_0^{\frac{\pi}{2}} \cos^5 x\mathrm{d}\cos x=-\frac{1}{6}\cos^6 x\Big|_0^{\frac{\pi}{2}}=-\frac{1}{6}(0-1)=\frac{1}{6}.$$

以上的计算, 直接采用类似不定积分凑微分法, 直接求出被积函数的原函数, 但由于没有引入新的变量 u, 故无需变更积分上下限. 这两种计算定积分的方法, 各有优缺点: 换元虽可简化被积函数, 使得整个定积分看上去比较简洁, 但积分上下限易忘变更; 不换元虽然不需担心上下限的变化, 但求出的原函数形式一般较为复杂, 在利用微积分学的基本公式计算积分时容易发生代入计算错误.

例 27　求 $\displaystyle\int_0^{\pi} \sqrt{\sin x-\sin^3 x}\ \mathrm{d}x$.

解
$$\begin{aligned}\int_0^{\pi} \sqrt{\sin x-\sin^3 x}\ \mathrm{d}x&=\int_0^{\pi} \sqrt{\sin x}\sqrt{\cos^2 x}\ \mathrm{d}x=\int_0^{\pi} \sqrt{\sin x}\,|\cos x|\ \mathrm{d}x\\&=\int_0^{\frac{\pi}{2}} \sqrt{\sin x}\cos x\ \mathrm{d}x-\int_{\frac{\pi}{2}}^{\pi} \sqrt{\sin x}\cos x\ \mathrm{d}x\\&=\int_0^{\frac{\pi}{2}} (\sin x)^{\frac{1}{2}}\ \mathrm{d}(\sin x)-\int_{\frac{\pi}{2}}^{\pi} (\sin x)^{\frac{1}{2}}\ \mathrm{d}(\sin x)\\&=\frac{2}{3}\sin^{\frac{3}{2}} x\Big|_0^{\frac{\pi}{2}}-\frac{2}{3}\sin^{\frac{3}{2}} x\Big|_{\frac{\pi}{2}}^{\pi}=\frac{4}{3}.\end{aligned}$$

注记 本题容易出错的点在于: 把 $\sqrt{\cos^2 x}$ 写成 $\cos x$. 因为 $\cos x$ 在积分区间 $[0,\pi]$ 上会出现正负情况, 所以 $\sqrt{\cos^2 x}$ 应写成 $|\cos x|$.

例 28 证明: (1) 若 $f(x)$ 在 $[-a,a]$ 上连续且为奇函数, 则

$$\int_{-a}^{a} f(x)\mathrm{d}x = 0;$$

(2) 若 $f(x)$ 在 $[-a,a]$ 上连续且为偶函数, 则

$$\int_{-a}^{a} f(x)\mathrm{d}x = 2\int_{0}^{a} f(x)\mathrm{d}x.$$

证明 因为

$$\int_{-a}^{a} f(x)\mathrm{d}x = \int_{-a}^{0} f(x)\mathrm{d}x + \int_{0}^{a} f(x)\mathrm{d}x,$$

对积分 $\int_{-a}^{0} f(x)\mathrm{d}x$ 作换元, 令 $x=-t$, 则

$$\int_{-a}^{0} f(x)\mathrm{d}x = -\int_{a}^{0} f(-t)\mathrm{d}t = \int_{0}^{a} f(-x)\mathrm{d}x,$$

所以

$$\int_{-a}^{a} f(x)\mathrm{d}x = \int_{0}^{a} [f(x)+f(-x)]\mathrm{d}x.$$

(1) 若 $f(x)$ 为奇函数, 即 $f(-x)=-f(x)$, 则有

$$\int_{-a}^{a} f(x)\mathrm{d}x = 0;$$

(2) 若 $f(x)$ 为偶函数, 即 $f(-x)=f(x)$, 则有

$$\int_{-a}^{a} f(x)\mathrm{d}x = 2\int_{0}^{a} f(x)\mathrm{d}x.$$

注记 本题的结论, 今后在计算定积分过程中经常用到, 请读者务必记住.

例 29 求 $\int_{-1}^{1} (\sin x+1)x^2\mathrm{d}x$.

解　由于 $\int_{-1}^{1}(\sin x+1)x^2\mathrm{d}x=\int_{-1}^{1}x^2\sin x\mathrm{d}x+\int_{-1}^{1}x^2\mathrm{d}x$, 利用例 28 的结论可得

$$\int_{-1}^{1}(\sin x+1)x^2\mathrm{d}x=0+2\int_{0}^{1}x^2\mathrm{d}x=\frac{2}{3}x^3\Big|_0^1=\frac{2}{3}.$$

例 30　设 $f(x)$ 在 $[0,1]$ 上连续, 证明

$$\int_0^{\frac{\pi}{2}}f(\sin x)\mathrm{d}x=\int_0^{\frac{\pi}{2}}f(\cos x)\mathrm{d}x.$$

证明　令 $x=\frac{\pi}{2}-t$, 则

$$\int_0^{\frac{\pi}{2}}f(\sin x)\mathrm{d}x=-\int_{\frac{\pi}{2}}^{0}f(\cos t)\mathrm{d}t=\int_0^{\frac{\pi}{2}}f(\cos t)\mathrm{d}t=\int_0^{\frac{\pi}{2}}f(\cos x)\mathrm{d}x.$$

例 31　设 $f(x)$ 在 $[0,\pi]$ 上连续, 证明

$$\int_0^{\pi}xf(\sin x)\mathrm{d}x=\frac{\pi}{2}\int_0^{\pi}f(\sin x)\mathrm{d}x,$$

并计算 $\int_0^{\pi}\frac{x\sin x}{1+\cos^2 x}\mathrm{d}x$.

证明　令 $x=\pi-t$, 则 $\mathrm{d}x=-\mathrm{d}t$, 故

$$\begin{aligned}\int_0^{\pi}xf(\sin x)\mathrm{d}x&=-\int_{\pi}^{0}(\pi-t)f(\sin(\pi-t))\mathrm{d}t\\&=\pi\int_0^{\pi}f(\sin t)\mathrm{d}t-\int_0^{\pi}tf(\sin t)\mathrm{d}t\\&=\pi\int_0^{\pi}f(\sin x)\mathrm{d}x-\int_0^{\pi}xf(\sin x)\mathrm{d}x,\end{aligned}$$

因此

$$\int_0^{\pi}xf(\sin x)\mathrm{d}x=\frac{\pi}{2}\int_0^{\pi}f(\sin x)\mathrm{d}x.$$

利用此公式可得

$$\int_0^{\pi}\frac{x\sin x}{1+\cos^2 x}\mathrm{d}x=\int_0^{\pi}\frac{x\sin x}{2-\sin^2 x}\mathrm{d}x=\frac{\pi}{2}\int_0^{\pi}\frac{\sin x}{2-\sin^2 x}\mathrm{d}x$$

$$= \frac{\pi}{2}\int_0^{\pi}\frac{\sin x}{1+\cos^2 x}\mathrm{d}x = -\frac{\pi}{2}\int_0^{\pi}\frac{1}{1+\cos^2 x}\mathrm{d}\cos x$$
$$= -\frac{\pi}{2}\arctan(\cos x)\Big|_0^{\pi} = \frac{\pi^2}{4}.$$

利用定积分换元法, 必须注意换元函数是否满足条件, 比如以下例题的换元解法就是错误的.

例 32 求 $\int_{-1}^{1}\frac{1}{1+x^2}\mathrm{d}x$.

错解 令 $x=\frac{1}{t}$, 则 $\mathrm{d}x=-\frac{1}{t^2}\mathrm{d}t$, 易求得 t 的下限为 -1, 上限为 1, 于是

$$\int_{-1}^{1}\frac{1}{1+x^2}\mathrm{d}x=\int_{-1}^{1}\frac{1}{1+\frac{1}{t^2}}\left(-\frac{1}{t^2}\right)\mathrm{d}t=-\int_{-1}^{1}\frac{1}{1+t^2}\mathrm{d}t=-\int_{-1}^{1}\frac{1}{1+x^2}\mathrm{d}x,$$

从而可得

$$\int_{-1}^{1}\frac{1}{1+x^2}\mathrm{d}x=0.$$

显然, 以上的解法是错误的. 因为换元函数 $x=\frac{1}{t}$ 在积分区间 $[-1,1]$ 上存在间断点 $t=0$, 因此, 换元函数不满足在变量 t 的积分区间 $[-1,1]$ 上连续可导的条件.

本题正确解法可以直接利用微积分学的基本公式求得

$$\int_{-1}^{1}\frac{1}{1+x^2}\mathrm{d}x=\arctan x\Big|_{-1}^{1}=\frac{\pi}{4}-\left(-\frac{\pi}{4}\right)=\frac{\pi}{2}.$$

习 题 3.4

1. 在下列等号右端的空白处填入适当的系数, 使等式成立:

(1) $\mathrm{d}x=$ ______ $\mathrm{d}(3x)$; (2) $\mathrm{d}x=$ ______ $\mathrm{d}(2-x)$;

(3) $x\mathrm{d}x=$ ______ $\mathrm{d}(x^2+1)$; (4) $\frac{1}{1+9x^2}\mathrm{d}x=$ ______ $\mathrm{d}(\arctan 3x)$;

(5) $\cos 3x\mathrm{d}x=$ ______ $\mathrm{d}(\sin 3x)$; (6) $\mathrm{e}^{3x}\mathrm{d}x=$ ______ $\mathrm{d}(\mathrm{e}^{3x}+3)$;

(7) $\mathrm{e}^{\mathrm{e}^x+x}\mathrm{d}x=$ ______ $\mathrm{d}(\mathrm{e}^x+2)$; (8) $\frac{1}{\sqrt{x}}\mathrm{d}x=$ ______ $\mathrm{d}\sqrt{x}$;

(9) $\frac{1}{\sin^2 2x}\mathrm{d}x=$ ______ $\mathrm{d}(\cot 2x)$.

2. 利用换元法求下列不定积分:

(1) $\int \frac{1}{(2x+1)^2}\mathrm{d}x$;

(2) $\int \sqrt[5]{(1-3x)}\mathrm{d}x$;

(3) $\int (1-2x)^3\mathrm{d}x$;

(4) $\int \mathrm{e}^{3x}\mathrm{d}x$;

(5) $\int x\sqrt{x^2+1}\mathrm{d}x$;

(6) $\int \frac{x^3}{(3+x^4)^2}\mathrm{d}x$;

(7) $\int (x-1)\mathrm{e}^{x^2-2x}\mathrm{d}x$;

(8) $\int \frac{1}{\mathrm{e}^x+\mathrm{e}^{-x}}\mathrm{d}x$;

(9) $\int \frac{1}{x\ln^3 x}\mathrm{d}x$;

(10) $\int \frac{\mathrm{d}x}{x\ln x\ln(\ln x)}$;

(11) $\int \mathrm{e}^x\sin(2\mathrm{e}^x)\mathrm{d}x$;

(12) $\int \left(1-\frac{1}{x^2}\right)\mathrm{e}^{x+\frac{1}{x}}\mathrm{d}x$;

(13) $\int \frac{\sin\sqrt{x}}{\sqrt{x}}\mathrm{d}x$;

(14) $\int \frac{1}{x^2}\sin\frac{2}{x}\mathrm{d}x$;

(15) $\int (1+x)^2\sqrt{1+(1+x)^3}\mathrm{d}x$;

(16) $\int \frac{1-x}{9-4x^2}\mathrm{d}x$;

(17) $\int \frac{x+1}{x^2+2x+5}\mathrm{d}x$;

(18) $\int \frac{\sin x}{\cos^2 x}\mathrm{d}x$;

(19) $\int \frac{\cos x}{1+\sin^2 x}\mathrm{d}x$;

(20) $\int \sin 3x\sin x\mathrm{d}x$;

(21) $\int \cos 3x\cos x\mathrm{d}x$;

(22) $\int \tan^5 x\sec^2 x\mathrm{d}x$;

(23) $\int \tan^3 x\sec^3 x\mathrm{d}x$;

(24) $\int \sin^5 x\cos^2 x\mathrm{d}x$;

(25) $\int \frac{x^2}{\sqrt{a^2-x^2}}\mathrm{d}x\ (a>0)$;

(26) $\int \frac{1}{x\sqrt{x^2-4}}\mathrm{d}x$;

(27) $\int \frac{1}{x+\sqrt{1-x^2}}\mathrm{d}x$;

(28) $\int \frac{1}{(2+x)\sqrt{1+x}}\mathrm{d}x$;

(29) $\int \frac{\mathrm{d}x}{x^6(1+x^2)}$;

(30) $\int \frac{\mathrm{d}x}{\sqrt{x}+\sqrt[4]{x}}$.

3. 求下列定积分:

(1) $\int_{-1}^{1}\frac{1}{(x-2)^2}\mathrm{d}x$;

(2) $\int_{-4}^{-3}\frac{1}{x\sqrt{x^2-4}}\mathrm{d}x$;

(3) $\int_{-\mathrm{e}-1}^{-2}\frac{1}{1+x}\mathrm{d}x$;

(4) $\int_0^{\frac{1}{4}}\sec^2\pi x\mathrm{d}x$;

(5) $\int_1^2\frac{\mathrm{e}^{\frac{1}{x}}}{x^2}\mathrm{d}x$;

(6) $\int_1^{\mathrm{e}^2}\frac{1}{x\sqrt{1+\ln x}}\mathrm{d}x$;

(7) $\int_0^1\left[(x+2)^2+\frac{x}{x^2+1}\right]\mathrm{d}x$;

(8) $\int_{-1}^{1}\frac{3x^4+3x^2+1}{1+x^2}\mathrm{d}x$;

(9) $\int_0^1\frac{\arcsin\sqrt{x}}{\sqrt{x(1-x)}}\mathrm{d}x$;

(10) $\int_1^2\frac{1}{x(1+x^4)}\mathrm{d}x$;

(11) $\int_0^8 \frac{1}{1+\sqrt[3]{x}}\mathrm{d}x$; (12) $\int_{-1}^1 \frac{x}{\sqrt{5-4x}}\mathrm{d}x$;

(13) $\int_{-3}^0 \frac{x+1}{\sqrt{x+4}}\mathrm{d}x$; (14) $\int_1^{\sqrt{3}} \frac{1}{x^2\sqrt{1+x^2}}\mathrm{d}x$;

(15) $\int_0^1 x\sqrt{4-3x}\mathrm{d}x$; (16) $\int_{-1}^1 (|x|+\sin x)x^2\mathrm{d}x$;

(17) $\int_0^2 |1-x|\sqrt{(x-4)^2}\mathrm{d}x$; (18) $\int_0^1 (x-1)^{10}x^2\mathrm{d}x$;

(19) $\int_{-\frac{\pi}{2}}^{\frac{\pi}{2}} \cos x\cos 2x\mathrm{d}x$; (20) $\int_{-3}^3 \frac{x^3\sin^2 x}{x^4+4x^2+1}\mathrm{d}x$.

4. 设函数 $f(x)=\begin{cases} x\mathrm{e}^{-x^2}, & x \geqslant 0, \\ \dfrac{1}{1+\cos x}, & -1<x<0, \end{cases}$ 求 $\int_1^4 f(x-2)\mathrm{d}x$.

5. 证明: $\int_0^1 x^m(1-x)^n\mathrm{d}x=\int_0^1 x^n(1-x)^m\mathrm{d}x$.

6. 证明: $\int_x^1 \frac{1}{1+t^2}\mathrm{d}t=\int_1^{\frac{1}{x}} \frac{1}{1+t^2}\mathrm{d}t\ (x>0)$.

7. 证明: $\int_0^{\pi} \sin^n x\mathrm{d}x=2\int_0^{\frac{\pi}{2}} \sin^n x\mathrm{d}x$.

8. 设 $f(x)$ 是以 T 为周期的连续函数, 证明

$$\int_a^{a+T} f(x)\mathrm{d}x=\int_0^T f(x)\mathrm{d}x,$$

其中 a 为任意常数.

3.5 分部积分法

在一定程度上, 换元积分法弥补了直接积分法的计算能力有限的不足, 能够计算一些被积函数较为复杂的积分, 使之易于积出. 但对某些类型的积分还是无法适用, 比如 $\int x\cos x\mathrm{d}x$, $\int x\ln x\mathrm{d}x$ 等积分. 因此, 这节我们将着重介绍另外一个重要的积分法——分部积分法. 由定积分和不定积分的关系可知, 求定积分的问题都可归结为求原函数或不定积分, 为此, 本节首先介绍不定积分中的分部积分法定义以及使用技巧, 然后再讨论该方法在定积分是如何使用的.

3.5.1 不定积分的分部积分法

为了从数学上对不定积分的分部积分法的本质有个直观的了解, 我们首先利用第 2 章中微分学里的乘积求导法则来导出分部积分公式.

设函数 $u=u(x)$ 和 $v=v(x)$ 均具有连续导数, 由微分学可知

$$(uv)' = u'v + uv',$$

两端求不定积分, 得

$$\int (uv)'\mathrm{d}x = \int vu'\mathrm{d}x + \int uv'\mathrm{d}x,$$

即

$$uv + c = \int vu'\mathrm{d}x + \int uv'\mathrm{d}x,$$

移项得

$$\int uv'\mathrm{d}x = uv - \int vu'\mathrm{d}x \tag{3.5.1}$$

或

$$\int u\mathrm{d}v = uv - \int v\mathrm{d}u. \tag{3.5.2}$$

公式 (3.5.1) 或公式 (3.5.2) 称为不定积分的**分部积分公式**. 利用分部积分公式求不定积分的方法称为**分部积分法**.

注记 (1) 从分部积分公式可知, 求不定积分 $\int uv'\mathrm{d}x$ 或 $\int u\mathrm{d}v$ 的问题可以转变成求不定积分 $\int vu'\mathrm{d}x$ 或 $\int v\mathrm{d}u$. 这种通过转变积分方式去求不定积分往往发生在前者积分不易求, 而后者积分易求的情况下.

(2) 采用分部积分公式求不定积分的难点在于: 如何把一个待求的不定积分 $\int f(x)\mathrm{d}x$ 的被积表达式 $f(x)\mathrm{d}x$ 分解成 u 和 $\mathrm{d}v$, 即如何正确选择 u 和 $\mathrm{d}v$, 因为选择不恰当往往会发生积分更不易积出, 甚至无法求积的情况.

(3) 利用公式 (3.5.2) 进行分部积分时, 需要注意要把公式右端中 $\int v\mathrm{d}u$ 转化成 $\int vu'\mathrm{d}x$, 以便于积分后续的计算.

以下我们通过举例来讨论下 u 和 $\mathrm{d}v$ 的选择技巧.

例 1 求 $\int x\cos x\mathrm{d}x$.

解 令 $u = x$, $\mathrm{d}v = \cos x\mathrm{d}x$, 从而 $\mathrm{d}u = \mathrm{d}x$, $v = \sin x$, 代入分部积分公式 (3.5.2) 可得

$$\int x\cos x\mathrm{d}x = x\sin x - \int \sin x\mathrm{d}x = x\sin x + \cos x + C.$$

如果令 $u = \cos x$, $\mathrm{d}v = x\mathrm{d}x$, 从而 $\mathrm{d}u = -\sin x\mathrm{d}x$, $v = \dfrac{1}{2}x^2$, 代入公式 (3.5.2) 可得

$$\int x\cos x\mathrm{d}x=\frac{1}{2}x^2\cos x+\int\frac{1}{2}x^2\sin x\mathrm{d}x,$$

显然 $\int\frac{1}{2}x^2\sin x\mathrm{d}x$ 比原来积分 $\int x\cos x\mathrm{d}x$ 更不易计算, 这也表明了此时的 u 和 $\mathrm{d}v$ 选择是不合适的.

例 2 求 $\int x\mathrm{e}^x\mathrm{d}x$.

解 设 $u=x$, $\mathrm{d}v=\mathrm{e}^x\mathrm{d}x$, 从而 $\mathrm{d}u=\mathrm{d}x$, $v=\mathrm{e}^x$, 代入公式 (3.5.2) 可得

$$\int x\mathrm{e}^x\mathrm{d}x=x\mathrm{e}^x-\int\mathrm{e}^x\mathrm{d}x=x\mathrm{e}^x-\mathrm{e}^x+C.$$

注记 在利用分部积分公式计算不定积分过程中, 由于 u 和 $\mathrm{d}v$ 的假设以及随后的 $\mathrm{d}u$ 和 v 的表示略显烦琐, 因此, 在熟练掌握分部积分公式后, 我们可直接在原不定积分的基础上, 利用凑微分的方法, 把 $\int uv'\mathrm{d}x$ 转化成 $\int u\mathrm{d}v$, 然后直接利用公式 (3.5.2) 求解积分, 如例 2 的计算过程中, 无需引入变量 u 和 v, 可直接写成如下形式:

$$\int x\mathrm{e}^x\mathrm{d}x=\int x\mathrm{d}\mathrm{e}^x=x\mathrm{e}^x-\int\mathrm{e}^x\mathrm{d}x=x\mathrm{e}^x-\mathrm{e}^x+C.$$

例 3 求 $\int(x^2+1)\mathrm{e}^x\mathrm{d}x$.

解
$$\begin{aligned}\int(x^2+1)\mathrm{e}^x\mathrm{d}x&=\int(x^2+1)\mathrm{d}(\mathrm{e}^x)=(x^2+1)\mathrm{e}^x-2\int x\mathrm{e}^x\mathrm{d}x\\&=(x^2+1)\mathrm{e}^x-2\int x\mathrm{d}(\mathrm{e}^x)\\&=(x^2+1)\mathrm{e}^x-2(x\mathrm{e}^x-\mathrm{e}^x)+C\\&=(x^2-2x+3)\mathrm{e}^x+C.\end{aligned}$$

注记 从例 3 的计算中, 不难发现不定积分计算过程中, 分部积分法可以允许多次被使用, 有时甚至结合不同的计算方法, 比如换元法. 这种通过组合多个同类型或不同类型的计算方法来求不定积分, 其实在不定积分计算中是很常见的求解技巧. 以下例 4 的求解过程就联合了换元法和分部积分法, 具体如下.

例 4 求 $\int\mathrm{e}^{\sqrt{x}}\mathrm{d}x$.

解 先作换元, 令 $\sqrt{x}=t$, 则 $x=t^2$, 且 $\mathrm{d}x=2t\mathrm{d}t$, 故

$$\int\mathrm{e}^{\sqrt{x}}\mathrm{d}x=\int\mathrm{e}^t2t\mathrm{d}t=2\int t\mathrm{d}\mathrm{e}^t,$$

再用分部积分法可得

$$\int e^{\sqrt{x}}dx = 2\left[te^t - e^t\right] + C,$$

最后回代可得

$$\int e^{\sqrt{x}}dx = 2e^{\sqrt{x}}(\sqrt{x} - 1) + C.$$

例 5　求 $\int x^2 \ln x dx$.

解　$$\int x^2 \ln x dx = \frac{1}{3}\int \ln x dx^3 = \frac{1}{3}\left[x^3 \ln x - \int x^3 d\ln x\right]$$
$$= \frac{1}{3}\left[x^3 \ln x - \int x^3 \frac{1}{x}dx\right] = \frac{1}{3}\left[x^3 \ln x - \int x^2 dx\right]$$
$$= \frac{1}{3}x^3 \ln x - \frac{1}{9}x^3 + C.$$

例 6　求 $\int x \arctan x dx$.

解　$$\int x \arctan x dx = \int \arctan x d\left(\frac{1}{2}x^2\right) = \frac{1}{2}\left[x^2 \arctan x - \int \frac{x^2}{1+x^2}dx\right]$$
$$= \frac{1}{2}\left[x^2 \arctan x - \int \left(1 - \frac{1}{1+x^2}\right)dx\right]$$
$$= \frac{1}{2}\left[x^2 \arctan x - \int 1dx + \int \frac{1}{1+x^2}dx\right]$$
$$= \frac{1}{2}(x^2+1)\arctan x - \frac{1}{2}x + C.$$

例 7　求 $\int e^x \cos 2x dx$.

解　$$\int e^x \cos 2x dx = \int \cos 2x d(e^x) = e^x \cos 2x + 2\int e^x \sin 2x dx$$
$$= e^x \cos 2x + 2\int \sin 2x d(e^x)$$
$$= e^x \cos 2x + 2(e^x \sin 2x - 2\int e^x \cos 2x dx)$$
$$= e^x(\cos 2x + 2\sin 2x) - 4\int e^x \cos 2x dx,$$

移项可得

$$\int e^x \cos 2x dx = \frac{e^x}{5}(\cos 2x + 2\sin 2x) + C.$$

例 8 求 $\int \sec^3 x\mathrm{d}x$.

解
$$\int \sec^3 x\mathrm{d}x = \int \sec x \sec^2 x\mathrm{d}x = \int \sec x\mathrm{d}\tan x$$
$$= \sec x\tan x - \int \tan^2 x\sec x\mathrm{d}x$$
$$= \sec x\tan x - \int (\sec^2 x - 1)\sec x\mathrm{d}x$$
$$= \sec x\cdot\tan x - \int (\sec^3 x - \sec x)\mathrm{d}x$$
$$= \sec x\cdot\tan x + \ln|\sec x + \tan x| - \int \sec^3 x\mathrm{d}x,$$
移项可得
$$\int \sec^3 x\mathrm{d}x = \frac{1}{2}\sec x\tan x + \frac{1}{2}\ln|\sec x + \tan x| + C.$$

在实际计算中, 分部积分法还可以被用于求不定积分的递推公式, 如例 9.

例 9 求 $I_n = \int x(\ln x)^n\mathrm{d}x$, 其中 $n\in\mathbf{N}^+$.

解
$$I_n = \int x(\ln x)^n\mathrm{d}x = \int (\ln x)^n\mathrm{d}\left(\frac{x^2}{2}\right) = \frac{1}{2}x^2(\ln x)^n - \frac{1}{2}\int x^2\mathrm{d}((\ln x)^n)$$
$$= \frac{1}{2}x^2(\ln x)^n - \frac{n}{2}\int x^2(\ln x)^{n-1}\frac{1}{x}\mathrm{d}x$$
$$= \frac{1}{2}x^2(\ln x)^n - \frac{n}{2}\int x(\ln x)^{n-1}\mathrm{d}x$$
$$= \frac{1}{2}x^2(\ln x)^n - \frac{n}{2}I_{n-1},$$
即求得递推公式为
$$I_n = \frac{1}{2}x^2(\ln x)^n - \frac{n}{2}I_{n-1} \quad (n\in\mathbf{N}^+, n>1).$$
从该递推式可知, 若想求出任意 $n\,(n>1)$ 所对应的不定积分, 只需求出 $n=1$ 时的不定积分, 即求 $I_1 = \int x\ln x\mathrm{d}x$, 由例 5 的方法, 可求得
$$I_1 = \int x\ln x\mathrm{d}x = \frac{1}{2}x^2\ln x - \frac{1}{4}x^2 + C.$$

注记 由例 1—例 9 所示, 使用分部积分法求不定积分应注意以下几点:

(1) 当某个不定积分的被积函数是两个初等函数相乘时, 可考虑采用分部积分法. 此时, 选择 u 的优先顺序依次是反三角函数、对数函数、幂函数、三角函数、指数函数. 当 u 选定时, 则被积表达式剩下部分就取为 $\mathrm{d}v$. 特别注意: 其中一个函数若是多项式或常数, 则其优先级别与幂函数同等级, 如例 10 所示.

例 10 求 $\int \arcsin x\mathrm{d}x$.

解
$$\int \arcsin x\mathrm{d}x = x\arcsin x - \int x\mathrm{d}(\arcsin x)$$
$$= x\arcsin x - \int \frac{x}{\sqrt{1-x^2}}\mathrm{d}x = x\arcsin x + \sqrt{1-x^2} + C.$$

(2) 当不定积分形如 $\int \mathrm{e}^{ax}\sin bx\mathrm{d}x$, $\int \mathrm{e}^{ax}\cos bx\mathrm{d}x$ 时, 指数函数与正弦 (余弦) 函数任选一个作为 u 均可, 如例 7, 可通过令 $u=\mathrm{e}^x$, $\mathrm{d}v=\cos 2x\mathrm{d}x$ 来求出积分, 具体计算如下.

例 7 的解法 2
$$\int \mathrm{e}^x\cos 2x\mathrm{d}x$$
$$= \frac{1}{2}\int \mathrm{e}^x\mathrm{d}(\sin 2x)$$
$$= \frac{1}{2}\left(\mathrm{e}^x\sin 2x - \int \sin 2x\mathrm{d}\mathrm{e}^x\right)$$
$$= \frac{1}{2}\left(\mathrm{e}^x\sin 2x - \int \mathrm{e}^x\sin 2x\mathrm{d}x\right)$$
$$= \frac{1}{2}\left(\mathrm{e}^x\sin 2x + \frac{1}{2}\int \mathrm{e}^x\mathrm{d}(\cos 2x)\right)$$
$$= \frac{1}{2}\left(\mathrm{e}^x\sin 2x + \frac{1}{2}\left(\mathrm{e}^x\cos 2x - \int \cos 2x\mathrm{d}\mathrm{e}^x\right)\right)$$
$$= \frac{1}{2}\mathrm{e}^x\sin 2x + \frac{1}{4}\mathrm{e}^x\cos 2x - \frac{1}{4}\int \mathrm{e}^x\cos 2x\mathrm{d}x,$$

移项可得
$$\int \mathrm{e}^x\cos 2x\mathrm{d}x = \frac{\mathrm{e}^x}{5}(\cos 2x + 2\sin 2x) + C.$$

(3) 在不定积分计算过程, 若多次使用分部积分时, u 应选同类型函数, 如例 7 的每种解法中, 前后两次分部积分时 u 都是选同种类型函数, 如以上解法 2 中当第一次分部积分时选 $u=\sin 2x$, 则第二次分部积分应选 $u=\cos 2x$ 不能选 $u=\mathrm{e}^x$, 否则, 变回原来函数的积分, 而无法算出积分, 做无用功.

3.5.2 定积分的分部积分法

在 3.5.1 小节中, 我们已经介绍了不定积分的分部积分法, 本小节将讨论分部积分法在定积分中应用的情况.

定理 1 设 $u(x)$ 和 $v(x)$ 在 $[a,b]$ 上具有连续的导数, 则有

$$\int_a^b (uv)'\mathrm{d}x = \int_a^b u'v\mathrm{d}x + \int_a^b uv'\mathrm{d}x, \tag{3.5.3}$$

上式称为**定积分的分部积分公式**.

证明 由 $u=u(x)$ 和 $v=v(x)$ 在 $[a,b]$ 上可导, 则有

$$(uv)' = u'v + uv',$$

又因由 $u=u(x)$ 和 $v=v(x)$ 的导数在 $[a,b]$ 上连续, 故

$$\int_a^b (uv)'\,\mathrm{d}x = \int_a^b vu'\mathrm{d}x + \int_a^b uv'\mathrm{d}x,$$

即

$$(uv)\Big|_a^b = \int_a^b vu'\mathrm{d}x + \int_a^b uv'\mathrm{d}x,$$

移项得

$$\int_a^b uv'\mathrm{d}x = uv\Big|_a^b - \int_a^b vu'\mathrm{d}x.$$

注记 (1) 公式 (3.5.3) 也经常写成如下形式:

$$\int_a^b u\mathrm{d}v = uv\Big|_a^b - \int_a^b v\mathrm{d}u. \tag{3.5.4}$$

(2) 在利用公式 (3.5.3) 和 (3.5.4) 计算不定积分时, uv 这项要及时把上、下限代入求解.

例 11 $\displaystyle\int_0^{\frac{\sqrt{3}}{2}} \arccos x\mathrm{d}x$.

解
$$\int_0^{\frac{\sqrt{3}}{2}} \arccos x\mathrm{d}x = x\arccos x\Big|_0^{\frac{\sqrt{3}}{2}} - \int_0^{\frac{\sqrt{3}}{2}} x\mathrm{d}(\arccos x)$$
$$= \frac{\sqrt{3}\pi}{12} + \int_0^{\frac{\sqrt{3}}{2}} x\frac{1}{\sqrt{1-x^2}}\mathrm{d}x$$
$$= \frac{\sqrt{3}\pi}{12} - \sqrt{1-x^2}\Big|_0^{\frac{\sqrt{3}}{2}} = \frac{\sqrt{3}\pi}{12} - \left(\frac{1}{2}-1\right) = \frac{1}{2} + \frac{\sqrt{3}\pi}{12}.$$

例 12　$\int_0^{\sqrt{3}} \ln(x+\sqrt{1+x^2})\mathrm{d}x.$

解　$$\int_0^{\sqrt{3}} \ln(x+\sqrt{1+x^2})\mathrm{d}x = x\ln(x+\sqrt{1+x^2})\Big|_0^{\sqrt{3}} - \int_0^{\sqrt{3}} \frac{x}{\sqrt{1+x^2}}\mathrm{d}x$$

$$= \sqrt{3}\ln(\sqrt{3}+2) - \sqrt{1+x^2}\Big|_0^{\sqrt{3}}$$

$$= \sqrt{3}\ln(\sqrt{3}+2) - 1.$$

例 13　$\int_0^{\frac{\pi^2}{4}} \sin\sqrt{x}\mathrm{d}x.$

解　设 $\sqrt{x}=t$, 则

$$\int_0^{\frac{\pi^2}{4}} \sin\sqrt{x}\mathrm{d}x = \int_0^{\frac{\pi}{2}} 2t\sin t\mathrm{d}t = 2\int_0^{\frac{\pi}{2}} t\mathrm{d}(-\cos t)$$

$$= -2\,(t\cos t)\Big|_0^{\frac{\pi}{2}} + 2\int_0^{\frac{\pi}{2}} \cos t\mathrm{d}t = 0 + 2\,(\sin t)\Big|_0^{\frac{\pi}{2}} = 2.$$

注记　如例 13 所示, 有时在分部积分之前需要对被积函数作一定预处理, 比如换元, 可能会使得部分积分更容易执行.

例 14　求 $I_n = \int_0^{\frac{\pi}{2}} \sin^n x\mathrm{d}x = \int_0^{\frac{\pi}{2}} \cos^n x\mathrm{d}x$ (n 为非负整数).

解　由 3.4 节例 30 的结论可得

$$\int_0^{\frac{\pi}{2}} \sin^n x\mathrm{d}x = \int_0^{\frac{\pi}{2}} \cos^n x\mathrm{d}x.$$

下面以 $\int_0^{\frac{\pi}{2}} \sin^n x\mathrm{d}x$ 为例介绍其求解过程: 由分部积分可知

$$I_n = \int_0^{\frac{\pi}{2}} \sin^n x\mathrm{d}x = \int_0^{\frac{\pi}{2}} \sin^{n-1} x\mathrm{d}(-\cos x)$$

$$= \left(-\sin^{n-1} x\cos x\right)\Big|_0^{\frac{\pi}{2}} + (n-1)\int_0^{\frac{\pi}{2}} \sin^{n-2} x\cos^2 x\mathrm{d}x$$

$$= 0 + (n-1)\int_0^{\frac{\pi}{2}} \sin^{n-2} x(1-\sin^2 x)\mathrm{d}x$$

$$= (n-1)\int_0^{\frac{\pi}{2}} \sin^{n-2} x\mathrm{d}x - (n-1)\int_0^{\frac{\pi}{2}} \sin^n x\mathrm{d}x$$

$$= (n-1)I_{n-2} - (n-1)I_n,$$

移项可得递推公式:

$$I_n = \frac{n-1}{n} I_{n-2} \quad (n \geqslant 2).$$

由上式可知, I_n 的值跟 n 的奇偶性有关, 从而

(1) 当 n 为偶函数时, 则有

$$I_n = \frac{n-1}{n} I_{n-2} = \frac{n-1}{n} \cdot \frac{n-3}{n-2} \cdots \frac{3}{4} \cdot \frac{1}{2} \cdot I_0.$$

又因为 $I_0 = \int_0^{\frac{\pi}{2}} \mathrm{d}x = \frac{\pi}{2}$, 所以

$$I_n = \frac{(n-1)(n-3)\cdots 3 \cdot 1}{n(n-2)\cdots 4 \cdot 2} \cdot \frac{\pi}{2}.$$

(2) 当 n 为奇函数时, 则有

$$I_n = \frac{n-1}{n} I_{n-2} = \frac{n-1}{n} \cdot \frac{n-3}{n-2} \cdots \frac{4}{5} \cdot \frac{2}{3} \cdot I_1,$$

又因为 $I_1 = \int_0^{\frac{\pi}{2}} \sin x \mathrm{d}x = 1$, 所以

$$I_n = \frac{(n-1)(n-3)\cdots 4 \cdot 2}{n(n-2)\cdots 5 \cdot 3}.$$

注记 例 14 的计算结论在计算定积分中很有用, 建议读者牢记.

例 15 求 $\int_0^{\pi} \sin^6 x \mathrm{d}x$.

解 令 $x = \frac{\pi}{2} + t$, 则有

$$\int_0^{\pi} \sin^6 x \mathrm{d}x = \int_{-\frac{\pi}{2}}^{\frac{\pi}{2}} \cos^6 t \mathrm{d}t,$$

根据定积分被积函数关于原点对称区间上奇偶性可得

$$\int_0^{\pi} \sin^6 x \mathrm{d}x = 2\int_0^{\frac{\pi}{2}} \cos^6 t \mathrm{d}t,$$

由例 14 的结论, 则有

$$\int_0^{\pi} \sin^6 x \mathrm{d}x = 2 \cdot \frac{1 \cdot 3 \cdot 5}{2 \cdot 4 \cdot 6} \cdot \frac{\pi}{2} = \frac{15\pi}{48}.$$

注记　一般地, $\int_0^{\pi}\sin^n x\mathrm{d}x=2\int_0^{\frac{\pi}{2}}\sin^n x\mathrm{d}x$.

习　题　3.5

1. 求下列不定积分:

(1) $\int \mathrm{e}^{\sqrt[3]{x}}\mathrm{d}x$;　(2) $\int \arctan x\mathrm{d}x$;

(3) $\int \frac{\ln x}{\sqrt{x}}\mathrm{d}x$;　(4) $\int x\ln(x+1)\mathrm{d}x$;

(5) $\int \frac{\ln(\ln x)}{x}\mathrm{d}x$;　(6) $\int (x^2-x+1)\mathrm{e}^{-x}\mathrm{d}x$;

(7) $\int x\mathrm{e}^{-2x}\mathrm{d}x$;　(8) $\int x\tan^2 x\mathrm{d}x$;

(9) $\int x\cos\frac{x}{2}\mathrm{d}x$;　(10) $\int x\sin x\cos x\mathrm{d}x$;

(11) $\int \mathrm{e}^x\sin^2 x\mathrm{d}x$;　(12) $\int \sin(\ln x)\mathrm{d}x$.

2. 设 $f(x)$ 的一个原函数是 $\frac{\sin x}{x}$, 求 $\int xf'(x)\mathrm{d}x$.

3. 求 $I_n=\int\frac{\mathrm{d}x}{(x^2+a^2)^n}$ 的递推公式, 其中 n 为正整数.

4. 求下列定积分:

(1) $\int_0^{\frac{1}{2}}\arcsin x\mathrm{d}x$;　(2) $\int_1^4\frac{\ln x}{\sqrt{x}}\mathrm{d}x$;

(3) $\int_1^2 x\ln\sqrt{x}\mathrm{d}x$;　(4) $\int_0^1 x\arctan(1-x)\mathrm{d}x$;

(5) $\int_0^1\frac{\ln(1+x)}{(2-x)^2}\mathrm{d}x$;　(6) $\int_0^{\frac{\pi}{2}}x\cos^2 x\mathrm{d}x$;

(7) $\int_0^{\frac{\pi}{2}}\cos^3 x\mathrm{d}x$;　(8) $\int_0^{\frac{\pi}{4}}\cos^4 2x\mathrm{d}x$;

(9) $\int_0^{\frac{\pi}{2}}(x\sin x)^2\mathrm{d}x$;　(10) $\int_{\frac{\pi}{4}}^{\frac{\pi}{3}}\frac{x}{\sin^2 x}\mathrm{d}x$;

(11) $\int_{\frac{1}{\mathrm{e}}}^{\mathrm{e}}|\ln x|\,\mathrm{d}x$;　(12) $\int_{-\frac{1}{2}}^{\frac{1}{2}}\frac{x\arcsin x}{\sqrt{1-x^2}}\mathrm{d}x$.

5. 求证 $\int_a^{\frac{\pi}{2}}\sin^m x\cos^m x\mathrm{d}x=\frac{1}{2^m}\int_a^{\frac{\pi}{2}}\cos^m x\mathrm{d}x$, 并计算定积分 $\int_a^{\frac{\pi}{2}}\sin^5 x\cos^5 x\mathrm{d}x$.

6. 设 $f(x)$ 为连续函数, 证明 $\int_0^x\left(\int_0^t f(u)\mathrm{d}u\right)\mathrm{d}t=\int_0^x(x-t)f(t)\mathrm{d}t$.

3.6 有理函数和三角函数有理式的不定积分

前面我们已经介绍了求不定积分的几种常用方法: 直接积分法、换元积分法、分部积分法. 实际上, 在计算不定积分过程中, 不仅要熟练掌握以上每个积分法, 而且还需了解这几种方法如何搭配使用, 甚至对一些辅助计算的特殊技巧也需有所涉猎, 这往往要求具有丰富的不定积分的求解经验. 但对某些被积函数较为特殊的不定积分, 其求解过程却有迹可循, 只需按照既定的模式, 该不定积分即可求出. 本节将介绍两种被积函数为特殊类型函数的不定积分, 包括有理函数的不定积分、三角函数有理式的不定积分.

3.6.1 有理函数的不定积分

有理函数是指由两个多项式的商所表示的函数, 即形如

$$\frac{P(x)}{Q(x)}=\frac{a_0x^n+a_1x^{n-1}+\cdots+a_{n-1}x+a_n}{b_0x^m+b_1x^{m-1}+\cdots+b_{m-1}x+b_m}, \tag{3.6.1}$$

其中, m 和 n 都是非负整数; $a_0,a_1,\cdots,a_{n-1},a_n$ 及 $b_0,b_1,\cdots,b_{m-1},b_m$ 均为常数, 且 $a_0\neq 0$, $b_0\neq 0$.

若分子多项式 $P(x)$ 的次数 n 小于其分母多项式 $Q(x)$ 的次数 m, 称分式为**真分式**; 反之, 当 $n\geqslant m$ 时, 称为假分式. 利用多项式的除法, 总可以将一个假分式转化为一个多项式与一个真分式之和. 例如:

$$\frac{x^3+x+1}{x^2+1}=\frac{x(x^2+1)+1}{x^2+1}=x+\frac{1}{x^2+1}.$$

对于多项式的不定积分, 可以采用直接积分法很容易求出, 因此, 这里我们着眼点放在真分式的不定积分求解问题上.

假设 $\dfrac{P(x)}{Q(x)}$ 为真分式, 现将分母多项式 $Q(x)$ 在实数范围内能分解为一次因式和二次质因式的乘积, 即

$$Q(x)=b_0(x-a)^{\alpha}\cdots(x-b)^{\beta}(x^2+px+q)^{\lambda}\cdots(x^2+rx+s)^{\mu}, \tag{3.6.2}$$

其中二次质因式在实数范围内无根, 即 $p^2-4q<0,\cdots,r^2-4s<0$.

根据式 (3.6.2), 我们可以将真分式 $\dfrac{P(x)}{Q(x)}$ 分解成若干个部分分式之和:

$$\frac{P(x)}{Q(x)}=\frac{A_1}{(x-a)^{\alpha}}+\frac{A_2}{(x-a)^{\alpha-1}}+\cdots+\frac{A_{\alpha}}{x-a}+\cdots$$

$$
\begin{aligned}
&+\frac{B_1}{(x-b)^{\beta}}+\frac{B_2}{(x-b)^{\beta-1}}+\cdots+\frac{B_{\beta}}{x-b}\\
&+\frac{M_1x+N_1}{(x^2+px+q)^{\lambda}}+\frac{M_2x+N_2}{(x^2+px+q)^{\lambda-1}}+\cdots+\frac{M_{\lambda}x+N_{\lambda}}{x^2+px+q}+\cdots\\
&+\frac{R_1x+S_1}{(x^2+rx+s)^{\mu}}+\frac{R_2x+S_2}{(x^2+rx+s)^{\mu-1}}+\cdots+\frac{R_{\mu}x+S_{\mu}}{x^2+rx+s},
\end{aligned}
$$

其中 A_i, B_i, M_i, N_i, R_i 及 S_i 都是常数. 以上形如: $\dfrac{A}{(x-a)^k}$ 和 $\dfrac{Ax+B}{(x^2+px+q)^k}$ (k 为正整数) 的分式称为最简分式.

真分式 $\dfrac{P(x)}{Q(x)}$ 可分解成若干个最简分式之和的内容是属于代数学范畴, 已超出本书讨论范围, 因此, 此处对真分式分解并未作证明, 仅利用分解的相应结论.

按照真分式分解规则, 一个真分式很容易分解成若干个最简分式之和, 但困难的地方在于如何确定最简分式里相关的常数, 即 A_i, B_i, M_i, N_i, R_i 及 S_i. 针对这个问题, 我们通过举例来介绍几种常用的确定系数方法.

例 1　分解 $\dfrac{x+3}{x^2-5x+6}$ 为最简分式.

解　由真分式分解规则可知, 首先对分母 x^2-5x+6 进行因式分解, 即

$$x^2-5x+6=(x-2)(x-3),$$

然后把该真分式分解成两个最简分式之和,

$$\frac{x+3}{x^2-5x+6}=\frac{x+3}{(x-2)(x-3)}=\frac{A}{x-2}+\frac{B}{x-3},$$

为了确定待定系数 A, B, 此处采用待定系数法, 即

$$\frac{x+3}{x^2-5x+6}=\frac{A}{x-2}+\frac{B}{x-3}=\frac{A(x-3)+B(x-2)}{(x-2)(x-3)},$$

化简可得

$$\frac{x+3}{x^2-5x+6}=\frac{(A+B)x-3A-2B}{(x-2)(x-3)},$$

由上式两端恒等得

$$\begin{cases}A+B=1,\\-3A-2B=3,\end{cases}$$

解得 $A=-5, B=6$, 所以

$$\frac{x+3}{x^2-5x+6}=\frac{-5}{x-2}+\frac{6}{x-3}.$$

例 2 分解 $\dfrac{4}{x^3+4x}$ 为最简分式.

解 由真分式分解规则可知

$$\frac{4}{x^3+4x}=\frac{4}{x(x^2+4)}=\frac{A}{x}+\frac{Bx+C}{x^2+4},$$

上式中的待定系数 A,B,C, 除了用待定系数法, 还可用拼凑法求出, 即 $\dfrac{4}{x(x^2+4)}=\dfrac{A}{x}+\dfrac{Bx+C}{x^2+4}$, 在方程两边同时乘以因子 x, 则有

$$\frac{4}{x^2+4}=A+\frac{Bx+C}{x^2+4}x,$$

令 $x=0$ 可得 $A=1$.

类似地, 在方程两边同时乘以因子 x^2+4, 则有

$$4=\frac{A}{x}(x^2+4)+Bx+C,$$

令 $x=1$ 和 $x=-1$, 则分别可得

$$B+C=-1 \quad 和 \quad B-C=-1,$$

从而求出 $B=-1, C=0$. 所以

$$\frac{4}{x^3+4x}=\frac{1}{x}-\frac{x}{x^2+4}.$$

注记 例 2 中为了求出三个待定系数 A,B,C, 在计算过程中, 我们取 $x=0,1,-1$ 这三个常数, 一般来说, 取任意的三个常数都可以, 但是为了便于计算, 往往取简单的整数.

例 1 和例 2 均以求待定系数为目标, 从而把真分式分解成若干个最简分式之和, 其实还可以通过拼凑的方法直接分解真分式, 分解成最简分式之和时, 待定系数随之就确定, 无需特意求解, 如例 3.

例 3 分解 $\dfrac{1}{x(x-2)^2}$ 为最简分式.

解
$$\frac{1}{x(x-2)^2}=\frac{1}{2}\cdot\frac{x-(x-2)}{x(x-2)^2}=\frac{1}{2}\cdot\frac{1}{(x-2)^2}-\frac{1}{2}\cdot\frac{1}{x(x-2)}$$
$$=\frac{1}{2}\cdot\frac{1}{(x-2)^2}-\frac{1}{2}\cdot\frac{1}{2}\cdot\frac{x-(x-2)}{x(x-2)}$$
$$=\frac{\frac{1}{2}}{(x-2)^2}-\frac{\frac{1}{4}}{x-2}+\frac{\frac{1}{4}}{x}.$$

注记　以上三种方法均可直接或间接求出待定系数, 其中待定系数法和赋值法步骤固定, 比较容易操作, 但计算量稍大; 拼凑法则技巧性强, 不易拼出. 在实际计算中, 读者可根据具体题目采取合适的方法来求出待定系数.

基于上述的讨论, 根据不定积分的线性性质, 不难推得真分式的不定积分总能分解成若干个形如 $\int\frac{1}{(x-a)^k}\mathrm{d}x$ 和 $\int\frac{Ax+B}{(x^2+px+q)^k}\mathrm{d}x\ (p^2-4q<0)$ 的最简分式的不定积分, 其中 k 为正整数.

相对来说, $\int\frac{1}{(x-a)^k}\mathrm{d}x$ 比较容易解决, 可直接利用不定积分的凑微分求得; 对于 $\int\frac{Ax+B}{(x^2+px+q)^k}\mathrm{d}x$ 相对比较困难, 当 $k=1$ 时, 可按如下步骤求出, 即

$$\int\frac{Ax+B}{x^2+px+q}\mathrm{d}x\quad(p^2-4q<0)$$
$$=\int\frac{\frac{A}{2}(x^2+px+q)'+B-\frac{Ap}{2}}{x^2+px+q}\mathrm{d}x$$
$$=\frac{A}{2}\int\frac{\mathrm{d}(x^2+px+q)}{x^2+px+q}+\left(B-\frac{Ap}{2}\right)\int\frac{\mathrm{d}x}{x^2+px+q}$$
$$=\frac{A}{2}\ln(x^2+px+q)+\left(B-\frac{Ap}{2}\right)\int\frac{\mathrm{d}x}{x^2+px+q}.$$

上式 $\int\frac{\mathrm{d}x}{x^2+px+q}$ 的求解方法, 已经在 3.4.1 小节讨论过.

当 $k\neq1$ 时, 计算比较复杂, 要根据被积函数的特点, 进行降次简化处理, 方可求出.

综上所述, 对任意一个有理函数, 不管是真分式还是假分式, 其对应的不定积分均能积出, 且原函数均为初等函数.

例 4　求 $\int\frac{x+3}{x^2-5x+6}\mathrm{d}x$.

解 由例 1 可得

$$\frac{x+3}{x^2-5x+6}=\frac{-5}{x-2}+\frac{6}{x-3},$$

于是

$$\int\frac{x+3}{x^2-5x+6}\mathrm{d}x=\int\frac{-5}{x-2}\mathrm{d}x+\int\frac{6}{x-3}\mathrm{d}x=-5\ln|x-2|+6\ln|x-3|+C.$$

例 5 求 $\int\frac{4x+6}{x^3-5x^2+6x}\mathrm{d}x.$

解 因为

$$\frac{4x+6}{x^3-5x^2+6x}=\frac{4x+6}{x(x-2)(x-3)}=\frac{1}{x}-\frac{7}{x-2}+\frac{6}{x-3},$$

所以

$$\begin{aligned}\int\frac{4x+6}{x^3-5x^2+6x}\mathrm{d}x&=\int\frac{1}{x}\mathrm{d}x-7\int\frac{1}{x-2}\mathrm{d}x+6\int\frac{1}{x-3}\mathrm{d}x\\&=\ln|x|-7\ln|x-2|+6\ln|x-3|+C.\end{aligned}$$

例 6 求 $\int\frac{x-2}{x^2+2x+3}\mathrm{d}x.$

解

$$\begin{aligned}\int\frac{x-2}{x^2+2x+3}\mathrm{d}x&=\int\frac{\frac{1}{2}(2x+2)-3}{x^2+2x+3}\mathrm{d}x\\&=\frac{1}{2}\int\frac{2x+2}{x^2+2x+3}\mathrm{d}x-3\int\frac{\mathrm{d}x}{x^2+2x+3}\\&=\frac{1}{2}\int\frac{\mathrm{d}(x^2+2x+3)}{x^2+2x+3}-3\int\frac{\mathrm{d}(x+1)}{(x+1)^2+(\sqrt{2})^2}\\&=\frac{1}{2}\ln(x^2+2x+3)-\frac{3}{\sqrt{2}}\arctan\frac{x+1}{\sqrt{2}}+C.\end{aligned}$$

例 7 求 $\int\frac{x^2+1}{(x-1)^{50}}\mathrm{d}x.$

解 令 $t=x-1$,

$$\begin{aligned}\int\frac{x^2+1}{(x-1)^{50}}\mathrm{d}x&=\int\frac{(t+1)^2+1}{t^{50}}\mathrm{d}t=\int\left(\frac{1}{t^{48}}+\frac{2}{t^{49}}+\frac{2}{t^{50}}\right)\mathrm{d}t\\&=-\frac{1}{47t^{47}}-\frac{2}{48t^{48}}-\frac{2}{49t^{49}}+C\end{aligned}$$

$$= -\frac{1}{47(x-1)^{47}} - \frac{1}{24(x-1)^{48}} - \frac{2}{49(x-1)^{49}} + C.$$

注记　例 7 若采用真分式分解法求不定积分, 就需要分解成 50 个最简分式, 且需要确定 50 个常数, 计算过程十分复杂. 而采用以上的换元法就简单多了, 因此, 在求有理函数不定积分时, 不一定要墨守成规, 把有理函数分解为部分分式之和来求, 可因时制宜, 根据被积函数的特点, 灵活选择简单的计算方法.

3.6.2　三角函数有理式的不定积分

所谓三角函数有理式是指由三角函数和常数经过有限次四则运算所构成的函数. 由于全部三角函数均可表示为 $\sin x$ 和 $\cos x$ 的函数形式, 因此, 为了讨论的方便, 我们把三角函数有理式简记为 $R(\sin x, \cos x)$. 本节主要围绕以三角函数有理式作为被积函数的不定积分, 即 $\int R(\sin x, \cos x)\mathrm{d}x$ 的求解问题而展开讨论.

令 $u = \tan\frac{x}{2}$, 则有 $x = 2\arctan u$, 且 $\mathrm{d}x = \frac{2}{1+u^2}\mathrm{d}u$,

$$\sin x = \frac{2\sin\frac{x}{2}\cos\frac{x}{2}}{\sin^2\frac{x}{2} + \cos^2\frac{x}{2}} = \frac{2\tan\frac{x}{2}}{1+\tan^2\frac{x}{2}} = \frac{2u}{1+u^2},$$

$$\cos x = \frac{\cos^2\frac{x}{2} - \sin^2\frac{x}{2}}{\sin^2\frac{x}{2} + \cos^2\frac{x}{2}} = \frac{1-\tan^2\frac{x}{2}}{1+\tan^2\frac{x}{2}} = \frac{1-u^2}{1+u^2},$$

所以

$$\int R(\sin x, \cos x)\mathrm{d}x = \int R\left(\frac{2u}{1+u^2}, \frac{1-u^2}{1+u^2}\right)\frac{2}{1+u^2}\mathrm{d}u. \tag{3.6.3}$$

从式 (3.6.3) 可知, 经过换元 $u = \tan\frac{x}{2}$ 后, 有三角函数有理式的不定积分总能转化成有理函数的不定积分. 而在 3.6.1 小节中, 我们已经知道如果不考虑计算复杂性, 有理函数的不定积分通过分解法总是可积, 这就说明了三角函数有理式的不定积分通过换元 $u = \tan\frac{x}{2}$ 后总能积出, 因此, 换元式 $u = \tan\frac{x}{2}$ 常被称为万能代换公式.

例 8　求 $\int \frac{1}{3+\cos x}\mathrm{d}x$.

解　令 $u = \tan\frac{x}{2}$, 则

$$\int \frac{1}{3+\cos x}\mathrm{d}x = \int \frac{1}{3+\frac{1-u^2}{1+u^2}} \cdot \frac{2}{1+u^2}\mathrm{d}u$$

$$= \int \frac{1}{2+u^2}\mathrm{d}u = \frac{1}{\sqrt{2}}\arctan\frac{u}{\sqrt{2}} + C = \frac{1}{\sqrt{2}}\arctan\left(\frac{\tan\frac{x}{2}}{\sqrt{2}}\right) + C.$$

例 9 求 $\int \frac{1}{a^2\cos^2 x + b^2\sin^2 x}\mathrm{d}x\ (a>0, b>0)$.

解 令 $u=\tan x$, 则

$$\begin{aligned}\int \frac{1}{a^2\cos^2 x + b^2\sin^2 x}\mathrm{d}x &= \int \frac{\sec^2 x}{a^2+b^2\tan^2 x}\mathrm{d}x \\ &= \int \frac{\mathrm{d}u}{a^2+b^2u^2} = \frac{1}{ab}\arctan\left(\frac{bu}{a}\right) + C \\ &= \frac{1}{ab}\arctan\left(\frac{b\tan x}{a}\right) + C.\end{aligned}$$

注记 此题虽然也可以采用万能代换法, 但是计算比较复杂. 一般说来, 被积函数含有 $\sin^2 x, \cos^2 x, \sin x\cos x$ 的有理式时, 使用 $u=\tan x$ 来计算 $\int R(\sin x, \cos x)\mathrm{d}x$ 往往更为简单.

例 10 求 $\int \frac{1}{\sin^4 x}\mathrm{d}x$.

解法 1 令 $u=\tan\frac{x}{2}$, 则

$$\begin{aligned}\int \frac{1}{\sin^4 x}\mathrm{d}x &= \int \frac{1}{\left(\frac{2u}{1+u^2}\right)^4}\cdot\frac{2}{1+u^2}\mathrm{d}u = \int \frac{1+3u^2+3u^4+u^6}{8u^4}\mathrm{d}u \\ &= \frac{1}{8}\left[-\frac{1}{3u^3} - \frac{3}{u} + 3u + \frac{u^3}{3}\right] + C \\ &= -\frac{1}{24\left(\tan\frac{x}{2}\right)^3} - \frac{3}{8\tan\frac{x}{2}} + \frac{3}{8}\tan\frac{x}{2} + \frac{1}{24}\left(\tan\frac{x}{2}\right)^3 + C.\end{aligned}$$

解法 2 令 $u=\tan x$, 则 $\sin x = \frac{u}{\sqrt{1+u^2}}$, 且 $\mathrm{d}x = \frac{1}{1+u^2}\mathrm{d}u$, 故

$$\begin{aligned}\int \frac{1}{\sin^4 x}\mathrm{d}x &= \int \frac{1}{\left(\frac{u}{\sqrt{1+u^2}}\right)^4}\cdot\frac{1}{1+u^2}\mathrm{d}u \\ &= \int \frac{1+u^2}{u^4}\mathrm{d}u = -\frac{1}{3u^3} - \frac{1}{u} + C = -\frac{1}{3}\cot^3 x - \cot x + C.\end{aligned}$$

解法 3

$$\int \frac{1}{\sin^4 x}\mathrm{d}x = \int \csc^4 x\mathrm{d}x = \int \csc^2 x \cdot \csc^2 x\mathrm{d}x$$

$$= -\int (1+\cot^2 x)\mathrm{d}(\cot x) = -\cot x - \frac{1}{3}\cot^3 x + C.$$

解法 4

$$\int \frac{1}{\sin^4 x}\mathrm{d}x = \int \frac{\sin^2 x + \cos^2 x}{\sin^4 x}\mathrm{d}x = \int (\csc^2 x + \cot^2 x \csc^2 x)\mathrm{d}x$$

$$= -\int (1+\cot^2 x)\mathrm{d}(\cot x) = -\cot x - \frac{1}{3}\cot^3 x + C.$$

注记　在例 10 的四种解法中, 解法 3 最为简单, 解法 4 次之, 万能代换法最为复杂. 虽然万能代换法的步骤固定, 可操作性强, 但是需要付出一定的计算代价. 为此, 在计算三角函数有理式的不定积分时, 应优先选择其他简单的方法, 万不得已时才考虑万能代换法.

习　题　3.6

1. 求下列有理函数的不定积分:

(1) $\int \frac{x^3}{x-1}\mathrm{d}x$;　　(2) $\int \frac{1}{x(x^2-1)}\mathrm{d}x$;

(3) $\int \frac{1}{(x^2+1)(x^2-1)}\mathrm{d}x$;　　(4) $\int \frac{x^2+1}{(x+1)^2(x-1)}\mathrm{d}x$;

(5) $\int \frac{x}{(x+1)(x+2)(x+3)}\mathrm{d}x$;　　(6) $\int \frac{1}{x(x^6+6)}\mathrm{d}x$;

(7) $\int \frac{x^5+x^4-8}{x^3-x}\mathrm{d}x$;　　(8) $\int \frac{2x+1}{x^2+3x-10}\mathrm{d}x$.

2. 求下列三角函数有理式的不定积分:

(1) $\int \frac{\mathrm{d}x}{1+\sin x}$;　　(2) $\int \frac{\sin x}{5+4\cos x}\mathrm{d}x$;

(3) $\int \frac{1+\sin^2 x}{\cos^4 x}\mathrm{d}x$;　　(4) $\int \frac{\mathrm{d}x}{\tan x+\sin x}$;

(5) $\int \frac{\mathrm{d}x}{3+\sin^2 x}$;　　(6) $\int \frac{\tan x}{1+2\cos^2 x}\mathrm{d}x$;

(7) $\int \frac{1}{1+\sin x+\cos x}\mathrm{d}x$;　　(8) $\int \frac{\sin x}{\sin x+\cos x}\mathrm{d}x$.

3.7　定积分的应用

定积分的应用范围是十分广泛的, 它涵盖几何学、物理学、天文学、经济学等不同学科领域. 本节主要介绍定积分在几何和物理上的一些实际应用, 比如求平面图形的面积、立体几何体的体积、变力做功等.

3.7.1 建立积分表达式的微分法

在 3.1.1 小节定积分问题举例中, 我们已经分别讨论了求曲边梯形的面积和求变速直线运动路程的问题, 并给出共同的一个解决方案: 采用分割、近似、求和、取极限四个步骤, 最后把所求的量表示成乘积求和取极限的形式, 即表示成定积分. 实际上, 从这四个步骤可归纳出一个实际问题中所求量 A 要想表示为定积分, 则需符合以下三个条件:

(1) A 要跟某个变量 x 以及其变化区间 $[a,b]$ 有关;

(2) A 在区间 $[a,b]$ 具有可加性;

(3) A 的局部量 ΔA_i 可求近似值, 且能表示为 $\Delta A_i \approx f(\xi_i)\Delta x_i$.

在确定某一个所求量满足以上条件, 接着就可以通过分割、近似、求和、取极限四个步骤获得该量的定积分表达式. 利用这四个步骤把实际问题中所求量转化为定积分虽然方法直观明了, 可操作性强, 但分析过程较为烦琐, 不够简洁. 那么是否有简单的方法能够把所求量用定积分形式表示出来呢? 在给出答案之前, 我们先分析定积分的结构特点及其与现实问题的关系. 由定积分的表达式 $\int_a^b f(x)\mathrm{d}x$ 可知, 只要确定一个积分变量 x 的变化范围 $[a,b]$ 以及被积函数 $f(x)$, 则该定积分就确定了. 相对来说, 在实际问题里前者比较容易确定, 而后者因不同问题其函数表达式差异很大, 很难直接获得, 这就导致定积分表达式不好确定. 虽然 $f(x)$ 不易求, 但被积表达式 $f(x)\mathrm{d}x$ 却有明确的现实意义, 很容易通过分析实际问题而求得. 比如: 在 3.1.1 小节的曲边梯形面积问题中, 若任意一个小区间考虑的是 $[x,x+\mathrm{d}x]$, 则不难发现该小区间所对应的小曲边梯形的面积就可以用以端点 x 所对应的函数值 $f(x)$ 作为高, 以 $\mathrm{d}x$ 作为宽的小矩形的面积, 即 $f(x)\mathrm{d}x$, 来近似表示. 这表明了要求整个曲边梯形的面积, 关键在于求出在区间 $[x,x+\mathrm{d}x]$ 上局部量的近似值 $f(x)\mathrm{d}x$, 因为以 $f(x)\mathrm{d}x$ 为定积分的被积表达式所计算出来的积分值就是整体曲边梯形的面积. 显然, 通过这种方法将曲边梯形的面积用定积分表示, 过程就简单多了. 事实上, 所求量只要满足以上三个条件均能通过这种方法加以解决. 这种方法就是所谓的**微元法**, 因其易于分析且计算简便, 在理工学科领域得到广泛的应用. 以下给出利用微元法建立某所求量 A 的积分表达式的具体步骤:

(1) 根据问题实际意义, 选取一个恰当的积分变量 x, 并确定其变化区间 $[a,b]$.

(2) 在区间 $[a,b]$ 上任取一个小区间 $[x,x+\mathrm{d}x]$, 并求出其所对应的局部量 ΔA 的近似值表达式, 即 $\Delta A \approx f(x)\mathrm{d}x$. 常称 $f(x)\mathrm{d}x$ 为所求量 A 的**微元**或**元素**, 且记作 $\mathrm{d}A = f(x)\mathrm{d}x$. 不同的应用问题微元称呼有所差异, 比如: 面积问题的微元称为面积微元, 体积问题对应称为体积微元.

(3) 以 $[a,b]$ 为积分区间, 以 $f(x)\mathrm{d}x$ 为定积分被积表达式, 就可得到整体所求

量 A 的积分表达式 $A=\int_a^b f(x)\mathrm{d}x$.

以下通过具体实例来介绍微元法在几何和物理上的应用.

3.7.2　定积分的几何应用举例

1. 平面图形的面积

当用微元法求平面图形的面积时, 应注意平面图形所处的坐标系归属问题, 因不同的坐标系中积分变量选择方式和微元的计算差别较大. 以下主要讨论直角坐标系和极坐标系下微元法在求平面图形的面积中的应用.

1) 直角坐标系下面积的积分表示

一般地, 设平面图形 (图 3-8) 是由两条连续曲线 $y=f_1(x)$, $y=f_2(x)$ $(f_1(x)\geqslant f_2(x))$ 和直线 $x=a$, $x=b$ 所围成的. 若要求此图形的面积 A, 显然取 x 为积分变量比较合适, 且其变化范围易确定为 $[a,b]$. 根据微元法, 只需求出区间 $[x,x+\mathrm{d}x]$ 上所对应的微元 $\mathrm{d}A$ 即可用定积分表示整体量 A. 显然, 此时的面积微元 $\mathrm{d}A=[f_1(x)-f_2(x)]\mathrm{d}x$, 即用底为 $\mathrm{d}x$, 高为 $f_1(x)-f_2(x)$ 的矩形面积来近似局部量 ΔA. 从而可求得该图形的面积的积分表达式:

$$A=\int_a^b [f_1(x)-f_2(x)]\mathrm{d}x. \tag{3.7.1}$$

类似地, 可求得由连续曲线 $x=\varphi_1(y)$, $x=\varphi_2(y)(\varphi_1(y)\geqslant\varphi_2(y))$, $y=c$, $y=d$ 所围成的平面图形 (图 3-9) 的面积的积分表达式:

$$A=\int_c^d (\varphi_1(y)-\varphi_2(y))\mathrm{d}y. \tag{3.7.2}$$

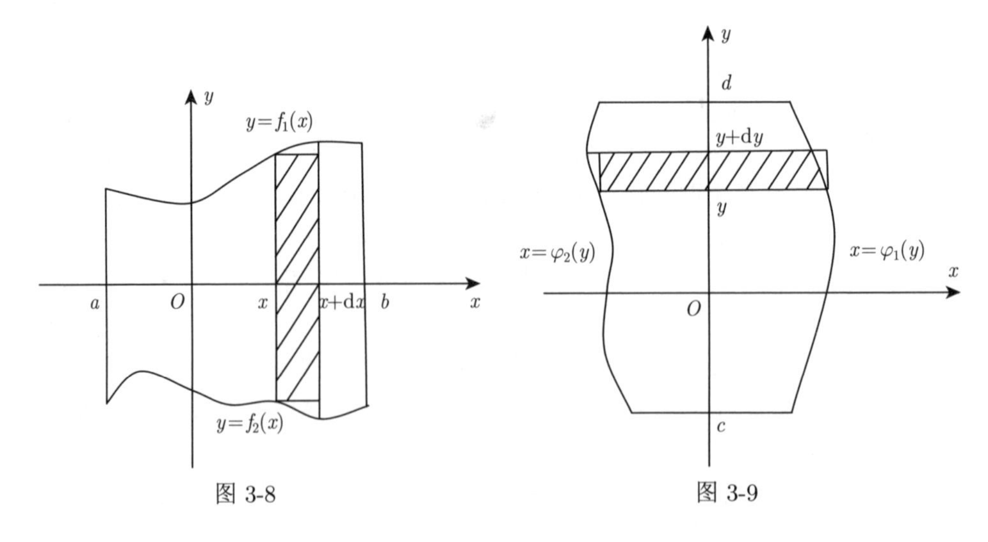

图 3-8　　图 3-9

注记 在图 3-8 中, 若 $f_2(x)\equiv 0$, 且 $f_1(x)\geqslant 0$, 则平面图形就转化为 3.1.1 小节中所举例的曲边梯形, 其面积公式就表示成 $A=\int_a^b f_1(x)\mathrm{d}x$.

同样, 当 $\varphi_2(y)\equiv 0$ 时, 且 $\varphi_1(x)\geqslant 0$, 图 3-9 中的图形也转变成一个曲边梯形, 只不过是与 y 轴所围成的梯形, 面积为 $A=\int_c^d \varphi_1(y)\mathrm{d}y$.

例 1 求由抛物线 $y=x^2$ 与 $y=\sqrt{x}$ 所围成的平面图形的面积.

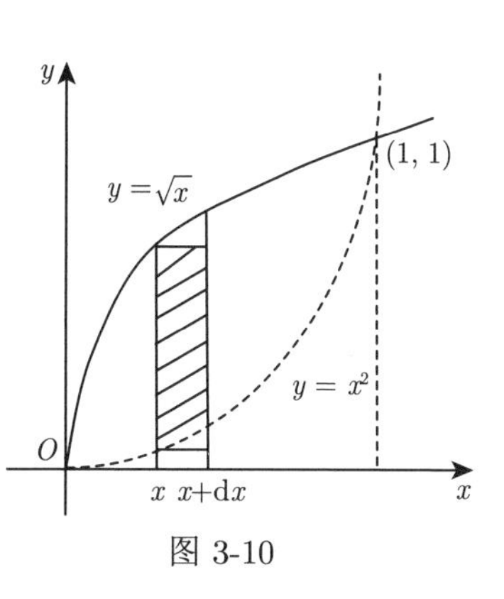

图 3-10

解 画出草图, 如图 3-10 所示. 联立两条抛物线方程

$$\begin{cases} y=x^2, \\ y=\sqrt{x}, \end{cases}$$

求得它们的交点坐标为 $(0,0)$ 和 $(1,1)$.

取 x 作为积分变量, 则它的变化范围为 $[0,1]$, 取任意一个小区间 $[x,x+\mathrm{d}x]\subset[0,1]$, 则面积微元 $\mathrm{d}A=(\sqrt{x}-x^2)\mathrm{d}x$, 故所求面积为

$$A=\int_0^1(\sqrt{x}-x^2)\mathrm{d}x=\left(\frac{2}{3}x^{\frac{3}{2}}-\frac{x^3}{3}\right)\Big|_0^1=\frac{1}{3}.$$

例 2 求抛物线 $y^2=2px$ 与其过点 $\left(\frac{p}{2},p\right)$ 处的法线所围成的平面图形的面积.

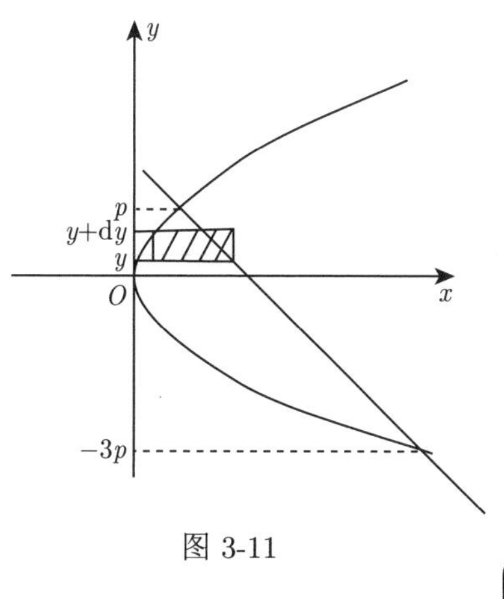

图 3-11

解 画出草图, 如图 3-11 所示. 依题意可求得抛物线任一点 (x,y) 处的切线斜率为

$$y'=\frac{p}{y},$$

把点 $\left(\frac{p}{2},p\right)$ 代入上式可知该点处斜率为 1, 又因在同点处切线和法线的斜率乘积为 -1, 故可得法线的方程

$$(y-p)=-1\cdot\left(x-\frac{p}{2}\right),\quad 即\quad y=-x+\frac{3p}{2},$$

联立抛物线和法线方程

$$\begin{cases} y^2=2px, \\ y=-x+\dfrac{3p}{2}, \end{cases}$$

求得它们的交点坐标为 $\left(\dfrac{p}{2},p\right)$ 和 $\left(\dfrac{9}{2}p,-3p\right)$.

取 y 作为积分变量, 则它的变化范围为 $[-3p,p]$, 取任意一个小区间 $[y,y+\mathrm{d}y]\subset[-3p,p]$, 则面积微元 $\mathrm{d}A=\left(-y+\dfrac{3p}{2}-\dfrac{y^2}{2p}\right)\mathrm{d}y$, 故所求面积为

$$A=\int_{-3p}^{p}\left(-y+\frac{3p}{2}-\frac{y^2}{2p}\right)\mathrm{d}y=\left(-\frac{1}{2}y^2+\frac{3p}{2}y-\frac{1}{3}\cdot\frac{y^3}{2p}\right)\Bigg|_{-3p}^{p}=\frac{16}{3}p^2.$$

例 3　求由抛物线 $y^2=2x$ 与直线 $y=x-4$ 所围成的平面图形的面积.

解法 1　画出草图, 如图 3-12(a) 所示. 联立两条曲线方程

$$\begin{cases} y^2=2x, \\ y=x-4. \end{cases}$$

求得它们的交点坐标为 $(2,-2)$ 和 $(8,4)$.

取 y 作为积分变量, 则它的变化范围为 $[-2,4]$, 取任意一个小区间 $[y,y+\mathrm{d}y]\subset[-2,4]$, 则面积微元 $\mathrm{d}A=\left(4+y-\dfrac{y^2}{2}\right)\mathrm{d}y$, 故所求的面积为

$$A=\int_{-2}^{4}\left(4+y-\frac{y^2}{2}\right)\mathrm{d}y=\left(4y+\frac{y^2}{2}-\frac{y^3}{6}\right)\Bigg|_{-2}^{4}=18.$$

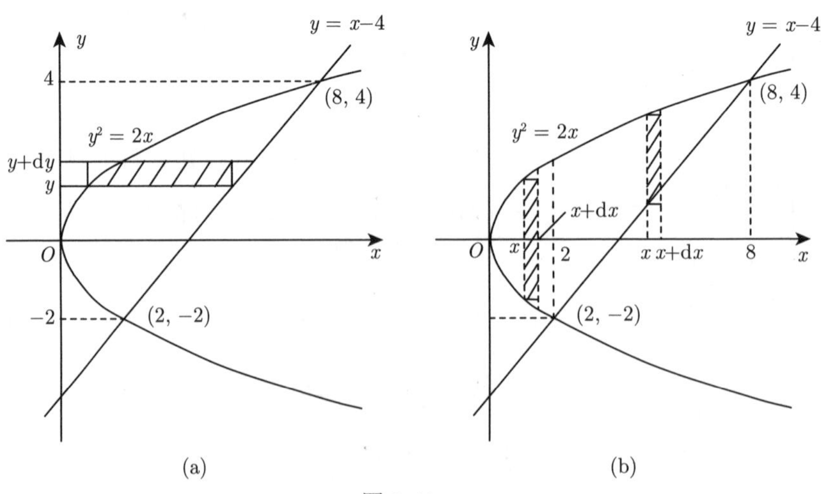

图 3-12

解法 2 如图 3-12(b) 所示, 取 x 作为积分变量, 则它的变化范围为 $[0,8]$. 由于在不同的子区间上积分微元的表达式不同, 因此以下分两个子区间来求面积微元:

当 $x\in[0,2]$ 时, $\mathrm{d}A_1=[\sqrt{2x}-(-\sqrt{2x})]\mathrm{d}x$;

当 $x\in[2,8]$ 时, $\mathrm{d}A_2=[\sqrt{2x}-(x-4)]\mathrm{d}x$.

由此, 可计算出所求的面积为

$$
\begin{aligned}
A=A_1+A_2&=\int_0^2\left(\sqrt{2x}-(-\sqrt{2x})\right)\mathrm{d}x+\int_2^8\left(\sqrt{2x}-(x-4)\right)\mathrm{d}x\\
&=2\sqrt{2}\int_0^2\sqrt{x}\mathrm{d}x+\int_2^8(\sqrt{2x}-x+4)\mathrm{d}x\\
&=\frac{4\sqrt{2}}{3}x^{\frac{3}{2}}\bigg|_0^2+\left(\frac{2\sqrt{2}}{3}x^{\frac{3}{2}}-\frac{x^2}{2}+4x\right)\bigg|_2^8=18.
\end{aligned}
$$

注记 从本例的两种解法可以看出, 合理选择积分变量对计算复杂度的减轻起着至关重要的作用.

例 4 求星形线 $x^{\frac{2}{3}}+y^{\frac{2}{3}}=a^{\frac{2}{3}}(a>0)$ 所围成图形的面积.

解 画出草图, 如图 3-13 所示. 根据对称性可知, 所求的总面积 A 等于第一象限中所围成的面积 A_1 的四倍, 因此可求得

$$
A=4\int_0^a y\mathrm{d}x=\int_0^a\sqrt{\left(a^{\frac{2}{3}}-x^{\frac{2}{3}}\right)^3}\mathrm{d}x,
$$

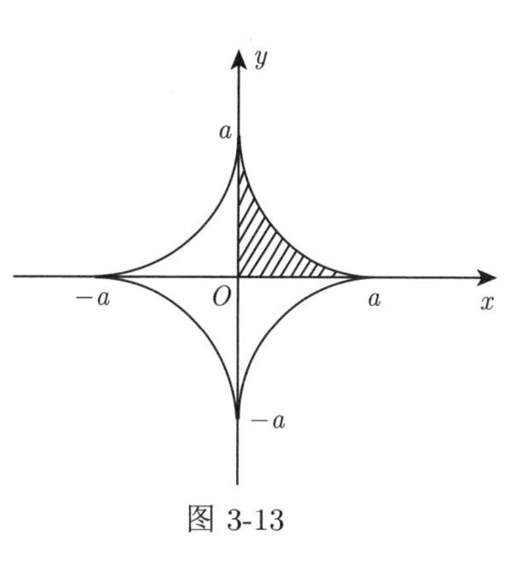

图 3-13

从上式可知, 直接计算相对复杂, 为了简化计算, 我们把星形线的方程转化为参数方程, 即

$$
\begin{cases}x=a\cos^3t,\\ y=a\sin^3t,\end{cases}
$$

从而利用定积分换元法, 可得

$$
\begin{aligned}
A=4\int_0^a y\mathrm{d}x&=4\int_{\frac{\pi}{2}}^0 a\sin^3t(-3a\cos^2t\sin t)\mathrm{d}t\\
&=12a^2\int_0^{\frac{\pi}{2}}\sin^4t\cos^2t\mathrm{d}t\\
&=12a^2\int_0^{\frac{\pi}{2}}\sin^4t(1-\sin^2t)\mathrm{d}t
\end{aligned}
$$

$$
\begin{aligned}
&= 12a^2\int_0^{\frac{\pi}{2}}\sin^4 t\mathrm{d}t - 12a^2\int_0^{\frac{\pi}{2}}\sin^6 t\mathrm{d}t \\
&= 12a^2\left(\frac{3}{4}\cdot\frac{1}{2}\cdot\frac{\pi}{2}\right) - 12a^2\left(\frac{5}{6}\cdot\frac{3}{4}\cdot\frac{1}{2}\cdot\frac{\pi}{2}\right) \\
&= \frac{3}{8}\pi a^2.
\end{aligned}
$$

注记 有时曲线是直接由参数方程给出的, 此时若求与之相关的平面图形的面积, 则一般处理的方法是: 先在直角坐标系下把面积表示成关于 x,y 的定积分, 然后再利用参数方程对定积分进行换元计算. 比如求 3.1.1 小节例 1 曲边梯形的面积, 先求出直角坐标系下的面积, 即

$$
A = \int_a^b y\mathrm{d}x,
$$

假设曲线 $y = f(x)$ 的参数方程为

$$
\begin{cases} x = \varphi(t), \\ y = \psi(t), \end{cases}
$$

则利用定积分的换元法可转化为新变量 t 的积分来求, 即

$$
A = \int_a^b y\mathrm{d}x = \int_\alpha^\beta \psi(t)\varphi'(t)\mathrm{d}t,
$$

其中, $\varphi(x)$ 和 $\psi(x)$ 需满足定积分的换元法的条件.

2) 极坐标系下面积的积分表示

若曲线的方程由极坐标方程给出, 即

$$
\rho = \rho(\theta) \quad (\alpha \leqslant \theta \leqslant \beta),
$$

此时求与其相关的平行图形的面积则可以考虑直接采用极坐标方程来计算.

设平面图形是由曲线 $\rho = \rho(\theta)$ 及射线 $\theta = \alpha$, $\theta = \beta$ 构成的.

所围成的曲边扇形, 如图 3-14 所示, 现求其面积.

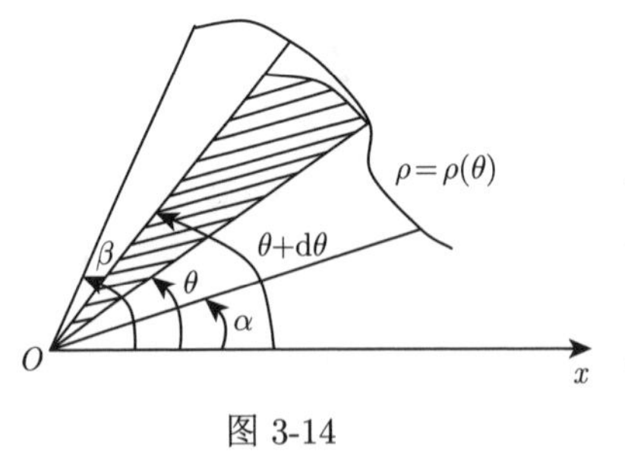

图 3-14

选取极角 θ 为积分变量, 则 θ 的变化范围为 $[\alpha,\beta]$, 取任意一个小区间 $[\theta,\theta+\mathrm{d}\theta] \subset [\alpha,\beta]$, 则所对应的小曲边扇形的面积可以用以半径为 $\rho(\theta)$、中心角为 $\mathrm{d}\theta$ 的小圆边扇形的面积来近似, 即面积微元可表示为

$$\mathrm{d}A=\frac{1}{2}\rho^2(\theta)\mathrm{d}\theta,$$

根据微元法, 从而求得整体曲边扇形的面积计算公式为

$$A=\frac{1}{2}\int_{\alpha}^{\beta}\rho^2(\theta)\mathrm{d}\theta. \tag{3.7.3}$$

例 5 求心形线 $\rho=a(1+\cos\theta)(a>0)$ 所围成的平面图形面积.

解 画出草图, 如图 3-15 所示. 根据对称性可知, 所求的总面积 A 等于极轴上半部分面积 A_1 的两倍. 由公式 (3.7.3) 可得

$$\begin{aligned}A&=2\int_0^{\pi}\frac{1}{2}a^2(1+\cos\theta)^2\mathrm{d}\theta\\&=a^2\int_0^{\pi}\left(2\cos^2\frac{\theta}{2}\right)^2\mathrm{d}\theta\\&=4a^2\int_0^{\pi}\cos^4\frac{\theta}{2}\mathrm{d}\theta\\&\xlongequal{t=\frac{\theta}{2}}8a^2\int_0^{\frac{\pi}{2}}\cos^4t\mathrm{d}t\\&=8a^2\cdot\frac{3}{4}\cdot\frac{1}{2}\cdot\frac{\pi}{2}=\frac{3\pi a^2}{2}.\end{aligned}$$

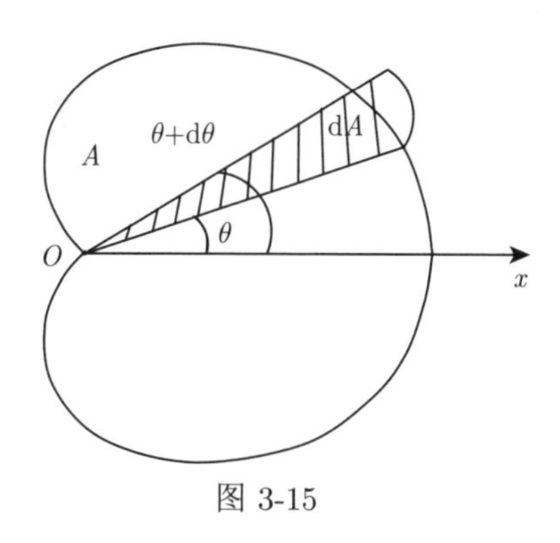

图 3-15

注记 本题在采用公式 (3.7.3) 计算面积时, 一个关键点是要确定面积计算公式中的积分上、下限, 其中下限 α 易确定, 重点在于确定极角的上限 β. 如图 3-15 所示, 对于极轴上部分连续心形线上的点, 其对应的极角 θ 不断地增大时, 相应的 ρ 是不断减小, 因此, 当 ρ 趋向于 0 时, θ 达到最大, 于是这里我们可以通过简单令 $\rho=0$ 求出对应的 θ 的最大值 $\dfrac{\pi}{2}$.

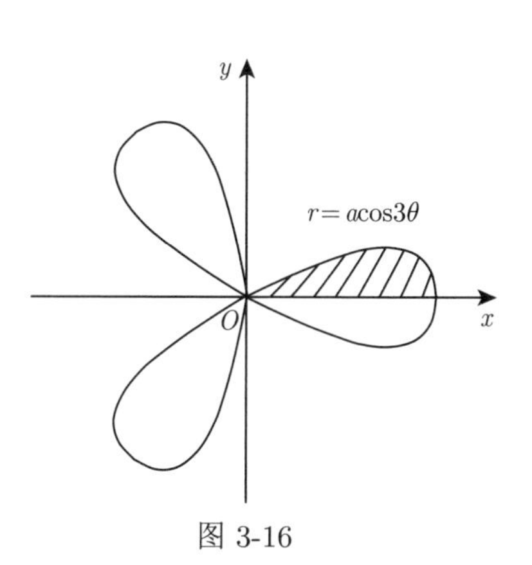

图 3-16

例 6 求三叶玫瑰线 $r=a\cos3\theta(a>0)$ 所围成的平面图形的面积.

解 画出草图, 如图 3-16 所示. 根据对称性可知, 所求的总面积 A 等于极轴上半部分面积 A_1 (第一象限) 的六倍. 由公式 (3.7.3) 可得

$$A = 6\int_0^{\frac{\pi}{6}} \frac{1}{2}a^2\cos^2 3\theta \mathrm{d}\theta = 3a^2\int_0^{\frac{\pi}{6}} \cos^2 3\theta \mathrm{d}\theta$$
$$= 3a^2\int_0^{\frac{\pi}{6}} \left(\frac{1+\cos 6\theta}{2}\right)\mathrm{d}\theta = \frac{3a^2}{2}\left(\theta + \frac{1}{6}\sin 6\theta\right)\Big|_0^{\frac{\pi}{6}}$$
$$= \frac{3a^2}{2}\cdot\frac{\pi}{6} = \frac{\pi a^2}{4}.$$

2. 三维空间立体的体积

关于三维空间立体的体积问题, 这里我们只针对两种简单的三维空间立体的图形, 即旋转体和平行截面面积已知的立体. 对于复杂的立体的体积问题, 则需要利用《大学数学 (二)》的多元函数重积分的知识来解决.

1) 旋转体的体积

所谓的**旋转体**是指由一个平面图形绕该平面内一条固定直线旋转一周而形成的立体. 其中, 该固定直线称为**旋转轴**.

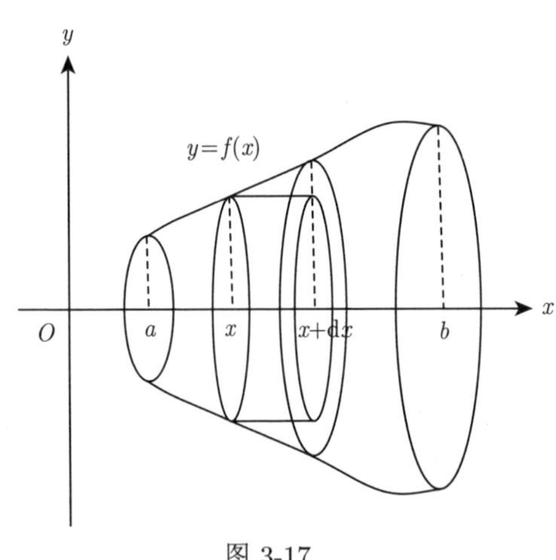

图 3-17

设立体是由曲线 $y = f(x)$ 和直线 $x = a$, $x = b$ 及 x 轴所围成的曲边梯形绕 x 轴旋转一周所形成的, 如图 3-17 所示, 现求其体积.

选取 x 为积分变量, 则 x 的变化范围为 $[a,b]$, 取任意一个小区间 $[x, x+\mathrm{d}x] \subset [a,b]$, 则所对应的窄曲边梯形绕 x 轴旋转所形成的小薄片的立体可近似看成以底面圆的半径为 $f(x)$, 高为 $\mathrm{d}x$ 的圆柱体的体积, 即体积的微元为

$$\mathrm{d}V = \pi\left[f(x)\right]^2\mathrm{d}x.$$

根据微元法, 所求旋转体的体积为

$$V = \int_a^b \pi\cdot f^2(x)\mathrm{d}x. \tag{3.7.4}$$

类似地, 我们可求出由曲线 $x = \varphi(y)$, 直线 $y = c$, $y = d$ 及 y 轴所围成的曲边梯形绕 y 轴旋转一周所形成的旋转体的体积为

$$V = \int_c^d \pi\cdot\varphi^2(y)\mathrm{d}y. \tag{3.7.5}$$

注记 若公式 (3.7.4) 中的曲边梯形不是绕 x 轴而是绕 y 轴旋转一周, 则其所形成的立体体积为

$$V=2\pi\int_a^b x|f(x)|\mathrm{d}x. \tag{3.7.6}$$

关于公式 (3.7.6), 读者可用微元法自行推导.

例 7 求椭圆 $\dfrac{x^2}{a^2}+\dfrac{y^2}{b^2}=1$ 所围成图形绕 x 轴旋转所得旋转体的体积.

解 直接由公式 (3.7.4) 可知, 所求的体积为

$$V=\int_{-a}^{a}\pi\cdot y^2\mathrm{d}x=2\pi\frac{b^2}{a^2}\int_0^a(a^2-x^2)\mathrm{d}x=\frac{2\pi b^2}{a^2}\left(a^2x-\frac{x^3}{3}\right)\Bigg|_0^a=\frac{4}{3}\pi ab^2.$$

例 8 求正弦曲线 $y=\sin x(x\in[0,\pi])$ 与 $y=0$ 所围成的图形分别绕 x 轴和 y 轴旋转所得旋转体的体积.

解 画出草图, 如图 3-18 所示. 由公式 (3.7.4) 可求得

$$\begin{aligned}V_x&=\int_0^{\pi}\pi y^2(x)\mathrm{d}x=\pi\int_0^{\pi}\sin^2x\mathrm{d}x=\pi\int_0^{\pi}\frac{1-\cos 2x}{2}\mathrm{d}x\\&=\frac{\pi}{2}\left(x-\frac{1}{2}\sin 2x\right)\Bigg|_0^{\pi}=\frac{\pi^2}{2}.\end{aligned}$$

由公式 (3.7.6) 可求得

$$\begin{aligned}V_y&=\int_0^{\pi}2\pi x\left|y(x)\right|\mathrm{d}x=2\pi\int_0^{\pi}x\cdot\sin x\mathrm{d}x=-2\pi\int_0^{\pi}x\mathrm{d}\cos x\\&=-2\pi\left(x\cos x|_0^{\pi}-\int_0^{\pi}\cos x\mathrm{d}x\right)=-2\pi\left(-\pi-\sin x|_0^{\pi}\right)=2\pi^2.\end{aligned}$$

注记 本题绕 y 轴旋转所得旋转体的体积也可以看成平面图形 $OABC$ 与 OBC 分别绕 y 轴旋转构成旋转体的体积之差 (图 3-19). 请读者结合公式 (3.7.5) 自行计算.

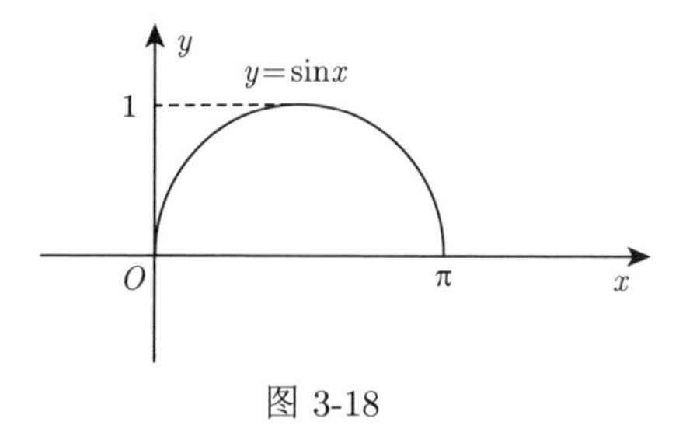

图 3-18

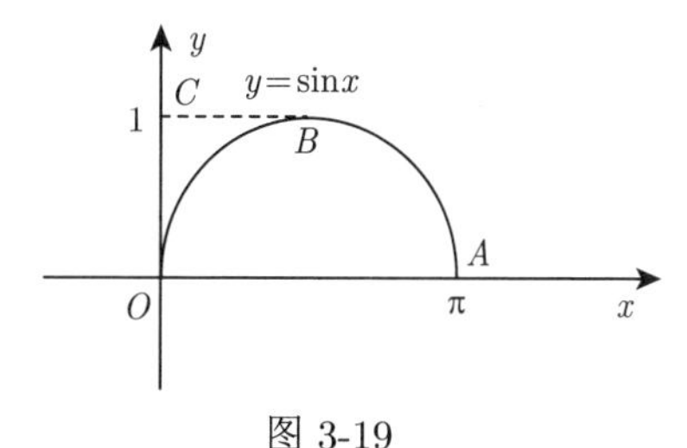

图 3-19

2) 平行截面面积为已知的立体的体积

若一个立体不是旋转体, 但其垂直于一定轴的各个截面的面积均为已知, 则该立体的体积也可以用定积分来计算.

如图 3-20 所示, 设立体介于过点 $x=a, x=b$, 且垂直于 x 轴的两个平面之内, 以 $A(x)$ 表示过点 x 且垂直于 x 轴的截面面积, 现求该立体的体积.

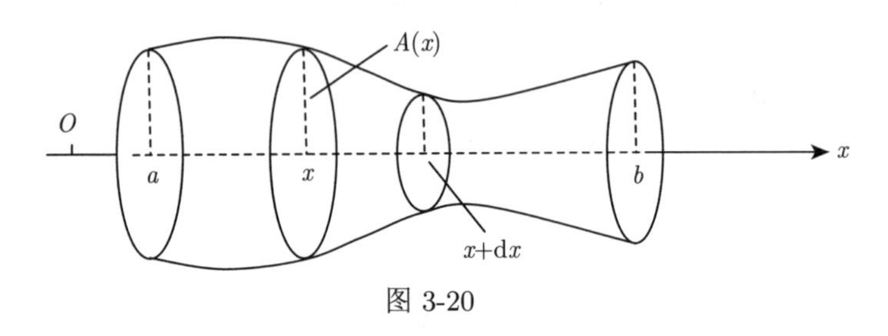

图 3-20

选取 x 为积分变量, 则 x 的变化区间为 $[a,b]$. 取任意一个小区间 $[x,x+\mathrm{d}x]\subset[a,b]$, 则所对应的窄立体可近似看成以底面积为 $A(x)$, 高为 $\mathrm{d}x$ 的圆柱体的体积, 即体积的微元为

$$\mathrm{d}V=A(x)\mathrm{d}x.$$

根据微元法, 所求立体的体积为

$$V=\int_a^b A(x)\mathrm{d}x. \tag{3.7.7}$$

例 9 设有一半径为 R 的圆柱体, 用一个与底面交角为 α 且通过直径的平面去截, 求截下部分立体的体积.

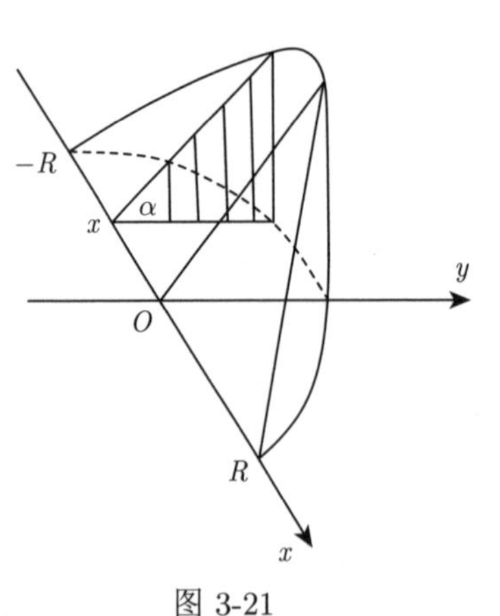

图 3-21

解 依题意可知圆的方程为 $x^2+y^2=R^2$. 画出草图, 如图 3-21 所示, 以相交的直径为 x 轴, 过圆心且垂直于 x 轴的直线为 y 轴.

选取 x 为积分变量, 则 x 的变化区间为 $[-R,R]$, 用过任意点 x 且垂直于 x 轴的平面截该立体, 则所截的图形是一个直角三角形, 从而求得截面的面积

$$A(x)=\frac{1}{2}\sqrt{R^2-x^2}\cdot\sqrt{R^2-x^2}\tan\alpha,$$

即

$$A(x)=\frac{1}{2}\left(R^2-x^2\right)^2\tan\alpha.$$

根据公式 (3.7.7) 即可求出所求立体的体积为

$$
\begin{aligned}
V &= \int_{-R}^{R} A(x)\mathrm{d}x = 2\cdot\frac{1}{2}\int_{0}^{R}(R^2-x^2)\tan\alpha\mathrm{d}x \\
&= \int_{0}^{R}(R^2-x^2)\tan\alpha\mathrm{d}x = \tan\alpha\left(R^2x-\frac{1}{3}x^3\right)\Big|_0^R \\
&= \frac{2}{3}R^3\tan\alpha.
\end{aligned}
$$

3. 平面曲线的弧长

1) 直角坐标系下平面曲线弧长的积分表示

设曲线弧 $y=f(x), x\in[a,b]$, 且 $f(x)$ 在区间 $[a,b]$ 上具有一阶连续导数, 现求该曲线弧的长度 s.

如图 3-22 所示, 选取 x 为积分变量, 则 x 的变化范围为 $[a,b]$, 取任意一个小区间 $[x,x+\mathrm{d}x]\subset[a,b]$, 则所对应的小弧段的长度可近似看成该曲线在点 $(x,f(x))$ 处相应的一小段切线的长, 即弧长的微元 (简称弧微元) 为

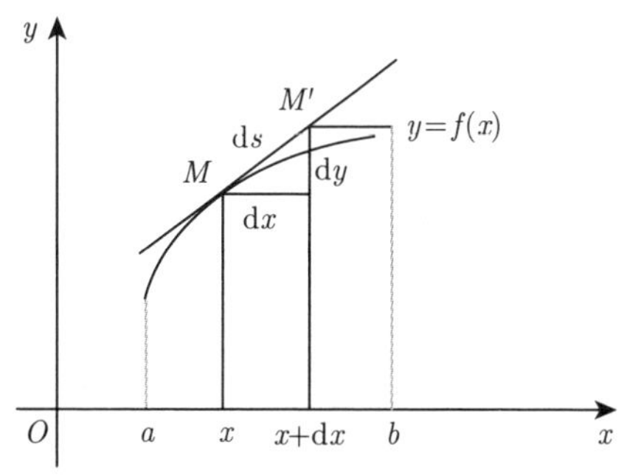

$$
\mathrm{d}s=\sqrt{(\mathrm{d}x)^2+(\mathrm{d}y)^2}=\sqrt{1+y'^2}\mathrm{d}x,
$$

图 3-22

根据微元法, 所求曲线弧的长度为

$$
s=\int_a^b\sqrt{1+y'^2}\mathrm{d}x\quad(a<b). \tag{3.7.8}
$$

例 10 求曲线 $y=\frac{2}{3}x^{\frac{3}{2}}$ 在 $[0,3]$ 上的弧长.

解 依题可得 $y'=\sqrt{x}$, 则 $\mathrm{d}s=\sqrt{1+x}\mathrm{d}x$, 由公式 (3.7.8) 可得所求的弧长为

$$
s=\int_0^3\sqrt{1+x}\mathrm{d}x=\frac{2}{3}(1+x)^{\frac{3}{2}}\Big|_0^3=\frac{2}{3}\left[(1+3)^{3/2}-1\right]=\frac{14}{3}.
$$

2) 参数方程下平面曲线弧长的积分表示

若曲线由参数方程 $\begin{cases}x=\varphi(t),\\ y=\psi(t)\end{cases}$ $(\alpha\leqslant t\leqslant\beta)$ 给出, 其中 $\varphi(t)$, $\psi(t)$ 在 $[\alpha,\beta]$ 上具有一阶连续导数, 则有

$$
\mathrm{d}s=\sqrt{(\mathrm{d}x)^2+(\mathrm{d}y)^2}=\sqrt{[\varphi'(t)]^2+[\psi'(t)]^2}\mathrm{d}t,
$$

从而可求出曲线在 $[\alpha,\beta]$ 上的弧长为

$$s=\int_{\alpha}^{\beta}\sqrt{[\varphi'(t)]^2+[\psi'(t)]^2}\mathrm{d}t. \tag{3.7.9}$$

例 11 求摆线 $\begin{cases}x=a(\theta-\sin\theta),\\ y=a(1-\cos\theta)\end{cases}$ 一拱 $(0\leqslant\theta\leqslant 2\pi)$ 的长度.

解 依题意可得

$$\mathrm{d}s=\sqrt{a^2(1-\cos\theta)^2+a^2\sin^2\theta}\mathrm{d}\theta=2a\sin\frac{\theta}{2}\mathrm{d}\theta,$$

从而可得所求摆线的长度为

$$s=2a\int_0^{2\pi}\sin\frac{\theta}{2}\mathrm{d}\theta=4a\left(-\cos\frac{\theta}{2}\right)\bigg|_0^{2\pi}=8a.$$

3) 极坐标下平面曲线弧长的积分表示

若曲线由极坐标方程

$$\rho=\rho(\theta)\quad(\alpha\leqslant\theta\leqslant\beta)$$

给出, 其中 $\rho(\theta)$ 在 $[\alpha,\beta]$ 上具有一阶连续导数. 此时我们可利用极坐标和直角坐标系的转化关系, 即

$$\begin{cases}x=\rho(\theta)\cos\theta,\\ y=\rho(\theta)\sin\theta,\end{cases}$$

把曲线极坐标方程转化为曲线参数方程, 再利用曲线参数方程的弧微分公式即可求得曲线极坐标下弧长微元, 即

$$\mathrm{d}s=\sqrt{(\rho(\theta)\cos\theta)'^2+(\rho(\theta)\sin\theta)'^2}\mathrm{d}\theta=\sqrt{\rho^2(\theta)+[\rho'(\theta)]^2}\mathrm{d}\theta,$$

从而可求出曲线在极坐标下的弧长计算公式为

$$s=\int_{\alpha}^{\beta}\sqrt{\rho^2(\theta)+[\rho'(\theta)]^2}\mathrm{d}\theta. \tag{3.7.10}$$

例 12 求心形线 $\rho=a(1+\cos\theta)(0\leqslant\theta\leqslant 2\pi)$ 的全长.

解 根据对称性, 心形线的全长等于极轴上半部分长度的 2 倍, 根据公式 (3.7.10) 可得

$$s=2\int_0^{\pi}\sqrt{\rho^2(\theta)+[\rho'(\theta)]^2}\mathrm{d}\theta=2\int_0^{\pi}\sqrt{a^2(1+\cos\theta)^2+a^2\sin^2\theta}\mathrm{d}\theta$$

$$= 2a\int_0^{\pi}\sqrt{2+2\cos\theta}\mathrm{d}\theta = 4a\int_0^{\pi}\cos\frac{\theta}{2}\mathrm{d}\theta = 8a.$$

3.7.3 定积分的物理应用举例

前面已经讨论如何利用微元法把几何上关于求平面图形的面积、立体的体积、平面曲线的弧长的问题转化为定积分来求解. 这小节我们将继续介绍定积分在物理学上的应用, 以下主要从变力沿直线所做的功、水压力、引力三个方面问题来讨论.

1. 变力沿直线所做的功

恒力沿着直线做功的问题, 在中学物理学中已经讨论过了. 从中我们获得计算物体在恒力 F 作用下沿直线移动 s 距离的做功公式 $W = F \cdot s$. 但是, 现实中物体所受的力往往随着移动在不断地变动, 此时就牵涉到变力做功的问题, 就无法使用中学物理的恒力做功的公式. 接下来, 我们就利用微元法来解决这个问题.

一般地, 假设变力 $F(x)$ 是位移 x 的连续函数, 现求该力使物体从 a 移动到 b 所做的功.

选取 x 为积分变量, 则 x 的变化范围为 $[a,b]$, 取任意一个小区间 $[x, x+\mathrm{d}x] \subset [a,b]$, 则物体在小段位移 $\mathrm{d}x$ 上所受的力可近似看成恒力 $F(x)$, 从而利用恒力做功的公式求出该小段位移上的功的近似值, 即功微元为

$$\mathrm{d}W = F(x)\mathrm{d}x,$$

根据微元法, 所求的功为

$$W = \int_a^b F(x)\mathrm{d}x. \tag{3.7.11}$$

例 13 设水平面上有一弹簧, 将其左端固定, 若用 20 牛的力拉伸弹簧右端, 可将其从自然长度为 8cm 拉长到 12cm, 今将该弹簧拉伸到 18cm, 问需做功多少?

解 画出草图, 如图 3-23 所示, 以水平面为 x 轴, 以处在自然长度时的弹簧为坐标原点. 由物理学的胡克定律可知变力 $F(x)$ 和位移 x 的关系如下:

$$F(x) = kx,$$

其中, k 为比例系数, x 是弹簧偏离自然长度的长度.

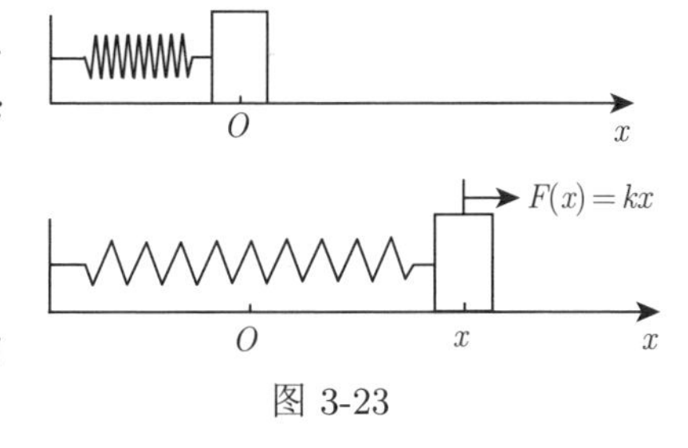

图 3-23

由已知条件可知: 当 $F(x)=20$ 时, $x=0.04$ 米, 故可确定 $k=500$. 根据公式 (3.7.11), 从而可得所求功为

$$W=\int_0^{0.18-0.08}500x\,\mathrm{d}x=500\int_0^{0.1}x\mathrm{d}x=\left(250x^2\right)\Big|_0^{0.1}=2.5(\mathrm{J}).$$

例 14 有一圆柱形蓄水池高为 5 米, 底半径为 3 米, 池内装满了水. 求把池内的水全部抽到桶顶部上方 2 米处时所做的功.

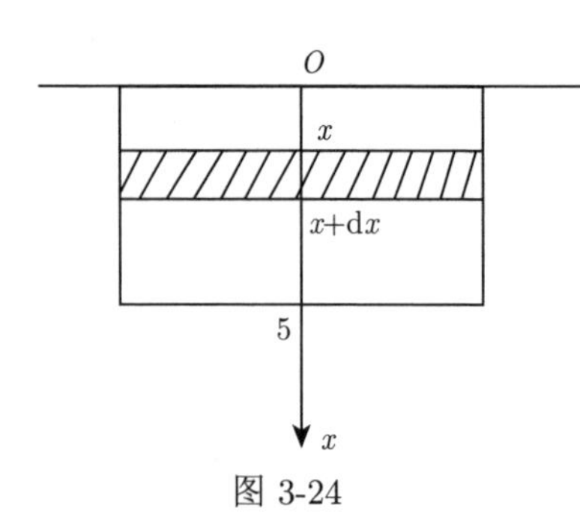

图 3-24

解 画出草图, 如图 3-24 所示建立直角坐标系, 以蓄水池的水平面为 x 轴, 且正向朝下, 以顶面圆心为坐标原点.

选取 x 为积分变量, 则 x 的变化范围为 $[0,5]$, 取任意一个小区间 $[x,x+\mathrm{d}x]\subset[0,5]$, 则所对应的小薄层水被抽到桶顶部上方 2 米处所做的功可近似等于克服薄片重力所做的功, 故功微元为

$$\mathrm{d}W=\rho g\pi 3^2(2+x)\mathrm{d}x,$$

其中, 水的密度为 ρ ($\mathrm{kg/m^3}$), 重力加速度为 g, 根据微元法, 所求功为

$$\begin{aligned}W&=\int_0^5 9\rho g\pi(2+x)\mathrm{d}x=9\rho g\pi\int_0^5(2+x)\mathrm{d}x\\&=9\rho g\pi\left(2x+\frac{1}{2}x^2\right)\Big|_0^5\\&=\frac{405}{2}\rho g\pi(\mathrm{J}).\end{aligned}$$

注记 本题本质上不算变力做功问题, 但其局部不同小薄层水位移的距离不同, 因此也可以用微分法进行分析, 从而使得抽水问题能转化为定积分表示.

2. 水压力

由中学物理学可知, 水深为 h 处的压强为 $p=\rho gh$, 这里 ρ 为水的密度, g 为重力加速度. 同时我们也知道当一个面积 A 的平板水平地放置在水深 h 处时, 其侧面所受的水压力可计算为

$$F=p\cdot A=\rho gh\cdot A,$$

但是如果平板非水平放入水中, 则其侧面局部因处不同水深位置而压强有所不同, 这就导致侧面不同水深位置所受的压力也有所差异. 此时, 显然不能直接使用上

式来计算整个板侧面所受的压力. 以下通过举例来介绍微分法在这方面是如何解决的.

例 15 一个盛满水的圆柱形水桶水平横放, 且桶的底半径为 R, 水的密度为 ρ, 求该桶的一端侧面所受的压力.

解 如图 3-25 所示, 以水桶一端侧面建立直角坐标系.

选取 x 为积分变量, 则它的变化范围为 $[-R,R]$, 取任意一个小区间 $[x,x+\mathrm{d}x]\subset[-R,R]$, 则所对应的曲边窄条所受压强近似看成不变, 取为 $\rho g(x+R)$. 同时, 曲边窄条面积近似等于以 $\mathrm{d}x$ 为宽, $2\sqrt{R^2-x^2}$ 为长的小矩形的面积. 于是, 可求出对应于 $[x,x+\mathrm{d}x]$ 的曲边窄条所受水的压力的近似值, 即压力微元为

$$\mathrm{d}F=\rho g(x+R)\cdot 2\sqrt{R^2-x^2}\mathrm{d}x.$$

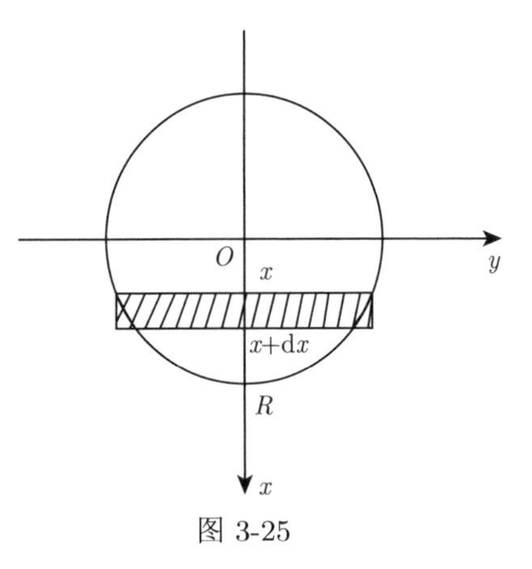

图 3-25

根据微元法, 水桶一端整个面所受的压力为

$$\begin{aligned}F&=\int_{-R}^{R}\rho g(x+R)\cdot 2\sqrt{R^2-x^2}\mathrm{d}x\\&=2\rho g\int_{-R}^{R}x\cdot\sqrt{R^2-x^2}\mathrm{d}x+2\rho gR\int_{-R}^{R}\sqrt{R^2-x^2}\mathrm{d}x\\&=0+4\rho gR\int_{0}^{R}\sqrt{R^2-x^2}\mathrm{d}x\\&=4\rho gR\frac{1}{4}\pi R^2=\rho g\pi R^3.\end{aligned}$$

3. 引力

由中学物理学可知, 两个相距为 r 且质量分别为 m_1, m_2 的质点之间的引力大小为

$$F=k\frac{m_1m_2}{r^2},\tag{3.7.12}$$

其中, k 为引力系数. 引力的方向沿着两质点的连线方向.

公式 (3.7.12) 只适合于计算两个质点间的引力, 对于求一根细棒对一个质点的引力显然不合适, 这是因为细棒上各点与该质点的距离是变化的, 且各点对该质点的引力方向也是变化的. 此时, 我们要采用微元法对该问题进行分析, 然后转

化为定积分进行求解. 以下通过举例来详述利用定积分求一根细棒对一个质点的引力的方法.

例 16 设水平放置有一根长为 l, 线密度为 ρ 的均匀细直棒, 在其中垂线上距离为 a 处有一质点 M, 其质量为 m, 求该棒对质点 M 的引力.

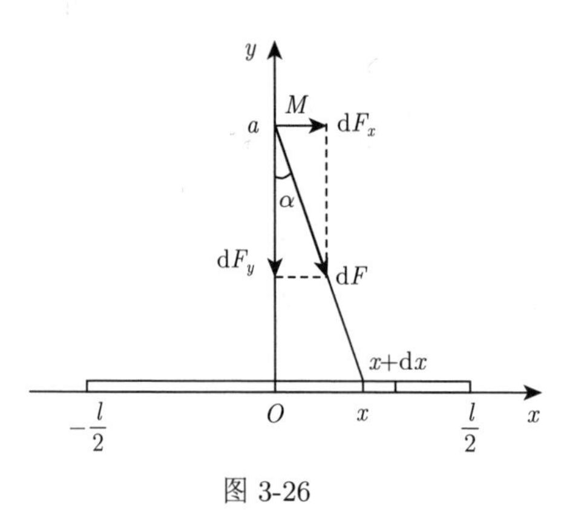

图 3-26

解 如图 3-26 所示建立直角坐标系, 以细直棒为 x 轴, 其中垂线为 y 轴.

选取 x 为积分变量, 则它的变化范围为 $\left[-\frac{l}{2},\frac{l}{2}\right]$, 取任意一个小区间 $[x,x+\mathrm{d}x]\subset\left[-\frac{l}{2},\frac{l}{2}\right]$, 其所对应的小段细棒可近似看成一个质点, 并求出其质量为 $\rho\mathrm{d}x$, 到质点 M 的距离为 $\sqrt{a^2+x^2}$. 由质点间引力公式 (3.7.12) 可求得这段小细棒对质点 M 的引力, 即引力微元, 为

$$\mathrm{d}F=k\frac{m\rho\mathrm{d}x}{x^2+a^2},$$

于是, 我们可以计算出整根细直棒对质点 M 的引力在垂直方向的分力的微元为

$$\mathrm{d}F_y=-\mathrm{d}F\cos\alpha=-k\frac{m\rho\mathrm{d}x}{x^2+a^2}\cdot\frac{a}{\sqrt{x^2+a^2}}=-km\rho a\frac{\mathrm{d}x}{(x^2+a^2)^{\frac{3}{2}}},$$

根据微元法, 整根细直棒对质点 M 的引力在垂直方向的分力为

$$\begin{aligned}F_y&=-km\rho a\int_{-\frac{l}{2}}^{\frac{l}{2}}\frac{\mathrm{d}x}{(x^2+a^2)^{\frac{3}{2}}}=-2km\rho a\int_0^{\frac{l}{2}}\frac{\mathrm{d}x}{(x^2+a^2)^{\frac{3}{2}}}\\&\xlongequal{x=a\tan t}-2km\rho a\int_0^{\arctan\frac{l}{2a}}\frac{a\sec^2 t}{a^3\sec^3 t}\mathrm{d}t\quad\left(t\in\left[0,\frac{\pi}{2}\right]\right)\\&=-\frac{2km\rho}{a}\int_0^{\arctan\frac{l}{2a}}\frac{1}{\sec t}\mathrm{d}t\\&=-\frac{2km\rho}{a}(\sin t)\Big|_0^{\arctan\frac{l}{2a}}\\&=-\frac{2km\rho}{a}\left(\sin\left(\arctan\frac{l}{2a}\right)-0\right)\end{aligned}$$

$$= -\frac{2km\rho l}{a\sqrt{4a^2+l^2}}.$$

由于对称性, 整根细直棒对质点 M 的引力在水平方向上的分力 $F_x = 0$.

注记 求引力需注意力的方向确定和不同坐标轴上分力的讨论.

例 17 有一半径为 R、中心角为 φ、线密度为 ρ 的圆弧形细棒, 在其圆心处有一质量为 m 的质点 M, 求该棒对质点 M 的引力.

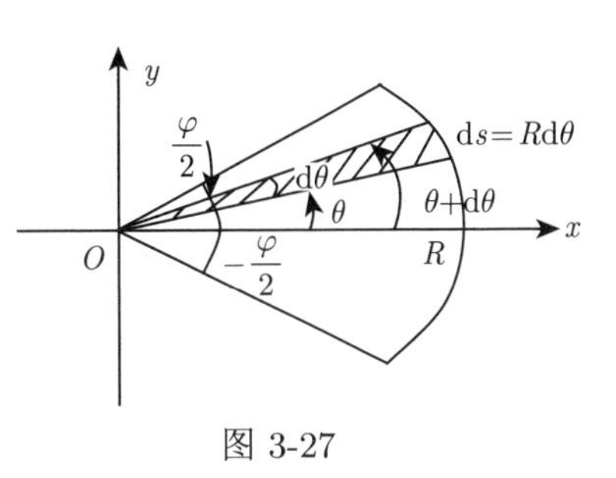

图 3-27

解 如图 3-27 建立直角坐标系, 取质点 M 位于坐标原点, 并以质点 M 与细棒中心点连线为 x 轴. 为了便于讨论, 我们把圆弧表示成参数形式, 即

$$\begin{cases} x = R\cos\theta, \\ y = R\sin\theta \end{cases} \quad \left(-\frac{\varphi}{2} \leqslant \theta \leqslant \frac{\varphi}{2}\right).$$

选取 θ 为积分变量, 则它的变化范围为 $\left[-\frac{\varphi}{2}, \frac{\varphi}{2}\right]$, 取任意一个小区间 $[\theta, \theta + \mathrm{d}\theta] \subset \left[-\frac{\varphi}{2}, \frac{\varphi}{2}\right]$, 其所对应的小段细棒可近似看成一个质点, 并求出其质量为 $\rho R\mathrm{d}\theta$, 到质点 M 的距离为 R. 由质点间引力公式 (3.7.12) 可求得这段小细棒对质点 M 的引力, 即引力微元为

$$\mathrm{d}F = k\frac{m\rho R}{R^2}\mathrm{d}\theta = k\frac{m\rho}{R}\mathrm{d}\theta,$$

于是, 我们可以计算出整根圆弧细棒对质点 M 的引力在水平方向的分力的微元为

$$\mathrm{d}F_x = \mathrm{d}F \cdot \cos\theta = k\frac{m\rho}{R}\cos\theta\mathrm{d}\theta,$$

根据微元法, 整根细直棒对质点 M 的引力在水平方向的分力为

$$\begin{aligned} F_x &= \int_{-\frac{\varphi}{2}}^{\frac{\varphi}{2}} k\frac{m\rho}{R}\cos\theta\mathrm{d}\theta = k\frac{m\rho}{R}\int_{-\frac{\varphi}{2}}^{\frac{\varphi}{2}}\cos\theta\mathrm{d}\theta = 2k\frac{m\rho}{R}\int_0^{\frac{\varphi}{2}}\cos\theta\mathrm{d}\theta \\ &= 2k\frac{m\rho}{R}\sin\theta\Big|_0^{\frac{\varphi}{2}} = 2k\frac{m\rho}{R}\sin\frac{\varphi}{2}. \end{aligned}$$

由于对称性, 整根圆弧细棒对质点 M 的引力在垂直方向上的分力 $F_y = 0$.

习 题 3.7

1. 求下列各曲线所围成的平面图形的面积:

(1) $y+1=x^2$ 与 $y=1+x$; (2) $\dfrac{x^2}{a^2}+\dfrac{y^2}{b^2}=1$;

(3) $y=\ln x$, y 轴与 $y=\ln a$ 及 $y=\ln b$, 且 $b>a>0$;

(4) $y=x^2$ 与 $y=2-x^2$.

2. 求由摆线 $\begin{cases} x=a(t-\sin t), \\ y=a(1-\cos t) \end{cases}$ 的一拱 $(0\leqslant t\leqslant 2\pi)$ 与 x 轴所围成的平面图形的面积.

3. 求曲线 $\rho=3\cos\theta$ 及 $\rho=1+\cos\theta$ 所围图形公共部分的面积.

4. 求抛物线 $y^2=4ax\ (a>0)$ 与过焦点的弦所围成的图形面积的最小值.

5. 求双纽线 $\rho^2=a^2\cos 2\theta$ 所围成的图形的面积.

6. 求由曲线 $y=\dfrac{r}{h}\cdot x$ 及直线 $y=0$, $x=h\ (h>0)$ 和 x 轴所围成的三角形绕 x 轴旋转而生成的立体的体积.

7. 求由摆线 $\begin{cases} x=a(t-\sin t), \\ y=a(1-\cos t) \end{cases}$ 的一拱 $(0\leqslant t\leqslant 2\pi)$ 与 x 轴所围成的平面图形分别绕 x 轴和 y 轴旋转而生成的立体的体积.

8. 求由曲线 $y=4-x^2$ 及 $y=0$ 所围成的图形绕直线 $x=3$ 旋转构成旋转体的体积.

9. 求圆心在点 $(b,0)$ 处, 半径为 $a\ (b>a)$ 的圆绕 y 轴旋转一周而成的环状体的体积.

10. 求底面是半径为 R 的圆, 而垂直于底面上一条固定直径的所有截面都是等边三角形的立体体积.

11. 求曲线在两个指定点之间的弧长:

(1) $y=\dfrac{1}{3}\sqrt{x}(3-x)$, 从 $x=1$ 到 $x=3$;

(2) $y=\ln\cos x$, 从 $x=0$ 到 $x=\dfrac{\pi}{3}$;

(3) $x=\dfrac{1}{4}y^2-\dfrac{1}{2}\ln y$, 从 $\left(\dfrac{1}{4},1\right)$ 到 $\left(\dfrac{1}{4}\mathrm{e}^2-\dfrac{1}{2},\mathrm{e}\right)$;

(4) $y=a\operatorname{ch}\dfrac{x}{a}$, 从 $x=-a$ 到 $x=a$.

12. 求摆线 $\begin{cases} x=a(t-\sin t), \\ y=a(1-\cos t) \end{cases}$ 的一拱 $(0\leqslant t\leqslant 2\pi)$ 的长度.

13. 求曲线 $\begin{cases} x=\dfrac{1}{2}\ln(t^2-1), \\ y=\sqrt{t^2-1} \end{cases}$ 从 $t=3$ 到 $t=7$ 的一段弧的弧长.

14. 求星形线 $\begin{cases} x=a\cos^3 t, \\ y=a\sin^3 t \end{cases}$ 的全长.

15. 求对数螺线 $\rho=\mathrm{e}^{a\theta}$ 上从 $\theta=0$ 到 $\theta=\varphi$ 的一段弧的弧长.

16. 求阿基米德螺线 $\rho=2\theta$ 上从 $\theta=0$ 到 $\theta=2\pi$ 的一段弧的弧长.

17. 用铁锤把钉子钉入木板, 设木板对铁钉的阻力与铁钉进入木板的深度成正比, 铁锤在第一次锤击时将铁钉击入 1 厘米, 若每次锤击所做的功相等, 问第 5 次锤击时又将铁钉击入多少?

18. 半径为 r 的半球形水池充满了水, 要把池内的水全部吸出, 需做多少功?

19. 有一个半径为 r 的球沉入水中, 球的上部与水面相切, 球的比重为 1 , 现将这球从水中取出, 需做多少功?

20. 有一等腰梯形闸门, 它的两条底边长为 10m 和 6m, 高为 10m, 较长的底边与水面平齐, 求闸门一侧所受的水压力 F.

21. 边长为 a 和 b 的矩形薄板, 与水面成 α 角斜沉于水中, 长边平行于水面而位于水深 h 处. 设 $a>b$, 水的比重为 γ, 试求薄板所受的水压力 F.

22. 设有一根长为 l, 线密度为 ρ 的均匀细棒, 在棒的延长线上与棒的一端距离为 a 处有一质点 M, 其质量为 m, 求棒对质点 M 的引力.

3.8 反常积分

在 3.1 节中, 我们讨论了定积分的概念以及函数的可积性, 从中可知, 目前为止所讨论的定积分需满足两个限制条件, 即积分区间要求有限, 被积函数要求有界. 但同时满足这两种限制条件的定积分在现实中并不总存在, 有时在解决实际问题中常会碰到无限积分区间或被积函数无界的情形. 为此, 本节将已有的定积分概念进一步推广, 使之产生能够适用于以上情形的积分, 这种新推广的积分就是以下要介绍的**反常积分**又称**广义积分**.

3.8.1 无穷区间上的反常积分

定义 1 设函数 $f(x)$ 在 $[a,+\infty)$ 上连续, 任取 $b>a$, 且 $f(x)$ 在 $[a,b]$ 上可积, 则称极限

$$\lim_{b\to+\infty}\int_a^b f(x)\mathrm{d}x$$

为 $f(x)$ 在 $[a,+\infty)$ 上的反常积分, 记作 $\displaystyle\int_a^{+\infty} f(x)\mathrm{d}x$, 即

$$\int_a^{+\infty} f(x)\mathrm{d}x=\lim_{b\to+\infty}\int_a^b f(x)\mathrm{d}x. \tag{3.8.1}$$

此时, 上式右端的极限若存在, 则称所对应的反常积分 $\displaystyle\int_a^{+\infty} f(x)\mathrm{d}x$ 收敛. 反之称为发散.

类似地, 可定义出连续函数 $f(x)$ 在 $(-\infty,b]$ 上的反常积分形式为

$$\int_{-\infty}^b f(x)\mathrm{d}x=\lim_{a\to-\infty}\int_a^b f(x)\mathrm{d}x, \tag{3.8.2}$$

以及连续函数 $f(x)$ 在 $(-\infty,+\infty]$ 上的反常积分形式为

$$\int_{-\infty}^{+\infty} f(x)\mathrm{d}x = \int_{-\infty}^{c} f(x)\mathrm{d}x + \int_{c}^{+\infty} f(x)\mathrm{d}x, \tag{3.8.3}$$

其中 c 为任意实数, 为了便于计算一般常取 0. 若积分 $\displaystyle\int_{-\infty}^{+\infty} f(x)\mathrm{d}x$ 收敛当且仅当 $\displaystyle\int_{-\infty}^{c} f(x)\mathrm{d}x$ 和 $\displaystyle\int_{c}^{+\infty} f(x)\mathrm{d}x$ 同时收敛, 缺一不可, 否则的话 $\displaystyle\int_{-\infty}^{+\infty} f(x)\mathrm{d}x$ 就发散.

以上所介绍的三种反常积分统称为**无穷限的反常积分**.

例 1　求反常积分 $\displaystyle\int_{0}^{+\infty} \frac{x}{1+x^2}\mathrm{d}x$.

解　因为

$$\begin{aligned}\int_{0}^{+\infty} \frac{x}{1+x^2}\mathrm{d}x &= \lim_{b\to+\infty}\int_{0}^{b} \frac{x}{1+x^2}\mathrm{d}x = \lim_{b\to+\infty}\left(\frac{1}{2}\ln(1+x^2)\right)\Big|_0^b \\ &= \lim_{b\to+\infty}\frac{1}{2}\ln(1+b^2) = +\infty,\end{aligned}$$

所以该反常积分发散.

实际上, 在求无穷限的反常积分时, 我们也可以利用类似牛顿–莱布尼茨公式来简化计算过程, 即

$$\int_{a}^{+\infty} f(x)\mathrm{d}x = F(x)\big|_a^{+\infty} = \lim_{x\to+\infty} F(x) - F(a),$$

$$\int_{-\infty}^{b} f(x)\mathrm{d}x = F(x)\big|_{-\infty}^{b} = F(b) - \lim_{x\to-\infty} F(x),$$

$$\int_{-\infty}^{+\infty} f(x)\mathrm{d}x = F(x)\big|_{-\infty}^{+\infty} = \lim_{x\to+\infty} F(x) - \lim_{x\to-\infty} F(x),$$

其中, $F(x)$ 是连续函数 $f(x)$ 的一个原函数.

因此, 例 1 的计算过程可简化为

$$\int_{0}^{+\infty} \frac{x}{1+x^2}\mathrm{d}x = \left(\frac{1}{2}\ln(1+x^2)\right)\Big|_0^{+\infty} = \lim_{x\to+\infty}\frac{1}{2}\ln(1+x^2) - 0 = +\infty.$$

例 2　求反常积分 $I_n = \displaystyle\int_{0}^{+\infty} x^n \mathrm{e}^{-x}\mathrm{d}x\,(n\in\mathbf{N})$.

解
$$
\begin{aligned}
I_n &= \int_0^{+\infty} x^n \mathrm{e}^{-x}\mathrm{d}x = -\int_0^{+\infty} x^n \mathrm{d}\mathrm{e}^{-x} \\
&= -x^n\mathrm{e}^{-x}\Big|_0^{+\infty} + \int_0^{+\infty} n x^{n-1}\mathrm{e}^{-x}\mathrm{d}x = 0 + nI_{n-1} = n!I_0 \\
&= n!\int_0^{+\infty} \mathrm{e}^{-x}\mathrm{d}x = n!\left(-\mathrm{e}^{-x}\right)\Big|_0^{+\infty} = n!.
\end{aligned}
$$

例 3 讨论反常积分 $\displaystyle\int_1^{+\infty} \frac{1}{x^p}\mathrm{d}x\ (p>0)$ 的敛散性.

解 当 $p=1$ 时,

$$
\int_1^{+\infty} \frac{1}{x}\mathrm{d}x = (\ln x)\Big|_1^{+\infty} = \lim_{x\to+\infty} \ln x - 0 = +\infty;
$$

当 $p\neq 1$ 时,

$$
\int_1^{+\infty} \frac{1}{x^p}\mathrm{d}x = \left(\frac{x^{1-p}}{1-p}\right)\Bigg|_1^{+\infty} = \lim_{x\to+\infty}\frac{x^{1-p}}{1-p} - \frac{1}{1-p} = \begin{cases} \dfrac{1}{p-1}, & p>1, \\ +\infty, & p<1. \end{cases}
$$

综上所述, 当 $p>1$ 时, 该反常积分收敛, 其值为 $\dfrac{1}{p-1}$; 当 $p\leqslant 1$ 时, 该反常积分发散.

例 4 求反常积分 $\displaystyle\int_{-\infty}^{+\infty} \sin x\mathrm{d}x$.

解
$$
\int_{-\infty}^{+\infty} \sin x\mathrm{d}x = \int_{-\infty}^{0} \sin x\mathrm{d}x + \int_0^{+\infty} \sin x\mathrm{d}x,
$$

由于 $\displaystyle\int_{-\infty}^{0} \sin x\mathrm{d}x = (-\cos x)\,|_{-\infty}^{0} = -1 + \lim_{x\to-\infty}\cos x$, 且 $\displaystyle\lim_{x\to-\infty}\cos x$ 不存在, 故 $\displaystyle\int_{-\infty}^{0} \sin x\mathrm{d}x$ 发散, 从而可知 $\displaystyle\int_{-\infty}^{+\infty} \sin x\mathrm{d}x$ 发散.

注记 在普通的定积分中, 我们知道若被积函数在关于原点对称的积分区间上是奇函数, 则积分值为 0. 但这个结论在反常积分中未必适用. 例如, 本题如果采用这个结论, 就容易得到错误答案: $\displaystyle\int_{-\infty}^{+\infty} \sin x\mathrm{d}x = 0$. 同样地, 在反常积分中, 一般也不考虑普通定积分中被积函数为偶函数时的相关结论.

3.8.2 无界函数的反常积分

定义 2 设 $f(x)$ 在 $(a,b]$ 上连续, 且 $f(x)$ 在 a 的右邻域内无界, 取 $\varepsilon>0$, 则称极限

$$\lim_{\varepsilon\to0^+}\int_{a+\varepsilon}^{b}f(x)\mathrm{d}x$$

为 $f(x)$ 在 $(a,b]$ 上的反常积分, 记作 $\displaystyle\int_a^b f(x)\mathrm{d}x$, 即

$$\int_a^b f(x)\mathrm{d}x=\lim_{\varepsilon\to0^+}\int_{a+\varepsilon}^{b}f(x)\mathrm{d}x. \tag{3.8.4}$$

此时, 上次右端的极限若存在, 则称所对应的反常积分 $\displaystyle\int_a^b f(x)\mathrm{d}x$ 收敛, 点 a 称为瑕点, 反之, 称为发散.

类似地, 可定义出连续函数 $f(x)$ 在 $[a,b)$ 上的反常积分形式为

$$\int_a^b f(x)\mathrm{d}x=\lim_{\varepsilon\to0^+}\int_{a}^{b-\varepsilon}f(x)\mathrm{d}x. \tag{3.8.5}$$

以上两种反常积分的瑕点均出现在积分限, 即上限或下限. 若瑕点 c 出现在区间 $[a,b]$ 的内部, 则相应的反常积分形式为

$$\int_a^b f(x)\mathrm{d}x=\int_a^c f(x)\mathrm{d}x+\int_c^b f(x)\mathrm{d}x. \tag{3.8.6}$$

若积分 $\displaystyle\int_a^b f(x)\mathrm{d}x$ 收敛当且仅当 $\displaystyle\int_a^c f(x)\mathrm{d}x$ 和 $\displaystyle\int_c^b f(x)\mathrm{d}x$ 同时收敛, 否则 $\displaystyle\int_a^b f(x)\mathrm{d}x$ 就发散.

一般地, 上述三种反常积分统称为**无界函数的反常积分**.

注记 从积分形式上看, 无界函数的反常积分与普通的定积分相同, 但它们的计算方法差异甚大, 从而造成计算结果迥异. 因此, 在计算积分时应先检验该积分是否是无界函数的反常积分还是普通定积分, 然后再采用相应的计算方法求出结果.

例 5 求反常积分 $\displaystyle\int_0^a\frac{1}{\sqrt{a^2-x^2}}\mathrm{d}x\ (a>0)$.

解 依题意可知, a 是瑕点, 则根据公式 (3.8.5) 可得

$$\int_0^a\frac{1}{\sqrt{a^2-x^2}}\mathrm{d}x=\lim_{\varepsilon\to0^+}\int_0^{a-\varepsilon}\frac{1}{\sqrt{a^2-x^2}}\mathrm{d}x=\lim_{\varepsilon\to0^+}\ \arcsin\frac{x}{a}\bigg|_0^{a-\varepsilon}$$

$$= \lim_{\varepsilon \to 0^+} \arcsin \frac{a-\varepsilon}{a} - 0 = \frac{\pi}{2}.$$

注记 类似于无穷限的反常积分, 在计算无界函数的反常积分时, 也可采取类似牛顿–莱布尼茨的公式来简化计算, 即

若 a 是瑕点, 则

$$\int_a^b f(x)\mathrm{d}x = F(x)\Big|_{a^+}^{b} = F(b) - F(a^+) = F(b) - \lim_{x \to a^+} F(x);$$

若 b 是瑕点, 则

$$\int_a^b f(x)\mathrm{d}x = F(x)\Big|_{a}^{b^-} = F(b^-) - F(a) = \lim_{x \to b^-} F(x) - F(a);$$

若 a 和 b 都是瑕点, 则

$$\int_a^b f(x)\mathrm{d}x = F(x)\Big|_{a^+}^{b^-} = F(b^-) - F(a^+) = \lim_{x \to b^-} F(x) - \lim_{x \to a^+} F(x);$$

若 $c \in [a,b]$ 是瑕点, 则

$$\begin{aligned}\int_a^b f(x)\mathrm{d}x &= \int_a^c f(x)\mathrm{d}x + \int_c^b f(x)\mathrm{d}x = F(x)\Big|_a^{c^-} + F(x)\Big|_{c^+}^{b} \\ &= F(c^-) - F(a) + F(b) - F(c^+) \\ &= \lim_{x \to c^-} F(x) - F(a) + F(b) - \lim_{x \to c^+} F(x),\end{aligned}$$

其中 $F(x)$ 是连续函数 $f(x)$ 的一个原函数.

因此, 例 1 的计算过程可简化为

$$\int_0^a \frac{1}{\sqrt{a^2 - x^2}}\mathrm{d}x = \arcsin \frac{x}{a}\Big|_0^{a^-} = \lim_{x \to a^-} \arcsin \frac{x}{a} - 0 = \frac{\pi}{2}.$$

例 6 讨论反常积分 $\displaystyle\int_0^1 \frac{1}{x^q}\mathrm{d}x \ (q > 0)$ 的敛散性.

解 当 $q = 1$ 时,

$$\int_0^1 \frac{1}{x}\mathrm{d}x = (\ln x)\Big|_{0^+}^{1} = 0 - \lim_{x \to 0^+} \ln x = +\infty;$$

当 $q \neq 1$ 时,

$$\int_0^1 \frac{1}{x^q}\mathrm{d}x = \left.\frac{x^{1-q}}{1-q}\right|_{0^+}^1 = \frac{1}{1-q} - \lim_{x \to 0^+} \frac{x^{1-q}}{1-q} = \begin{cases} \dfrac{1}{1-q}, & q < 1, \\ +\infty, & q > 1. \end{cases}$$

综上所述, 当 $q < 1$ 时该反常积分收敛, 其值为 $\dfrac{1}{1-q}$; 当 $q \geqslant 1$ 时, 该反常积分发散.

例 7　求反常积分 $\displaystyle\int_1^{\mathrm{e}} \frac{1}{x\sqrt{1-(\ln x)^2}}\mathrm{d}x$.

解　$\displaystyle\int_1^{\mathrm{e}} \frac{1}{x\sqrt{1-(\ln x)^2}}\mathrm{d}x = \arcsin(\ln x)\Big|_1^{\mathrm{e}^-} = \lim_{x \to \mathrm{e}^-} \arcsin(\ln x) - 0 = \frac{\pi}{2}$.

例 8　讨论 $\displaystyle\int_{-1}^1 \frac{1}{x^4}\mathrm{d}x$ 的敛散性.

解　由于 0 是瑕点, 故

$$\int_{-1}^1 \frac{1}{x^4}\mathrm{d}x = \int_{-1}^0 \frac{1}{x^4}\mathrm{d}x + \int_0^1 \frac{1}{x^4}\mathrm{d}x,$$

又因为 $\displaystyle\int_{-1}^0 \frac{1}{x^4}\mathrm{d}x = \left.\left(-\frac{1}{3}x^{-3}\right)\right|_{-1}^{0^-} = +\infty$, 所以 $\displaystyle\int_{-1}^0 \frac{1}{x^4}\mathrm{d}x$ 发散, 从而可得 $\displaystyle\int_{-1}^1 \frac{1}{x^4}\mathrm{d}x$ 发散.

注记　在本题中, 该反常积分的瑕点 0 是在积分区间 $[-1,1]$ 内部, 在计算时若不注意, 很容易将其当作普通的定积分, 求得错误的结果:

$$\int_{-1}^1 \frac{1}{x^4}\mathrm{d}x = \left.\left(-\frac{1}{3}x^{-3}\right)\right|_{-1}^1 = -\frac{1}{3} - \frac{1}{3} = -\frac{2}{3}.$$

例 9　求反常积分 $\displaystyle\int_0^1 \frac{1-2x}{\sqrt{x-x^2}}\mathrm{d}x$.

解　依题意可得 $x=0$ 和 $x=1$ 是该积分的两个瑕点, 则

$$\begin{aligned}\int_0^1 \frac{1-2x}{\sqrt{x-x^2}}\mathrm{d}x &= \left.\left(2\sqrt{x-x^2}\right)\right|_{0^+}^{1^-} = \lim_{x \to 1^-}\left(2\sqrt{x-x^2}\right) - \lim_{x \to 0^+}\left(2\sqrt{x-x^2}\right) \\ &= 0 - 0 = 0.\end{aligned}$$

*3.8.3 Γ 函数

Γ 函数是一类重要的特殊函数, 在工程技术中有重要的应用, 其定义为

$$\Gamma(\alpha)=\int_0^{+\infty}x^{\alpha-1}\mathrm{e}^{-x}\mathrm{d}x\quad(\alpha>0).\tag{3.8.7}$$

可以证明, Γ 函数是收敛, 具体可参考陈传璋等的《数学分析》及庄圻泰和张南岳的《复变函数》.

以下给出 Γ 函数的几个常见性质.

(1) $\Gamma(\alpha+1)=\alpha\Gamma(\alpha)(\alpha>0)$.

证明

$$\begin{aligned}\Gamma(\alpha+1)&=\int_0^{+\infty}x^{\alpha+1-1}\mathrm{e}^{-x}\mathrm{d}x=\int_0^{+\infty}x^{\alpha}\mathrm{e}^{-x}\mathrm{d}x\\&=\left(-x^{\alpha}\mathrm{e}^{-x}\right)\Big|_0^{+\infty}+\int_0^{+\infty}\alpha x^{\alpha-1}\mathrm{e}^{-x}\mathrm{d}x\\&=\lim_{x\to+\infty}\left(-x^{\alpha}\mathrm{e}^{-x}\right)-0+\int_0^{+\infty}\alpha x^{\alpha-1}\mathrm{e}^{-x}\mathrm{d}x\\&=0+\int_0^{+\infty}\alpha x^{\alpha-1}\mathrm{e}^{-x}\mathrm{d}x=\alpha\Gamma(\alpha).\end{aligned}$$

注记 当 α 为正整数 m 时, $\Gamma(m+1)=m\Gamma(m)=m(m-1)\Gamma(m-1)=\cdots=m!\Gamma(1)$, 而

$$\Gamma(1)=\int_0^{+\infty}\mathrm{e}^{-x}\mathrm{d}x=\left(-\mathrm{e}^{-x}\right)\Big|_0^{+\infty}=\lim_{x\to+\infty}\left(-\mathrm{e}^{-x}\right)+1=1,$$

因此, 可求得 $\Gamma(m+1)=m!$.

(2) $\Gamma\left(\dfrac{1}{2}\right)=\sqrt{\pi}$.

证明 由

$$\Gamma(\alpha)=\int_0^{+\infty}x^{\alpha-1}\mathrm{e}^{-x}\mathrm{d}x\xlongequal{x=t^2}\int_0^{+\infty}t^{2\alpha-2}\mathrm{e}^{-t^2}2t\mathrm{d}t=2\int_0^{+\infty}t^{2\alpha-1}\cdot\mathrm{e}^{-t^2}\mathrm{d}t,$$

令 $\alpha=\dfrac{1}{2}$, 则

$$\Gamma\left(\frac{1}{2}\right)=2\int_0^{+\infty}\mathrm{e}^{-t^2}\mathrm{d}t,$$

又因为 $\displaystyle\int_0^{+\infty}\mathrm{e}^{-t^2}\mathrm{d}t=\frac{\sqrt{\pi}}{2}$ (利用后面的二重积分可求得), 所以 $\Gamma\left(\dfrac{1}{2}\right)=\sqrt{\pi}$.

习 题 3.8

1. 判断下列各反常积分的敛散性, 若收敛试求其值:

(1) $\int_0^{+\infty} \frac{1}{1+x^2}\mathrm{d}x$;

(2) $\int_1^{+\infty} \frac{1}{\sqrt{x}}\mathrm{d}x$;

(3) $\int_1^{+\infty} \frac{1}{\sqrt{x}(x+1)}\mathrm{d}x$;

(4) $\int_0^{+\infty} \mathrm{e}^{-ax}\mathrm{d}x\ (a>0)$;

(5) $\int_1^{+\infty} \frac{\arctan x}{x^2}\mathrm{d}x$;

(6) $\int_1^{+\infty} \frac{1}{x(x^2+1)}\mathrm{d}x$;

(7) $\int_{-\infty}^{+\infty} \frac{1}{x^2+2x+2}\mathrm{d}x$;

(8) $\int_0^1 \frac{x}{\sqrt{1-x^2}}\mathrm{d}x$;

(9) $\int_0^1 \frac{1}{\sqrt{x}}\mathrm{d}x$;

(10) $\int_{-\frac{1}{4}\pi}^{\frac{3}{4}\pi} \frac{1}{\cos^2 x}\mathrm{d}x$;

(11) $\int_1^2 \frac{1}{x\sqrt{x^2-1}}\mathrm{d}x$;

(12) $\int_0^4 \frac{1}{x^2-x-2}\mathrm{d}x$.

2. 当 k 为何值时, 反常积分 $\int_2^{+\infty} \frac{1}{x(\ln x)^k}\mathrm{d}x$ 收敛? 当 k 为何值时, 这个反常积分发散? 又当 k 为何值时, 这个反常积分取得最小值?

3. 证明反常积分 $\int_a^b \frac{\mathrm{d}x}{(x-a)^q}$ 当 $q<1$ 时收敛; 当 $q\geqslant 1$ 时发散.

总 习 题 三

1. 填空题.

(1) 若 $f'(\mathrm{e}^x)=2x$, 则 $f(x)=$ __________.

(2) 若 $f(x)$ 的一个原函数为 $\frac{\sin x}{x}$, 则 $\int xf'(x)\mathrm{d}x=$ __________.

(3) $\int \frac{f(x)-xf'(x)}{f^2(x)}\mathrm{d}x=$ __________.

(4) 计算积分 $\int \frac{1}{(1-x^2)\sqrt{1+x^2}}\mathrm{d}x$ 时, 为使被积函数有理化, 可作变换 $x=$ __________.

(5) $\int \ln(x+\sqrt{1+x^2})\ \mathrm{d}x=$ __________.

(6) $\int \mathrm{e}^{2x^2+\ln x}\mathrm{d}x=$ __________.

(7) 经过变换 $x=a\sinh t$, $\int \sqrt{a^2+x^2}\mathrm{d}x=$ __________.

(8) 用分部积分法计算 $\int \frac{1}{\sin^3 x}\mathrm{d}x$ 时, 应设 $u=$ __________, $\mathrm{d}v=$ __________.

(9) $\int \sin 2x[f'''(\sin x)+f''(\sin x)]\mathrm{d}x=$ __________.

(10) 函数 $f(x)$ 在闭区间 $[a,b]$ 上连续是定积分 $\int_a^b f(x)\mathrm{d}x$ 存在的 ________ 条件.

(11) 利用估值定理计算: ________ $\leqslant \int_{\frac{1}{\sqrt{3}}}^{\sqrt{3}} x\arctan x\mathrm{d}x \leqslant$ ________.

(12) $\int_{-3}^{3}(3^x-3^{-x})\mathrm{d}x=$ ________.

(13) $\int_{-\frac{1}{2}}^{\frac{1}{2}}\frac{2x^3+5x+2}{\sqrt{1-x^2}}\mathrm{d}x=$ ________.

(14) $\lim\limits_{n\to\infty}\sum\limits_{k=1}^{n}\frac{n}{n^2+k^2}=$ ________.

(15) 设 $x=x(t)$ 由方程 $t-\int_1^{x-t}\mathrm{e}^{-u^2}\mathrm{d}u=0$ 确定, 则 $\left.\frac{\mathrm{d}^2x}{\mathrm{d}t^2}\right|_{t=0}=$ ________.

(16) 设 $f(x)=\int_0^{\pi}\sin(t-x)\mathrm{d}t$, 则 $f'(x)=$ ________.

(17) 设 $\int_0^x[2f(x)-1]\mathrm{d}x=\mathrm{e}^{x^2}-1$, 则 $f(x)=$ ________.

(18) $\int_0^1\frac{1}{\sqrt{x-x^2}}\mathrm{d}x=$ ________.

(19) 已知 $\int_x^{2\ln 2}\frac{1}{\sqrt{\mathrm{e}^t-1}}\mathrm{d}t=\frac{\pi}{6}$, 则 $x=$ ________.

(20) 已知 $\lim\limits_{x\to+\infty}\left(\frac{x+c}{x-c}\right)^x=\int_{-\infty}^{c}t\mathrm{e}^{2t}\mathrm{d}t$, 则 $c=$ ________.

2. 计算下列积分:

(1) $\int\mathrm{e}^{\sin x}\sin 2x\mathrm{d}x$;　(2) $\int\max(x^2,1)\mathrm{d}x$;　(3) $\int\frac{\mathrm{e}^{\arctan x}}{\sqrt{(1+x^2)^3}}\mathrm{d}x$;

(4) $\int\cos^4 x\mathrm{d}x$;　(5) $\int\frac{1}{x\sqrt{x^2-2x-1}}\mathrm{d}x$;　(6) $\int\arctan\sqrt{\sqrt{x}-1}\mathrm{d}x$;

(7) $\int\frac{\arcsin x}{x^2\sqrt{1-x^2}}\mathrm{d}x$;　(8) $\int x^n\mathrm{e}^x\mathrm{d}x$;　(9) $\int_0^{\pi}\sqrt{1+\sin 2x}\mathrm{d}x$;

(10) $\int_{-2}^{2}\max(x^2,1)\mathrm{d}x$;　(11) $\lim\limits_{x\to 0}\left(\frac{1}{3x^2}-\frac{1}{x^4}+\frac{1}{x^5}\int_0^x\mathrm{e}^{-t^2}\mathrm{d}t\right)$;

(12) $\int_0^a\frac{1}{x+\sqrt{a^2-x^2}}\mathrm{d}x$;　(13) $\int_1^{16}\arctan\sqrt{\sqrt{x}-1}\mathrm{d}x$;

(14) $\int_0^2\frac{1}{\sqrt{1+x}+\sqrt{(1+x)^3}}\mathrm{d}x$;　(15) $\int_0^1 x^5\ln^3 x\mathrm{d}x$;

(16) $\int_{-\pi}^{\pi}(\sqrt{1+\cos 2x}+|x|\sin x)\mathrm{d}x$.

3. 设 $f(x)=\begin{cases}\sinh(x-1), & x\leqslant 1,\\ x\ln x, & x>1,\end{cases}$ 求 $\int f(x)\mathrm{d}x$.

4. 求 $I_n = \int \ln^n x\mathrm{d}x$ 的递推公式, 其中 n 为正整数.

5. 若 $f'(\ln x) = \begin{cases} 1, & 0 < x \leqslant 1, \\ x, & 1 < x < +\infty, \end{cases}$ 求 $f(x)$.

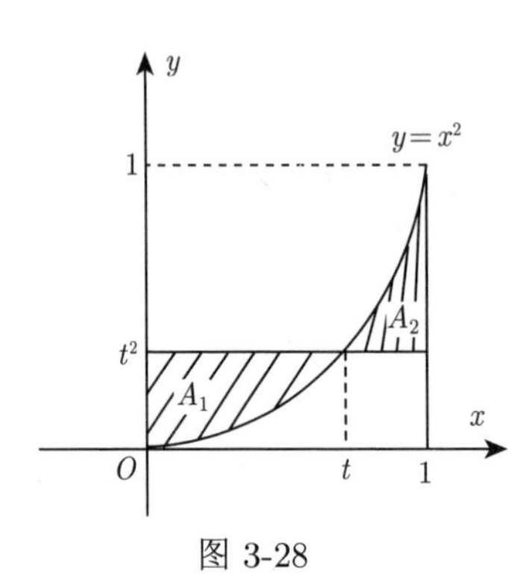

图 3-28

6. 在 $[0,1]$ 上给定函数 $y = x^2$, 问 t 取何值时, 图 3-28 中阴影部分 A_1 与 A_2 面积之和最小? 何时最大?

7. 设 $f(x) = \int_0^x \frac{\cos t}{1+\sin^2 t}\mathrm{d}t$, 求 $\int_0^{\frac{\pi}{2}} \frac{f'(x)}{1+f^2(t)}\mathrm{d}x$.

8. 设 $F(x) = \int_0^x t^{n-1} f(x^n - t^n)\mathrm{d}t$, 其中 $f(x)$ 可导, 且 $f(0) = 0$, 又 $f'(0) = 1$, 求 $\lim\limits_{x\to 0} \frac{F(x)}{x^{2n}}$.

9. 求 $f(x) = \int_0^x \frac{t\sin t}{1+\cos^2 t}\mathrm{d}t$ 在区间 $\left(\frac{\pi}{2}, \frac{3\pi}{2}\right)$ 内的极值.

10. 设 $f(x) \in C[0,1]$ 且单调递减, 求证: 对于 $\forall \theta \in (0,1]$ 恒有 $\int_0^1 f(x)\mathrm{d}x \leqslant \frac{1}{\theta}\int_0^\theta f(x)\mathrm{d}x$.

11. 设 $f(x)$ 在 $[0,1]$ 上可微, 且满足方程 $2\int_0^{\frac{1}{2}} xf(x)\mathrm{d}x = f(1)$, 求证: 在 $(0,1)$ 内至少存在一点 ξ, 使得 $f'(\xi) = -\frac{1}{\xi}f(\xi)$.

12. 设 $f(x)$ 在闭区间 $[a,b]$ 上连续, 且 $f(x) \geqslant 0$ 又 $f(x) \not\equiv 0$, 求证: $\int_a^b f(x)\mathrm{d}x > 0$.

13. 设 $f(x) \in C[a,b]$, 在 (a,b) 内可导, $|f'(x)| \leqslant M$, $f(a) = 0$, 求证:

$$\int_a^b f(x)\mathrm{d}x \leqslant \frac{(b-a)^2}{2}M.$$

14. 设 $f(x)$ 是以 T 为周期的连续函数, 试证: $\int_a^{a+T} f(x)\mathrm{d}x$ 的值与 a 无关, 即证明:

$$\int_a^{a+T} f(x)\mathrm{d}x = \int_0^T f(x)\mathrm{d}x.$$

15. 当 $x \geqslant 0$ 时, 证明: $f(x) = \int_0^x (t-t^2)\sin^{2n} t\mathrm{d}t\,(n \in \mathbf{N})$ 的最大值不超过 $\frac{1}{(2n+2)(2n+3)}$.

16. 求抛物线 $y = -x^2 + 4x - 3$ 与其在点 $(0,-3)$ 和 $(3,0)$ 处的切线所围成的图形的面积.

17. 求心形线 $\rho = a(1+\cos\theta)(a > 0)$ 与圆 $\rho = a$ 所围成的平面图形面积.

18. 设曲线 $y = f(x)$ 过原点及点 $(2,3)$, 且 $f(x)$ 为单调函数, 并具有连续导数, 今在曲线上任取一点作两坐标轴的平行线, 其中一条平行线与 x 轴和曲线 $y = f(x)$ 围成的面积是另一条平行线与 y 轴和曲线 $y = f(x)$ 围成的面积的两倍, 求曲线方程.

19. 求星形线 $x=a\cos^3 t$, $y=a\sin^3 t$, 绕 x 轴旋转所成的旋转体的体积.

20. 求曲线 $y=\int_0^x \sqrt{3-t^2}\mathrm{d}t$ 从 $x=0$ 到 $x=\sqrt{3}$ 所对应曲线的弧长.

21. 一物体按规律 $x=ct^3$ 做直线运动, 介质的阻力与速度的平方成正比, 计算物体由 $x=0$ 移至 $x=a$ 时, 克服媒质阻力所做的功.

22. 设一锥形蓄水池, 深 15 米, 口径 20 米, 盛满水. 今以吸管将水吸尽, 问要做多少功?

23. 一块高为 a, 底为 b 的等腰三角形薄板, 垂直地沉没在水中, 顶在下, 底与水面相齐, 试计算薄板每面所受的压力?

24. 设垂直放置有一根长为 l, 线密度为 ρ 的均匀细直棒, 在其中垂线上距离为 a 处有一质点 M, 其质量为 m, 求该棒对质点 M 的引力.

第 4 章　微 分 方 程

在研究自然科学和工程技术中的一些问题时, 需要寻求反映客观事物内部联系的数量关系, 即确定所讨论的变量之间的函数关系. 而在许多实际问题中, 有时并不能直接由所给条件找到反映事物变化基本规律的函数关系, 但却能比较容易地找到该函数及其导数或微分与自变量之间的关系式, 这种关系式就是所谓的微分方程. 分析问题并列出微分方程的过程就叫建立微分方程. 当微分方程建立以后, 应用数学方法将未知函数求解出来, 得到运动规律的定量描述, 并可以在一定条件下, 预知运动发展的变化趋势, 这个过程就是解微分方程的过程. 本章将结合具体应用例子介绍微分方程的一些基本概念和几种常用的微分方程的经典解法.

微分方程是利用微积分的知识解决几何问题、物理问题和其他各类实际问题的重要数学工具, 也是对各种客观现象进行数学抽象、建立数学模型的重要方法, 广泛地应用于很多学科领域, 比如自动控制、各种电子学装置的设计、弹道的计算、化学反应过程稳定性的研究等等, 这些问题都可以化为常微分方程来研究. 微分方程是数学理论的一个重要分支, 本身就是一门独立的、内容丰富的数学课程, 本章只能对它作粗略的介绍.

4.1　微分方程的基本概念

4.1.1　引例

例 1　已知曲线上任一点 $M(x,y)$ 处的切线的斜率等于该点横坐标的两倍, 且该曲线通过点 $(1,2)$, 求该曲线的方程.

解　设所求曲线的方程为 $y=y(x)$. 由导数的几何意义知, 未知函数 $y=y(x)$ 应满足关系式

$$\frac{\mathrm{d}y}{\mathrm{d}x}=2x \tag{4.1.1}$$

且 $y=y(x)$ 还应满足条件

$$y|_{x=1}=2. \tag{4.1.2}$$

在 (4.1.1) 两端积分, 得

$$y=x^2+C, \tag{4.1.3}$$

其中 C 为任意常数. 将条件 (4.1.2) 代入 (4.1.3) 式, 得 $C=1$, 于是得所求曲线的方程为

$$y=x^2+1. \tag{4.1.4}$$

注记 我们知道 (4.1.3) 式表示一族曲线, 如图 4-1 所示, 曲线族中的每一条曲线的函数代入 (4.1.1) 中都成为恒等式, 而 (4.1.4) 仅表示其中的一条, 它是通过点 $(1,2)$ 的一条曲线.

例 2 质量为 m 的物体在时刻 $t=0$ 时自高度为 h_0 处落下. 设初速度为 v_0 (方向向下), 不计空气阻力, 求物体下落的距离 s 与时间 t 的函数关系.

解 取坐标系如图 4-2 所示, 位移的正方向同时也作为速度和加速度的正方向. 点 O 为物体的初始位置, 经过时间 t 后物体下落的距离为 $s=s(t)$.

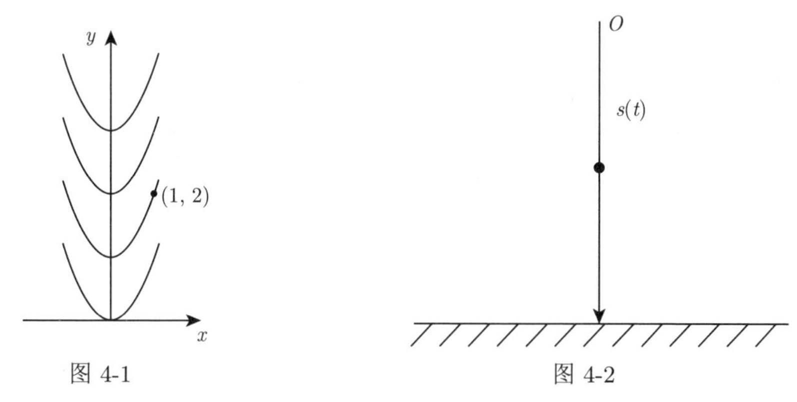

图 4-1　　图 4-2

由牛顿第二定律 $F=ma$, 注意到 $F=mg$, $a=\dfrac{\mathrm{d}^2s}{\mathrm{d}t^2}$, 则有 $m\dfrac{\mathrm{d}^2s}{\mathrm{d}t^2}=mg$, 即

$$\frac{\mathrm{d}^2s}{\mathrm{d}t^2}=g. \tag{4.1.5}$$

这就是位移函数 $s=s(t)$ 应满足的关系式. 此外, 由题意可知, $s(t)$ 还应满足下面两个条件:

$$s|_{t=0}=0,\quad v|_{t=0}=\left.\frac{\mathrm{d}s}{\mathrm{d}t}\right|_{t=0}=v_0. \tag{4.1.6}$$

对 (4.1.5) 两端积分一次, 得

$$\frac{\mathrm{d}s}{\mathrm{d}t}=gt+C_1, \tag{4.1.7}$$

再对 (4.1.7) 两端积分一次, 得

$$s=\frac{1}{2}gt^2+C_1t+C_2, \tag{4.1.8}$$

其中 C_1 和 C_2 为任意常数.

将条件 $\left.\frac{\mathrm{d}s}{\mathrm{d}t}\right|_{t=0}=v_0$ 代入 (4.1.7) 式, 得 $C_1=v_0$. 把条件 $s|_{t=0}=0$ 代入 (4.1.8), 得 $C_2=0$. 把 C_1 和 C_2 的值代入 (4.1.8), 得自由落体的运动方程为

$$s=\frac{1}{2}gt^2+v_0t. \tag{4.1.9}$$

4.1.2 微分方程的一些基本概念

1. 微分方程

从上面两个例题可以看出, 在一些实际问题中, 往往会出现含有未知函数的导数的方程, 例如 (4.1.1) 和 (4.1.5). 一般地, 把含有未知函数的导数或微分的方程叫做**微分方程** (differential equation).

在微分方程中, 未知函数是一元函数的微分方程称为**常微分方程**; 未知函数是多元函数的微分方程称为**偏微分方程**. 本章只限于讨论常微分方程, 以下简称为微分方程.

微分方程中出现的未知函数导数的最高阶数叫做**微分方程的阶**, 如例 1 中 (4.1.1) 为一阶微分方程; 例 2 中 (4.1.5) 为二阶微分方程; $y'''-4xy''=y^4\sin x$ 为 3 阶微分方程.

n **阶微分方程**的一般形式为

$$F(x,y,y',y'',\cdots,y^{(n)})=0, \tag{4.1.10}$$

其中 $F(x,y,y',y'',\cdots,y^{(n)})$ 表示由 $x,y,y',y'',\cdots,y^{(n)}$ 这些变量组成的一个表达式. 需要指出的是, 作为 n 阶微分方程, (4.1.10) 中 $y^{(n)}$ 是必须出现的, 而其他变量 $x,y,y',y'',\cdots,y^{(n-1)}$ 则可以不出现.

2. 微分方程的解和初值条件

如果在区间 I 上有定义的某个函数 $\varphi(x)$ 满足微分方程, 即将 $\varphi(x)$ 代入微分方程 (4.1.10) 后使其能成为恒等式:

$$F(x,\varphi(x),\varphi'(x),\cdots,\varphi^{(n)}(x))\equiv 0,\quad x\in I,$$

就称函数 $y=\varphi(x)$ 是**微分方程在区间 I 上的解**. 如果微分方程的解中含有任意常数, 且互相独立的任意常数 (这里独立是指任意常数无法通过恒等变形进行合并) 的个数与微分方程的阶数相同, 那么称这样的解为**微分方程的通解** (general solution). 例如 (4.1.3) 是 (4.1.1) 的通解; (4.1.8) 是 (4.1.5) 的通解. 当然有时通解也可以用隐函数表达式

$$\Phi(x,y,C_1,C_2,\cdots,C_n)=0 \tag{4.1.11}$$

表示.

从例 1 和例 2 我们看到, 微分方程是对客观事物在某一范围或某一过程中的现象给出数学上的描述, 而微分方程的通解便揭示了客观事物的一般规律. 由于通解中含有任意常数, 所以它还不能完全确定地反映某一客观事物的规律性. 那么要想完全确定地反映某一特定事物的规律, 就必须确定这些常数的值. 为此, 需要根据问题的实际情况, 提出一定的条件, 用来确定常数的值.

用以确定微分方程通解中任意常数的值的条件就叫做**定解条件**. 类似于 (4.1.2) 和 (4.1.6) 这样的定解条件通常称为**初值条件**或**初始条件** (initial condition), 名称的由来是因为在物理问题中, 这些条件往往反映了运动物体的初始状态. 由初值条件确定通解中任意常数的值后所得到的解就叫做**特解** (particular solution). 如 (4.1.4) 是方程 (4.1.1) 满足初值条件 (4.1.2) 的特解; (4.1.9) 是方程 (4.1.5) 满足初值条件 (4.1.6) 的特解.

一般地, n 阶微分方程 $F(x,y,y',y'',\cdots,y^{(n)})=0$ 的通解为带有 n 个互相独立的任意常数的函数

$$y=y(x,C_1,C_2,\cdots,C_n), \tag{4.1.12}$$

如果给出了如下的初值条件:

$$y\big|_{x=x_0}=y_0,\quad y'\big|_{x=x_0}=y_1,\cdots,y^{(n-1)}\Big|_{x=x_0}=y_{n-1} \tag{4.1.13}$$

(其中 $y_0,y_1,\cdots,y_{n-1}$ 是已知实数), 就能确定任意常数 $C_1,C_2,\cdots,C_n$ 的值, 从而求出一个特解.

求微分方程满足初值条件的特解, 这一问题叫做**微分方程初值问题**或**柯西问题**. 如例 1 中的问题就是初值问题

$$\begin{cases}\dfrac{\mathrm{d}y}{\mathrm{d}x}=2x,\\ y\big|_{x=1}=2.\end{cases}$$

例 2 中的问题也是初值问题

$$\begin{cases}\dfrac{\mathrm{d}^2s}{\mathrm{d}t^2}=g,\\ s\big|_{t=t_0}=0,\quad \left.\dfrac{\mathrm{d}s}{\mathrm{d}t}\right|_{t=0}=v_0.\end{cases}$$

最后, 需要指出: 微分方程的一个特解的图形是一条曲线, 称为微分方程的积分曲线; 微分方程的通解则是一族积分曲线, 称为积分曲线族. 初值问题就是要从一族积分曲线中依据定解条件找出一条特定的积分曲线.

习 题 4.1

1. 指出下列各微分方程的阶数:

(1) $\left(x^2-y\right)\mathrm{d}x+y\mathrm{d}y=0$; (2) $x\left(y'\right)^2-2xy'=y$;

(3) $y''+y'-2y=3x^2$; (4) $y'''-y'=xy$.

2. 在下列各题中, 验证所给函数是微分方程的解, 并求满足初始条件的特解.

(1) 函数 $y=cx^2$, 微分方程 $xy'=2y$, 初始条件 $y|_{x=1}=2$;

(2) 函数 $y=(c_1+c_2x)\mathrm{e}^{-x}$, 微分方程 $y''+2y'+y=0$, 初始条件 $y|_{x=0}=0$, $y'|_{x=0}=1$.

3. 写出由下列条件确定的曲线所满足的微分方程:

(1) 曲线上任意一点 $M(x,y)$ 处的切线斜率总等于该点横坐标的平方;

(2) 曲线上任意一点 $M(x,y)$ 处的法线与 y 轴的交点为 P, 且线段 MP 被 x 轴平分;

(3) 曲线上任意一点 $M(x,y)$ 处的切线与 y 轴的交点为 P, 线段 MP 的长度为 2, 且曲线通过点 (2, 0);

(4) 曲线上任意一点 $M(x,y)$ 处的切线与 x 轴、y 轴的交点分别为 P 与 Q, 线段 MP 被点 Q 平分, 且曲线通过点 (3, 1).

4.2 可分离变量的微分方程

一阶微分方程的一般形式

$$F(x,y,y')=0,$$

以后我们仅讨论 y' 可解出的方程, 即形如

$$y'=f(x,y)$$

的方程, 这个方程也可写成如下对称形式:

$$P(x,y)\mathrm{d}x+Q(x,y)\mathrm{d}y=0.$$

由于上述各方程涉及的表达式 F,f,P 及 Q 的多样性和复杂性, 使得很难用一个通用公式来表达所有情况下的解, 因此我们在本节及下一节将分别就一些特殊形式的一阶微分方程讨论其求解的方法.

4.2.1 可分离变量的微分方程

形如

$$g(y)\mathrm{d}y=f(x)\mathrm{d}x \tag{4.2.1}$$

的方程, 称为**已分离变量的微分方程**, 其中 g,f 是两个连续函数.

一般地, 如果一个一阶微分方程可以化成 (4.2.1) 的形式, 那么原方程就称为**可分离变量的微分方程**. 这种方程的特点是, 经过整理, 能够使方程的一端仅含有 x 的函数和 $\mathrm{d}x$, 而另一端只含 y 的函数和 $\mathrm{d}y$, 此时称微分方程的变量已分离.

设 $y=\varphi(x)$ 是方程 (4.2.1) 的解, 将其代入 (4.2.1) 中, 得到恒等式

$$g(\varphi(x))\varphi'(x)\mathrm{d}x=f(x)\mathrm{d}x.$$

上式两端积分, 并在左端的积分中进行变量代换 $y=\varphi(x)$, 则有

$$\int f(x)\mathrm{d}x=\int g(\varphi(x))\varphi'(x)\mathrm{d}x=\int g(y)\mathrm{d}y.$$

设 $F(x)$ 和 $G(y)$ 分别为 $f(x)$ 和 $g(y)$ 的原函数, 则有

$$F(x)=G(y)+C, \tag{4.2.2}$$

即方程 (4.2.1) 的解 $y=\varphi(x)$ 满足方程 (4.2.2). 这里的 C 是使得 (4.2.2) 有意义的任意常数.

反之, 如果 $y=\varphi(x)$ 是由隐式方程 (4.2.2) 确定的函数, 在 $g(y)\neq 0$ 的条件下, 由隐函数求导法则知

$$\frac{\mathrm{d}y}{\mathrm{d}x}=\varphi'(x)=\frac{F'(x)}{G'(y)}=\frac{f(x)}{g(y)},$$

即有

$$g(y)\mathrm{d}y=f(x)\mathrm{d}x.$$

这就说明当 $g(y)\neq 0$ 时, (4.2.2) 所确定的隐函数 $y=\varphi(x)$ 是微分方程 (4.2.1) 的解, 称为微分方程 (4.2.1) 的**隐式解**. 又因为 (4.2.2) 中含有任意常数, 所以, (4.2.2) 所确定的隐函数就是微分方程 (4.2.1) 的通解, 称为方程 (4.2.1) 的**隐式通解** (当 $f(x)\neq 0$ 时, (4.2.2) 所确定的隐函数 $x=\psi(y)$ 也是微分方程 (4.2.1) 的通解).

综上所述, 可分离变量的求解步骤是: 先将变量分离, 然后两边分别对 x 和 y 积分, 这种方法称为**分离变量法**.

例 1 求微分方程 $\dfrac{\mathrm{d}y}{\mathrm{d}x}=3x^2y$ 的通解.

解 这是个可分离变量的方程, 分离变量后得

$$\frac{\mathrm{d}y}{y}=3x^2\mathrm{d}x.$$

两端积分

$$\int\frac{\mathrm{d}y}{y}=\int 3x^2\mathrm{d}x,$$

得

$$\ln|y| = x^3 + C_1,$$

从而

$$y = \pm e^{x^3+C_1} = \pm e^{C_1} \cdot e^{x^3},$$

因为 $\pm e^{C_1}$ 仍然是任意非零常数, 将其记为 C, 便得到方程的通解

$$y = Ce^{x^3}.$$

由解题过程可知, 上式中的任意常数 $C \neq 0$. 可以验证, 当 $C = 0$ 时, $y = 0$ 仍然是方程的解.

例 2 铀的衰变规律 放射性元素铀由于不断有原子放射出微粒子而变成其他元素, 铀的含量会不断减少, 这种现象称为衰变. 由原子物理学知道, 铀的衰变速度与当时未衰变的原子的含量 M 成正比. 已知 $t = 0$ 时, 铀的含量为 M_0, 求在衰变过程中铀含量 $M(t)$ 随时间 t 变化的规律.

解 因为铀的衰变速度就是铀含量的变化率即 $M(t)$ 对时间 t 的导数 $\dfrac{\mathrm{d}M}{\mathrm{d}t}$, 其与铀的含量成正比, 从而建立微分方程如下:

$$\frac{\mathrm{d}M}{\mathrm{d}t} = -\lambda M, \tag{4.2.3}$$

其中 $\lambda\ (\lambda > 0)$ 是常数, 称为**衰变系数**. (4.2.3) 中的负号是由于当 t 增加时 M 减少, 即 $\dfrac{\mathrm{d}M}{\mathrm{d}t} < 0$. 此外, 由题意可得初值条件为

$$M|_{t=0} = M_0. \tag{4.2.4}$$

方程 (4.2.3) 是可分离变量的, 变量分离后得

$$\frac{\mathrm{d}M}{M} = -\lambda \mathrm{d}t,$$

两端积分, 并注意到 $M > 0$, 得

$$\ln M = -\lambda t + C_1,$$

即

$$M = e^{C_1} \cdot e^{-\lambda t} = Ce^{-\lambda t} (C = e^{C_1}),$$

这就是方程 (4.2.3) 的通解. 把初值条件 (4.2.4) 代入上式, 得

$$M_0 = Ce^{-\lambda \cdot 0} = C,$$

从而

$$M = M_0 e^{-\lambda t}.$$

这就是所求铀的衰变规律: 铀的含量随时间的增加而按指数规律衰减 (图 4-3).

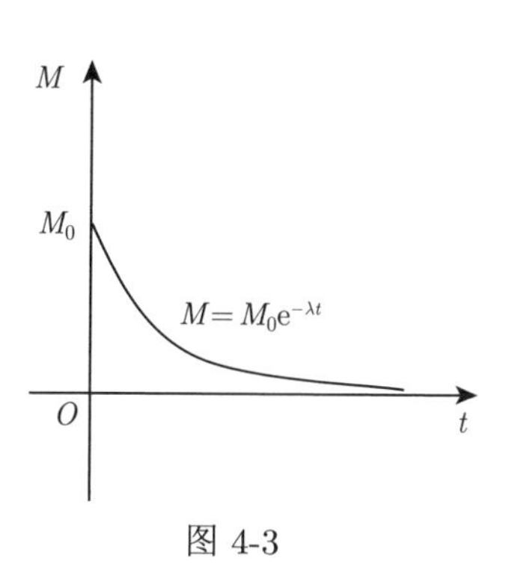

图 4-3

此原理可以用来测定油画和其他岩石类材料的年龄、赝品的鉴定. 考古学上也经常利用放射性物质的衰变规律对文物的年代进行测定.

例 3　暖水瓶降温问题　设暖水瓶内热水温度为 θ (℃), 室内温度为 θ_0 (℃), t 为时间 (单位为 h). 根据牛顿冷却定律, 热水温度冷却的速率与温差成正比, 比率系数 k 为已知, 求 θ 与 t 的关系.

又设室内温度 $\theta_0 = 20$℃. 当 $t = 0$ 时, 暖水瓶内水温为 100℃, 并已知 24h 后瓶内热水温度为 50℃. 问几小时后热水温度为 95℃?

解　设 $\theta = \theta(t)$, 依题意得

$$\frac{\mathrm{d}\theta}{\mathrm{d}t} = -k(\theta - \theta_0) \quad (k > 0),$$

$$\theta|_{t=0} = 100.$$

将方程分离变量, 得

$$\frac{\mathrm{d}\theta}{\theta - \theta_0} = -k\mathrm{d}t.$$

两端积分后, 得

$$\ln|\theta - \theta_0| = -kt + \ln|C|,$$

即

$$\theta = \theta_0 + C e^{-kt}$$

为通解. 代入初始条件和 $\theta_0 = 20$, 得 $C = 80$, 于是

$$\theta = 20 + 80 e^{-kt}.$$

又 $t = 24$h 时, $\theta = 50$℃, 代入上式可得

$$k = -\frac{1}{24}\ln\frac{3}{8} = \frac{1}{24}(\ln 8 - \ln 3),$$

于是

$$\theta = 20 + 80\mathrm{e}^{-\frac{1}{24}(\ln 8 - \ln 3)t}.$$

设 $t = t_0$ 时, $\theta = 95$℃, 故有

$$95 = 20 + 80\mathrm{e}^{-kt_0},$$

所以

$$t_0 k = \ln\frac{80}{75} = \ln 16 - \ln 15,$$

即

$$t_0 = \frac{\ln 16 - \ln 15}{\ln 8 - \ln 3} \times 24\mathrm{h} \approx 1.58\mathrm{h}.$$

注记 在实际应用中, 牛顿冷却定律被广泛地应用于研究发热体的温度与时间的关系问题中, 比如: 汽车运行中发动机的味道变化; 法医鉴定死尸的死亡时间等.

例 4 一个容器内盛有 100L 盐水, 其中含盐 10kg. 今用 2L/min 的均匀速度把净水注入容器并以同样速度排出盐水. 在容器内有一搅拌器不停搅拌, 因此可以认为溶液的溶度总是均匀的. 试求容器内的含盐量随时间变化的规律.

解 本题可以类似于定积分应用中的微元法来建立微分方程. 设容器内 t 时刻溶液的含盐量为 $Q = Q(t)$, 则在任一时间段内

$$\text{容器内含盐量的改变量} = \text{流进的盐量} - \text{流出的盐量},$$

当时间从 t 时刻变到 $t + \mathrm{d}t$ 时, 容器内的含盐量由 Q 变到 $Q + \mathrm{d}Q$, 因而容器内含盐的改变量为 $\mathrm{d}Q$. 这一时间段内, 容器内流走的溶液量为 $2\mathrm{d}t$, 当 $\mathrm{d}t$ 很小时, 在 $\mathrm{d}t$ 时间段内盐水的浓度可近似看作不变, 等于 t 时刻的盐水浓度 $\dfrac{Q(t)}{100}$, 所以流出的盐量为

$$\frac{Q(t)}{100} \cdot 2\mathrm{d}t = \frac{Q(t)}{50}\mathrm{d}t.$$

而流进的盐量为 0, 于是得

$$\mathrm{d}Q = 0 - \frac{Q}{50}\mathrm{d}t, \tag{4.2.5}$$

这就是未知函数 Q 所满足的微分方程. 又已知 $t = 0$ 时刻溶液内含盐量为 10kg, 所以初始条件为

$$Q\big|_{t=0} = 10.$$

方程 (4.2.5) 为可分离变量的方程, 分离变量得

$$\frac{\mathrm{d}Q}{Q}=-\frac{\mathrm{d}t}{50},$$

从而其通解为

$$Q(t)=C\mathrm{e}^{-\frac{t}{50}},$$

再利用初始条件可得该初值问题的解为

$$Q(t)=10\mathrm{e}^{-\frac{t}{50}}.$$

注记 例 4 的方法称为**微小量分析方法**或**微元法**, 它也是建立微分方程的一种常用方法. 用这种方法建立微分方程的思想是: 考虑自变量有一个微小的改变量 $\mathrm{d}x$, 由于 $\mathrm{d}x$ 很小, 变化过程可看作是均匀的, 因而我们可以用未知函数的微分 $\mathrm{d}y$ 来近似代替 Δy, 然后根据物理规律去建立微分方程.

例 5 自由落体的速度与位移的关系 设质量为 m 的物体在某种介质内受重力 G 的作用自由下坠, 其间它还受到介质的浮力 B 与阻力 R 的作用. 已知阻力 R 与下坠的速度 v 成正比, 比例系数为 λ, 即 $R=\lambda v$ $(\lambda>0)$. 试求该物体下坠的速度与位移的函数关系.

解 设 x 轴铅直向下, 物体开始下坠时的位置取为坐标原点. 物体下坠过程中所受到的合力为

$$F=G-B-R.$$

如果经过时间 t 物体的位移为 $x=x(t)$, 速度为 $v=v(t)$, 则根据牛顿第二定律, 知 $F=ma$. 又加速度可以理解为速度的变化率, 即 $a=\dfrac{\mathrm{d}v}{\mathrm{d}t}$, 于是有

$$m\frac{\mathrm{d}v}{\mathrm{d}t}=G-B-\lambda v, \tag{4.2.6}$$

此外, 由题意, 初始条件为 $x|_{t=0}=0, v|_{t=0}=0$.

注意到 (4.2.6) 所反映的是速度与时间的关系, 并没有直接反映速度与位移的联系, 所以为了得到速度与位移的关系, 我们将 $\dfrac{\mathrm{d}v}{\mathrm{d}t}$ 表示成

$$\frac{\mathrm{d}v}{\mathrm{d}t}=\frac{\mathrm{d}v}{\mathrm{d}x}\cdot\frac{\mathrm{d}x}{\mathrm{d}t}=\frac{\mathrm{d}v}{\mathrm{d}x}\cdot v,$$

于是 (4.2.6) 可转化为

$$m\cdot v\frac{\mathrm{d}v}{\mathrm{d}x}=G-B-\lambda v,$$

这是一个可分离变量的微分方程, 分离变量后得

$$\frac{v}{G-B-\lambda v}\mathrm{d}v=\frac{\mathrm{d}x}{m}, \tag{4.2.7}$$

且原来的初始条件 $x|_{t=0}=0, v|_{t=0}=0$ 转化为

$$v|_{x=0}=0. \tag{4.2.8}$$

对方程 (4.2.7) 两端积分, 得

$$-\frac{v}{\lambda}-\frac{G-B}{\lambda^2}\ln(G-B-\lambda v)=\frac{x}{m}+C,$$

把初始条件代入上式, 求出 $C=-\frac{G-B}{\lambda^2}\ln(G-B)$, 从而得到由 (4.2.7) 和 (4.2.8) 构成的柯西问题的解为

$$-\frac{v}{\lambda}-\frac{G-B}{\lambda^2}\ln\left(\frac{G-B-\lambda v}{G-B}\right)=\frac{x}{m}, \tag{4.2.9}$$

这就是物体下坠时速度与位移的函数关系.

注记 有一个与此有关的真实故事.

若干年以前, 美国原子能委员会准备将浓缩的放射性废料装入密封的圆桶内沉至深 91.14m 的海底 (圆桶的质量 $m=240\text{kg}$, 体积 $V=0.208\text{m}^3$, 海水的密度 $\rho=1026\text{kg/m}^3$), 当时一些科学家与生态学家都反对这种做法, 科学家用实验测定出圆桶能承受的最大撞击速度为 $v=12.2\text{m/s}$, 如果圆桶到达海底时超过这个速度, 将会因撞击海底而破裂, 从而引起严重的核污染, 然而原子能委员会却认为不存在这种可能性. 那么圆桶到达海底时的速度究竟是否会超过 12.2m/s 呢?

这个问题的数学模型就是上述初值问题. 为了计算圆桶到达海底时的速度, 现在只要将 $x=91.14\text{m}$ 及 $G=mg=2352\text{N}$, $B=\rho gV=2091\text{N}$, $\lambda=1.17\text{kg/s}$ (为实际测得数据) 代入 (4.2.9) 得

$$v+223.08\ln(261-1.17v)-1240.88=0.$$

用近似求根方法或直接利用数学软件的求根命令求得此方程的根

$$v\approx 13.5\text{m/s}>12.2\text{m/s}.$$

这个结果否定了美国原子能委员会的提议, 从而避免了可能发生的核污染事件.

最后, 需要指出的是, 对于可分离变量的微分方程的初值问题, 可以直接用变上限的定积分来确定解:

初值问题 $\begin{cases} g(y)\mathrm{d}y = f(x)\mathrm{d}x, \\ y|_{x=x_0} = y_0 \end{cases}$ 的解为

$$\int_{y_0}^{y} g(y)\mathrm{d}y = \int_{x_0}^{x} f(x)\mathrm{d}x.$$

4.2.2 可化为可分离变量型的微分方程

1. 齐次方程

如果一阶微分方程可化为如下形式

$$\frac{\mathrm{d}y}{\mathrm{d}x} = \varphi\left(\frac{y}{x}\right), \tag{4.2.10}$$

那么, 我们称这类方程为**齐次微分方程** (homogeneous equation), 如

$$(x^2 + y^2)\mathrm{d}x - xy\mathrm{d}y = 0, \quad y' = \frac{x-y}{x+y}$$

等都是齐次微分方程.

在方程 (4.2.10) 中, 引进新的未知函数 $u = \frac{y}{x}$, 则 $y = ux$, 于是有 $\frac{\mathrm{d}y}{\mathrm{d}x} = u + x\frac{\mathrm{d}u}{\mathrm{d}x}$, 代入 (4.2.10), 可得

$$u + x\frac{\mathrm{d}u}{\mathrm{d}x} = \varphi(u). \tag{4.2.11}$$

这是一个可分离变量的微分方程, 分离变量后积分, 得

$$\int \frac{\mathrm{d}u}{\varphi(u) - u} = \int \frac{\mathrm{d}x}{x}.$$

设 $\Phi(u)$ 为 $\frac{1}{\varphi(u) - u}$ 的一个原函数, 则方程 (4.2.11) 的通解为 $\Phi(u) = \ln|x| + C$, 再用 $\frac{y}{x}$ 代替解中的 u, 便得到齐次微分方程 (4.2.10) 的通解:

$$\Phi\left(\frac{y}{x}\right) = \ln|x| + C.$$

注记 齐次微分方程的求解步骤可总结为: ① 转化 (把方程转化成 (4.2.10) 的形式); ② 换元$\left(令\ u=\dfrac{y}{x}\ 或\ y=ux\right)$; ③ 求解 (利用分离变量法求解 u); ④ 回代$\left(用\ \dfrac{y}{x}\ 代替解中的\ u\ 即得原方程的解\right)$.

例 6 解方程 $y^2+x^2\dfrac{\mathrm{d}y}{\mathrm{d}x}=xy\dfrac{\mathrm{d}y}{\mathrm{d}x}$.

解 把原方程化为

$$\frac{\mathrm{d}y}{\mathrm{d}x}=\frac{y^2}{xy-x^2}=\frac{\left(\dfrac{y}{x}\right)^2}{\dfrac{y}{x}-1}.$$

令 $\dfrac{y}{x}=u$, 则 $y=ux$, 于是 $\dfrac{\mathrm{d}y}{\mathrm{d}x}=u+x\dfrac{\mathrm{d}u}{\mathrm{d}x}$ 代入上式, 原方程化为 $u+x\dfrac{\mathrm{d}u}{\mathrm{d}x}=\dfrac{u^2}{u-1}$, 即

$$x\frac{\mathrm{d}u}{\mathrm{d}x}=\frac{u}{u-1}.$$

分离变量, 得

$$\left(1-\frac{1}{u}\right)\mathrm{d}u=\frac{1}{x}\mathrm{d}x.$$

两端积分, 得

$$u-\ln|u|=\ln|x|+\ln|C|,$$

即

$$\ln|uxC|=u.$$

将 $u=\dfrac{y}{x}$ 代入并化简, 得原方程的通解为

$$Cy=\mathrm{e}^{\frac{y}{x}}.$$

例 7 求初值问题

$$\begin{cases} y'=\dfrac{y}{x}+\tan\dfrac{y}{x}, \\ y|_{x=1}=\dfrac{\pi}{6}. \end{cases}$$

解 方程是齐次方程, 令 $u=\dfrac{y}{x}$, 即 $y=ux$, 则 $\dfrac{\mathrm{d}y}{\mathrm{d}x}=u+x\dfrac{\mathrm{d}u}{\mathrm{d}x}$, 代入原方程, 得 $u+x\dfrac{\mathrm{d}u}{\mathrm{d}x}=u+\tan u$, 即

$$x\frac{\mathrm{d}u}{\mathrm{d}x}=\tan u,$$

分离变量, 得

$$\cot u \mathrm{d}u = \frac{1}{x}\mathrm{d}x,$$

两边积分, 得

$$\ln|\sin u| = \ln|x| + \ln|C|,$$

即

$$\sin u = Cx.$$

将 $u = \dfrac{y}{x}$ 代入上式, 得原方程的通解

$$\sin\frac{y}{x} = Cx.$$

利用初始条件 $y|_{x=1} = \dfrac{\pi}{6}$, 得 $C = \dfrac{1}{2}$, 则初值问题的解为

$$\sin\frac{y}{x} = \frac{1}{2}x.$$

例 8 探照灯反射镜的设计 在 xOy 平面上有一曲线 L, 曲线 L 绕 x 轴旋转一周, 形成一旋转曲面. 假设由 O 点发出的光线经此旋转曲面形状的凹镜反射后都与 x 轴平行 (探照灯内的凹镜就是这样的), 求曲线 L 的方程.

解 如图 4-4, 设 O 点发出的某条光线经 L 上一点 $M(x,y)$ $(y>0)$ 反射后是一条与 x 轴平行的直线 MS. 又设过点 M 的切线 AT 与 x 轴的倾角是 α. 由题意, $\angle SMT = \alpha$. 点 P 为 M 在 x 轴上的垂足. 另一方面, $\angle OMA$ 是入射角的余角, $\angle SMT$ 是反射角的余角, 于是根据光学中的反射定律有 $\angle OMA = \angle SMT = \alpha$, 从而 $AO = OM$, 又

$$AO = AP - OP = PM\cot\alpha - OP = \frac{y}{y'} - x,$$

而 $OM = \sqrt{x^2+y^2}$, 于是得微分方程

$$\frac{y}{y'} - x = \sqrt{x^2+y^2},$$

即

$$\frac{\mathrm{d}x}{\mathrm{d}y} = \frac{x}{y} + \sqrt{\left(\frac{x}{y}\right)^2 + 1},$$

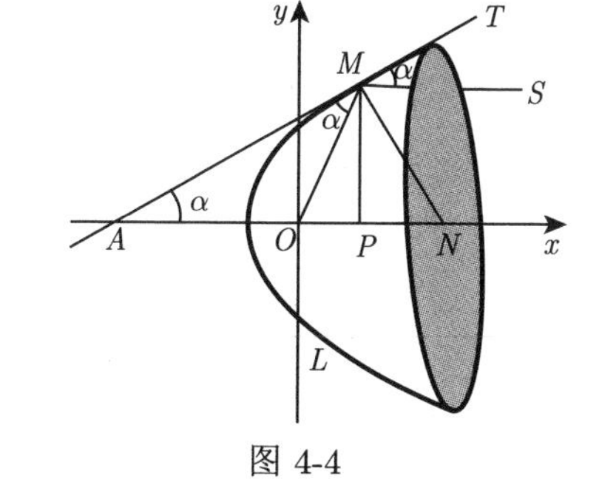

图 4-4

这是一个齐次微分方程. 为方便求解, 视 y 为自变量, x 为未知函数. 令 $\dfrac{x}{y} = u$, 则 $x = yu$ 且 $\dfrac{\mathrm{d}x}{\mathrm{d}y} = u + y\dfrac{\mathrm{d}u}{\mathrm{d}y}$, 代入上式得

$$y\frac{\mathrm{d}u}{\mathrm{d}y} = \sqrt{u^2+1},$$

转换为变量可分离微分方程, 分离变量并求积

$$\int \frac{\mathrm{d}u}{\sqrt{u^2+1}} = \int \frac{\mathrm{d}y}{y}$$

得

$$\ln(u+\sqrt{u^2+1}) = \ln|y| - \ln|C|,$$

即

$$u+\sqrt{u^2+1} = \frac{y}{C},$$

变形整理

$$\left(\frac{y}{C}-u\right)^2 = u^2+1,$$

即

$$\frac{y^2}{C^2} - \frac{2yu}{C} = 1,$$

最后把 $yu = x$ 代入上式, 得

$$y^2 = 2C\left(x+\frac{C}{2}\right),$$

这就是曲线 L 的方程, 它是以 x 轴为对称轴, 焦点在原点的抛物线.

*2. 可化为齐次方程的方程

如下形式的方程可化为齐次方程:

$$\frac{\mathrm{d}y}{\mathrm{d}x} = f\left(\frac{ax+by+c}{a_1x+b_1y+c_1}\right), \tag{4.2.12}$$

其中 a, b, c 和 a_1, b_1, c_1 都是常数. 当 $c = c_1 = 0$ 时, 方程 (4.2.12) 可变形为

$$\frac{\mathrm{d}y}{\mathrm{d}x} = f\left(\frac{a+b\dfrac{y}{x}}{a_1+b_1\dfrac{y}{x}}\right),$$

这就是一个齐次微分方程. 现在设 c 和 c_1 中至少有一个不为零, 下面分两种情形讨论.

情形 1　行列式 $\Delta = \begin{vmatrix} a & b \\ a_1 & b_1 \end{vmatrix} \neq 0.$

对 (4.2.12) 的右端作变形

$$f\left(\frac{ax+by+c}{a_1x+b_1y+c_1}\right)=f\left(\frac{a(x-h)+b(y-k)+ah+bk+c}{a_1(x-h)+b_1(y-k)+a_1h+b_1k+c_1}\right),$$

选取恰当的常数 h 和 k, 使得

$$\begin{cases} ah+bk+c=0, \\ a_1h+b_1k+c_1=0. \end{cases} \tag{4.2.13}$$

此时令 $X=x-h$, $Y=y-k$ (h, k 为线性方程组 (4.2.13) 的解), 则方程 (4.2.12) 变形为

$$\frac{\mathrm{d}Y}{\mathrm{d}X}=f\left(\frac{aX+bY}{a_1X+b_1Y}\right),$$

这便是一个齐次微分方程.

情形 2 行列式 $\Delta=\begin{vmatrix} a & b \\ a_1 & b_1 \end{vmatrix}=0$, 亦即 $\dfrac{a_1}{a}=\dfrac{b_1}{b}=k$, 这时方程 (4.2.12) 可以写成

$$\frac{\mathrm{d}y}{\mathrm{d}x}=f\left(\frac{ax+by+c}{k(ax+by)+c_1}\right). \tag{4.2.14}$$

作变换 $z=ax+by$, 则 $\mathrm{d}z=a\mathrm{d}x+b\mathrm{d}y$, 代入方程 (4.2.14) 得

$$\frac{\mathrm{d}z}{\mathrm{d}x}=a+bf\left(\frac{z+c}{kz+c_1}\right),$$

这显然是可分离变量方程, 按 4.2 节的方法求出这个方程的通解后, 以 $ax+by$ 代换 z 即可得到方程 (4.2.12) 的通解.

例 9 解方程

$$y'=\frac{y+2}{x+y-1}.$$

解 这个方程属于情形 1, 为此令

$$\begin{cases} k+2=0, \\ h+k-1=0, \end{cases}$$

得 $h=3$, $k=-2$, 作变换: $x=X+3$, $y=Y-2$, 代入原方程, 得

$$\frac{\mathrm{d}y}{\mathrm{d}x}=\frac{\mathrm{d}Y}{\mathrm{d}X}=\frac{Y}{X+Y},$$

$$\frac{\mathrm{d}Y}{\mathrm{d}X}=\frac{\dfrac{Y}{X}}{1+\dfrac{Y}{X}},$$

这是齐次方程. 再令 $U=\dfrac{Y}{X}$, 则 $Y=UX$, $\dfrac{\mathrm{d}Y}{\mathrm{d}X}=U+X\dfrac{\mathrm{d}U}{\mathrm{d}X}$, 代入上面的方程, 得

$$U+X\frac{\mathrm{d}U}{\mathrm{d}X}=\frac{U}{1+U}.$$

分离变量后, 得

$$\left(\frac{1}{U}+\frac{1}{U^2}\right)\mathrm{d}U=-\frac{\mathrm{d}X}{X}.$$

两边积分, 得

$$\ln|U|-\frac{1}{U}=-\ln|X|-\ln|C|,$$

即

$$\frac{1}{U}=\ln|CUX|.$$

将 $U=\dfrac{Y}{X}$ 代入上式, 得

$$\frac{X}{Y}=\ln|CY|.$$

代回原来的变量, 得方程的通解为

$$\frac{x-3}{y+2}=\ln|C(y+2)|.$$

例 10　解方程 $y'=\cos(x+y)$.

解　这个方程属于情形 2, 令 $z=x+y$, 则 $z'=1+y'$, 即 $y'=z'-1$, 于是原方程变形为

$$z'=\cos z+1=2\cos^2\frac{z}{2},$$

分离变量

$$\frac{\mathrm{d}z}{2\cos^2\dfrac{z}{2}}=\mathrm{d}x,$$

两端积分后得

$$\tan\frac{z}{2}=x+C.$$

把 $z=x+y$ 代入上式, 就得原方程的通解为

$$\tan\frac{x+y}{2}=x+C.$$

习 题 4.2

1. 求下列微分方程的通解:

(1) $y'=\mathrm{e}^{2x-y}$;

(2) $y'=x\sqrt{1-y^2}$;

(3) $(xy^2+x)\mathrm{d}x+(y-x^2y)\mathrm{d}y=0$;

(4) $y'\sin x=y\ln y$;

(5) $\cos x\sin y\mathrm{d}x+\sin x\cos y\mathrm{d}y=0$;

(6) $y-xy'=a(y^2+y')$;

(7) $(\mathrm{e}^{x+y}-\mathrm{e}^x)\mathrm{d}x+(\mathrm{e}^{x+y}+\mathrm{e}^y)\mathrm{d}y=0$;

(8) $2x\tan y+(1+x^2)y'\sec^2 y=0$.

2. 求下列微分方程的通解:

(1) $\dfrac{\mathrm{d}y}{\mathrm{d}x}=\dfrac{y}{x}+\dfrac{x}{y}$;

(2) $xy'=y(\ln y-\ln x)$;

(3) $xy'=x\mathrm{e}^{y/x}+y$;

(4) $(x^2+y^2)\mathrm{d}x-xy\mathrm{d}y=0$;

(5) $x\mathrm{d}y-y\mathrm{d}x=\sqrt{x^2+y^2}\mathrm{d}x$;

(6) $(1+\mathrm{e}^{\frac{x}{y}})\mathrm{d}x+\mathrm{e}^{\frac{y}{x}}\left(1-\dfrac{x}{y}\right)\mathrm{d}y=0$.

3. 求下列微分方程满足所给初始条件的特解:

(1) $\cos y\mathrm{d}x+(1+\mathrm{e}^{-x})\sin y\mathrm{d}y=0,\ \ y|_{x=0}=\dfrac{\pi}{4}$;

(2) $\dfrac{x}{1+y}\mathrm{d}x-\dfrac{y}{1+x}\mathrm{d}y=0,\ \ y|_{x=0}=1$;

(3) $(x^3+y^3)\mathrm{d}x-3xy^2\mathrm{d}y=0,\ y|_{x=1}=0$;

(4) $y'=\dfrac{2xy}{x^2-y^2},\ y|_{x=1}=1$.

4. 假设曲线上任意点 $P(x,y)$ 到原点的距离等于曲线上点 P 处的切线在 y 轴上的截距, 且曲线过点 $(1,0)$, 求该曲线方程.

5. 求一条曲线, 使它的任一切线和横轴的交点到切点和坐标原点的距离相等.

6. 将质量为 m 的物体垂直上抛, 假设初始速度为 v_0, 空气阻力与速度成正比 (比例系数为 k), 试求在物体上升过程中速度与时间的函数.

7. 一质量为 m 的潜水艇在水中下沉时, 所受阻力与下降速度成正比. 当 $t=0$ 时 $v=v_0$, 求下沉的速度 v 与时间 t 的函数关系.

8. 化下列方程为齐次方程, 并求出通解:

(1) $(2x-5y+3)\mathrm{d}x-(2x+4y-6)\mathrm{d}y=0$;

(2) $(x+y+1)\mathrm{d}x+(2x+2y-1)\mathrm{d}y=0$;

(3) $(2x+y-4)\mathrm{d}x+(x+y-1)\mathrm{d}y=0$.

4.3　一阶微分方程

4.3.1　一阶线性微分方程

形如

$$\frac{\mathrm{d}y}{\mathrm{d}x}+P(x)y=Q(x) \tag{4.3.1}$$

的方程叫做**一阶线性微分方程** (first-order linear differential equation), 所谓线性是指对于未知函数 y 及其导数 y' 都是一次的, 其中 $P(x)$ 和 $Q(x)$ 都是已知的连续函数, $Q(x)$ 称为方程 (4.3.1) 的**自由项**. 如果自由项 $Q(x)\equiv 0$, 那么方程 (4.3.1) 是**齐次线性**的, 否则, 称方程 (4.3.1) 是**非齐次线性**的.

注记　这里要注意区别微分方程的“阶”和“次”这两个不同的概念. “阶”是指未知函数导数的最高阶数; “次”是指未知函数及其各阶导数的最高幂次. 两者是完全不同的概念.

设方程 (4.3.1) 是一阶非齐次线性微分方程. 当把方程的右端项 $Q(x)$ 换成零, 得到方程

$$\frac{\mathrm{d}y}{\mathrm{d}x}+P(x)y=0, \tag{4.3.2}$$

就称它为**非齐次线性微分方程 (4.3.1) 所对应的齐次线性微分方程**. 显然方程 (4.3.2) 是可分离变量的:

$$\frac{\mathrm{d}y}{y}=-P\left(x\right)\mathrm{d}x.$$

两边积分, 得

$$\ln|y|=-\int P(x)\mathrm{d}x+\ln|C|,$$

即

$$y=C\mathrm{e}^{-\int P(x)\mathrm{d}x}, \tag{4.3.3}$$

其中 C 为任意常数. (4.3.3) 就是一阶齐次线性方程 (4.3.2) 的通解公式.

下面介绍求非齐次线性方程 (4.3.1) 通解的**常数变易法**, 即把齐次线性方程通解中的常数 C 看成函数 $C\left(x\right)$, 称为待定函数, 即设

$$y=C\left(x\right)\mathrm{e}^{-\int P(x)\mathrm{d}x} \tag{4.3.4}$$

为方程 (4.3.1) 的解, 将其代入式 (4.3.1), 得

$$C'\left(x\right)\mathrm{e}^{-\int P(x)\mathrm{d}x}-P\left(x\right)C\left(x\right)\mathrm{e}^{-\int P(x)\mathrm{d}x}+C\left(x\right)P\left(x\right)\mathrm{e}^{-\int P(x)\mathrm{d}x}=Q\left(x\right),$$

$$C'(x) = Q(x)\,\mathrm{e}^{\int P(x)\mathrm{d}x}.$$

积分得

$$C(x) = \int Q(x)\,\mathrm{e}^{\int P(x)\mathrm{d}x}\mathrm{d}x + C.$$

将其代入式 (4.3.4), 便得

一阶线性微分方程 $\dfrac{\mathrm{d}y}{\mathrm{d}x} + P(x)y = Q(x)$ 的通解公式为

$$y = \mathrm{e}^{-\int P(x)\mathrm{d}x}\left[\int Q(x)\,\mathrm{e}^{\int P(x)\mathrm{d}x}\mathrm{d}x + C\right]. \tag{4.3.5}$$

注意到, 在 (4.3.5) 中令 $C=0$, 便得到方程 (4.3.1) 的一个特解为

$$y = \mathrm{e}^{-\int P(x)\mathrm{d}x}\int Q(x)\,\mathrm{e}^{\int P(x)\mathrm{d}x}\mathrm{d}x.$$

当把 (4.3.5) 改写成

$$y = C\mathrm{e}^{-\int P(x)\mathrm{d}x} + \mathrm{e}^{-\int P(x)\mathrm{d}x}\int Q(x)\,\mathrm{e}^{\int P(x)\mathrm{d}x}\mathrm{d}x,$$

上式右端第一项就是对应齐次线性方程 (4.3.2) 的通解, 第二项是非齐次线性方程 (4.3.1) 的一个特解. 因此有如下结论: **一阶非齐次线性微分方程的通解等于它所对应的齐次线性微分方程的通解与它本身的一个特解之和**. 这是一个很重要的结论, 以后可以看到, 凡是线性方程的解都具有这个性质.

例 1 求方程

$$\frac{\mathrm{d}y}{\mathrm{d}x} + \frac{1}{x}y = \frac{\sin x}{x}$$

的通解.

解法 1 这是一个非齐次线性微分方程, 这里

$$P(x) = \frac{1}{x}, \quad Q(x) = \frac{\sin x}{x},$$

直接代入通解公式 (4.3.5), 得

$$\begin{aligned} y &= \mathrm{e}^{-\int \frac{1}{x}\mathrm{d}x}\left[\int \frac{\sin x}{x}\mathrm{e}^{\int \frac{1}{x}\mathrm{d}x}\mathrm{d}x + C\right] \\ &= \mathrm{e}^{-\ln x}\left[\int \frac{\sin x}{x}\mathrm{e}^{\ln x}\mathrm{d}x + C\right] \end{aligned}$$

$$= \frac{1}{x}(-\cos x + C),$$

其中 C 为任意常数.

解法 2　原方程两边同乘 x, 得 $xy' + y = \sin x$, 即

$$(xy)' = \sin x.$$

两边积分得

$$xy = \int \sin x \mathrm{d}x = -\cos x + C,$$

所以原方程的通解为

$$y = \frac{1}{x}(-\cos x + C).$$

例 2　求解方程

$$x\mathrm{d}y - y\mathrm{d}x = y^2\mathrm{e}^y\mathrm{d}y.$$

解　原方程关于变量 y 不是线性的, 但若把 y 看成是自变量, x 看成是 y 的函数 $x = x(y)$, 则方程化为

$$\frac{\mathrm{d}x}{\mathrm{d}y} - \frac{1}{y}x = -y\mathrm{e}^y.$$

此时 $P(y) = -\frac{1}{y}$, $Q(y) = -y\mathrm{e}^y$ 代入通解公式, 得

$$\begin{aligned} x &= \mathrm{e}^{\int \frac{1}{y}\mathrm{d}y}\left[\int -y\mathrm{e}^y\mathrm{e}^{-\int \frac{1}{y}\mathrm{d}y}\mathrm{d}y + C\right] \\ &= \mathrm{e}^{\ln y}\left[\int -y\mathrm{e}^y\mathrm{e}^{-\ln y}\mathrm{d}y + C\right] \\ &= y(-\mathrm{e}^y + C) \end{aligned}$$

为方程的通解.

注记　在一阶微分方程中, 变量 x 和 y 的地位是一样的. 因此, 如果把 y 看成 x 的未知函数时, 微分方程不是一阶线性的, 那么可以试着把 x 看成是 y 的未知函数, 观察其是否一阶线性的微分方程.

例 3　设有连接点 $O(0,0)$ 和点 $A(1,1)$ 的一段向上凸的曲线弧 $\overset{\frown}{OA}$, 对于 $\overset{\frown}{OA}$ 上的任一点 $P(x,y)$, 曲线弧 $\overset{\frown}{OP}$ 与直线 $\overline{OP}$ 所围图形的面积为 x^2, 求曲线弧 $\overset{\frown}{OA}$ 的方程.

解 设曲线弧 $\overset{\frown}{OA}$ 的方程为 $y=y(x)$ $(0 \leqslant x \leqslant 1)$. 根据题意, 有如下等式

$$\int_0^x y\mathrm{d}x - \frac{xy}{2} = x^2 \quad (0 \leqslant x \leqslant 1).$$

等式两端对 x 求导, 得微分方程

$$y - \frac{y + xy'}{2} = 2x,$$

即

$$y' - \frac{1}{x}y = -4,$$

且满足初值条件 $y|_{x=1}=1$.

借助公式 (4.3.5), 得

$$\begin{aligned} y &= \mathrm{e}^{\int \frac{1}{x}\mathrm{d}x}\left[\int -4\mathrm{e}^{-\int \frac{1}{x}\mathrm{d}x}\mathrm{d}x + C\right] \\ &= x(-4\ln x + C) = Cx - 4x\ln x. \end{aligned}$$

代入初值条件 $y|_{x=1}=1$, 得 $C=1$. 从而得到特解为

$$y = x - 4x\ln x.$$

注意到 $y=x-4x\ln x$ 当 $x=0$ 时无意义, 但当 $x \to 0^+$ 时, $y(x) \to 0$, 故可补充定义 $y(0)=0$. 因此曲线弧的方程为

$$y = \begin{cases} x - 4x\ln x, & 0 < x \leqslant 1, \\ 0, & x = 0. \end{cases}$$

我们指出, 对一阶线性微分方程的初值问题, 用变上限定积分公式来求解也是比较方便的.

初值问题 $\begin{cases} \dfrac{\mathrm{d}y}{\mathrm{d}x} + P(x)y = Q(x), \\ y|_{x=x_0} = y_0 \end{cases}$ 的解为

$$y = \mathrm{e}^{-\int_{x_0}^x P(x)\mathrm{d}x}\left[\int_{x_0}^x Q(x)\,\mathrm{e}^{\int_{x_0}^x P(x)\mathrm{d}x}\mathrm{d}x + y_0\right]. \tag{4.3.6}$$

例 4 有一个电路如图 4-5 所示, 其中电源电动势 $E=E_m\sin\omega t$ (E_m, ω 都是常数), 电阻 R 和电感 L 都是常量, 求电流 $i(t)$.

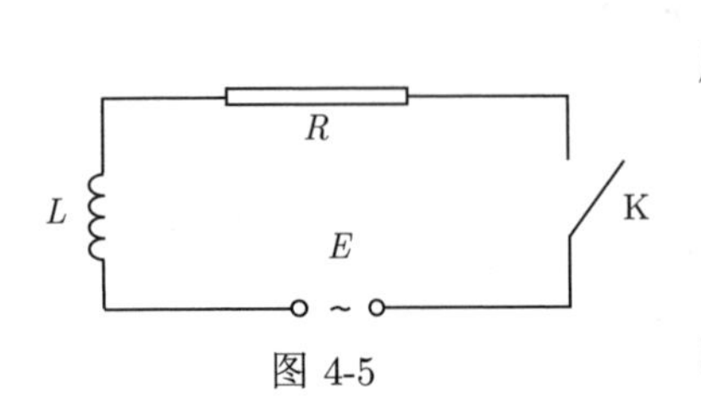

图 4-5

解 由电学知道, 当电流变化时, L 上有感应电动势 $-L\dfrac{\mathrm{d}i}{\mathrm{d}t}$. 进而由回路电压定律得出

$$E-L\frac{\mathrm{d}i}{\mathrm{d}t}-iR=0,$$

即

$$\frac{\mathrm{d}i}{\mathrm{d}t}+\frac{R}{L}i=\frac{E}{L}.$$

将 $E=E_m\sin\omega t$ 代入上式, 得未知函数 $i(t)$ 应满足的微分方程

$$\frac{\mathrm{d}i}{\mathrm{d}t}+\frac{R}{L}i=\frac{E_m}{L}\sin\omega t.$$

此外, 如果设开关 K 闭合时刻为 $t=0$, 这时 $i(t)$ 还应满足初始条件 $i|_{t=0}=0$. 这是一阶非齐次线性微分方程的初值问题, 借助公式 (4.3.6), 得

$$\begin{aligned}i(t)&=\mathrm{e}^{-\int_0^t\frac{R}{L}\mathrm{d}t}\left[\int_0^t\frac{E_m}{L}\sin\omega t\cdot\mathrm{e}^{\int_0^t\frac{R}{L}\mathrm{d}t}\mathrm{d}t\right]=\frac{E_m}{L}\mathrm{e}^{-\frac{R}{L}t}\cdot\int_0^t\sin\omega t\cdot\mathrm{e}^{\frac{R}{L}t}\mathrm{d}t\\&=\frac{\omega LE_m}{R^2+\omega^2L^2}\mathrm{e}^{-\frac{R}{L}t}+\frac{E_m}{R^2+\omega^2L^2}(R\sin\omega t-\omega L\cos\omega t).\end{aligned}$$

为了便于说明 $i(t)$ 所反映的物理现象, 下面把 $i(t)$ 中第二部分的形式稍加改变, 写成

$$i(t)=\frac{\omega LE_m}{R^2+\omega^2L^2}\mathrm{e}^{-\frac{R}{L}t}+\frac{E_m}{\sqrt{R^2+\omega^2L^2}}\sin(\omega t-\varphi),$$

其中 $\varphi=\arctan\dfrac{\omega L}{R}$.

当 t 增大时, 上述 $i(t)$ 表达式中第一项 (称为暂态电流) 逐渐衰减而趋于零, 第二项 (称为稳态电流) 是正弦函数, 它的周期与电动势的周期相同, 而相角落后 φ.

4.3.2 伯努利方程

形如

$$\frac{\mathrm{d}y}{\mathrm{d}x}+P(x)y=Q(x)y^{\alpha}\quad(\alpha\neq0,1)\tag{4.3.7}$$

的方程称为**伯努利 (Bernoulli) 方程** (伯努利 (J. Bernoulli), 1654—1705, 瑞士数学家).

当 $\alpha=0,1$ 时, 方程 (4.3.7) 是线性微分方程. 伯努利方程可以通过变量代换转化成线性方程.

事实上, 方程 (4.3.7) 两端同除以 y^{α}, 得到

$$y^{-\alpha}\frac{\mathrm{d}y}{\mathrm{d}x}+P\left(x\right)y^{1-\alpha}=Q\left(x\right). \tag{4.3.8}$$

引入变量代换

$$z=y^{1-\alpha},$$

由于 $\dfrac{\mathrm{d}z}{\mathrm{d}x}=(1-\alpha)y^{-\alpha}\dfrac{\mathrm{d}y}{\mathrm{d}x}$, 所以 (4.3.8) 化成

$$\frac{\mathrm{d}z}{\mathrm{d}x}+(1-\alpha)\,P\left(x\right)z=(1-\alpha)\,Q\left(x\right).$$

这是一个以 z 为未知函数的一阶线性微分方程. 求出这个方程的通解后, 再以 $z=y^{1-\alpha}$ 代入, 即得方程 (4.3.7) 的通解.

例 5 求方程 $\dfrac{\mathrm{d}y}{\mathrm{d}x}+\dfrac{1}{x}y=2y^{2}\ln x$ 的通解.

解 所求方程为伯努利方程, 在方程两端同除以 y^{2}, 得

$$y^{-2}\frac{\mathrm{d}y}{\mathrm{d}x}+\frac{1}{x}y^{-1}=2\ln x.$$

令 $z=y^{1-2}=y^{-1}$, 则 $\dfrac{\mathrm{d}z}{\mathrm{d}x}=-y^{-2}\dfrac{\mathrm{d}y}{\mathrm{d}x}$ 代入上式, 所求方程便转化为

$$\frac{\mathrm{d}z}{\mathrm{d}x}-\frac{z}{x}=-2\ln x,$$

这是一个一阶线性微分方程, 利用通解公式 (4.3.5), 得到

$$z=\mathrm{e}^{\int\frac{1}{x}\mathrm{d}x}\left[-2\int\ln x\mathrm{e}^{-\int\frac{1}{x}\mathrm{d}x}\mathrm{d}x+C\right]=x\left[-2\int\frac{\ln x}{x}\mathrm{d}x+C\right]=Cx-x\left(\ln x\right)^{2}.$$

将 $z=y^{-1}$ 代入上式, 得原方程的通解为

$$y=\frac{1}{Cx-x\left(\ln x\right)^{2}}.$$

*4.3.3　换元法解方程

通过适当的变量代换将一个方程化成已知求解步骤的方程, 这是解微分方程常用的方法. 如前面讲述的齐次方程和伯努利方程的求解, 它们具有明显的规律, 不难掌握. 但还有许多其他类型的方程, 没有一定的规律可循, 其替换的方法技巧性比较强, 需要根据每一个方程的本身特点来确定, 因此需要通过多做练习来达到熟能生巧的目的. 下面我们举几个例子加以说明.

例 6　求方程 $x\dfrac{\mathrm{d}y}{\mathrm{d}x}+y=y(\ln x+\ln y)$ 的通解.

解　原方程变形为

$$(xy)'=y\ln(xy),$$

令 $u=xy$, 则上式变成

$$u'=\frac{u}{x}\ln u,$$

分离变量, 得

$$\frac{\mathrm{d}u}{u\ln u}=\frac{1}{x}\mathrm{d}x,$$

两端积分, 得

$$\ln|\ln u|=\ln|x|+\ln|C|,$$

即

$$u=\mathrm{e}^{Cx},$$

把 $u=xy$ 回代得原方程的通解为

$$xy=\mathrm{e}^{Cx}.$$

例 7　解方程 $\dfrac{\mathrm{d}y}{\mathrm{d}x}=\dfrac{1}{x+y}$.

解法 1　原方程变形为

$$\frac{\mathrm{d}x}{\mathrm{d}y}-x=y,$$

这是一阶非齐次线性微分方程, 利用求解公式得

$$x=\mathrm{e}^{\int \mathrm{d}y}\left[\int y\mathrm{e}^{-\int \mathrm{d}y}\mathrm{d}y+C\right]=\mathrm{e}^{y}[-y\mathrm{e}^{-y}-\mathrm{e}^{-y}+C]=-y-1+C\mathrm{e}^{y}.$$

解法 2　用变量代换解方程. 令 $u=x+y$, 则 $y=u-x$, $\dfrac{\mathrm{d}y}{\mathrm{d}x}=\dfrac{\mathrm{d}u}{\mathrm{d}x}-1$, 代入原方程, 得

$$\frac{\mathrm{d}u}{\mathrm{d}x}-1=\frac{1}{u},$$

这是可分离变量方程, 分离变量并积分, 得

$$u-\ln|u+1|=x+C,$$

把 $u=x+y$ 回代, 得原方程的通解为

$$\ln|x+y+1|=y+C.$$

例 8 解方程 $\mathrm{e}^{y}\left(\dfrac{\mathrm{d}y}{\mathrm{d}x}+1\right)=x.$

解 令 $u=\mathrm{e}^{y}$, 则 $\dfrac{\mathrm{d}u}{\mathrm{d}x}=\dfrac{\mathrm{d}u}{\mathrm{d}y}\cdot\dfrac{\mathrm{d}y}{\mathrm{d}x}=\mathrm{e}^{y}\dfrac{\mathrm{d}y}{\mathrm{d}x}$, 从而原方程可变形为

$$\frac{\mathrm{d}u}{\mathrm{d}x}+u=x.$$

这是一个一阶非齐次线性微分方程, 求解得

$$u=C\mathrm{e}^{-x}+x-1.$$

所以原方程的通解为

$$\mathrm{e}^{y}=C\mathrm{e}^{-x}+x-1.$$

习 题 4.3

1. 求下列微分方程的通解:

(1) $y'+y=\mathrm{e}^{-x}$; (2) $y'+y\tan x=\cos x$;

(3) $(x^2+1)y'+2xy=4x^2$; (4) $xy'+(1-x)y=\mathrm{e}^{2x}$;

(5) $\dfrac{\mathrm{d}y}{\mathrm{d}x}+\dfrac{1}{x\ln x}y=1$; (6) $(y^2-6x)\dfrac{\mathrm{d}y}{\mathrm{d}x}+2y=0$;

(7) $y\ln y\mathrm{d}x+(x-\ln y)\mathrm{d}y=0$; (8) $x\mathrm{d}y+y\mathrm{d}x=\sin x\mathrm{d}x$.

2. 求下列微分方程满足初值条件的特解:

(1) $2xy'=y-x^3,\ y|_{x=1}=0$; (2) $y'\cos^2 x+y=\tan x,\ y|_{x=0}=0$;

(3) $y'+2xy=2x\mathrm{e}^{-x^2},\ y|_{x=0}=2$; (4) $y'x\ln x-y=1+\ln^2 x,\ y|_{x=\mathrm{e}}=1$;

(5) $\dfrac{\mathrm{d}y}{\mathrm{d}x}+\dfrac{y}{x}=\dfrac{\sin x}{x}, y|_{x=\pi}=1$; (6) $(x+y^2)\mathrm{d}y-y\mathrm{d}x=0,\ y|_{x=1}=1$.

3. 求下列伯努利方程的通解:

(1) $y'-3xy=xy^2$; (2) $y'+y=y^2(\cos x-\sin x)$;

(3) $\dfrac{\mathrm{d}x}{\mathrm{d}y}+\dfrac{1}{3}x=\dfrac{1}{3}(1-2y)x^4$; (4) $\dfrac{\mathrm{d}y}{\mathrm{d}x}=\dfrac{1}{xy+x^2y^3}$.

*4. 用适当的变量代换求下列微分方程的解:

(1) $y'=\dfrac{1}{x-y}+1$; (2) $xy'-y=x^2\sin\dfrac{y}{x}$;

(3) $y' = (x+y+3)^2$;　　　　(4) $xy' + x + \cos(x+y) = 1$.

5. 求一通过原点的曲线方程, 它在点 (x, y) 处的切线斜率等于 $2x + y$.

6. 求微分方程 $x\mathrm{d}y + (x - 2y)\mathrm{d}x = 0$ 的一个解 $y = y(x)$, 使得由曲线 $y = y(x)$ 与直线 $x = 1, x = 2$ 以及 x 轴所围成的平面图形绕 x 轴旋转一周后所得的旋转体体积最小.

7. 设一房间中的空气容量为 $1000\mathrm{m}^3$, 其中二氧化碳含量为 4.1%, 现打开换气机, 以每分钟 $100\mathrm{m}^3$ 的速度把室外二氧化碳含量为 0.1%的新鲜空气送入室内, 同时以同样的风量将混合均匀的空气排出. 假设室内二氧化碳的分布是均匀的, 求 t 分钟后室内二氧化碳含量的百分数. 问: 经过多少时间后室内二氧化碳的含量才能降到 1.1%?

4.4　可降阶的高阶微分方程

二阶及二阶以上的微分方程称为**高阶微分方程**. 对于有些高阶微分方程, 可以通过适当的变量代换降为一阶微分方程. 这种类型的方程就称为**可降阶的方程**, 相应的求解方法也就称为**降阶法**. 本节讨论三种特殊类型的高阶微分方程的解法.

4.4.1　$y^{(n)} = f(x)$ 型的微分方程

微分方程

$$y^{(n)} = f(x) \tag{4.4.1}$$

的特点是右端仅含自变量 x, 如果以 $y^{(n-1)}$ 为未知函数, 就是一阶微分方程, 两端积分得

$$y^{(n-1)} = \int f(x)\,\mathrm{d}x + C_1.$$

同理可得

$$y^{(n-2)} = \int \left[\int f(x)\,\mathrm{d}x\right]\mathrm{d}x + C_1 x + C_2.$$

以此类推, 连续积分 n 次, 便得含有 n 个独立任意常数的通解.

例 1　解方程

$$y''' = \mathrm{e}^{2x} - 6x.$$

解　连续三次积分, 得

$$y'' = \frac{1}{2}\mathrm{e}^{2x} - 3x^2 + C_1,$$

$$y' = \frac{1}{4}\mathrm{e}^{2x} - x^3 + C_1 x + C_2,$$

$$y = \frac{1}{8}\mathrm{e}^{2x} - \frac{1}{4}x^4 + Cx^2 + C_2 x + C_3 \quad \left(C = \frac{1}{2}C_1\right).$$

这就求得了原方程的通解.

4.4.2 $y''=f(x,y')$ 型的方程

方程

$$y''=f\left(x,y'\right) \tag{4.4.2}$$

的特点是右端不显含未知函数 y.

令 $y'=p\left(x\right)$, 则 $y''=\frac{\mathrm{d}p}{\mathrm{d}x}$, 代入方程 (4.4.2) 中, 得

$$\frac{\mathrm{d}p}{\mathrm{d}x}=f\left(x,p\right),$$

这是一个关于变量 x,p 的一阶微分方程, 如果求出它的通解为

$$p=\varphi\left(x,C_1\right).$$

因 $p\left(x\right)=\frac{\mathrm{d}y}{\mathrm{d}x}$, 故

$$\frac{\mathrm{d}y}{\mathrm{d}x}=\varphi\left(x,C_1\right).$$

两端积分, 得原方程的通解为

$$y=\int\varphi\left(x,C_1\right)\mathrm{d}x+C_2.$$

例 2 求初值问题 $\begin{cases}(1+x^2)y''=2xy',\\ y|_{x=0}=1,\, y'|_{x=0}=3\end{cases}$ 的解.

解 所给方程属于 $y''=f\left(x,y'\right)$ 型. 设 $y'=p\left(x\right)$, 则 $y''=\frac{\mathrm{d}p}{\mathrm{d}x}$, 方程化为

$$(1+x^2)\frac{\mathrm{d}p}{\mathrm{d}x}=2xp.$$

分离变量, 得

$$\frac{\mathrm{d}p}{p}=\frac{2x}{1+x^2}\mathrm{d}x,$$

由条件 $y'|_{x=0}=p|_{x=0}=3$, 上式两端作变上限的积分

$$\int_3^p\frac{\mathrm{d}p}{p}=\int_0^x\frac{2x}{1+x^2}\mathrm{d}x,$$

得

$$\ln p-\ln 3=\ln(1+x^2),$$

即

$$p = 3(1+x^2),$$

将 $p(x) = \dfrac{\mathrm{d}y}{\mathrm{d}x}$ 代入, 得

$$\frac{\mathrm{d}y}{\mathrm{d}x} = 3(1+x^2).$$

又由条件 $y|_{x=0} = 1$, 上式两端作变上限的积分

$$\int_1^y \mathrm{d}y = \int_0^x 3(1+x^2)\mathrm{d}x$$

得

$$y - 1 = 3x + x^3.$$

于是得初值问题的解

$$y = x^3 + 3x + 1.$$

4.4.3 $y'' = f(y, y')$ 型的方程

方程

$$y'' = f(y, y') \tag{4.4.3}$$

的特点是右端不显含 x, 由于 y'' 是 y 与 y' 的函数, 故可以认为 y' 也是 y 的函数, 于是可设 $y' = p(y)$, 则

$$y'' = \frac{\mathrm{d}p}{\mathrm{d}x} = \frac{\mathrm{d}p}{\mathrm{d}y}\frac{\mathrm{d}y}{\mathrm{d}x} = p\frac{\mathrm{d}p}{\mathrm{d}y}.$$

代入方程 (4.4.3), 得

$$p\frac{\mathrm{d}p}{\mathrm{d}y} = f(y, p).$$

这是以 y 为自变量, p 为未知函数的一阶微分方程, 如果求出它的通解为

$$p = \varphi(y, C_1).$$

则

$$\frac{\mathrm{d}y}{\mathrm{d}x} = \varphi(y, C_1).$$

分离变量并积分, 得

$$\int \frac{\mathrm{d}y}{\varphi(y, C_1)} = x + C_2,$$

这就是方程 (4.4.3) 的通解.

例 3 求初值问题 $\begin{cases} yy'' - y'^2 = 0, \\ y(0) = 1, y'(0) = 2 \end{cases}$ 的解.

解 所给方程不显含变量 x, 故设 $y' = p(y)$, 则 $y'' = p\dfrac{\mathrm{d}p}{\mathrm{d}y}$, 代入方程, 得

$$yp\frac{\mathrm{d}p}{\mathrm{d}y} - p^2 = 0.$$

约去 p 并分离变量, 得

$$\frac{\mathrm{d}p}{p} = \frac{\mathrm{d}y}{y}.$$

两边积分, 得 $p = c_1 y$, 即 $y' = c_1 y$. 再分离变量, 两边积分, 得

$$y = c_2 \mathrm{e}^{c_1 x}.$$

把初值条件 $y(0) = 1, y'(0) = 2$ 代入上式, 得 $c_1 = 2, c_2 = 1$. 故所得特解为 $y = \mathrm{e}^{2x}$.

4.4.4 可降阶高阶微分方程的应用举例

例 4 交通事故的勘察 在公路交通事故的现场, 常会发现事故车辆的车轮底下留有一段拖痕, 这是紧急刹车后制动片抱紧制动箍使车轮停止了转动, 由于惯性的作用, 车轮在地面上摩擦滑动而留下的. 如果在事故现场测得拖痕的长度为 10m (图 4-6), 那么事故调查人员是如何判定事故车辆在紧急刹车前的车速的?

解 调查人员首先测定出现场的路面与事故车辆之车轮的摩擦系数为 $\lambda = 1.02$ (此系数由路面质地、车轮与地面接触面积等因素决定), 然后设拖痕所在的直线为 x 轴, 并令拖痕的起点为原点, 车辆的滑动位移为 x, 滑动的速度为 v. 当 $t = 0$ 时, $x = 0$, $v = v_0$; 当 $t = t_1$ 时 (t_1 是滑动停止的时刻), $x = 10$, $v = 0$.

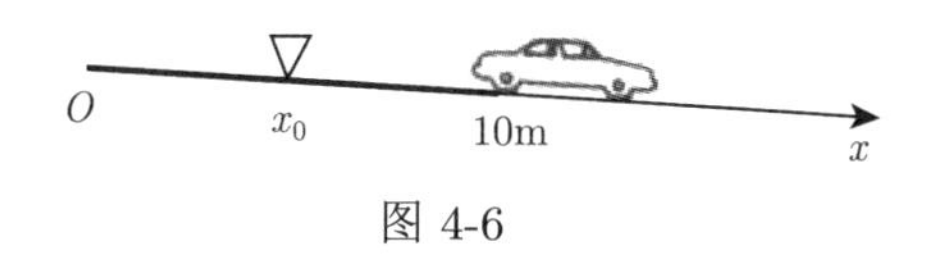

图 4-6

在滑动过程中, 车辆受到与运动方向相反的摩擦力 f 的作用, 如果车辆的质量为 m, 则摩擦力 f 的大小为 λmg, 根据牛顿第二定律, 有

$$m\frac{\mathrm{d}^2 x}{\mathrm{d}t^2} = -\lambda mg,$$

即

$$\frac{\mathrm{d}^2x}{\mathrm{d}t^2}=-\lambda g,$$

两端积分得

$$\frac{\mathrm{d}x}{\mathrm{d}t}=-\lambda gt+C_1.$$

根据条件: 当 $t=0$ 时 $v=\frac{\mathrm{d}x}{\mathrm{d}t}=v_0$, 求得 $C_1=v_0$, 从而有

$$\frac{\mathrm{d}x}{\mathrm{d}t}=-\lambda gt+v_0, \tag{4.4.4}$$

对上式两端再一次积分, 得

$$x=-\frac{1}{2}\lambda gt^2+v_0t+C_2,$$

由条件 $t=0$ 时 $x=0$, 求出 $C_2=0$, 从而

$$x=-\frac{1}{2}\lambda gt^2+v_0t. \tag{4.4.5}$$

最后根据条件 $t=t_1$ 时, $x=10$, $v=0$, 代入 (4.4.4) 和 (4.4.5), 得

$$\begin{cases}-\lambda gt_1+v_0=0,\\ -\dfrac{\lambda g}{2}t_1^2+v_0t_1=10.\end{cases}$$

消去 t_1, 得

$$v_0=\sqrt{2\lambda g\times 10}.$$

把 $\lambda=1.02, g\approx 9.81\mathrm{m/s^2}$ 代入, 计算得

$$v\approx 14.15(\mathrm{m/s})\approx 50.9(\mathrm{km/h}).$$

这是车辆开始滑动时的初速度, 而实际上在车轮开始滑动之前车辆还有一个滚动减速的过程, 因此车辆在刹车前的速度要远大于 50.9km/h. 此外, 如果根据勘察, 确定了事故发生的临界点 (即事故发生瞬时的确切位置) 在距离拖痕起点 x_1m 处, 由方程 (4.4.5) 还可以计算出 t_1 的值, 这就是驾驶员因突发事件而紧急刹车的提前反应时间. 可见依据刹车拖痕的长短, 调查人员可以判断驾驶员的行驶速度是否超出规定以及他对突发事件是否作出了及时的反应.

例 5 (悬链线及其张力分析) 设有一均匀、柔软的绳索, 两端固定, 绳索仅受重力的作用而下垂. 试分析该绳索在平衡状态时所呈曲线的方程及绳索在各点处的张力.

解 设绳索的最低点为 A, 取 y 轴通过点 A 且铅直向上, 并在绳索所在的平面内再取 x 轴, 使 x 轴与 y 轴构成平面直角坐标系, 并使 $|OA|$ 等于某个定值 (见图 4-7, 该定值的大小将在下面说明).

设绳索曲线的方程为 $y = y(x)$. 考察绳索上点 A 至另外任意一点 $M(x,y)$ 间的一段弧 $\overset{\frown}{AM}$ 的受力情况. 设这段弧的长度为 s, s 是 x 的函数: $s = s(x)$. 并设单位长绳索的重量为 ρ, 则 $\overset{\frown}{AM}$ 的重量为 ρs. 由于绳索是柔软的, 因而在点 A 处的张力方向是沿水平的切线方向, 其大小设为 F_H; 同样在点 M 处的张力方向是沿该点的切线方向, 大小设为 F_T, 它与 x 轴正向的夹角为 θ. 由静力平衡条件, 即作用于弧段 $\overset{\frown}{AM}$ 的外力相互平衡, 把作用于弧 $\overset{\frown}{AM}$ 的力沿铅直和水平两个方向分解, 得

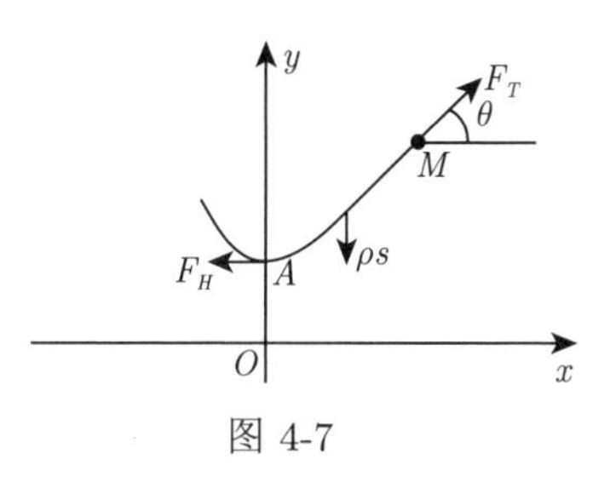

图 4-7

$$F_T \sin\theta = \rho s, \quad F_T \cos\theta = F_H.$$

将此两式相除, 得

$$\tan\theta = \frac{\rho}{F_H} s = \frac{1}{a} s \quad \left(\text{记 } a = \frac{F_H}{\rho}\right).$$

由于 $\tan\theta = y'$, 弧长 $s = \displaystyle\int_0^x \sqrt{1+(y')^2}\mathrm{d}x$, 代入上式得

$$y' = \frac{1}{a}\int_0^x \sqrt{1+(y')^2}\mathrm{d}x,$$

上式是一类含有未知函数及其变上限积分的方程, 也可叫做**微分积分方程**.

在方程两端关于 x 求导, 得

$$y'' = \frac{1}{a}\sqrt{1+(y')^2}. \tag{4.4.6}$$

这便是 $y = y(x)$ 应满足的微分方程.

取原点 O 到点 A 的距离为定值 a, 即 $|OA| = a$, 则有初始条件为

$$y|_{x=0} = a, \quad y'|_{x=0} = 0. \tag{4.4.7}$$

下面来解方程 (4.4.6). 该方程属于 $y''=f(x,y')$ 型, 故设 $y'=p(x)$, 则 $y''=\dfrac{\mathrm{d}p}{\mathrm{d}x}$, 代入方程 (4.4.6), 得

$$\frac{\mathrm{d}p}{\mathrm{d}x}=\frac{1}{a}\sqrt{1+p^2}.$$

分离变量, 得

$$\frac{\mathrm{d}p}{\sqrt{1+p^2}}=\frac{1}{a}\mathrm{d}x.$$

由条件 $y'|_{x=0}=p|_{x=0}=0$, 作变上限积分

$$\int_0^p\frac{\mathrm{d}p}{\sqrt{1+p^2}}=\int_0^x\frac{1}{a}\mathrm{d}x,$$

得

$$\ln(p+\sqrt{1+p^2})=\frac{x}{a},$$

即

$$p+\sqrt{1+p^2}=\mathrm{e}^{\frac{x}{a}}.$$

为了解出 p, 上式可变形为

$$\sqrt{1+p^2}-p=\frac{1}{\sqrt{1+p^2}+p}=\mathrm{e}^{-\frac{x}{a}},$$

从而上述两式相减, 解得

$$y'=p=\frac{1}{2}\left(\mathrm{e}^{\frac{x}{a}}-\mathrm{e}^{-\frac{x}{a}}\right)=\sinh\frac{x}{a}.$$

又由条件 $y|_{x=0}=a$, 作变上限积分

$$\int_a^y\mathrm{d}y=\int_0^x\sinh\frac{x}{a}\mathrm{d}x,$$

得

$$y=a\cosh\frac{x}{a},$$

即该绳索的形状可由曲线方程 $y=a\cosh\dfrac{x}{a}$ 来表达. 这种曲线称为**悬链线**.

下面我们来分析一下绳索 (下称悬链线) 在各点处的张力.

由

$$F_T\sin\theta=\rho s,\quad F_T\cos\theta=F_H\quad 及\quad F_H=a\rho,$$

可得悬链线 $y=a\cosh\dfrac{x}{a}$ 上每一点 M 处张力 F_T 的大小为

$$F_T=\sqrt{(F_T\sin\theta)^2+(F_T\cos\theta)^2}=\sqrt{(\rho s)^2+(a\rho)^2}=\sqrt{s^2+a^2}\cdot\rho,$$

其中单位线长的重量 ρ 是已知的, s 为弧 $\overset{\frown}{AM}$ 的长度. 因为

$$s=\int_0^x\sqrt{1+(y')^2}\mathrm{d}x=a\sinh\frac{x}{a},$$

故得

$$F_T=a\rho\cosh\frac{x}{a}=\rho y.$$

可见悬链线上每一点的张力的大小等于该点的纵坐标与 ρ 的积.

注记　这个问题是历史上一个著名的问题, 最初是在 1690 年由雅各布 • 伯努利提出来的, 伽利略 (Galileo) 等曾猜想这条曲线是抛物线, 但后来发现不对, 最后由约翰 • 伯努利解出来的. 莱布尼茨把它定名为悬链线, 它在工程上有着重要应用.

例 6　设函数 $y(x)(x\geqslant 0)$ 二阶可导且 $y'(x)>0, y(0)=1$, 过曲线 $y=y(x)$ 上任一点 $P(x,y)$ 作曲线的切线及 x 轴的垂线, 上述两直线与 x 轴所围成的三角形的面积记为 S_1, 区间 $[0,x]$ 上以 $y=y(x)$ 为曲边的曲边梯形面积记为 S_2, 并设 $2S_1-S_2$ 恒为 1, 求此曲线 $y=y(x)$ 的方程.

解　如图 4-8, 设所求曲线为 $y=y(x)$, 它在点 $P(x,y)$ 处的切线方程为

$$Y-y=y'(X-x).$$

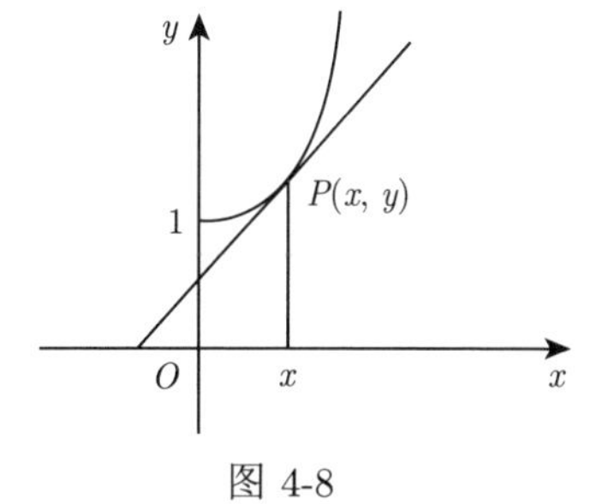

图 4-8

在 x 轴上截距为 $x-\dfrac{y}{y'}$, 由 $y(0)=1, y'(x)>0$ 知 $y(x)>y(0)=1>0\ (x>0)$, 于是

$$S_1=\frac{1}{2}|y|\left|x-\left(x-\frac{y}{y'}\right)\right|=\frac{y^2}{2y'}.$$

又

$$S_2=\int_0^x y(t)\mathrm{d}t.$$

由题意 $2S_1 - S_2 \equiv 1$, 得

$$\frac{y^2}{y'} - \int_0^x y(t)\mathrm{d}t = 1,$$

由上式可得 $y'(0) = 1$, 上式两端对 x 求导并化简得 y 满足的微分方程为

$$yy'' = y'^2,$$

该方程属于 $y'' = f(y, y')$ 型, 故设 $y' = p(y)$, 则 $y'' = p\dfrac{\mathrm{d}p}{\mathrm{d}y}$, 则方程变为

$$py\frac{\mathrm{d}p}{\mathrm{d}y} = p^2.$$

由 $y' > 0$, 即 $p > 0$, 故有

$$\frac{\mathrm{d}p}{p} = \frac{\mathrm{d}y}{y},$$

求解得 $p = C_1 y$, 根据初值条件 $p|_{y=1} = 1$ 得 $C_1 = 1$, 即

$$\frac{\mathrm{d}y}{\mathrm{d}x} = y,$$

解之得 $y = C_2\mathrm{e}^x$, 再利用初值条件 $y(0) = 1$ 求得 $C_2 = 1$, 故所求曲线为

$$y = \mathrm{e}^x.$$

习 题 4.4

1. 求下列微分方程的通解:

(1) $y'' = \dfrac{1}{1+x^2}$;

(2) $y'' = x\mathrm{e}^x$;

(3) $(1-x^2)y'' - xy' = 2$;

(4) $y'' - y' = x$;

(5) $yy'' + (y')^2 = y'$;

(6) $y'' + \sqrt{1-y'^2} = 0$;

(7) $y''y^3 - 1 = 0$;

(8) $(y'')^2 - y' = 0$.

2. 求下列微分方程满足初始条件的特解:

(1) $y'' = 3\sqrt{y}$, $y|_{x=0} = 1$, $y'|_{x=0} = 2$;

(2) $xy'' + (y')^2 - y' = 0$, $y|_{x=1} = 1 - \ln 2$, $y'|_{x=1} = \dfrac{1}{2}$;

(3) $(1+x^2)y'' = 2xy'$, $y|_{x=0} = 1$, $y'|_{x=0} = 3$;

(4) $y'' - ay'^2 = 0$, $y|_{x=0} = 0$, $y'|_{x=0} = -1$;

(5) $yy'' = 2(y'^2 - y')$, $y|_{x=0} = 1$, $y'|_{x=0} = 2$;

(6) $xy'' - y'\ln y' + y' = 0$, $y|_{x=0} = 1$, $y'|_{x=1} = \mathrm{e}^2$.

3. 求 $x^2y''-(y')^2=0$ 的经过点 $P(0,1)$, 且在此点与直线 $y=x-1$ 相切的积分曲线.

4. 设子弹以 200m/s 的速度射入厚度 0.1m 的木板, 受到的阻力的大小与子弹的速度成正比, 若子弹穿出木板时的速度为 80m/s, 求子弹穿过木板的时间.

5. 从船上向海中沉放某种探测仪器, 按探测要求, 需确定仪器的下沉深度 y (从海平面算起) 与下沉速度 v 之间的函数关系. 设仪器在重力作用下, 从海平面由静止开始铅直下沉, 在下沉过程中还受到阻力与浮力的作用. 设仪器质量为 m, 体积为 B, 海水密度为 ρ, 仪器所受的阻力与下沉速度成正比, 比例系数为 k $(k>0)$. 试建立 y 与 v 所满足的微分方程, 并求出函数关系式 $y=y(v)$.

4.5　线性微分方程解的结构

在工程及物理问题中, 所遇到的高阶方程很多是线性方程. n 阶线性微分方程的一般形式为

$$y^{(n)}+a_1(x)y^{(n-1)}+a_2(x)y^{(n-2)}+\cdots+a_{n-1}(x)y'+a_n(x)y=f(x), \quad (4.5.1)$$

其特点是左端每一项关于未知函数 y 及其任意阶导数都是一次的. 若自由项 $f(x)\equiv 0$, 则称方程 (4.5.1) 为 **n 阶齐次线性微分方程**. 否则, 称方程 (4.5.1) 为 **n 阶非齐次线性微分方程**. 特别地, 当 $n=2$ 时即为**二阶线性微分方程**, 在实际应用中, 机械振动、电磁振荡、人造卫星的运行规律等问题都是用二阶线性微分方程来描述的. 下面我们就以二阶线性微分方程为例, 讨论其解的结构, 所得结论, 适用于任意高阶的线性微分方程.

首先讨论二阶齐次线性微分方程

$$\frac{\mathrm{d}^2y}{\mathrm{d}x^2}+p(x)\frac{\mathrm{d}y}{\mathrm{d}x}+q(x)y=0. \quad (4.5.2)$$

定理 1　如果 $y_1(x)$ 和 $y_2(x)$ 是齐次线性微分方程 (4.5.2) 的两个解, 则

$$y=C_1y_1(x)+C_2y_2(x) \quad (4.5.3)$$

也是方程 (4.5.2) 的解, 其中 C_1, C_2 是任意常数.

证　因为 $y_1(x)$ 和 $y_2(x)$ 都是方程 (4.5.2) 的解, 所以

$$y_1''+p(x)y_1'+q(x)y_1=0,$$

$$y_2''+p(x)y_2'+q(x)y_2=0.$$

将 (4.5.3) 代入方程 (4.5.2) 的左端, 得

$$y''+p(x)y'+q(x)y$$

$$= (C_1y_1 + C_2y_2)'' + p(x)(C_1y_1 + C_2y_2)' + q(x)(C_1y_1 + C_2y_2)$$

$$= C_1(y_1'' + p(x)y_1' + q(x)y_1) + C_2(y_2'' + p(x)y_2' + q(x)y_2) = 0.$$

所以 $y = C_1y_1(x) + C_2y_2(x)$ 也是方程 (4.5.2) 的解.

齐次线性微分方程的解的这个性质, 称为**解的叠加性**.

从形式上看, 叠加起来的解 (4.5.3) 中含有两个任意常数 C_1 与 C_2, 但它不一定是方程 (4.5.2) 的通解. 例如, 若 y_1 是方程 (4.5.2) 的解, 则 $y_2 = ky_1$ 也是方程 (4.5.2) 的解, 这时 (4.5.3) 式成为

$$y = C_1y_1 + C_2y_2 = (C_1 + kC_2)y_1 = Cy_1 \quad (C = C_1 + kC_2).$$

它显然不是方程 (4.5.2) 的通解. 那么满足什么条件才能保证 (4.5.3) 是方程 (4.5.2) 的通解呢? 要解决这个问题, 还得引进一个新的概念.

定义 1 设 $y_1(x), y_2(x), \cdots, y_n(x)$ 是定义在区间 I 内的 n 个函数. 如果存在 n 个不全为零的常数 $k_1, k_2, \cdots, k_n$, 使得在该区间内恒有

$$k_1y_1 + k_2y_2 + \cdots + k_ny_n \equiv 0$$

成立, 则称这 n 个函数在区间 I 上**线性相关**; 否则, 称它们**线性无关**.

例如, 函数 $1, \cos^2 x, \sin^2 x$ 在整个数轴上是线性相关的. 因为取 $k_1 = 1, k_2 = k_3 = -1$, 有恒等式

$$1 - \cos^2 x - \sin^2 x \equiv 0.$$

又如, 函数 $1, x, x^2$ 在任何区间 (a, b) 内是线性无关的. 因为如果常数 k_1, k_2, k_3, 使

$$k_1 + k_2x + k_3x^2 = 0,$$

成立, 当且仅当 $k_1 = k_2 = k_3 = 0$.

不难推出, 对于两个函数的情形, 如果它们的比值为常数, 则它们线性相关; 否则, 它们就线性无关.

有了线性无关的概念后, 我们就可以用如下关于二阶齐次线性微分方程 (4.5.2) 的通解结构的定理.

定理 2 如果 $y_1(x)$ 和 $y_2(x)$ 是方程 (4.5.2) 的两个线性无关的特解, 则

$$y = C_1y_1(x) + C_2y_2(x)$$

就是方程 (4.5.2) 的通解, 其中 C_1, C_2 为任意常数.

例如, 容易验证 $y_1 = \cos x$ 和 $y_2 = \sin x$ 是 $y'' + y = 0$ 的两个解, 且 $\dfrac{y_1}{y_2} = \cot x \neq$ 常数, 即它们是线性无关的. 因此, 方程 $y'' + y = 0$ 的通解为

$$y = C_1 \cos x + C_2 \sin x.$$

下面考虑二阶非齐次线性微分方程

$$y'' + p(x) y' + q(x) y = f(x) \tag{4.5.4}$$

解的结构.

若方程 (4.5.2) 与方程 (4.5.4) 的左端相同, 称**方程 (4.5.2) 是与方程 (4.5.4) 对应的齐次方程**. 在 4.3 节里我们已经看到, 一阶非齐次线性微分方程的通解为两部分之和: 一部分是对应的齐次线性微分方程的通解; 另一部分是非齐次线性微分方程本身的一个特解. 实际上, 二阶以及更高阶的非齐次线性微分方程的通解也具有这样的结构.

定理 3 设 y^* 为方程 (4.5.4) 的一个特解, Y 是与方程 (4.5.4) 对应的齐次线性方程 (4.5.2) 的通解, 则

$$y = Y + y^* \tag{4.5.5}$$

是方程 (4.5.4) 的通解.

证 由已知得

$$Y'' + p(x) Y' + q(x) Y = 0,$$

$$y^{*\prime\prime} + p(x) y^{*\prime} + q(x) y^* = f(x).$$

将 $y = Y + y^*$ 代入方程 (4.5.4) 的左端, 得

$$\begin{aligned} & y'' + p(x) y' + q(x) y \\ = & (Y + y^*)'' + p(x)(Y + y^*)' + q(x)(Y + y^*) \\ = & (Y'' + p(x) Y' + q(x) Y) + (y^{*\prime\prime} + p(x) y^{*\prime} + q(x) y^*) = f(x). \end{aligned}$$

由于 Y 中含有两个独立的任意常数, 故式 (4.5.5) 为方程 (4.5.4) 的通解.

例如, $y'' + y = x^2$ 对应的齐次线性方程的通解是 $Y = C_1 \cos x + C_2 \sin x$, 容易验证 $y^* = x^2 - 2$ 是所给方程的一个特解, 因此 $y = C_1 \cos x + C_2 \sin x + x^2 - 2$ 是所给方程的通解.

若方程 (4.5.4) 的右端 $f(x) = f_1(x) + f_2(x)$, 即

$$y'' + p(x) y' + q(x) y = f_1(x) + f_2(x). \tag{4.5.6}$$

求它的特解, 需考虑两个方程

$$y'' + p(x)y' + q(x)y = f_1(x) \tag{4.5.7}$$

和

$$y'' + p(x)y' + q(x)y = f_2(x). \tag{4.5.8}$$

我们有如下的定理.

定理 4 设 y_1^* 与 y_2^* 分别是方程 (4.5.7) 和方程 (4.5.8) 的解, 则 $y = y_1^* + y_2^*$ 是方程 (4.5.6) 的解.

证 由于 y_1^* 与 y_2^* 分别是方程 (4.5.7) 和方程 (4.5.8) 的解, 故

$$y_1^{*\prime\prime} + p(x)y_1^{*\prime} + q(x)y_1^* = f_1(x),$$

$$y_2^{*\prime\prime} + p(x)y_2^{*\prime} + q(x)y_2^* = f_2(x).$$

将 $y = y_1^* + y_2^*$ 代入方程 (4.5.6) 的左端, 得

$$\begin{aligned}
&y'' + p(x)y' + q(x)y \\
&= (y_1^* + y_2^*)'' + p(x)(y_1^* + y_2^*)' + q(x)(y_1^* + y_2^*) \\
&= (y_1^{*\prime\prime} + p(x)y_1^{*\prime} + q(x)y_1^*) + (y_2^{*\prime\prime} + p(x)y_2^{*\prime} + q(x)y_2^*) \\
&= f_1(x) + f_2(x).
\end{aligned}$$

因此 $y = y_1^* + y_2^*$ 是方程 (4.5.6) 的解.

定理 4 通常称为非齐次线性微分方程的**解的叠加原理**.

习 题 4.5

1. 判断下列各组函数是否线性无关?

(1) $\mathrm{e}^x,\ x\mathrm{e}^x$; (2) $\cos x,\ \sin x$;

(3) $\cos^2 x,\ 1 + \cos 2x$; (4) $a^x,\ b^x (a \neq b)$;

(5) $\mathrm{e}^x \cos 2x,\ \mathrm{e}^x \sin 2x$; (6) $x,\ x + 1$.

2. 证明下列函数是相应微分方程解, 并判断哪些是通解?

(1) $x^2 y'' - 2xy' + 2y = 0,\ y = x(C_1 + C_2 x)$;

(2) $xy'' + 2y' - xy = \mathrm{e}^x,\ y = \dfrac{1}{x}(C_1\mathrm{e}^x + C_2\mathrm{e}^{-x}) + \dfrac{1}{2}\mathrm{e}^x$;

(3) $xy'' + y' = 0,\ y = C_1 \ln x^{C_2}$;

(4) $y'' - 3y' + 2y = \mathrm{e}^{5x},\ y = C_1\mathrm{e}^x + C_2\mathrm{e}^{2x} + \dfrac{1}{12}\mathrm{e}^{5x}$;

(5) $y'' - 9y = 9,\ y = C_1\mathrm{e}^{-3x} + C_2\mathrm{e}^{2-3x} - 1$;

(6) $y''+9y=x\cos x,\ y=C_1\cos 3x+C_2\sin 3x+\dfrac{1}{32}(4x\cos x+\sin x)$.

3. 已知二阶非齐次线性微分方程的两个特解为

$$Y_1=1+x+x^2,\quad Y_2=2-x+x^3.$$

相应齐次方程的一个特解为 $y_1=x$, 求该方程满足初始条件 $y(0)=5, y'(0)=-2$ 的特解.

4. 容易验证: $y_1=(x-1)^2$ 和 $y_2=(x+1)^2$ 都是微分方程

$$(x^2-1)y''-2xy'+2y=0 \quad 和 \quad 2yy''-(y')^2=0$$

的解. 但是这两个解的叠加 (其中 C_1, C_2 都是任意常数)

$$y=C_1(x-1)^2+C_2(x+1)^2$$

为什么只满足前一个方程而不能满足后一个方程? 原因何在?

5. 设 $y_1(x), y_2(x), y_3(x)$ 都是方程 $y''+p_1(x)y'+p_2(x)y=Q(x)$ 的特解 (其中 $p_1(x), p_2(x)$, $Q(x)$ 为已知函数), 且 $\dfrac{y_1-y_2}{y_2-y_3}\neq$ 常数. 证明: $y=(1+C_1)y_1+(C_2-C_1)y_2-C_2y_3(C_1, C_2$ 为常数) 为方程的通解.

4.6 二阶常系数线性微分方程

若线性方程中的未知函数及其各阶导数前面的系数都是常数, 则把方程称为**常系数线性微分方程**. 下面仍以二阶方程为例进行讨论.

4.6.1 二阶常系数齐次线性微分方程

方程

$$y''+py'+qy=0 \tag{4.6.1}$$

称为二阶常系数齐次线性微分方程, 其中 p, q 为常数. 由 4.5 节可知, 只要求出方程 (4.6.1) 的两个线性无关解 y_1 和 y_2, 就可找出方程 (4.6.1) 的通解为 $y=C_1y_1+C_2y_2$. 那么如何求方程 (4.6.1) 的两个线性无关解 y_1 和 y_2 呢? 下面我们介绍常系数齐次线性微分方程求解的欧拉 (L. Euler) 指数法.

由方程的结构可知: 未知函数 y 及其一阶、二阶导数 y', y'' 都是同类函数. 而当 r 为常数时, 指数函数 $y=\mathrm{e}^{rx}$ 及其各阶导数都只相差一个常数因子. 鉴于指数函数的这个特点, 我们用 $y=\mathrm{e}^{rx}$ 来尝试, 看能否取到适当常数 r, 使 $y=\mathrm{e}^{rx}$ 满足方程 (4.6.1).

为了确定常数 r, 把

$$y=\mathrm{e}^{rx},\quad y'=r\mathrm{e}^{rx},\quad y''=r^2\mathrm{e}^{rx}$$

代入方程 (4.6.1), 得到

$$(r^2+pr+q)\mathrm{e}^{rx}=0.$$

由于 $\mathrm{e}^{rx}\neq 0$, 所以

$$r^2+pr+q=0. \tag{4.6.2}$$

这就说明, 只要 r 是多项式方程 (4.6.2) 的根, 那么函数 $y=\mathrm{e}^{rx}$ 就是微分方程 (4.6.1) 的解. 我们称方程 (4.6.2) 为微分方程 (4.6.1) 的**特征方程**. 特征方程 (4.6.2) 是二次方程, 它的两个根 r_1, r_2 可以用公式

$$r_{1,2}=\frac{-p\pm\sqrt{p^2-4q}}{2}$$

求出. 根据 p^2-4q 的值, 它们将有三种不同的情形, 相应地微分方程 (4.6.1) 的通解也有三种不同的情形, 现分别讨论如下.

(1) $p^2-4q>0$, 特征方程 (4.6.2) 有两个不相等的实根 r_1 与 r_2:

$$r_1=\frac{-p+\sqrt{p^2-4q}}{2} \quad 与 \quad r_2=\frac{-p-\sqrt{p^2-4q}}{2},$$

这时方程 (4.6.1) 有两个特解 $y_1=\mathrm{e}^{r_1x}$ 和 $y_2=\mathrm{e}^{r_2x}$. 因为 $\dfrac{y_2}{y_1}=\mathrm{e}^{(r_1-r_2)x}\neq$ 常数, 所以 y_1 与 y_2 线性无关, 从而得到方程 (4.6.1) 的通解为

$$y=C_1\mathrm{e}^{r_1x}+C_2\mathrm{e}^{r_2x}.$$

(2) $p^2-4q=0$, 特征方程 (4.6.2) 有两个相等的实根 $r_1=r_2=-\dfrac{p}{2}$, 这时只能得到方程 (4.6.1) 的一个特解 $y_1=\mathrm{e}^{r_1x}$. 为了得到方程 (4.6.1) 的通解, 还需要求出另一个与其线性无关的特解 y_2.

为此, 设 $y_2(x)$ 是与 $y_1(x)$ 线性无关的特解, 则有 $\dfrac{y_2(x)}{y_1(x)}=u(x)$, 即 $y_2(x)=u(x)\mathrm{e}^{r_1x}$, 其中 $u(x)$ 为待定函数. 将 $y_2(x)$ 求导, 得

$$y_2'=\mathrm{e}^{r_1x}(u'+r_1u), \quad y_2''=\mathrm{e}^{r_1x}\left(u''+2r_1u'+r_1^2u\right).$$

将 y_2, y_2', y_2'' 代入方程 (4.6.1) 中, 得

$$\mathrm{e}^{r_1x}\left[\left(u''+2r_1u'+r_1^2u\right)+p(u'+r_1u)+qu\right]=0,$$

约去 e^{r_1x}, 并化简得

$$u''+(2r_1+p)u'+\left(r_1^2+pr_1+q\right)u=0.$$

由于 r_1 是特征方程 (4.6.2) 的二重根, 因此

$$r_1^2 + pr_1 + q = 0, \quad 2r_1 + p = 0,$$

于是得

$$u'' = 0.$$

因为这里只要得到一个不为常数的解, 故可取满足上式的函数 $u = x$, 由此可得方程 (4.6.1) 的另一个与 y_1 线性无关的特解 $y_2 = x\mathrm{e}^{r_1 x}$. 于是方程 (4.6.1) 的通解为

$$y(x) = C_1\mathrm{e}^{r_1 x} + C_2 x\mathrm{e}^{r_1 x} = (C_1 + C_2 x)\,\mathrm{e}^{r_1 x}.$$

(3) $p^2 - 4q < 0$, 特征方程 (4.6.2) 有一对共轭复根

$$r_{1,2} = -\frac{p}{2} \pm \mathrm{i}\frac{\sqrt{4q - p^2}}{2} = \alpha \pm \mathrm{i}\beta \quad (\beta \neq 0).$$

这时, 方程 (4.6.1) 有两个复数形式的特解

$$y_1 = \mathrm{e}^{(\alpha+\mathrm{i}\beta)x}, \quad y_2 = \mathrm{e}^{(\alpha-\mathrm{i}\beta)x}.$$

由于它们是复值函数形式, 使用不便. 下面我们以这两个解为基础, 得到实值函数形式的解. 为此, 利用欧拉公式 $\mathrm{e}^{\mathrm{i}x} = \cos x + \mathrm{i}\sin x$, 可得

$$y_1 = \mathrm{e}^{\alpha x}\left(\cos\beta x + \mathrm{i}\sin\beta x\right),$$

$$y_2 = \mathrm{e}^{\alpha x}\left(\cos\beta x - \mathrm{i}\sin\beta x\right).$$

因为齐次线性微分方程 (4.6.1) 的解符合叠加原理, 利用叠加原理, 得

$$\tilde{y}_1 = \frac{1}{2}\left(y_1 + y_2\right) = \mathrm{e}^{\alpha x}\cos\beta x,$$

$$\tilde{y}_2 = \frac{1}{2\mathrm{i}}\left(y_1 - y_2\right) = \mathrm{e}^{\alpha x}\sin\beta x$$

仍是方程 (4.6.1) 的两个解, 且 $\dfrac{\tilde{y}_1}{\tilde{y}_2} = \cot\beta x \neq$ 常数, 由此得到方程 (4.6.1) 的通解为

$$y = \mathrm{e}^{\alpha x}\left(C_1\cos\beta x + C_2\sin\beta x\right).$$

综上所述, 求二阶常系数齐次线性微分方程

$$y'' + py' + qy = 0$$

的通解的步骤可归纳如下:

(i) 写出微分方程 (4.6.1) 的特征方程

$$r^2 + pr + q = 0;$$

(ii) 求出特征方程的两个根 r_1 与 r_2;

(iii) 根据特征方程两个根的不同情形, 按照下列规则写出微分方程 (4.6.1) 的通解:

若特征方程有两个不等实根 r_1 与 r_2, 则 $y = C_1 \mathrm{e}^{r_1 x} + C_2 \mathrm{e}^{r_2 x}$;

若特征方程有两个相等实根 $r_1 = r_2$, 则 $y = (C_1 + C_2 x)\, \mathrm{e}^{r_1 x}$;

若特征方程有一对共轭复根 $r_{1,2} = \alpha \pm \mathrm{i}\beta$, 则

$$y = \mathrm{e}^{\alpha x} \left(C_1 \cos \beta x + C_2 \sin \beta x\right),$$

这里 C_1 和 C_2 是任意常数.

这种由二阶常系数齐次线性微分方程的特征方程的根直接确定其通解的方法称为**特征方程法**.

例 1　解方程

$$y'' - 4y' + 3y = 0.$$

解　写出特征方程

$$r^2 - 4r + 3 = 0.$$

求出根 $r_1 = 1$, $r_2 = 3$, 即有两个不相等的实根, 方程的通解为

$$y = C_1 \mathrm{e}^{x} + C_2 \mathrm{e}^{3x}.$$

例 2　求方程 $\dfrac{\mathrm{d}^2 x}{\mathrm{d}t^2} + 2\dfrac{\mathrm{d}x}{\mathrm{d}t} + x = 0$ 满足条件 $x|_{t=0} = 4$, $\left.\dfrac{\mathrm{d}x}{\mathrm{d}t}\right|_{t=0} = -2$ 的特解.

解　所给方程的特征方程为

$$r^2 + 2r + 1 = 0.$$

特征根 $r_1 = r_2 = -1$ (重根), 从而方程的通解为

$$x = (C_1 + C_2 t)\, \mathrm{e}^{-t}.$$

代入初始条件 $x|_{t=0} = 4$, 得 $C_1 = 4$, 将 $\left.\dfrac{\mathrm{d}x}{\mathrm{d}t}\right|_{t=0} = -2$ 代入

$$\frac{\mathrm{d}x}{\mathrm{d}t} = (C_2 - C_1 - C_2 t)\,\mathrm{e}^{-t},$$

得 $C_2 = 2$, 于是, 所求方程的特解为

$$x = (4 + 2t)\,\mathrm{e}^{-t}.$$

例 3 求微分方程

$$y'' - 2y' + 13y = 0$$

的通解.

解 特征方程是

$$r^2 - 4r + 13 = 0$$

它有一对共轭复根 $r_{1,2} = 2 \pm 3\mathrm{i}$, 所以方程的通解为

$$y = \mathrm{e}^{2x}\left(C_1 \cos 3x + C_2 \sin 3x\right).$$

对于二阶常系数齐次线性微分方程所得到的结论, 可推广到 n 阶常系数齐次线性微分方程中. 对此, 我们不作详细讨论, 只简单地叙述如下.

n 阶常系数齐次线性微分方程的一般形式是

$$y^{(n)} + p_1 y^{(n-1)} + p_2 y^{(n-2)} + \cdots + p_{n-1} y' + p_n y = 0. \tag{4.6.3}$$

它的特征方程是

$$r^n + p_1 r^{n-1} + p_2 r^{n-2} + \cdots + p_{n-1} r + p_n = 0. \tag{4.6.4}$$

根据特征根的不同情形, 可以给出其对应的微分方程的解如表 4-1.

表 4-1

特征方程的根		微分方程通解中的对应项
单根	实根 r	给出一项: $C\mathrm{e}^{rx}$
	共轭复根 $r = \alpha \pm \mathrm{i}\beta$	给出两项: $\mathrm{e}^{\alpha x}(C_1 \cos \beta x + C_2 \sin \beta x)$
重根	k 重实根 r	给出 k 项: $\mathrm{e}^{rx}(C_1 + C_2 x + \cdots + C_k x^{k-1})$
	k 重共轭复根 $r = \alpha \pm \mathrm{i}\beta$	给出 $2k$ 项: $\mathrm{e}^{\alpha x}[(C_1 + C_2 x + \cdots + C_k x^{k-1}) \cos \beta x + (D_1 + D_2 x + \cdots + D_k x^{k-1}) \sin \beta x]$

从代数学知道, 如果把多项式方程的一个 k 重根算作 k 个根, 那么 n 次多项式方程在复数范围内恰有 n 个根, 特征方程的每个根都对应着通解中的一项, 并且每项各含一个任意常数, 这样就得到 n 阶常系数齐次线性微分方程的通解.

例 4 解方程

$$y^{(4)} - 2y''' + 5y'' = 0.$$

解 该方程的特征方程为

$$r^4 - 2r^3 + 5r^2 = 0,$$

其根为

$$r_1 = r_2 = 0, \quad r_{3,4} = 1 \pm 2\mathrm{i}.$$

所以方程的通解为

$$y = C_1 + C_2 x + \mathrm{e}^x \left(C_3 \cos 2x + C_4 \sin 2x\right),$$

其中 C_1, C_2, C_3, C_4 为任意常数.

4.6.2 二阶常系数非齐次线性微分方程

方程

$$y'' + py' + qy = f(x) \tag{4.6.5}$$

称为**二阶常系数非齐次线性微分方程**, 其中 p, q 为常数, 自由项 $f(x)$ 为不恒等于零的连续函数. 由 4.5 节定理 3 可知, 求方程 (4.6.5) 的通解可归结为求对应的齐次线性微分方程

$$y'' + py' + qy = 0 \tag{4.6.6}$$

的通解与非齐次线性微分方程 (4.6.5) 本身的一个特解. 由于二阶常系数齐次线性微分方程的通解的求法已经在上面得到解决, 所以现在只需要讨论如何来求非齐次线性微分方程 (4.6.5) 的一个特解 y^* 的方法. 方程 (4.6.5) 的特解的形式与右端自由项 $f(x)$ 的形式有关, 在一般情况下, 要求出方程 (4.6.5) 的特解是非常困难的, 这里我们只介绍当 $f(x)$ 为某些特殊类型时求特解的方法——**比较系数法**, 它的特点是不需要通过积分, 而是用代数的方法即可求得方程 (4.6.5) 的特解, 即将求解微分方程的问题转化成某一个代数问题来处理, 因而比较简单. 具体的求解步骤是先确定解的形式, 再把形式解代入方程定出解中包含的待定系数的值, 故这种方法也称为**待定系数法**.

类型 I $f(x) = P_m(x)\mathrm{e}^{\lambda x}$, 其中 λ 是常数, $P_m(x)$ 是关于 x 的一个 m 次多项式.

因为多项式与指数函数乘积的导数仍然是多项式与指数函数的乘积, 所以我们推测方程 (4.6.5) 也具有多项式乘指数函数形式的特解, 为此, 令 $y^* = Q(x)\mathrm{e}^{\lambda x}$ (其中 $Q(x)$ 为多项式), 则

$$y^{*\prime} = \mathrm{e}^{\lambda x}\left[\lambda Q(x) + Q'(x)\right],$$

$$y^{*\prime\prime} = \mathrm{e}^{\lambda x}\left[\lambda^2 Q(x) + 2\lambda Q'(x) + Q''(x)\right]$$

代入方程 (4.6.5), 并消去 $e^{\lambda x}$ 后, 得

$$Q''(x)+(2\lambda+p)Q'(x)+\left(\lambda^2+p\lambda+q\right)Q(x)\equiv P_m(x). \tag{4.6.7}$$

由于方程相等, 恒等式 (4.6.7) 两边应是同次幂的多项式, 故可以通过比较等号两边的系数确定多项式 $Q(x)$. 下面分三种情况讨论:

(i) 若 λ 不是方程 (4.6.6) 的特征方程的根, 即 $\lambda^2+p\lambda+q\neq 0$. 由于 $P_m(x)$ 是一个 m 次多项式, 为了使 (4.6.7) 式两边恒等, $Q(x)$ 也应该是一个 m 次多项式, 故令

$$Q(x)=Q_m(x)=b_0x^m+b_1x^{m-1}+\cdots+b_{m-1}x+b_m,$$

其中 $b_i\ (i=0,1,2,\cdots,m)$ 为待定系数. 将 $Q(x)=Q_m(x)$ 代入式 (4.6.7), 比较等式两边 x 同次幂的系数, 就得到含 $b_0, b_1,\cdots,b_m$ 的 $m+1$ 个方程的联立方程组, 解方程组可以定出 $b_i\ (i=0,1,\cdots,m)$, 从而得到方程的通解 $y^*=Q_m(x)e^{\lambda x}$.

(ii) 如果 λ 是方程 (4.6.6) 的特征方程的单根, 则 $\lambda^2+p\lambda+q=0,\ 2\lambda+p\neq 0$, 那么由 (4.6.7) 式看出 $Q'(x)$ 必须是 m 次多项式, 故可设 $Q(x)=xQ_m(x)$, 用同样的方法可以确定出 $Q_m(x)$ 的系数, 从而得方程 (4.6.5) 的特解为 $y^*=xQ_m(x)e^{\lambda x}$.

(iii) 如果 λ 是方程 (4.6.6) 的特征方程的重根, 即 $\lambda^2+p\lambda+q=0,\ 2\lambda+p=0$, 那么由 (4.6.7) 式看出 $Q''(x)$ 必须是 m 次多项式, 故可设 $Q(x)=x^2Q_m(x)$, 用同样的方法可以确定出 $Q_m(x)$ 的系数, 从而得方程 (4.6.5) 的特解为 $y^*=x^2Q_m(x)e^{\lambda x}$.

综上所述, 有如下结论:

方程

$$y''+py'+qy=P_m(x)e^{\lambda x}$$

具有形如

$$y^*=x^kQ_m(x)e^{\lambda x} \tag{4.6.8}$$

的特解, 其中 $Q_m(x)$ 是与 $P_m(x)$ 同次 (m 次) 的多项式, 而 k 按 λ 不是特征方程 $r^2+px+q=0$ 的根, 是特征方程的单根, 或是特征方程的重根依次取为 0, 1 或 2.

上述求法可以推广到 n 阶常系数非齐次线性微分方程, 但要注意 (4.6.8) 中的 k 是特征方程的根 λ 的重复次数 (即若 λ 不是特征方程的根, k 取为 0; 若 λ 是特征方程的 s 重根, k 取为 s).

注记 令 $F(\lambda)=\lambda^2+p\lambda+q$, 则 $F'(\lambda)=2\lambda+p$. 将 (4.6.7) 式写成

$$Q''(x)+F'(\lambda)Q'(x)+F(\lambda)Q(x)=P_m(x). \tag{4.6.9}$$

在求特解 y^* 时, 引入函数 $F(\lambda), Q(x)$, 算出 $F(\lambda), F'(\lambda), Q'(x), Q''(x)$ 后, 代入 (4.6.9) 式就可以比较容易求出特解 y^*.

例 5　求微分方程 $y''+y=2x^2-3$ 的一个特解.

解　这是二阶常系数非齐次线性微分方程, 并且 $f(x)$ 是 $P_m(x)\mathrm{e}^{\lambda x}$ 型 (其中 $P_m(x)=2x^2-3$, $\lambda=0$). 原方程所对应的齐次线性微分方程为

$$y''+y=0.$$

它的特征方程为

$$r^2+1=0.$$

特征根为

$$r_1=\mathrm{i},\quad r_2=-\mathrm{i}.$$

所以 $\lambda=0$ 不是特征根, 从而可设非齐次线性方程的特解为 $y^*=ax^2+bx+c$, 把它代入所给方程得

$$ax^2+bx+(c+2a)\equiv 2x^2-3.$$

比较两端 x 同次幂的系数, 得

$$a=2,\quad b=0,\quad c+2a=-3,$$

即 $a=2, b=0, c=-7$, 于是

$$y^*=2x^2-7$$

就是所给方程的一个特解.

例 6　求方程 $y''-5y'+6y=x\mathrm{e}^{2x}$ 的通解.

解　这是二阶常系数非齐次线性微分方程, 并且 $f(x)$ 是 $P_m(x)\mathrm{e}^{\lambda x}$ 型 (其中 $P_m(x)=x$, $\lambda=2$). 原方程所对应的齐次方程为

$$y''-5y'+6y=0,$$

它的特征方程为

$$r^2-5r+6=0,$$

其根为

$$r_1=2,\quad r_2=3.$$

所以齐次方程的通解为

$$Y=C_1\mathrm{e}^{2x}+C_2\mathrm{e}^{3x}.$$

由于 $\lambda = 2$ 是特征方程的单根, $P_m(x) = x$ 是一次多项式, 所以非齐次线性方程的特解可设为

$$y^* = x(b_0x + b_1)\mathrm{e}^{2x},$$

将其代入所给方程并消去 e^{2x}, 得

$$-2b_0x + 2b_0 - b_1 \equiv x,$$

比较两端 x 同次幂的系数, 解得

$$b_0 = -\frac{1}{2}, \quad b_1 = -1.$$

因此得

$$y^* = -\frac{1}{2}\left(x^2 + 2x\right)\mathrm{e}^{2x}.$$

于是, 所求方程的通解为

$$y = C_1\mathrm{e}^{2x} + C_2\mathrm{e}^{3x} - \frac{1}{2}\left(x^2 + 2x\right)\mathrm{e}^{2x}.$$

注记 在此题解法中, 将 $y^* = x(b_0x + b_1)\mathrm{e}^{2x}$ 直接代入题设方程, 得到

$$-2b_0x + 2b_0 - b_1 \equiv x,$$

这是一个比较复杂的计算过程. 如果令 $F(\lambda) = \lambda^2 - 5\lambda + 6, Q(x) = x(b_0x + b_1)$, 则

$$F(2) = 0, \quad F'(2) = (\lambda^2 - 5\lambda + 6)'|_{\lambda=2} = (2\lambda - 5)'|_{\lambda=2} = -1,$$

$$Q'(x) = 2b_0x + b_1, \quad Q''(x) = 2b_0,$$

将它们代入 (4.6.9) 式立即得到

$$2b_0 - (2b_0x + b_1) \equiv x.$$

类型 II $f(x) = \mathrm{e}^{\lambda x}[P_l(x)\cos\omega x + P_n(x)\sin\omega x]$, 其中 λ, ω 是常数, $P_l(x)$ 和 $P_n(x)$ 分别是 x 的 l 次和 n 次多项式.

回顾类型 I 的讨论过程, 易见当 λ 为复数时, 有关结论仍然成立. 应用欧拉公式, 可把 $f(x)$ 化成如下形式:

$$f(x) = \mathrm{e}^{\lambda x}\left[P_l(x)\frac{\mathrm{e}^{\mathrm{i}\omega x} + \mathrm{e}^{-\mathrm{i}\omega x}}{2} + P_n(x)\frac{\mathrm{e}^{\mathrm{i}\omega x} - \mathrm{e}^{-\mathrm{i}\omega x}}{2\mathrm{i}}\right]$$

$$= \left[\frac{P_l(x)}{2} + \frac{P_n(x)}{2\mathrm{i}}\right]\mathrm{e}^{(\lambda+\mathrm{i}\omega)x} + \left[\frac{P_l(x)}{2} - \frac{P_n(x)}{2\mathrm{i}}\right]\mathrm{e}^{(\lambda-\mathrm{i}\omega)x}$$

$$= P_m(x)\,\mathrm{e}^{(\lambda+\mathrm{i}\omega)x} + \bar{P}_m(x)\,\mathrm{e}^{(\lambda-\mathrm{i}\omega)x},$$

其中

$$P_m(x) = \frac{P_l(x)}{2} + \frac{P_n(x)}{2\mathrm{i}} = \frac{P_l(x)}{2} - \frac{P_n(x)}{2}\mathrm{i},$$

$$\bar{P}_m(x) = \frac{P_l(x)}{2} - \frac{P_n(x)}{2\mathrm{i}} = \frac{P_l(x)}{2} + \frac{P_n(x)}{2}\mathrm{i}$$

是互为共轭的 m 次多项式 (对应的系数是共轭复数), 而 $m = \max(l, n)$.

应用情形 I 的结果, 方程 $y'' + py' + qy = P_m(x)\,\mathrm{e}^{(\lambda+\mathrm{i}\omega)x}$ 的特解形式为

$$y_1^* = x^k Q_m(x)\,\mathrm{e}^{(\lambda+\mathrm{i}\omega)x},$$

其中 k 依 $\lambda + \mathrm{i}\omega$ 不是特征方程的根或是特征方程的单根分别取 0 或 1.

由于 $P_m(x)\,\mathrm{e}^{(\lambda+\mathrm{i}\omega)x}$ 与 $\bar{P}_m(x)\,\mathrm{e}^{(\lambda-\mathrm{i}\omega)x}$ 互为共轭, 而复根又必须成对出现, 所以方程 $y'' + py' + qy = \bar{P}_m(x)\,\mathrm{e}^{(\lambda-\mathrm{i}\omega)x}$ 的特解形式为

$$y_2^* = x^k \bar{Q}_m(x)\,\mathrm{e}^{(\lambda-\mathrm{i}\omega)x}.$$

从而, 原方程的特解为

$$y^* = y_1^* + y_2^* = x^k\left(Q_m(x)\,\mathrm{e}^{(\lambda+\mathrm{i}\omega)x} + \bar{Q}_m(x)\,\mathrm{e}^{(\lambda-\mathrm{i}\omega)x}\right).$$

因为 y^* 是两个共轭复函数相加, 所以它应该是实函数, 下面我们把它转化成实函数形式

$$\begin{aligned} y^* &= x^k\left[Q_m(x)\,\mathrm{e}^{(\lambda+\mathrm{i}\omega)x} + \bar{Q}_m(x)\,\mathrm{e}^{(\lambda-\mathrm{i}\omega)x}\right] \\ &= x^k\mathrm{e}^{\lambda x}\left[Q_m(x)\,\mathrm{e}^{\mathrm{i}\omega x} + \bar{Q}_m(x)\,\mathrm{e}^{-\mathrm{i}\omega x}\right] \\ &= x^k\mathrm{e}^{\lambda x}\left\{\left[Q_m(x) + \bar{Q}_m(x)\right]\cos\omega x + \left[Q_m(x) - \bar{Q}_m(x)\right]\sin\omega x\right\} \\ &= x^k\mathrm{e}^{\lambda x}\left[R_m^{(1)}(x)\cos\omega x + R_m^{(2)}(x)\sin\omega x\right], \end{aligned}$$

其中 $R_m^{(1)}(x)$ 和 $R_m^{(2)}(x)$ 是两个 m 次的实系数多项式.

综上所述, 有如下结论.

方程

$$y'' + py' + qy = \mathrm{e}^{\lambda x}\left[P_l(x)\cos\omega x + P_n(x)\sin\omega x\right]$$

具有形如

$$y^* = x^k \mathrm{e}^{\lambda x}\left(R_m^{(1)}(x)\cos\omega x + R_m^{(2)}(x)\sin\omega x\right) \tag{4.6.10}$$

的特解, 其中 $R_m^{(1)}(x), R_m^{(2)}(x)$ 为 m 次多项式, $m = \max\{l, n\}$, 而 k 则按 $\lambda + \mathrm{i}\omega$ (或 $\lambda - \mathrm{i}\omega$) 不是特征方程的根或是特征方程的单根分别取为 0 或 1.

注记 上述求法可以推广到 n 阶常系数非齐次线性微分方程, 但要注意 (4.6.10) 中的 k 是特征方程的根 $\lambda + \mathrm{i}\omega$ (或 $\lambda - \mathrm{i}\omega$) 的重复次数.

例 7 求微分方程 $y'' + y = x\cos 2x$ 的通解.

解 所给方程对应的齐次方程为

$$y'' + y = 0,$$

其特征方程为 $r^2 + 1 = 0$, 特征根是 $r_{1,2} = \pm\mathrm{i}$, 则对应齐次方程的通解为

$$Y = C_1\cos x + C_2\sin x.$$

由非齐次项可知 $\lambda + \mathrm{i}\omega = 2\mathrm{i}$ 不是特征方程的根, 而 $P_l(x) = x$, $P_n(x) = 0$, 所以设特解为

$$y^* = (ax + b)\cos 2x + (cx + d)\sin 2x.$$

代入所给方程, 得

$$(-3ax - 3b + 4c)\cos 2x - (3cx + 3d + 4a)\sin 2x = x\cos 2x.$$

比较两端同类项的系数可得

$$\begin{cases} -3a = 1, \\ -3b + 4c = 0, \\ -3c = 0, \\ -3d - 4a = 0, \end{cases}$$

解得

$$a = -\frac{1}{3}, \quad b = 0, \quad c = 0, \quad d = \frac{4}{9}.$$

于是, 所求方程的通解为

$$y = C_1\cos x + C_2\sin x - \frac{1}{3}x\cos 2x + \frac{4}{9}\sin 2x.$$

例 8 求方程 $y''+y=\mathrm{e}^x+\cos x$ 的一个特解.

解 由例 7 知, 所给方程对应的齐次方程的特征根为 $\pm\mathrm{i}$.

由于 $\lambda=1$ 不是特征根, 故方程

$$y''+y=\mathrm{e}^x$$

的特解可设为 $y_1^*=a\mathrm{e}^x$, 将其代入上述方程, 解得 $a=\dfrac{1}{2}$, 从而 $y_1^*=\dfrac{1}{2}\mathrm{e}^x$.

由于 $\lambda+\mathrm{i}\omega=\mathrm{i}$, 所以方程

$$y''+y=\cos x$$

的特解可设为 $y_2^*=x\,(b\cos x+c\sin x)$, 将其代入上述方程, 解得 $b=0, c=\dfrac{1}{2}$, 从而 $y_2^*=\dfrac{1}{2}x\sin x$. 所以原方程 $y''+y=\mathrm{e}^x+\cos x$ 的一个特解为

$$y^*=y_1^*+y_2^*=\frac{1}{2}\mathrm{e}^x+\frac{1}{2}x\sin x.$$

4.6.3 二阶常系数线性微分方程的应用举例

例 9 设电路由电阻 R、自感 L、电容 C、开关 K 和电源 E 串联组成, 其中 R, L, C 为常数, 电源电动势为 $E=E_m\sin\omega t$, 这里 t 表示时间, E_m, ω 也是常数 (图 4-9), 设电路中的电流为 $i(t)$, 电容器极板上的电量为 $q(t)$, 两极间的电压为 u_C, 自感电动势为 E_L, 求 u_C 满足的微分方程.

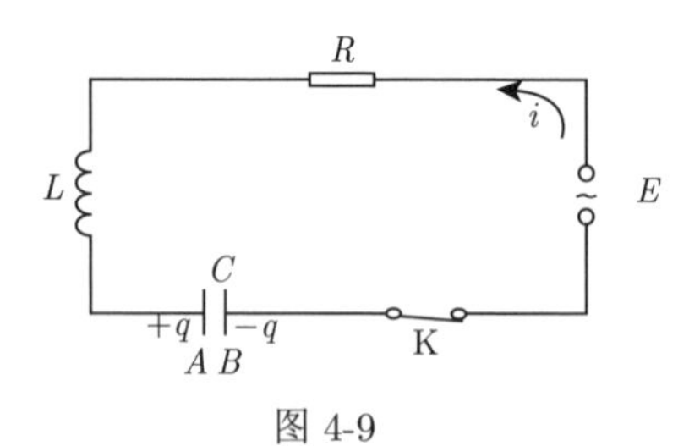

图 4-9

解 由电学知道,

$$i=\frac{\mathrm{d}q}{\mathrm{d}t},\quad u_C=\frac{q}{C},\quad E_L=-L\frac{\mathrm{d}i}{\mathrm{d}t},$$

根据回路电压定律,

$$E-L\frac{\mathrm{d}i}{\mathrm{d}t}-\frac{q}{C}-Ri=0,$$

即

$$LC\frac{\mathrm{d}^2u_C}{\mathrm{d}t^2}+RC\frac{\mathrm{d}u_C}{\mathrm{d}t}+u_C=E_m\sin\omega t,$$

或写成

$$\frac{\mathrm{d}^2u_C}{\mathrm{d}t^2}+2\beta\frac{\mathrm{d}u_C}{\mathrm{d}t}+\omega_0^2u_C=\frac{E_m}{LC}\sin\omega t,$$

其中 $2\beta=\dfrac{R}{L}$, $\omega_0=\dfrac{1}{\sqrt{LC}}$, 这就是串联电路的振荡方程. 它是一个常系数非齐次线性微分方程.

若电容器经充电后撤去外电源 (此时 $E=0$), 则上述方程成为

$$\frac{\mathrm{d}^2u_C}{\mathrm{d}t^2}+2\beta\frac{\mathrm{d}u_C}{\mathrm{d}t}+\omega_0^2u_C=0,$$

这就是一个常系数齐次线性微分方程.

例 10　自由振动问题　设有一个弹簧, 它的上端固定, 下端挂一个质量为 m 的物体. 当物体处于静止状态时, 作用在物体上的重力与弹簧力大小相等、方向相反. 这个位置就是物体的平衡位置. 如图 4-10, 取 x 轴铅直向下, 并取物体的平衡位置为坐标原点.

如果使物体有一个初始位移 x_0 和初始速度 v_0 (x_0 与 v_0 不能全为零), 那么物体便会离开平衡位置, 并且在平衡位置附近做上下振动. 设时刻 t 物体的位置为 $x=x(t)$, 要确定物体的振动规律, 就要求出函数 $x=x(t)$, 为此我们来分析物体的受力情况, 建立起函数 $x(t)$ 所满足的微分方程.

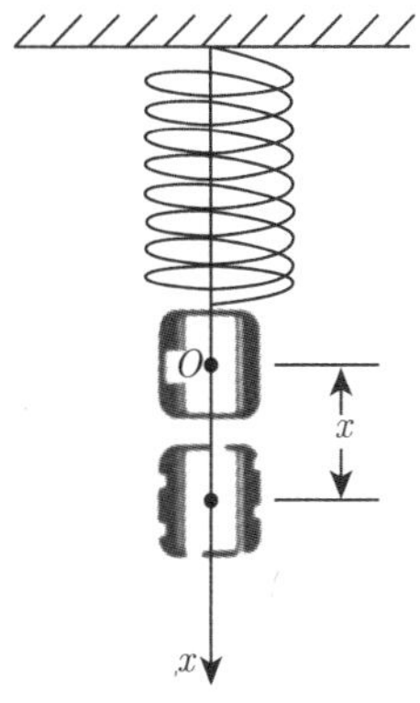

由力学知道, 弹簧使物体回到平衡的弹性恢复力 f (它不包括在平衡位置时和重力 mg 相平衡的那一部分弹性力) 与物体离开平衡位置的位移 x 成正比:

$$f=-cx,$$

图 4-10

其中 c 为弹簧的弹性系数 ($c>0$), 负号表示弹性恢复力的方向与物体位移的方向相反. 另外, 物体在运动过程中还受到阻尼介质的阻力作用. 由实验知道, 阻力 R 的方向总与运动方向 (即速度方向) 相反, 当物体运动的速度不大时, 阻力 R 的大小与速度的大小成正比. 设比例系数 μ ($\mu>0$), 则有

$$R=-\mu\frac{\mathrm{d}x}{\mathrm{d}t}.$$

根据上述关于物体受力情况的分析, 由牛顿第二定律得

$$m\frac{\mathrm{d}^2x}{\mathrm{d}t^2}=-cx-\mu\frac{\mathrm{d}x}{\mathrm{d}t},$$

移项, 并记 $2n=\dfrac{\mu}{m}$, $k^2=\dfrac{c}{m}$, 则上式变形为

$$\frac{\mathrm{d}^2x}{\mathrm{d}t^2}+2n\frac{\mathrm{d}x}{\mathrm{d}t}+k^2x=0. \tag{4.6.11}$$

这就是在有阻尼的情况下, 物体自由振动的微分方程. 它是二阶常系数齐次线性微分方程.

下面, 我们讨论两种情形下的自由振动.

1) **无阻尼自由振动**

假设物体只受弹性恢复力 f 的作用, 那么由于不计阻力有 $-\mu\dfrac{\mathrm{d}x}{\mathrm{d}t}=0$, 故方程 (4.6.11) 成为

$$\frac{\mathrm{d}^2x}{\mathrm{d}t^2}+k^2x=0,$$

这个方程称为无阻尼自由振动的微分方程. 容易求出方程的通解为

$$x(t)=C_1\cos kt+C_2\sin kt.$$

满足初值条件 $x|_{t=0}=x_0$, $x'|_{t=0}=v_0$ 的特解是

$$x(t)=x_0\cos kt+\frac{v_0}{k}\sin kt.$$

令 $x_0=A\sin\varphi$, $\dfrac{v_0}{k}=A\cos\varphi\ (0\leqslant\varphi<2\pi)$, 则上式成为

$$x(t)=A\sin(kt+\varphi), \tag{4.6.12}$$

其中 $A=\sqrt{x_0^2+\dfrac{v_0^2}{k^2}}$, $\tan\varphi=\dfrac{kx_0}{v_0}$. 函数 (4.6.12) 所反映的运动就是**简谐振动**. 这个振动的振幅为 A, 初相为 φ, 它们由初值条件所决定, 而这个振动的周期为 $T=\dfrac{2\pi}{k}$, 角频率为 k. 由于 $k=\sqrt{\dfrac{c}{m}}$ 与初值条件无关, 完全由振动系统 (在本例中就是弹簧与物体所组成的系统) 本身确定, 因此 k 又称为系统的固有频率, 固有频率是反映振动系统特性的一个重要参数.

2) **有阻尼自由振动**

有阻尼自由振动的方程 (4.6.10) 的特征方程为

$$r^2+2nr+k^2=0,$$

其根为

$$r_{1,2}=\frac{-2n\pm\sqrt{4n^2-4k^2}}{2}=-n\pm\sqrt{n^2-k^2}.$$

以下按 $n<k$, $n>k$ 与 $n=k$ 三种不同情形进行讨论.

(i) 小阻尼情形: $n<k$.

此时特征方程的根 $r_1=-n+\mathrm{i}\sqrt{k^2-n^2}$, $r_2=-n-\mathrm{i}\sqrt{k^2-n^2}$ 是一对共轭复根, 故方程 (4.6.11) 的通解为

$$x=\mathrm{e}^{-nt}(C_1\cos\sqrt{k^2-n^2}t+C_2\sin\sqrt{k^2-n^2}t).$$

满足初值条件 $x|_{t=0}=x_0$, $x'|_{t=0}=v_0$ 的特解是

$$x=\mathrm{e}^{-nt}\left(x_0\cos\sqrt{k^2-n^2}t+\frac{v_0+nx_0}{\sqrt{k^2-n^2}}\sin\sqrt{k^2-n^2}t\right).$$

记 $\omega=\sqrt{k^2-n^2}$, 令 $x_0=A\sin\varphi$, $\dfrac{v_0+nx_0}{\omega}=A\cos\varphi$ $(0\leqslant\varphi<2\pi)$, 则上式成为

$$x(t)=A\mathrm{e}^{-nt}\sin(\omega t+\varphi), \tag{4.6.13}$$

其中 $A=\sqrt{x_0^2+\dfrac{(v_0^{+}nx_0)^2}{\omega^2}}$, $\tan\varphi=\dfrac{\omega x_0}{v_0+nx_0}$. 从 (4.6.13) 式看出, 在小阻尼的情形下, 物体仍然做周期 $T=\dfrac{2\pi}{\omega}$ 的振动. 但与简谐振动不同的是, 它的振幅 $A\mathrm{e}^{-nt}$ 随时间 t 的增大而逐渐减小为零, 即物体在振动过程中最终趋于平衡位置.

函数 (4.6.13) 的图形大致如图 4-11(a) 所示 (图中假定 $x_0>0$, $v_0>0$).

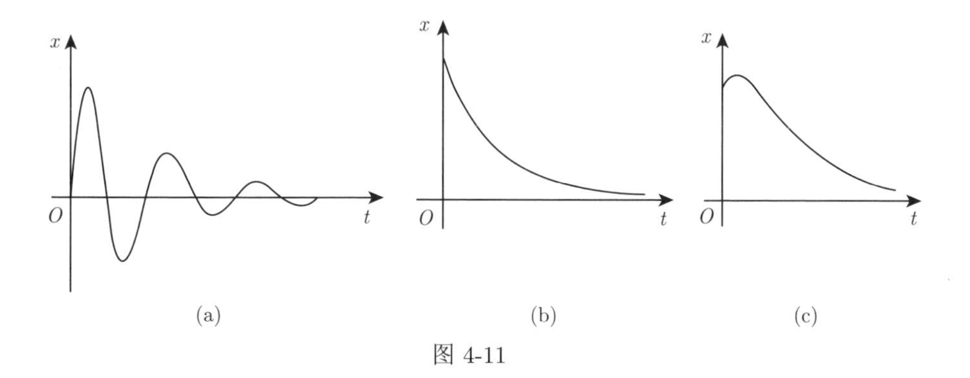

图 4-11

(ii) 大阻尼情形: $n>k$.

此时特征方程的根为 $r_1=-n+\sqrt{n^2-k^2}, r_2=-n-\sqrt{n^2-k^2}$ 是两个不相等的实根, 故方程 (4.6.11) 的通解为

$$x=C_1\mathrm{e}^{-(n-\sqrt{n^2-k^2})t}+C_2\mathrm{e}^{-(n+\sqrt{n^2-k^2})t}, \tag{4.6.14}$$

其中任意常数 C_1, C_2 可由初值条件来确定. 函数族 (4.6.14) 中某一函数的图形大致如图 4-11(b) 所示.

(iii) 临界阻尼情形: $n=k$.

此时特征方程的根为 $r_1=r_2=-n$ 是两个相等的实根, 故方程 (4.6.10) 的通解为

$$x=\mathrm{e}^{-nt}(C_1+C_2t), \tag{4.6.15}$$

其中任意常数 C_1, C_2 可由初值条件来确定. 函数族 (4.6.15) 中某一函数的图形大致如图 4-11(c) 所示.

由函数 (4.6.14) 和 (4.6.15) 可以看到, 在大阻尼和临界阻尼情形, 物体已不在平衡位置上下振动, 而是在离开初始位置后随时间 t 的增大而趋于平衡位置.

以上介绍的自由振动系统称为**弹簧振子**, 它是一个理想模型. 在实际问题中的许多振动系统, 如钟摆振动、管弦乐器的空气柱或琴弦的振动、交变电路中电流或电压的振荡及无线电波中电场和磁场的振动等, 虽然它们的具体意义和结构与弹簧振子不同, 但是基本规律都可以用二阶常系数齐次线性微分方程 (4.6.11) 来刻画.

如果物体在振动过程中还受到位移方向上的周期性的干扰力, 这时物体产生的运动叫做**强迫振动**或**干扰振动**. 这种振动现象也是较普遍地存在着的, 我们以如下的实际问题为例来说明物体在强迫振动下的运动规律.

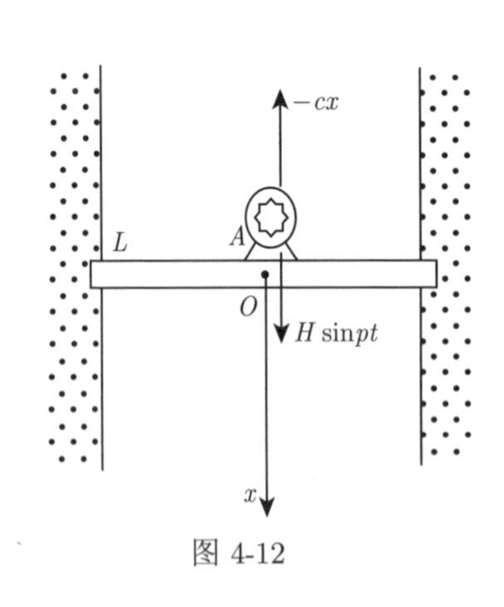

图 4-12

例 11 (强迫振动与共振问题) 设一质量为 m 的电动振荡器安装在弹性梁 L 的点 A 处, 振荡器开动时对横梁产生一个垂直方向的干扰力 $H\sin pt$ (H, p 均为常数, H 称为干扰幅度, p 称为干扰频率), 使得横梁发生振动. 如图 4-12 所示, 取 x 轴过点 A, 方向铅直向下, 并设平衡时点 A 在 x 轴的原点. 如果不计阻力和点 A 处横梁的重量, 试求点 A 在干扰力作用下的运动规律.

解 如果不计阻力, 则点 A 在振动时受到两个力的作用, 一个是弹性恢复力 $-cx$, 另一个是干扰力 $H\sin pt$, 根据牛顿第二定律得

$$m\frac{\mathrm{d}^2x}{\mathrm{d}t^2} = -cx + H\sin pt.$$

记 $\frac{c}{m} = k^2$, $\frac{H}{m} = h$, 上式化为

$$\frac{\mathrm{d}^2x}{\mathrm{d}t^2} + k^2x = h\sin pt, \tag{4.6.16}$$

并有初值条件: $x(0) = 0$, $x'(0) = 0$.

这是二阶常系数非齐次线性微分方程的初值问题.

由例 10 可知方程 (4.6.16) 对应的齐次线性微分方程 $\frac{\mathrm{d}^2x}{\mathrm{d}t^2} + k^2x = 0$ 的通解为

$$X = C_1\cos kt + C_2\sin kt,$$

其中 $k = \sqrt{\frac{c}{m}}$ 是弹性梁的固有频率, 根据固有频率 k 与干扰频率 p 的关系, 我们分两种情况讨论方程 (4.6.16) 的特解.

(i) 如果 $p \neq k$, 那么 $\pm \mathrm{i}\omega = \pm \mathrm{i}p$ 不是特征根, 故可设

$$x^* = a\cos pt + b\sin pt,$$

代入方程 (4.6.16), 求得 $a = 0$, $b = \frac{h}{k^2 - p^2}$, 于是特解为

$$x^* = \frac{h}{k^2 - p^2}\sin pt,$$

从而当 $p \neq k$ 时, 方程 (4.6.16) 的通解为

$$x = C_1\cos kt + C_2\sin kt + \frac{h}{k^2 - p^2}\sin pt,$$

由初值条件可定出 C_1 与 C_2, 从而点 A 的运动规律为

$$x = -\frac{hp}{(k^2 - p^2)k}\sin kt + \frac{h}{k^2 - p^2}\sin pt.$$

上式表示, 物体的运动由两部分合成, 这两部分都是简谐振动. 上式第一项表示自由振动, 第二项表示的振动称为强迫振动. 强迫振动由干扰力引起, 它的角频率就是干扰力的角频率 p. 当干扰力的角频率 p 与振动系统的固有频率 k 相差很小时, 它的振幅 $\left|\frac{h}{k^2 - p^2}\right|$ 可以很大.

(ii) 如果 $p = k$, 那么 $\pm \mathrm{i}\omega = \pm \mathrm{i}p$ 就是特征根, 故可设

$$x^* = t(a\cos pt + b\sin pt),$$

代入方程 (4.6.15), 求得 $a = -\dfrac{h}{2k}$, $b = 0$, 于是特解为

$$x^* = -\frac{h}{2k}t\cos kt,$$

从而当 $p = k$ 时, 方程 (4.6.16) 的通解为

$$x = C_1\cos kt + C_2\sin kt + x^* - \frac{h}{2k}t\cos kt,$$

由初值条件可计算出 $C_1 = 0$, $C_2 = \dfrac{h}{2k^2}$, 从而点 A 的运动规律为

$$x = \frac{h}{2k^2}\sin kt - \frac{h}{2k}t\cos kt.$$

上式右端第二项表明, 强迫振动的振幅 $\dfrac{h}{2k}t$ 随时间 t 的增大而无限增大. 这时就发生共振现象, 共振会对弹性梁产生严重的破坏. 据记载, 1940 年 11 月, 美国华盛顿州普吉特海峡的塔科马大桥的坠毁, 以及在 1831 年, 英国曼彻斯特附近的布劳特顿吊桥的倒塌, 都是由于共振引起的.

由以上的结果可知, 为了避免共振现象, 应使干扰力的角频率 p 不要靠近振动系统的固有频率 k. 但任何事物都是一分为二的, 在电路系统却常常要利用共振现象. 此时就应使 $p = k$ 或使 p 与 k 尽量靠近. 例如, 无线电技术中调制波的产生、发射与接收就是利用了电磁共振原理; 收音机正是利用调谐按钮, 通过改变电容来改变共振频率, 选出要接收的电台; 各种弦乐器的发声也是利用琴箱内空气的共振, 即共鸣实现的.

习 题 4.6

1. 解下列常系数齐次线性方程:

(1) $y'' + 3y' - 4y = 0$;

(2) $y'' + y' = 0$;

(3) $y'' + 4y = 0$;

(4) $y'' - 6y' + 9y = 0$;

(5) $y'' + y' + y = 0$;

(6) $y'' + 2y' + ay = 0$;

(7) $y''' + 6y'' + 10y' = 0$;

(8) $y^{(4)} + 3y'' - 4y = 0$.

2. 求下列微分方程满足初始条件的特解:

(1) $4y'' + 4y' + y = 0,\ y|_{x=0} = 6, y'|_{x=0} = 10$;

(2) $y'' + 2y' + 10y = 0,\ y|_{x=0} = 1, y'|_{x=0} = 2$;

(3) $y'' + y' - 2y = 0,\ y|_{x=0} = 0, y'|_{x=0} = 6$;

(4) $y'' + 25y = 0,\ y|_{x=0} = 2, y'|_{x=0} = 5$;

(5) $y''' - 3y'' - 4y' = 0, y|_{x=0} = y'|_{x=0} = y''|_{x=0} = 1$;

(6) $y^{(4)} - a^4 y = 0\ (a > 0), y|_{x=0} = 1, y'|_{x=0} = 0, y''|_{x=0} = -a^2, y'''|_{x=0} = 0$.

3. 解下列常系数非齐次线性方程:

(1) $y'' - 7y' + 12y = x$;　　(2) $y'' - 3y' = -6x + 2$;

(3) $y'' - 2y' + 5y = \mathrm{e}^x \sin 2x$;　　(4) $y'' - 2y' + y = x(1 + 2\mathrm{e}^x)$;

(5) $y'' + 4y = x\cos x$;

(6) $y'' - y = \sin^2 x$ $\left(\text{提示}: \sin^2 x = \dfrac{1 - \cos 2x}{2}\right)$.

4. 求下列微分方程满足初始条件的特解:

(1) $y'' + y = -\sin 2x,\ y|_{x=\pi} = 1, y'|_{x=\pi} = 1$;

(2) $y'' - 3y' + 2y = 1,\ y|_{x=0} = 2, y'|_{x=0} = 2$;

(3) $y'' + y = \mathrm{e}^x + \cos x,\ y|_{x=0} = 1, y'|_{x=0} = 1$;

(4) $y'' - 2y' + y = x\mathrm{e}^x + 4,\ y|_{x=0} = 1, y'|_{x=0} = 1$;

(5) $y'' - 2y' + 5y = \mathrm{e}^x \sin x,\ y|_{x=0} = 1, y'|_{x=0} = 1$.

5. 设 $y = f(x)$ 为一连续函数, 满足方程

$$f(x) = \sin x - \int_0^x (x - t) f(t) \mathrm{d}t,$$

试求函数 $y = f(x)$.

6. 一单位质量的质点在数轴上运动, 开始时质点在原点 O 处且速度为 v_0, 在运动过程中, 它受到一个力的作用, 这个力的大小与质点到原点的距离成正比 (比例系数 $k_1 > 0$), 而方向与初速度一致, 又介质的阻力与速度成正比 (比例系数 $k_2 > 0$). 求反映这质点的运动规律的函数.

7. 一链条悬挂在一钉子上, 启动时一端离开钉子 8m, 另一端离开钉子 12m, 分别在以下两种情况下求链条滑下来所需要的时间:

(1) 若不计钉子对链条的摩擦力;

(2) 若摩擦力为 1m 长的链条的重量.

*4.7 高阶变系数线性微分方程解法举例

4.7.1 解二阶变系数线性微分方程的常数变易法

在 4.3 节中我们已经看到, 对于一阶非齐次线性微分方程, 若已知它所对应的齐次线性方程的通解, 则可用常数变易法求原方程的解. 这种方法对于解变系数的高阶线性微分方程仍然有效, 这里仅就二阶变系数线性微分方程的情形予以讨论.

情形 1 设已知函数 $y_1(x)$ 是二阶变系数非齐次线性微分方程

$$y'' + p(x)y' + q(x)y = f(x) \tag{4.7.1}$$

所对应的齐次方程

$$y'' + p(x)y' + q(x)y = 0 \tag{4.7.2}$$

的一个不恒为零的解. 使用常数变易法, 假设方程 (4.7.1) 有形如 $y(x) = u(x)y_1(x)$ 的解, 把

$$y = uy_1,\quad y' = u'y_1 + uy_1',\quad y'' = u''y_1 + 2u'y_1' + uy_1'',$$

代入方程 (4.7.1) 并整理得

$$y_1u'' + (2y_1' + py_1)u' + (y_1'' + py_1' + qy_1)u = f. \tag{4.7.3}$$

由于 $y_1(x)$ 是方程 (4.7.2) 的解, 即 $y_1'' + py_1' + qy_1 \equiv 0$, 故得

$$y_1u'' + (2y_1' + py_1)u' = f.$$

这是一个不显含未知函数 u 的可降阶的二阶线性微分方程. 令 $u' = v$, 则上式可化为

$$v' + \left(\frac{2y_1'}{y_1} + p\right)v = \frac{f}{y_1},$$

按一阶线性方程的解法, 求得

$$v = C_1\varphi(x) + \varphi^*(x),$$

积分得

$$u = C_1\psi(x) + C_2 + \psi^*(x),$$

其中 $\psi(x)$ 和 $\psi^*(x)$ 分别是 $\varphi(x)$ 和 $\varphi^*(x)$ 的一个原函数.

于是乘以 y_1 后便得方程 (4.7.1) 的通解

$$y = C_1\psi(x)y_1(x) + C_2y_1(x) + \psi^*(x)y_1(x).$$

从上面的讨论可以看到, 如果在方程 (4.7.3) 中取 $f(x) = 0$, 则可以从中解得齐次方程 (4.7.2) 的另一个线性无关的特解, 从而得到方程 (4.7.2) 的通解.

例 1 求二阶线性微分方程 $y'' - 2y' + y = \dfrac{\mathrm{e}^x}{x}$ 的通解.

解 由欧拉指数法易见, $y_1 = \mathrm{e}^x$ 是齐次方程 $y'' - 2y' + y = 0$ 的非零解. 令 $y = u(x)\mathrm{e}^x$, 则

$$y' = \mathrm{e}^x(u' + u),\quad y'' = \mathrm{e}^x(u'' + 2u' + u),$$

代入原非齐次方程, 得

$$\mathrm{e}^x(u'' + 2u' + u) - 2\mathrm{e}^x(u' + u) + \mathrm{e}^xu = \frac{\mathrm{e}^x}{x},$$

消去 e^x, 即得

$$u''=\frac{1}{x},$$

作两次积分, 得

$$u=C_1+C_2x+x\ln x.$$

于是所求通解为

$$y=C_1\mathrm{e}^x+C_2x\mathrm{e}^x+x\mathrm{e}^x\ln x.$$

情形 2 已知齐次线性方程 (4.7.2) 的两个线性无关解 $y_1(x),y_2(x)$, 求相应的非齐次方程 (4.7.1) 的一个特解. 设方程 (4.7.1) 有形如 $u(x)=c_1(x)y_1(x)+c_2(x)y_2(x)$ 的特解, 其中 $c_1(x)$ 与 $c_2(x)$ 为待定函数. 为确定 $c_1(x)$ 与 $c_2(x)$, 现只有 $u(x)$ 满足方程 (4.7.1) 这一个条件, 还需要增加一个条件. 由于

$$u'=c_1y_1'+c_2y_2'+c_1'y_1+c_2'y_2,$$

可以增加条件

$$c_1'y_1+c_2'y_2=0, \tag{4.7.4}$$

此时有

$$u''=c_1y_1''+c_2y_2''+c_1'y_1'+c_2'y_2'.$$

将 u,u',u'' 代入方程 (4.7.1), 并注意到 $y_1(x),y_2(x)$ 是方程 (4.7.2) 的解, 整理后可得

$$c_1'y_1'+c_2'y_2'=f(x). \tag{4.7.5}$$

联立方程 (4.7.4) 与 (4.7.5) 得到一个代数方程组, 解这个方程组得到 c_1' 与 c_2', 再积分即得方程 (4.7.1) 的特解:

$$u(x)=y_1(x)\int_{x_0}^{x}c_1'(t)\mathrm{d}t+y_2(x)\int_{x_0}^{x}c_2'(t)\mathrm{d}t.$$

例 2 已知齐次方程 $xy''-(x+1)y'+y=0$ 的两个线性无关解 $x+1$ 与 e^x, 求非齐次方程 $xy''-(x+1)y'+y=x^2\mathrm{e}^x$ 的通解.

解 使用常数变易法. 设此方程有形如 $u(x)=c_1(x)(x+1)+c_2(x)\mathrm{e}^x$ 的特解, 其中 $c_1(x)$ 与 $c_2(x)$ 为待定函数. 为确定 $c_1(x)$ 与 $c_2(x)$, 增加条件

$$(x+1)c_1'(x)+\mathrm{e}^xc_2'(x)=0. \tag{4.7.6}$$

于是 $u'=c_1+\mathrm{e}^xc_2$, $u''=\mathrm{e}^xc_2+c_1'+\mathrm{e}^xc_2'$. 将它们以及 u 代入原非齐次方程, 整理后得

$$c_1'+\mathrm{e}^xc_2'=x^2\mathrm{e}^x. \tag{4.7.7}$$

联立 (4.7.6) 和 (4.7.7), 解得 $c_1' = -\mathrm{e}^x$, $c_2' = x+1$. 于是可取 $c_1 = -\mathrm{e}^x$, $c_2 = \frac{1}{2}x^2 + x$, 因此 $u = \left(\frac{x^2}{2} - 1\right)\mathrm{e}^x$. 从而所求非齐次线性方程的通解为

$$y = \left(\frac{x^2}{2} - 1\right)\mathrm{e}^x + C_1(x+1) + C_2\mathrm{e}^x.$$

4.7.2 解欧拉方程的指数代换法

变系数线性微分方程, 一般来说是不易求解的. 但是有些特殊的变系数微分方程可以化为常系数线性微分方程, 欧拉方程就是其中一个.

形如

$$x^n y^{(n)} + p_1 x^{n-1} y^{(n-1)} + \cdots + p_{n-1} x y' + p_n y = f(x) \tag{4.7.8}$$

的方程称为**欧拉方程** (其中 $p_1, p_2, \cdots, p_n$ 为常数), 是一类特殊的变系数线性微分方程.

在 $x > 0$ 的区间内, 作变换 $x = \mathrm{e}^t$ 或 $t = \ln x$, 则有

$$\begin{aligned}
\frac{\mathrm{d}y}{\mathrm{d}x} &= \frac{\mathrm{d}y}{\mathrm{d}t}\frac{\mathrm{d}t}{\mathrm{d}x} = \frac{1}{x}\frac{\mathrm{d}y}{\mathrm{d}t}, \\
\frac{\mathrm{d}^2 y}{\mathrm{d}x^2} &= \frac{1}{x^2}\left(\frac{\mathrm{d}^2 y}{\mathrm{d}t^2} - \frac{\mathrm{d}y}{\mathrm{d}t}\right), \\
\frac{\mathrm{d}^3 y}{\mathrm{d}x^3} &= \frac{1}{x^3}\left(\frac{\mathrm{d}^3 y}{\mathrm{d}t^3} - 3\frac{\mathrm{d}^2 y}{\mathrm{d}t^2} + 2\frac{\mathrm{d}y}{\mathrm{d}t}\right).
\end{aligned}$$

如果采用记号 $D = \frac{\mathrm{d}}{\mathrm{d}t}, D^2 = \frac{\mathrm{d}^2}{\mathrm{d}t^2}, \cdots, D^n = \frac{\mathrm{d}^n}{\mathrm{d}t^n}$, 则有

$$xy' = Dy, \quad x^2 y'' = \left(D^2 - D\right) y = D(D-1)y,$$

$$x^3 y''' = \left(D^3 - 3D^2 + 2D\right) y = D(D-1)(D-2)y.$$

一般地, 有

$$x^k y^{(k)} = D(D-1)\cdots(D-k+1)y.$$

把上面各式代入欧拉方程 (4.7.3), 就得到以 t 为自变量的常系数线性微分方程

$$\begin{aligned}
&[D(D-1)\cdots(D-n+1) + p_1 D(D-1)\cdots(D-n+2) \\
&+ \cdots + p_{n-1}D + p_n I]\, y = f\left(\mathrm{e}^t\right).
\end{aligned}$$

求出该方程的通解 $y = y(t, C_1, C_2, \cdots, C_n)$ 后, 把 t 换成 $\ln x$, 即得原方程的通解.

若在 $x < 0$ 的区间内, 则令 $x = -\mathrm{e}^t$ 或 $t = \ln(-x)$, 结果是类似的.

例 3 求欧拉方程 $x^3y''' + x^2y'' - 4xy' = 3x^2$ 的通解.

解 作变换 $x = \mathrm{e}^t$ 或 $t = \ln x$, 原方程化为

$$[D(D-1)(D-2) + D(D-1) - 4D]\,y = 3\mathrm{e}^{2t},$$

即

$$\left(D^3 - 2D^2 - 3D\right)y = 3\mathrm{e}^{2t}.$$

也就是方程

$$\frac{\mathrm{d}^3y}{\mathrm{d}t^3} - 2\frac{\mathrm{d}^2y}{\mathrm{d}t^2} - 3\frac{\mathrm{d}y}{\mathrm{d}t} = 3\mathrm{e}^{2t}. \tag{4.7.9}$$

对应齐次方程的特征方程为

$$r^3 - 2r^2 - 3r = 0,$$

它有三个根: $r_1 = 0$, $r_2 = -1$, $r_3 = 3$. 于是, 齐次方程的通解为

$$Y = C_1 + C_2\mathrm{e}^{-t} + C_3\mathrm{e}^{3t}.$$

由于 $\lambda = 2$ 不是特征方程的根, 故设非齐次方程 (4.7.4) 的特解形式为

$$y^* = b\mathrm{e}^{2t},$$

将其代入式 (4.7.4), 得

$$(8b - 8b - 6b)\,\mathrm{e}^{2t} = 3\mathrm{e}^{2t},$$

求出 $b = -\dfrac{1}{2}$, 即 $y^* = -\dfrac{1}{2}\mathrm{e}^{2t}$, 于是方程 (4.7.4) 的通解为

$$y = C_1 + C_2\mathrm{e}^{-t} + C_3\mathrm{e}^{3t} - \frac{1}{2}\mathrm{e}^{2t}.$$

将 $t = \ln x$ 代入, 得原欧拉方程的通解为

$$y = C_1 + C_2\frac{1}{x} + C_3x^3 - \frac{1}{2}x^2.$$

习　题　4.7

1. 用常数变易法求下列线性微分方程的通解:

(1) $(2x-1)y''-(2x+1)y'+2y=0$, 已知 $y_1(x)=\mathrm{e}^x$ 是该方程的一个解;

(2) $x^2y''-2y=x^4$, 已知 $y_1(x)=x^2$ 是方程 $x^2y''-2y=0$ 的一个解;

(3) $(1-x)y''+xy'-y=1$, 已知 e^x, x 为方程 $(1-x)y''+xy'-y=0$ 的解;

(4) $x^2y''-2xy'+2y=2x^3$, 已知 $y_1(x)=x$ 是方程 $x^2y''-2xy'+2y=0$ 的一个解.

2. 求下列欧拉方程的通解:

(1) $x^2y''+3xy'+y=0$;　　(2) $y''-\dfrac{y'}{x}+\dfrac{y}{x^2}=\dfrac{2}{x}$;

(3) $x^3y'''+3x^2y''+xy'-8y=7x+4$;　　(4) $x^2y''-xy'+4y=x\sin(\ln x)$.

总 习 题 四

1. 填空题.

(1) 微分方程的阶数是指____________, 微分方程 $xyy''+x(y')^3-y^4y'=0$ 的阶数是____________;

(2) 微分方程 $xy'-2y=0$ 的通解是____________;

(3) 微分方程 $xy'+y-Q(x)=0$ ($Q(x)$ 是 x 的连续函数) 的通解是____________;

(4) 微分方程 $y''=\sin x$ 的通解是____________;

(5) 函数 $y_1(x)$ 与 $y_2(x)$ 在区间 I 上线性无关的充要条件是____________;

(6) 若 y_1 与 y_2 分别是方程 $y''+py'+qy=0$ 的解, 则 $y=c_1y_1+c_2y_2$____________ 方程的解, ____________ 方程的通解 (是, 不是, 不一定是);

(7) 函数 $y=\mathrm{e}^{\lambda x}$ 是常系数线性微分方程 $y^{(n)}+p_1y^{(n-1)}+\cdots+p_ny=0$ 的解的充要条件是____________.

2. 选择题.

(1) 若三阶常系数齐次线性微分方程有特解 $y_1=\mathrm{e}^{-x}$, $y_2=2x\mathrm{e}^{-x}$ 和 $y_3=3\mathrm{e}^x$, 则该微分方程是 (　　).

(A) $y'''-y''-y'+y=0$　　(B) $y'''+y''-y'-y=0$

(C) $y'''-6y''+11y'-6y=0$　　(D) $y'''-2y''-y'+2y=0$

(2) 若函数 $y_1(x)$ 与 $y_2(x)$ 都是下述四个选项给出的方程的解, C_1 和 C_2 是任意常数, 则函数 $y=C_1y_1(x)+C_2y_2(x)$ 必是 (　　) 的解.

(A) $y''+y'+y^2=0$　　(B) $y''+y'+2y=1$

(C) $xy''+y'+\dfrac{1}{x}y=0$　　(D) $x+y+\displaystyle\int_0^x y(t)\mathrm{d}t=1$

(3) 方程 $y^{(4)}-y=\mathrm{e}^x+3\sin x$ 的特解可设为 (　　).

(A) $A\mathrm{e}^x+B\sin x$　　(B) $A\mathrm{e}^x+B\cos x+C\sin x$

(C) $Ax\mathrm{e}^x+B\cos x+C\sin x$　　(D) $x(A\mathrm{e}^x+B\cos x+C\sin x)$

3. 求下列微分方程的通解:

(1) $y'+\mathrm{e}^x(1-\mathrm{e}^{-y})=0$;　　(2) $xy'\ln x+y=x(1+\ln x)$;

(3) $xy'+y-2y^3=0$;　　(4) $(x^2-2xy-y^2)y'+y^2=0$;

(5) $yy''-y'^2-1=0$; (6) $y''-3y'+2y=xe^x$.

4. 求下列初值问题的解:

(1) $(1-x^2)y'\cos y+x\sin y=0,\ y|_{x=\sqrt{2}}=1$;

(2) $y^3\mathrm{d}x+2(x^2-xy^2)\mathrm{d}y=0,\ y|_{x=1}=1$;

(3) $xy''-y'=x^2,\ y|_{x=0}=0,\ y'|_{x=1}=2$;

(4) $2y''-\sin 2y=0,\ y|_{x=0}=\dfrac{\pi}{2},\ \ y'|_{x=0}=1$;

(5) $y''+4y=\cos 2x,\ \ y|_{x=0}=0,\ \ y'|_{x=0}=2$;

(6) $y''-4y'+4y=1+\sin x+xe^{2x},\ \ y|_{x=0}=\dfrac{1}{4},\ \ y'|_{x=0}=1$.

5. 证明: 方程 $\varphi'(y)\dfrac{\mathrm{d}y}{\mathrm{d}x}+p(x)\varphi(y)=q(x)$ 在变量代换 $u=\varphi(y)$ 之下可化为线性微分方程, 并求 $\dfrac{\mathrm{d}y}{\mathrm{d}x}+ye^{-x}=y\ln y$ 的通解.

6. 设函数 $y=y(x)$ 满足微分方程 $y''-3y'+2y=2e^x$, 且其图形在点 $(0,1)$ 处的切线与曲线 $y=x^2-x+1$ 在该点的切线重合, 求函数 $y=y(x)$.

7. 设函数 $\varphi(x)$ 连续, 且满足

$$\varphi(x)=e^x+2\int_0^x\varphi(t)\mathrm{d}t-\int_0^x(x-t)\varphi(t)\mathrm{d}t,$$

求 $\varphi(x)$.

8. 设 $f(x)$ 为正值连续函数, $f(0)=1$, 且对任一 $x>0$, 曲线 $y=f(x)$ 在区间 $[0,x]$ 上的一段弧长等于此弧段下曲边梯形的面积, 求此曲线方程.

9. 设桥墩的水平截面是圆, 桥墩上端面均匀分布的总压力为 $P(\mathrm{kN})$, 建造桥墩的材料的密度为 $\rho(\mathrm{kg/m^3})$, 每个截面上的容许的压强为 $k(\mathrm{kN/m^2})$ (包括桥墩自重). 试求能使建筑材料最省的桥墩的形状, 即求轴截面截线的方程 $y=f(x)$ (图 4-13).

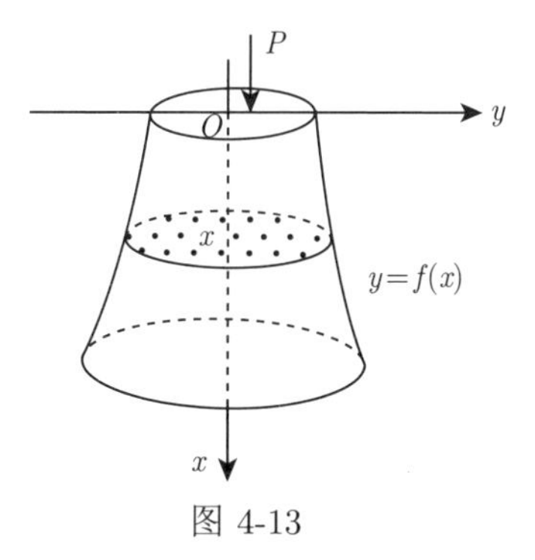

图 4-13

10. **细菌繁殖的控制** 细菌是通过分裂而繁殖的, 细菌繁殖的速率与当时细菌的数量成正比 (比例系数为 $k_1>0$). 在细菌培养基中加入毒素可将细菌杀死, 毒素杀死细菌的速度与当时的细菌数量和毒素的浓度之积成正比 (比例系数为 $k_2>0$), 从而人们可以采用通过控制毒素浓度的方法来控制细菌的数量.

现在假设在时刻 t 毒素的浓度为 $T(t)$, 它以常速率 v 随时间而变化, 且当 $t=0$ 时, $T=T_0$, 即 $T(t)=T_0+vt$. 又设在时刻 t 细菌的数量 $y(t)$, 且当 $t=0$ 时, $y=y_0$.

(1) 求出细菌数量随时间变化的规律;

(2) 当 $t\to+\infty$ 时, 细菌的数量将发生什么变化? (按 $v>0,v<0,v=0$ 三种情况讨论).

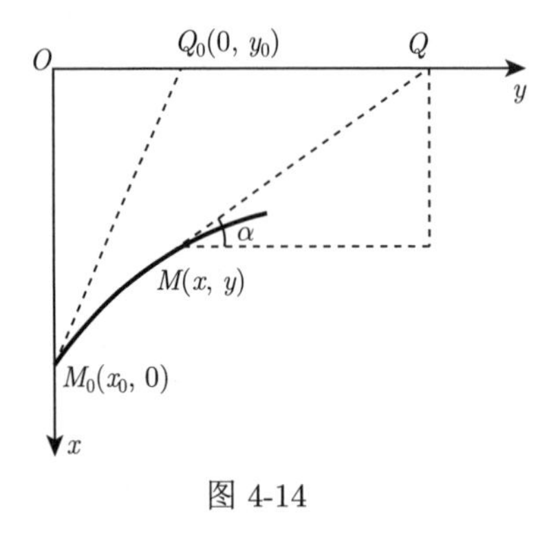

图 4-14

11. **目标的跟踪问题** 设有一架敌机沿水平方向 (y 轴) 以常速度 v 飞行, 经过 $Q_0(0, y_0)$ 时, 被我们设在 $M_0(x_0, 0)$ 处的导弹基地发现 (图 4-14), 当即发射导弹追击. 如果导弹在每时刻的运动方向都指向敌机, 且飞行的速度为敌机的 2 倍, 求导弹的追踪路线. 如果 $x_0 = 16$ 时, $y = 0$, 问敌机飞到何处被导弹击中.

12. **自由落体位移与时间的关系** 设有一质量为 m 的物体, 在空中由静止开始下落, 如果空气阻力为 $R = c^2v^2$ (其中 c 为常数, v 为物体运动的速度), 求物体下落的距离 s 与时间 t 的函数关系.

第 5 章　向量代数与空间解析几何

本章我们先建立空间直角坐标系; 然后讨论向量的线性运算、内积、外积与混合积, 利用向量工具, 研究空间直线与平面方程以及它们的位置关系; 最后讨论空间曲线与曲面、二次曲面方程与图形.

5.1　向量及其线性运算

5.1.1　空间直角坐标系

为了打通点与数、方程与图形的联系, 把一些几何问题转化为代数问题来研究, 或把一些代数问题转化为几何问题来讨论, 因此, 我们引入空间直角坐标系.

过空间一个定点 O, 作三条互相垂直的数轴, 分别称为 x 轴 (横轴)、y 轴 (纵轴) 和 z 轴 (竖轴), 这三条数轴都以 O 点为原点且有相同的长度单位, 它们的正向符合右手法则, 即以右手握住 z 轴, 当右手的四个手指从 x 轴的正向转过 $\dfrac{\pi}{2}$ 角度后指向 y 轴的正向时, 竖起的大拇指的指向就是 z 轴的正向 (图 5-1). 这样我们就建立了**空间直角坐标系**.

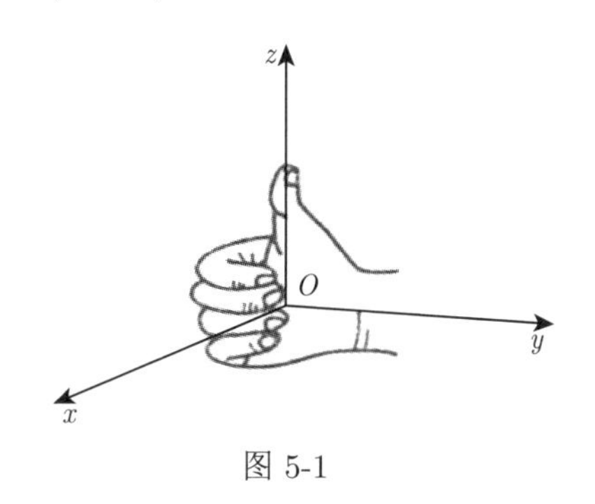

图 5-1

设 M 是空间任意一点, 过 M 作三个坐标面平行的平面与 x, y, z 轴分别交于 P, Q, R 三点, 这三点在三个坐标轴上的坐标分别为 x, y, z, 于是空间任一点 M 有唯一确定的有序数组 (x, y, z) 与之对应, 称 (x, y, z) 为 M 的坐标. 反过来, 对给定的有序数组 (x, y, z), 可以在 x 轴上找到坐标为 x 的点 P, 在 y 轴上找到坐标为 y 的点 Q, 在 z 轴上找到坐标为 z 的点 R, 过点 P, Q, R 分别作垂直于 x 轴、y 轴、z 轴的三个平面, 这三个平面的交点 M 就是由有序数 (x, y, z) 唯一确定, 这样我们就建立了空间的点 M 与有序数 (x, y, z) 之间的一一对应的关系 (图 5-2), 并把点 M 记为 $M(x, y, z)$.

建立了空间直角坐标系以后, 把空间分成八个部分, 每个部分称为一个卦限, 共八个卦限, 八个卦限分别用罗马字母 Ⅰ, Ⅱ, $\cdots$, Ⅷ 表示 (图 5-3).

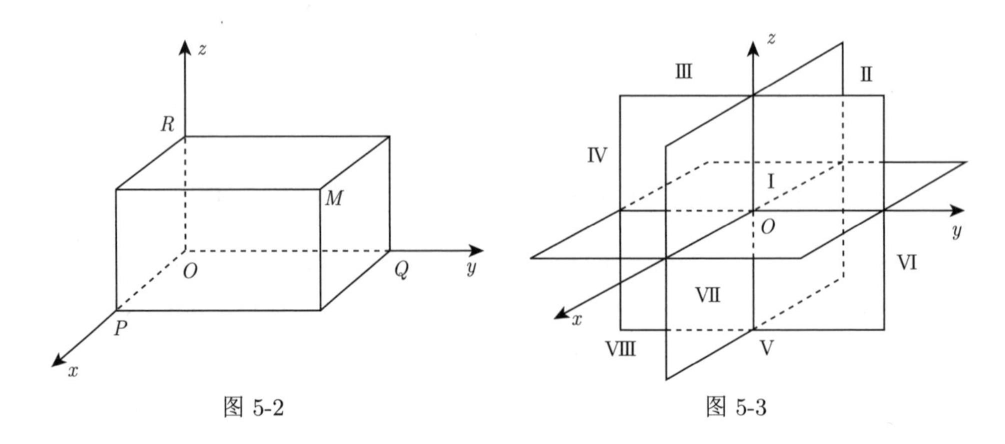

图 5-2　　图 5-3

设 $P_1(x_1,y_1,z_1)$, $P_2(x_2,y_2,z_2)$ 为空间两点, 过 P_1, P_2 各作三个分别垂直于 x 轴、y 轴、z 轴的平面, 则这六个平面围成一个以 P_1P_2 为对角线的长方体 (图 5-4), 长方体各边长分别为

$$|x_1-x_2|,\quad |y_1-y_2|,\quad |z_1-z_2|,$$

于是 P_1P_2 的长度即 P_1, P_2 两点的距离公式为

$$|P_1P_2|=\sqrt{(x_2-x_1)^2+(y_2-y_1)^2+(z_2-z_1)^2}.$$

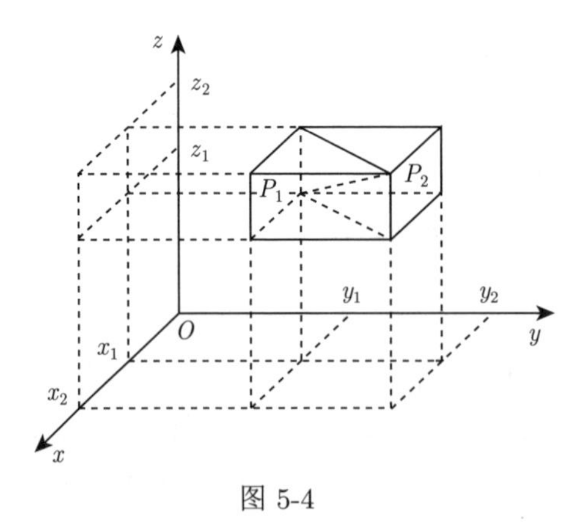

图 5-4

例 1　证明: 以 $A(2,1,9)$, $B(8,-1,6)$, $C(0,4,3)$ 三点为顶点的三角形是一个等腰直角三角形.

证明　由两点的距离公式, 得

$$|AB|=\sqrt{(8-2)^2+(-1-1)^2+(6-9)^2}=7,$$

$$|AC| = \sqrt{(0-2)^2+(4-1)^2+(3-9)^2} = 7,$$

$$|CB| = \sqrt{(8-0)^2+(-1-4)^2+(6-3)^2} = 7\sqrt{2},$$

故 $|AB| = |AC|$, $|CB|^2 = |AB|^2 + |AC|^2$, 所以 $\triangle ABC$ 是一个等腰直角三角形.

5.1.2 向量与向量表示

在客观世界中存在一类这样的量, 它们既有大小, 又有方向, 例如位移、速度、力等, 我们称这种既有大小又有方向的量为向量. 向量通常用黑体字母来表示例如 $\boldsymbol{a}, \boldsymbol{F}, \boldsymbol{v}$ 或借助箭头写成 $\vec{a}$, $\vec{F}$, $\vec{v}$ 等, 以 M_1 为起点, M_2 为终点的向量记为 $\overrightarrow{M_1M_2}$. 如果向量 $\boldsymbol{a}$ 与 $\boldsymbol{b}$ 的大小相同, 方向一致, 则称 $\boldsymbol{a}$ 与 $\boldsymbol{b}$ 相等, 记为 $\boldsymbol{a} = \boldsymbol{b}$, 在本章中的向量一般不考虑向量的起点, 称之为**自由向量**.

1. 向量的坐标表示

向量 $\boldsymbol{a} = \overrightarrow{M_0M}$ 起点为 $M_0(x_0, y_0, z_0)$, 终点为 $M(x, y, z)$, 把 $x - x_0$, $y - y_0$, $z - z_0$ 分别称为向量 $\boldsymbol{a}$ 在 x 轴、y 轴、z 轴上的投影, 记为

$$a_x = x - x_0, \quad a_y = y - y_0, \quad a_z = z - z_0,$$

称 a_x, a_y, a_z 为**向量 $\boldsymbol{a}$ 的坐标**, 记为

$$\boldsymbol{a} = (a_x, a_y, a_z), \tag{5.1.1}$$

称 (5.1.1) 式为向量 $\boldsymbol{a}$ 的坐标表达式, 即

$$\boldsymbol{a} = \overrightarrow{M_0M} = (x - x_0, y - y_0, z - z_0), \tag{5.1.2}$$

则向量 $\boldsymbol{a} = \overrightarrow{M_0M}$ 的长度为

$$|\overrightarrow{M_0M}| = \sqrt{(x-x_0)^2 + (y-y_0)^2 + (z-z_0)^2}.$$

2. 向量的模与方向角

向量 $\boldsymbol{a}$ 的长度称为 $\boldsymbol{a}$ 的模, 记为 $|\boldsymbol{a}|$. 若向量 $\boldsymbol{a} = (a_x, a_y, a_z)$, 则

$$|\boldsymbol{a}| = \sqrt{a_x^2 + a_y^2 + a_z^2}.$$

模为 1 的向量称为**单位向量**, 模为 0 的向量称为**零向量**, 记为 $\mathbf{0}$, 即

$$\mathbf{0} = (0, 0, 0).$$

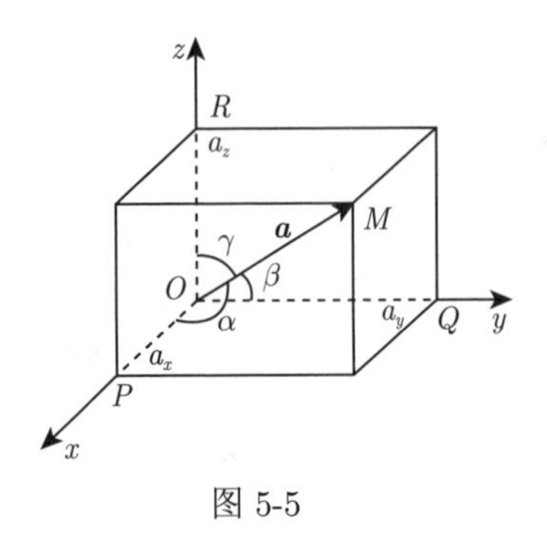

图 5-5

如图 5-5 所示, 非零向量 $\boldsymbol{a}$ 与 x 轴、y 轴、z 轴的正向所成的夹角分别为 α,β,γ, 则称 α,β,γ 为向量 $\boldsymbol{a}$ 的**方向角** $(0\leqslant\alpha,\beta,\gamma\leqslant\pi)$, $\cos\alpha,\cos\beta,\cos\gamma$ 称为向量 $\boldsymbol{a}$ 的**方向余弦**, 故有

$$\cos\alpha=\frac{a_x}{|\boldsymbol{a}|},\quad \cos\beta=\frac{a_y}{|\boldsymbol{a}|},\quad \cos\gamma=\frac{a_z}{|\boldsymbol{a}|},$$

$$\cos^2\alpha+\cos^2\beta+\cos^2\gamma=1.$$

例 2　设 $A(0,\sqrt{2},2),B(\sqrt{2},0,2)$, 求向量 $\boldsymbol{a}=\overrightarrow{AB}$ 的坐标表示、模、方向角.

解　由 (5.1.2) 式, 得向量 $\boldsymbol{a}=(\sqrt{2},-\sqrt{2},0)$, 则模 $|\boldsymbol{a}|=\sqrt{2+2}=2$, 且

$$\cos\alpha=\frac{\sqrt{2}}{2},\quad \cos\beta=-\frac{\sqrt{2}}{2},\quad \cos\gamma=0,$$

故向量 $\boldsymbol{a}$ 的方向角为 $\alpha=\dfrac{\pi}{4},\beta=\dfrac{3\pi}{4},\gamma=\dfrac{\pi}{2}$.

5.1.3　向量的加法与数乘运算

1. 向量的加法

定义 1　设有向量 $\boldsymbol{a}$ 与 $\boldsymbol{b}$, 任取一点 $\boldsymbol{A}$, 作 $\overrightarrow{AB}=\boldsymbol{a},\overrightarrow{AD}=\boldsymbol{b}$, 以 AB, AD 为邻边的平行四边形 $ABCD$ 的对角线为 AC, 则称向量 $\overrightarrow{AC}$ 为向量 $\boldsymbol{a}$ 与 $\boldsymbol{b}$ 的和, 记为 $\boldsymbol{a}+\boldsymbol{b}$ (图 5-6).

以上加法称为向量相加的**平行四边形法则**, 此法则对两条平行向量的加法没有做说明, 下面介绍向量相加的**三角形法则**:

设有两个向量 $\boldsymbol{a}$ 与 $\boldsymbol{b}$, 任取一点 A, 作 $\overrightarrow{AB}=\boldsymbol{a}$, 在以 B 为起点, 作 $\overrightarrow{BC}=\boldsymbol{b}$, 连接 AC, 则向量 $\overrightarrow{AC}$ 即为向量 $\boldsymbol{a}$ 与 $\boldsymbol{b}$ 的和 $\boldsymbol{a}+\boldsymbol{b}$ (图 5-7).

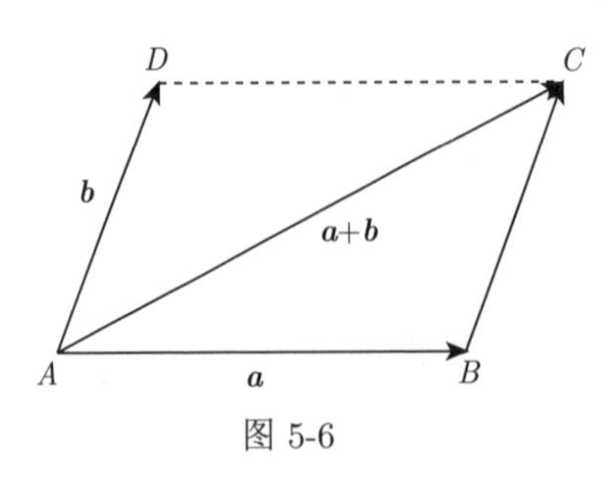

图 5-6

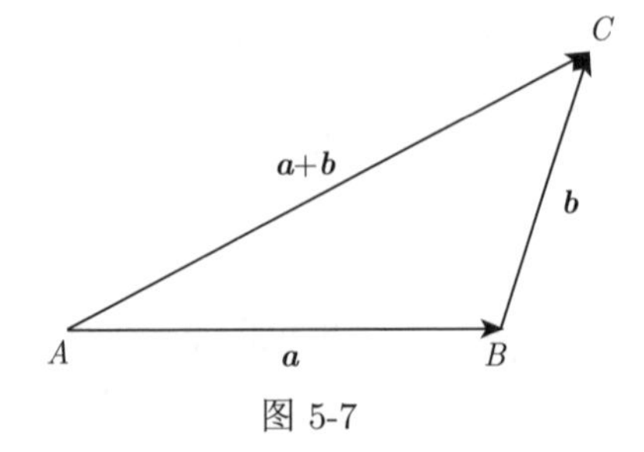

图 5-7

例 3 证明: 对角线互相平分的四边形是平行四边形.

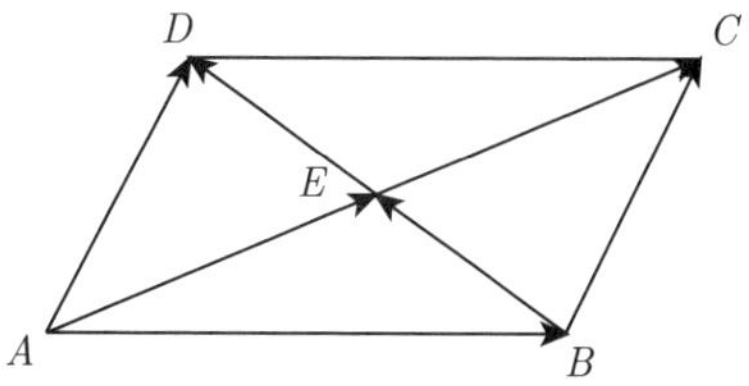

证明 如图 5-8 所示, 四边形 $ABCD$ 的对角线相交于 E, 已知 $\overrightarrow{AE}=\overrightarrow{EC}$, $\overrightarrow{BE}=\overrightarrow{ED}$, 由向量的三角形法则, 得

图 5-8

$$\overrightarrow{AD}=\overrightarrow{AE}+\overrightarrow{ED},\quad \overrightarrow{BC}=\overrightarrow{BE}+\overrightarrow{EC},$$

故 $\overrightarrow{AD}=\overrightarrow{BC}$, 即 $|AD|=|BC|$ 且 $AD//BC$, 因此, 四边形 $ABCD$ 是平行四边形.

2. 向量与数乘积

定义 2 设 λ 为实数, $\boldsymbol{a}$ 为向量, 我们定义 $\boldsymbol{a}$ 与 λ **乘积**是一个向量, 记为 $\lambda\boldsymbol{a}$, 它的模与方向规定如下:

(1) 模: $|\lambda\boldsymbol{a}|=|\lambda||\boldsymbol{a}|$.

(2) 方向: 当 $\lambda>0$ 时, $\lambda\boldsymbol{a}$ 与 $\boldsymbol{a}$ 同方向; 当 $\lambda<0$ 时, $\lambda\boldsymbol{a}$ 与 $\boldsymbol{a}$ 反方向; 当 $\lambda=0$ 时, $\lambda\boldsymbol{a}=\boldsymbol{0}$.

向量的加法与数乘的运算规律:

设 $\boldsymbol{a},\boldsymbol{b},\boldsymbol{c}$ 为向量, λ,μ 为实数, 则

(1) 交换律: $\boldsymbol{a}+\boldsymbol{b}=\boldsymbol{b}+\boldsymbol{a}$.

(2) 结合律: $\boldsymbol{a}+(\boldsymbol{b}+\boldsymbol{c})=(\boldsymbol{a}+\boldsymbol{b})+\boldsymbol{c}$, $\lambda(\mu\boldsymbol{a})=(\lambda\mu)\boldsymbol{a}$.

(3) 分配律: $\lambda(\boldsymbol{a}+\boldsymbol{b})=\lambda\boldsymbol{a}+\lambda\boldsymbol{b}$, $(\lambda+\mu)\boldsymbol{a}=\lambda\boldsymbol{a}+\mu\boldsymbol{a}$.

我们只证明 (2) 结合律, 其余证明省略, 由向量的三角形加法, 如图 5-9, 加法结合律成立.

根据数乘的定义, 对实数 λ,μ 分正、负、零讨论可知: $\lambda(\mu\boldsymbol{a})$ 与 $(\lambda\mu)\boldsymbol{a}$ 同向, 且

$$|\lambda(\mu\boldsymbol{a})|=|\lambda||\mu\boldsymbol{a}|=|\lambda||\mu||\boldsymbol{a}|=|(\lambda\mu)\boldsymbol{a}|,$$

故 $\lambda(\mu\boldsymbol{a})=(\lambda\mu)\boldsymbol{a}$.

对于向量 $\boldsymbol{a}$, 称向量 $(-1)\boldsymbol{a}$ 为 $\boldsymbol{a}$ 的负向量, 记为 $-\boldsymbol{a}$, 则向量 $\boldsymbol{b}$ 与 $\boldsymbol{a}$ 差的运算规定为 (图 5-10)

$$\boldsymbol{b}-\boldsymbol{a}=\boldsymbol{b}+(-\boldsymbol{a}).$$

对非零向量 $\boldsymbol{a}$, 与 $\boldsymbol{a}$ 同向单位向量记为 $\boldsymbol{e}_{\boldsymbol{a}}$ 或 $\boldsymbol{a}^0$, 则 $\boldsymbol{e}_{\boldsymbol{a}}=\dfrac{\boldsymbol{a}}{|\boldsymbol{a}|}$, 即 $\boldsymbol{a}=|\boldsymbol{a}|\boldsymbol{e}_{\boldsymbol{a}}$.

向量 $\boldsymbol{a}$ 与 $\boldsymbol{b}$ 夹角记为 $(\widehat{\boldsymbol{a},\boldsymbol{b}})=\theta\ (0\leqslant\theta\leqslant\pi)$, 若 $\theta=0$ 或 $\theta=\pi$, 则称 $\boldsymbol{a}$ 与 $\boldsymbol{b}$ 平行, 记为 $\boldsymbol{a}//\boldsymbol{b}$. 当 $\theta=0$ 时, $\boldsymbol{a}$ 与 $\boldsymbol{b}$ 同向, 记为 $\boldsymbol{a}\nearrow\!\nearrow\boldsymbol{b}$. 当 $\theta=\pi$ 时, $\boldsymbol{a}$ 与 $\boldsymbol{b}$ 反向, 记为 $\boldsymbol{a}\nearrow\!\swarrow\boldsymbol{b}$.

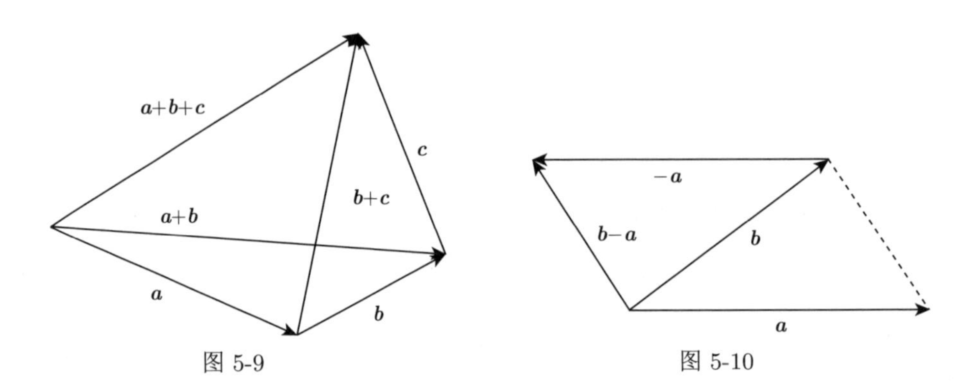

图 5-9　　　　图 5-10

定理 1　设向量 $\boldsymbol{a} \neq \boldsymbol{0}$, 则向量 $\boldsymbol{a}//\boldsymbol{b}$ 的充要条件是存在唯一的实数 λ, 使得 $\boldsymbol{b} = \lambda\boldsymbol{a}$.

证明　由数乘的定义即知充分性成立, 下面证明必要性.

设 $\boldsymbol{a}//\boldsymbol{b}$, 当 $\boldsymbol{b} = \boldsymbol{0}$ 时, 取 $\lambda = 0$, 有 $\boldsymbol{b} = 0 = \lambda\boldsymbol{a}$.

当 $\boldsymbol{b} \neq \boldsymbol{0}$ 时, 若 $\boldsymbol{a}$ 与 $\boldsymbol{b}$ 同向, 取 $\lambda = \dfrac{|\boldsymbol{b}|}{|\boldsymbol{a}|} > 0$, 则 $\lambda\boldsymbol{a}$ 与 $\boldsymbol{a}$ 同向, 故 $\lambda\boldsymbol{a}$ 与 $\boldsymbol{b}$ 同向. 若 $\boldsymbol{a}$ 与 $\boldsymbol{b}$ 反向, 取 $\lambda = -\dfrac{|\boldsymbol{b}|}{|\boldsymbol{a}|} < 0$, 则 $\lambda\boldsymbol{a}$ 与 $\boldsymbol{a}$ 反向, 故 $\lambda\boldsymbol{a}$ 与 $\boldsymbol{b}$ 同向. 且 $|\lambda\boldsymbol{a}| = |\lambda||\boldsymbol{a}| = |\boldsymbol{b}|$, 所以 $\boldsymbol{b} = \lambda\boldsymbol{a}$.

如果另有实数 μ 满足: $\boldsymbol{b} = \mu\boldsymbol{a}$, 则两式相减得 $\boldsymbol{0} = (\lambda - \mu)\boldsymbol{a}$, 从而 $|\lambda - \mu||\boldsymbol{a}| = 0$, 又 $|\boldsymbol{a}| \neq 0$, 所以 $\lambda = \mu$, 定理证毕.

3. 向量的坐标运算

设 $\boldsymbol{a} = \overrightarrow{OA} = (a_1, a_2, a_3)$, 终点坐标 $A(a_1, a_2, a_3)$, 向量 $\boldsymbol{b} = \overrightarrow{AB} = (b_1, b_2, b_3)$, 起点为 A, 终点为 B, 记 B 坐标为 (x, y, z), 则由向量的三角形加法, 得 $\overrightarrow{OB} = \boldsymbol{a} + \boldsymbol{b}$, 又

$$\overrightarrow{AB} = (x - a_1, y - a_2, z - a_3),$$

故 $b_1 = x - a_1, b_2 = y - a_2, b_3 = z - a_3$, 从而

$$\boldsymbol{a} + \boldsymbol{b} = (x, y, z) = (a_1 + b_1, a_2 + b_2, a_3 + b_3).$$

设 $\boldsymbol{a} = (a_1, a_2, a_3)$, λ 为实数, 记 $\boldsymbol{b} = (\lambda a_1, \lambda a_2, \lambda a_3)$, 则当 $\lambda > 0$ 时, $\boldsymbol{b}$ 与 $\boldsymbol{a}$ 同向, 当 $\lambda < 0$ 时, $\boldsymbol{b}$ 与 $\boldsymbol{a}$ 反向, 由向量数乘的定义得 $\lambda\boldsymbol{a}$ 与 $\boldsymbol{b}$ 同向, 且

$$|\boldsymbol{b}| = \sqrt{(\lambda a_1)^2 + (\lambda a_2)^2 + (\lambda a_3)^2} = |\lambda||\boldsymbol{a}|,$$

故 $\boldsymbol{b} = \lambda\boldsymbol{a}$, 当 $\lambda = 0$, 有 $\boldsymbol{b} = 0 = \lambda\boldsymbol{a}$.

记 $\boldsymbol{i},\boldsymbol{j},\boldsymbol{k}$ 分别为 x 轴、y 轴、z 轴正向同向单位向量 (图 5-11), 即

$$\boldsymbol{i}=(1,0,0),\quad \boldsymbol{j}=(0,1,0),\quad \boldsymbol{k}=(0,0,1)$$

称为**基本单位向量**, 则对任意向量 $\boldsymbol{a}=(a_1,a_2,a_3)$ 有

$$\begin{aligned}\boldsymbol{a}&=(a_1,\ 0,0)+(0,a_2,0)+(0,0,a_3)\\&=a_1\boldsymbol{i}+a_2\boldsymbol{j}+a_3\boldsymbol{k},\end{aligned}\qquad(5.1.3)$$

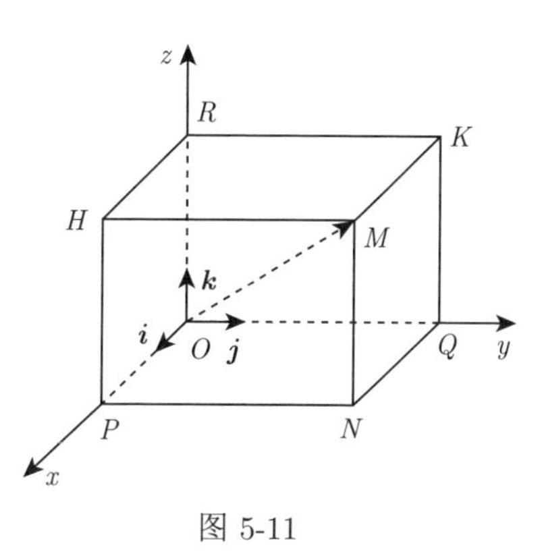

图 5-11

称 (5.1.3) 式为向量 $\boldsymbol{a}$ 的**标准分解式**, $a_1\boldsymbol{i},a_2\boldsymbol{j},a_3\boldsymbol{k}$ 称为向量 $\boldsymbol{a}$ 沿三个坐标轴方向的分向量, a_1,a_2,a_3 分别为向量 $\boldsymbol{a}$ 在 x 轴、y 轴、z 轴上的**投影**.

注记 定理 1 表明, 向量 $\boldsymbol{a}=(a_1,a_2,a_3)\neq\boldsymbol{0}$ 与向量 $\boldsymbol{b}=(b_1,b_2,b_3)$ 平行等价于

$$\frac{b_1}{a_1}=\frac{b_2}{a_2}=\frac{b_3}{a_3}.$$

若 a_1,a_2,a_3 有一个为零, 例如 $a_1=0,a_2,a_3\neq 0$, 则上式应理解为 $b_1=0,\dfrac{b_2}{a_2}=\dfrac{b_3}{a_3}$.

若 a_1,a_2,a_3 有两个为零, 例如 $a_1=a_2=0,a_3\neq 0$, 则上式应理解为 $b_1=0,b_2=0$.

例 4 设 $\boldsymbol{a}=\boldsymbol{i}+2\boldsymbol{j}+3\boldsymbol{k},\boldsymbol{b}=\boldsymbol{j}-\boldsymbol{k}$. (1) 求向量 $\boldsymbol{c}=\boldsymbol{a}+2\boldsymbol{b}$ 在 x 轴上的投影和 y 轴上的分向量及 $\boldsymbol{e_c}$ 的标准分解式; (2) 用 $\boldsymbol{e_a},\boldsymbol{e_c}$ 表示 $\boldsymbol{b}$.

解 (1) $\boldsymbol{c}=\boldsymbol{i}+2\boldsymbol{j}+3\boldsymbol{k}+2(\boldsymbol{j}-\boldsymbol{k})=\boldsymbol{i}+4\boldsymbol{j}+\boldsymbol{k}$, 则 $\boldsymbol{c}$ 在 x 轴上的投影为 1, y 轴上的分向量为 $4\boldsymbol{j}$, 又 $|\boldsymbol{c}|=\sqrt{1+16+1}=3\sqrt{2}$, 则

$$\boldsymbol{e_c}=\frac{\boldsymbol{c}}{|\boldsymbol{c}|}=\frac{\sqrt{2}}{6}\boldsymbol{i}+\frac{2\sqrt{2}}{3}\boldsymbol{j}+\frac{\sqrt{2}}{6}\boldsymbol{k}.$$

(2) 由于 $|\boldsymbol{a}|=\sqrt{14},|\boldsymbol{c}|=3\sqrt{2}$, 则 $\boldsymbol{a}=\sqrt{14}\boldsymbol{e_a},\boldsymbol{c}=3\sqrt{2}\boldsymbol{e_c}$, 从而

$$\boldsymbol{b}=\frac{\boldsymbol{c}}{2}-\frac{\boldsymbol{a}}{2}=\frac{3\sqrt{2}\boldsymbol{e_c}}{2}-\frac{\sqrt{14}\boldsymbol{e_a}}{2}.$$

习 题 5.1

1. 设长方体的各棱与坐标轴平行, 已知长方体的两个顶点坐标, 试写出余下六个顶点坐标:

(1) (1, 1, 2), (3, 4, 5); (2) (4, 3, 0), (1, 6, −4).

2. 证明: 三点 $A(1,0,-1)$, $B(3,4,5)$, $C(0,-2,-4)$ 共线.

3. 证明: 以点 $A(4,1,9)$, $B(10,-1,6)$, $C(2,4,3)$ 为顶点的三角形是等腰三角形.

4. 已知点 $A(3,-1,2)$, $B(1,2,-4)$, $C(-1,1,2)$, 试求点 D, 使得以 A, B, C, D 为顶点的四边形为平行四边形.

5. 已知点 $ABCDEF$(字母顺序按逆时针方向), 记 $\overrightarrow{AB}=\boldsymbol{a}$, $\overrightarrow{AE}=\boldsymbol{b}$, 试用向量 $\boldsymbol{a}$ 与 $\boldsymbol{b}$ 表示向量 $\overrightarrow{AC}, \overrightarrow{AD}$, $\overrightarrow{AF}$ 和 $\overrightarrow{CB}$.

6. 用向量法证明: 三角形两边中点的连线平行于第三边, 且长度等于第三边的长度的一半.

7. 已知两点 $M_1(4,\sqrt{2},1)$, $M_2(3,0,2)$, 计算向量 $\overrightarrow{M_1M_2}$ 的模、方向余弦和方向角.

8. 设 $\boldsymbol{a}=3\boldsymbol{i}+5\boldsymbol{j}+8\boldsymbol{k}$, $\boldsymbol{b}=2\boldsymbol{i}-4\boldsymbol{j}-7\boldsymbol{k}$, $\boldsymbol{c}=5\boldsymbol{i}+\boldsymbol{j}-4\boldsymbol{k}$, 求向量 $\boldsymbol{l}=4\boldsymbol{a}+3\boldsymbol{b}-\boldsymbol{c}$ 在 x 轴上的投影以及在 y 轴上的分向量.

9. 设 $\boldsymbol{a}=\boldsymbol{i}+\boldsymbol{j}+\boldsymbol{k}$, $\boldsymbol{b}=\boldsymbol{i}-2\boldsymbol{j}+\boldsymbol{k}$, $\boldsymbol{c}=-2\boldsymbol{i}+\boldsymbol{j}+2\boldsymbol{k}$, 试用单位向量 $\boldsymbol{e_a}$, $\boldsymbol{e_b}$, $\boldsymbol{e_c}$ 表示向量 $\boldsymbol{i}$, $\boldsymbol{j}$, $\boldsymbol{k}$.

10. 设向量 $\boldsymbol{a}$ 与三坐标轴成相等的锐角, 求向量 $\boldsymbol{a}$ 的方向余弦. 若 $|\boldsymbol{a}|=2\sqrt{3}$, 求向量 $\boldsymbol{a}$ 的坐标.

11. 设 $\triangle ABC$ 的重心是 G, O 是坐标原点, 且 $\overrightarrow{OA}=\boldsymbol{a},\overrightarrow{OB}=\boldsymbol{b},\overrightarrow{OC}=\boldsymbol{c}$, 证明: $\overrightarrow{OG}=\dfrac{1}{3}(\boldsymbol{a}+\boldsymbol{b}+\boldsymbol{c})$.

5.2 向量的乘法运算

5.2.1 向量的内积 (点积, 数量积)

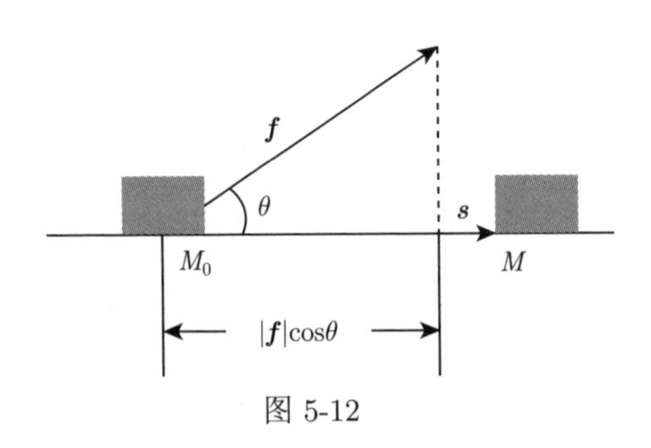

图 5-12

如果某物体在常力 $\boldsymbol{f}$ 的作用下沿直线从点 M_0 移动到点 M, 用 $\boldsymbol{s}$ 表示物体的位移 $\overrightarrow{M_0M}$, 则力 $\boldsymbol{f}$ 所做的功是

$$W=|\boldsymbol{f}|\,|\boldsymbol{s}|\cos\theta,$$

其中 θ 是 $\boldsymbol{f}$ 与 $\boldsymbol{s}$ 的夹角 (图 5-12) . 由此我们给出两个向量的内积的定义.

定义 1 设两个向量 $\boldsymbol{a}$ 与 $\boldsymbol{b}$ 夹角为 θ, 称数 $|\boldsymbol{a}||\boldsymbol{b}|\cos\theta$ 为向量 $\boldsymbol{a}$ 与 $\boldsymbol{b}$ 的内积, 记为 $\boldsymbol{a}\cdot\boldsymbol{b}$, 即

$$\boldsymbol{a}\cdot\boldsymbol{b}=|\boldsymbol{a}||\boldsymbol{b}|\cos\theta. \tag{5.2.1}$$

两个向量的内积也称为**点积**或**数量积**. 由此可知, 力 $\boldsymbol{f}$ 所做的功 $W=\boldsymbol{f}\cdot\boldsymbol{s}$.

显然, 对任意向量 $\boldsymbol{a}$, 有 $\boldsymbol{a}\cdot\boldsymbol{0}=\boldsymbol{0}\cdot\boldsymbol{a}=0$. 当 $\boldsymbol{a}\neq\boldsymbol{0}$ 时, (5.2.1) 式中的因子 $|\boldsymbol{b}|\cos\theta$ 即为向量 $\boldsymbol{b}$ 在向量 $\boldsymbol{a}$ 上的投影 $\mathrm{Prj}_{\boldsymbol{a}}\boldsymbol{b}$, 故 (5.2.1) 式可写成 $\boldsymbol{a}\cdot\boldsymbol{b}=|\boldsymbol{a}|\,\mathrm{Prj}_{\boldsymbol{a}}\boldsymbol{b}$.

下面我们来推导两个向量的内积的坐标表达式.

设 $\boldsymbol{a}=(a_1,a_2,a_3)$, $\boldsymbol{b}=(b_1,b_2,b_3)$. 如果把向量 $\boldsymbol{a},\boldsymbol{b}$ 看成三角形的两边, 那么 $\boldsymbol{a}-\boldsymbol{b}$ 就是三角形的第三边 (图 5-13), 由余弦定理得

$$|\boldsymbol{a}-\boldsymbol{b}|^2=|\boldsymbol{a}|^2+|\boldsymbol{b}|^2-2|\boldsymbol{a}||\boldsymbol{b}|\cos\theta, \quad (5.2.2)$$

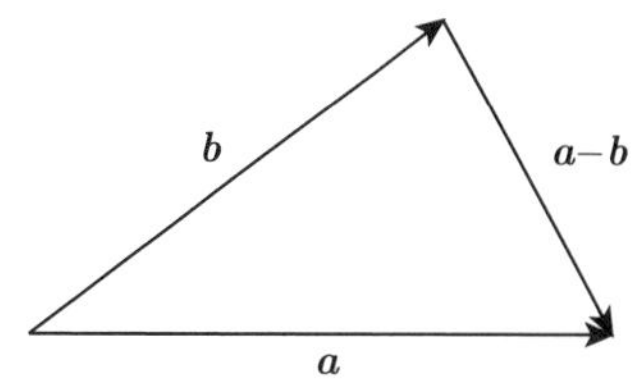

b
a−b
a

图 5-13

由此得到

$$\begin{aligned}\boldsymbol{a}\cdot\boldsymbol{b}&=|\boldsymbol{a}||\boldsymbol{b}|\cos\theta=\frac{1}{2}(|\boldsymbol{a}|^2+|\boldsymbol{b}|^2-|\boldsymbol{a}-\boldsymbol{b}|^2)\\&=\frac{1}{2}\left\{a_1^2+a_2^2+a_3^2+b_1^2+b_2^2+b_3^2\right.\\&\quad\left.-\left[(a_1-b_1)^2+(a_2-b_2)^2+(a_3-b_3)^2\right]\right\}\\&=a_1b_1+a_2b_2+a_3b_3,\end{aligned}$$

即

$$\boldsymbol{a}\cdot\boldsymbol{b}=a_1b_1+a_2b_2+a_3b_3.$$

如果两个向量 $\boldsymbol{a}$ 与 $\boldsymbol{b}$ 的夹角为 $\dfrac{\pi}{2}$, 则称 $\boldsymbol{a}$ 与 $\boldsymbol{b}$ 正交 (或垂直), 记为 $\boldsymbol{a}\perp\boldsymbol{b}$. 由于零向量的方向是任意的, 因此零向量与任何向量正交.

由向量的内积的定义直接验证有下列性质.

设 $\boldsymbol{a}$, $\boldsymbol{b}$, $\boldsymbol{c}$ 为任意向量, λ, μ 为实数, 则

(1) $\boldsymbol{a}\cdot\boldsymbol{a}=|\boldsymbol{a}|^2$;

(2) $\boldsymbol{a}\cdot\boldsymbol{b}=\boldsymbol{b}\cdot\boldsymbol{a}$ (交换律);

(3) $\boldsymbol{a}\cdot(\boldsymbol{b}+\boldsymbol{c})=\boldsymbol{a}\cdot\boldsymbol{b}+\boldsymbol{a}\cdot\boldsymbol{c}$ (分配律);

(4) $(\lambda\boldsymbol{a})\cdot(\mu\boldsymbol{b})=(\lambda\mu)\boldsymbol{a}\cdot\boldsymbol{b}$ (数乘结合律);

(5) $\cos\theta=\dfrac{\boldsymbol{a}\cdot\boldsymbol{b}}{|\boldsymbol{a}|\,|\boldsymbol{b}|}=\dfrac{a_1b_1+a_2b_2+a_3b_3}{\sqrt{a_1^2+a_2^2+a_3^2}\sqrt{b_1^2+b_2^2+b_3^2}}\ (0\leqslant\theta\leqslant\pi)$, 其中 $\boldsymbol{a}$ 与 $\boldsymbol{b}$ 为非零向量;

(6) $\boldsymbol{a}\perp\boldsymbol{b}\Leftrightarrow\boldsymbol{a}\cdot\boldsymbol{b}=0\Leftrightarrow a_1b_1+a_2b_2+a_3b_3=0$, 其中 $\boldsymbol{a}=(a_1,a_2,a_3)$, $\boldsymbol{b}=(b_1,b_2,b_3)$, θ 为 a 与 b 的夹角.

注记 在 (5.2.2) 式中, 当 $\theta=0$ 时, $|\boldsymbol{a}-\boldsymbol{b}|=||\boldsymbol{a}|-|\boldsymbol{b}||$; 当 $\theta=\pi$ 时, $|\boldsymbol{a}-\boldsymbol{b}|=|\boldsymbol{a}|+|\boldsymbol{b}|$, 因此此时 (5.2.2) 式也成立.

例 1 已知 $M(1,1,1)$, $A(2,2,1)$, $B(2,1,2)$, 求 $\angle AMB$.

解 记 $\theta=\angle AMB$, 由于 $\overrightarrow{MA}=(1,1,0)$, $\overrightarrow{MB}=(1,0,1)$, 则 $\overrightarrow{MA}\cdot\overrightarrow{MB}=1$, $|\overrightarrow{MA}|=\sqrt{2}$, $|\overrightarrow{MB}|=\sqrt{2}$, 且

$$\cos\theta=\frac{\overrightarrow{MA}\cdot\overrightarrow{MB}}{\left|\overrightarrow{MA}\right|\left|\overrightarrow{MB}\right|}=\frac{1}{2},$$

故 $\theta=\dfrac{\pi}{3}$, 即 $\angle AMB=\dfrac{\pi}{3}$.

例 2 已知 $|\boldsymbol{a}|=3$, $|\boldsymbol{b}|=6$, $(\widehat{\boldsymbol{a},\boldsymbol{b}})=\dfrac{\pi}{3}$, 且向量 $(3\boldsymbol{a}-\lambda\boldsymbol{b})\perp(\boldsymbol{a}+2\boldsymbol{b})$, 求 λ 值.

解 由于 $(3\boldsymbol{a}-\lambda\boldsymbol{b})\perp(\boldsymbol{a}+2\boldsymbol{b})$, 由内积的性质得

$$\begin{aligned}0&=(3\boldsymbol{a}-\lambda\boldsymbol{b})\cdot(\boldsymbol{a}+2\boldsymbol{b})=3\boldsymbol{a}\cdot\boldsymbol{a}+6\boldsymbol{a}\cdot\boldsymbol{b}-\lambda\boldsymbol{b}\cdot\boldsymbol{a}-2\lambda\boldsymbol{b}\cdot\boldsymbol{b}\\&=3|\boldsymbol{a}|^2+(6-\lambda)|\boldsymbol{a}||\boldsymbol{b}|\cos\frac{\pi}{3}-2\lambda|\boldsymbol{b}|^2=81-81\lambda,\end{aligned}$$

故 $\lambda=1$.

例 3 设 a_i, b_i 为实数 $(i=1,2,3)$, 证明

$$\left|\sum_{i=1}^{3}a_ib_i\right|\leqslant\left(\sum_{i=1}^{3}a_i^2\right)^{1/2}\left(\sum_{i=1}^{3}b_i^2\right)^{1/2}.$$

证明 设 $\boldsymbol{a}=(a_1,a_2,a_3)$, $\boldsymbol{b}=(b_1,b_2,b_3)$, 由内积的定义和性质得

$$\left|\sum_{i=1}^{3}a_ib_i\right|=|\boldsymbol{a}\cdot\boldsymbol{b}|=|\boldsymbol{a}||\boldsymbol{b}||\cos\theta|\leqslant|\boldsymbol{a}||\boldsymbol{b}|=\left(\sum_{i=1}^{3}a_i^2\right)^{1/2}\left(\sum_{i=1}^{3}b_i^2\right)^{1/2}.$$

5.2.2 向量的向量积 (外积、叉积)

在力学中, 我们要考虑力矩的问题. 设 O 是一杠杆的支点, 力 $\boldsymbol{f}$ 作用在杠杆上的点 P 处, $\boldsymbol{f}$ 与 $\overrightarrow{OP}$ 的夹角为 θ, 则力 $\boldsymbol{f}$ 对支点 O 的力矩 $\boldsymbol{M}$ 是一个向量, 它的大小为 $|\boldsymbol{M}|=|\boldsymbol{f}|\left|\overrightarrow{OP}\right|\sin\theta$, 它的方向垂直 $\overrightarrow{OP}$ 与 $\boldsymbol{f}$ 确定的平面, 且 $\overrightarrow{OP}$, $\boldsymbol{f}$, $\boldsymbol{M}$ 符合右手法则 (向量 $\boldsymbol{a}$, $\boldsymbol{b}$, $\boldsymbol{c}$ 符合右手法则见图 5-14).

由此实际背景出发, 我们引入向量的外积.

定义 2 设 $\boldsymbol{a}$, $\boldsymbol{b}$ 是两个向量, 规定 $\boldsymbol{a}$ 与 $\boldsymbol{b}$ 的外积是一个向量, 记为 $\boldsymbol{a}\times\boldsymbol{b}$, 它的模与方向如下.

(1) 模: $|\boldsymbol{a}\times\boldsymbol{b}|=|\boldsymbol{a}||\boldsymbol{b}|\sin\theta,\theta=(\widehat{\boldsymbol{a},\boldsymbol{b}})$.

(2) 方向: $\boldsymbol{a}\times\boldsymbol{b}$ 同时垂直于 $\boldsymbol{a}$ 与 $\boldsymbol{b}$, 且 $\boldsymbol{a}$, $\boldsymbol{b}$, $\boldsymbol{a}\times\boldsymbol{b}$ 符合右手法则 (图 5-15).

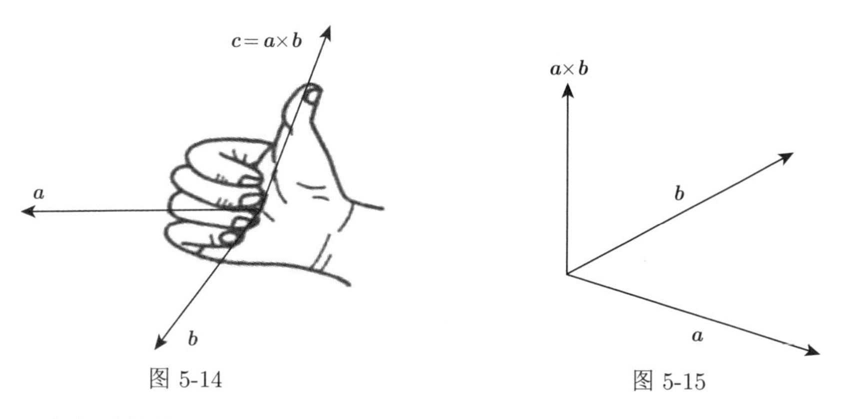

图 5-14 图 5-15

两个向量的外积也称为**向量积**或**叉积**. 此时力矩可表示为

$$\boldsymbol{M}=\overrightarrow{OP}\times\boldsymbol{f}.$$

注记 $|\boldsymbol{a}\times\boldsymbol{b}|$ 表示以 $\boldsymbol{a}$ 与 $\boldsymbol{b}$ 为边的平行四边形的面积.

性质 设 $\boldsymbol{a}$, $\boldsymbol{b}$, $\boldsymbol{c}$ 为任意向量, λ, μ 为实数, 则

(1) $\boldsymbol{a}\times\boldsymbol{a}=\boldsymbol{0}$, $\boldsymbol{0}\times\boldsymbol{a}=\boldsymbol{a}\times\boldsymbol{0}=\boldsymbol{0}$;

(2) $\boldsymbol{a}\times\boldsymbol{b}=-\boldsymbol{b}\times\boldsymbol{a}$;

(3) $(\boldsymbol{a}+\boldsymbol{b})\times\boldsymbol{c}=\boldsymbol{a}\times\boldsymbol{c}+\boldsymbol{b}\times\boldsymbol{c}$;

(4) $(\lambda\boldsymbol{a})\times(\mu\boldsymbol{b})=(\lambda\mu)\boldsymbol{a}\times\boldsymbol{b}$;

(5) $\boldsymbol{a}/\!/\boldsymbol{b}\Leftrightarrow\boldsymbol{a}\times\boldsymbol{b}=\boldsymbol{0}\Leftrightarrow\dfrac{a_1}{b_1}=\dfrac{a_2}{b_2}=\dfrac{a_3}{b_3}$, 其中 $\boldsymbol{a}=(a_1,a_2,a_3)$, $\boldsymbol{b}=(b_1,b_2,b_3)$.

性质 (1) 和 (2) 直接由外积的定义得到, 性质 (3) 和 (4) 证明比较复杂省去其证明, 性质 (5) 由 $\boldsymbol{a}/\!/\boldsymbol{b}\Leftrightarrow\boldsymbol{a}=\lambda\boldsymbol{b}$ 直接得到.

例 4 证明: $|\boldsymbol{a}\times\boldsymbol{b}|^2+(\boldsymbol{a}\cdot\boldsymbol{b})^2=|\boldsymbol{a}|^2|\boldsymbol{b}|^2$.

证明 设向量 $\boldsymbol{a}$ 与 $\boldsymbol{b}$ 夹角为 θ, 则

$$|\boldsymbol{a}\times\boldsymbol{b}|^2+(\boldsymbol{a}-\boldsymbol{b})^2=|\boldsymbol{a}|^2|\boldsymbol{b}|^2\sin^2\theta+|\boldsymbol{a}|^2|\boldsymbol{b}|^2\cos^2\theta=|\boldsymbol{a}|^2|\boldsymbol{b}|^2(\sin^2\theta+\cos^2\theta)=|\boldsymbol{a}|^2|\boldsymbol{b}|^2.$$

例 5 设 $\boldsymbol{a}+\boldsymbol{b}+\boldsymbol{c}=\boldsymbol{0}$, 证明: $\boldsymbol{a}\times\boldsymbol{b}=\boldsymbol{b}\times\boldsymbol{c}=\boldsymbol{c}\times\boldsymbol{a}$.

证明 由条件得 $\boldsymbol{b}=-\boldsymbol{a}-\boldsymbol{c}$, 故

$$\boldsymbol{a}\times\boldsymbol{b}=\boldsymbol{a}\times(-\boldsymbol{a}-\boldsymbol{c})=-\boldsymbol{a}\times\boldsymbol{a}-\boldsymbol{a}\times\boldsymbol{c}=-\boldsymbol{0}+\boldsymbol{c}\times\boldsymbol{a}=\boldsymbol{c}\times\boldsymbol{a}.$$

同理 $\boldsymbol{a}\times\boldsymbol{b}=\boldsymbol{b}\times\boldsymbol{c}$, 故 $\boldsymbol{a}\times\boldsymbol{b}=\boldsymbol{b}\times\boldsymbol{c}=\boldsymbol{c}\times\boldsymbol{a}$.

例 6 已知 $|\boldsymbol{a}|=4$, $|\boldsymbol{b}|=3$, $\boldsymbol{a}\cdot\boldsymbol{b}=6$, 求 $|\boldsymbol{a}\times\boldsymbol{b}|$.

解 设向量 $\boldsymbol{a}$ 与 $\boldsymbol{b}$ 夹角为 θ, 则

$$6=\boldsymbol{a}\cdot\boldsymbol{b}=|\boldsymbol{a}|\,|\boldsymbol{b}|\cos\theta=12\cos\theta,$$

故 $\cos\theta=\dfrac{1}{2}, \theta=\dfrac{\pi}{3}$. 从而

$$|\boldsymbol{a}\times\boldsymbol{b}|=|\boldsymbol{a}|\,|\boldsymbol{b}|\sin\frac{\pi}{3}=4\times 3\times\frac{\sqrt{3}}{2}=6\sqrt{3}.$$

思考题　设 $\boldsymbol{a}$, $\boldsymbol{b}$, $\boldsymbol{c}$ 为任意三个向量, 且 $\boldsymbol{a}\neq\boldsymbol{0}$, 则

(1) 从 $\boldsymbol{a}\cdot\boldsymbol{b}=\boldsymbol{a}\cdot\boldsymbol{c}$ 能否推出 $\boldsymbol{b}=\boldsymbol{c}$?

(2) 从 $\boldsymbol{a}\times\boldsymbol{b}=\boldsymbol{a}\times\boldsymbol{c}$ 能否推出 $\boldsymbol{b}=\boldsymbol{c}$?

下面我们来推导向量的外积的坐标运算. 为此, 我们来简单介绍二阶、三阶行列式的定义, 行列式的一些其他性质与运算在以后学习线性代数时, 会进一步学习.

二阶、三阶行列式是一个数, 记号与运算如下:

二阶行列式 $\begin{vmatrix} a_1 & a_2 \\ b_1 & b_2 \end{vmatrix}=a_1b_2-a_2b_1$;

三阶行列式 $\begin{vmatrix} a_1 & a_2 & a_3 \\ b_1 & b_2 & b_3 \\ c_1 & c_2 & c_3 \end{vmatrix}=a_1\begin{vmatrix} b_2 & b_3 \\ c_2 & c_3 \end{vmatrix}-a_2\begin{vmatrix} b_1 & b_3 \\ c_1 & c_3 \end{vmatrix}+a_3\begin{vmatrix} b_1 & b_2 \\ c_1 & c_2 \end{vmatrix}$.

由外积的定义直接验证得

$$\boldsymbol{i}\times\boldsymbol{i}=\boldsymbol{j}\times\boldsymbol{j}=\boldsymbol{k}\times\boldsymbol{k}=\boldsymbol{0},\quad \boldsymbol{i}\times\boldsymbol{j}=\boldsymbol{k},\quad \boldsymbol{j}\times\boldsymbol{k}=\boldsymbol{i},\quad \boldsymbol{k}\times\boldsymbol{i}=\boldsymbol{j},$$

$$\boldsymbol{j}\times\boldsymbol{i}=-\boldsymbol{k},\quad \boldsymbol{k}\times\boldsymbol{j}=-\boldsymbol{i},\quad \boldsymbol{i}\times\boldsymbol{k}=-\boldsymbol{j}.$$

设 $\boldsymbol{a}=(a_1,a_2,a_3),\boldsymbol{b}=(b_1,b_2,b_3)$, 由外积运算的性质得

$$\begin{aligned}\boldsymbol{a}\times\boldsymbol{b}&=(a_1\boldsymbol{i}+a_2\boldsymbol{j}+a_3\boldsymbol{k})\times(b_1\boldsymbol{i}+b_2\boldsymbol{j}+b_3\boldsymbol{k})\\&=(a_2b_3-a_3b_2)\boldsymbol{i}-(a_1b_3-a_3b_1)\boldsymbol{j}+(a_1b_2-a_2b_1)\boldsymbol{k}\\&=\begin{vmatrix} a_2 & a_3 \\ b_2 & b_3 \end{vmatrix}\boldsymbol{i}-\begin{vmatrix} a_1 & a_3 \\ b_1 & b_3 \end{vmatrix}\boldsymbol{j}+\begin{vmatrix} a_1 & a_2 \\ b_1 & b_2 \end{vmatrix}\boldsymbol{k},\end{aligned}$$

由三阶行列式的运算, 得到两个向量的坐标运算

$$\boldsymbol{a}\times\boldsymbol{b}=\begin{vmatrix} \boldsymbol{i} & \boldsymbol{j} & \boldsymbol{k} \\ a_1 & a_2 & a_3 \\ b_1 & b_2 & b_3 \end{vmatrix}.$$

例 7　已知三角形三个顶点 $A(-1,\ 0,\ -1)$, $B(0,\ 2,\ -3)$, $C(4,\ 4,\ 1)$, 求 $\triangle ABC$ 面积与 AB 边上的高.

解 由 $\overrightarrow{AB}=(1,\ 2,\ -2)$, $\overrightarrow{AC}=(5,\ 4,\ 2)$, 则

$$\overrightarrow{AB}\times\overrightarrow{AC}=\begin{vmatrix} \boldsymbol{i} & \boldsymbol{j} & \boldsymbol{k} \\ 1 & 2 & -2 \\ 5 & 4 & 2 \end{vmatrix}=12\boldsymbol{i}-12\boldsymbol{j}-6\boldsymbol{k},$$

由 $\triangle ABC$ 面积 S 可看成以 AB 和 AC 为邻边的平行四边形面积的一半, 得

$$S=\frac{1}{2}\left|\overrightarrow{AB}\times\overrightarrow{AC}\right|=\frac{1}{2}\sqrt{12^2+(-12)^2+(-6)^2}=9,$$

又 $\left|\overrightarrow{AB}\right|=\sqrt{1^2+2^2+(-2)^2}=3$, 则 AB 边上的高 $h=\dfrac{2S}{\left|\overrightarrow{AB}\right|}=\dfrac{18}{3}=6$.

例 8 已知两个向量 $\boldsymbol{a}=(1,\ 2,\ -2)$, $\boldsymbol{b}=(2,\ 1,\ 2)$, 求同时垂直 $\boldsymbol{a}$ 与 $\boldsymbol{b}$ 的单位向量.

解 由于 $\boldsymbol{a}\times\boldsymbol{b}=\begin{vmatrix} \boldsymbol{i} & \boldsymbol{j} & \boldsymbol{k} \\ 1 & 2 & -2 \\ 2 & 1 & 2 \end{vmatrix}=6\boldsymbol{i}-6\boldsymbol{j}-3\boldsymbol{k}$, 且 $|\boldsymbol{a}\times\boldsymbol{b}|=\sqrt{6^2+(-6)^2+(-3)^2}=9$, 则所求的单位向量为 $\pm\dfrac{\boldsymbol{a}\times\boldsymbol{b}}{|\boldsymbol{a}\times\boldsymbol{b}|}=\pm\left(\dfrac{2}{3},\ -\dfrac{2}{3},\ -\dfrac{1}{3}\right)$.

5.2.3 向量的混合积

定义 3 设 $\boldsymbol{a}$, $\boldsymbol{b}$, $\boldsymbol{c}$ 为三个向量, 称数 $(\boldsymbol{a}\times\boldsymbol{b})\cdot\boldsymbol{c}$ 为向量 $\boldsymbol{a}$, $\boldsymbol{b}$, $\boldsymbol{c}$ 的混合积, 记为 $[\boldsymbol{abc}]$, 即 $[\boldsymbol{abc}]=(\boldsymbol{a}\times\boldsymbol{b})\cdot\boldsymbol{c}$.

现在我们来推导混合积的坐标运算.

设 $\boldsymbol{a}=(a_1,a_2,a_3)$, $\boldsymbol{b}=(b_1,b_2,b_3)$, $\boldsymbol{c}=(c_1,c_2,c_3)$, 则

$$\boldsymbol{a}\times\boldsymbol{b}=\begin{vmatrix} \boldsymbol{i} & \boldsymbol{j} & \boldsymbol{k} \\ a_1 & a_2 & a_3 \\ b_1 & b_2 & b_3 \end{vmatrix}=\left(\begin{vmatrix} a_2 & a_3 \\ b_2 & b_3 \end{vmatrix},\ -\begin{vmatrix} a_1 & a_3 \\ b_1 & b_3 \end{vmatrix},\ \begin{vmatrix} a_1 & a_2 \\ b_1 & b_2 \end{vmatrix}\right),$$

故由内积坐标运算和三阶行列式的运算, 得

$$(\boldsymbol{a}\times\boldsymbol{b})\cdot\boldsymbol{c}=c_1\begin{vmatrix} a_2 & a_3 \\ b_2 & b_3 \end{vmatrix}-c_2\begin{vmatrix} a_1 & a_3 \\ b_1 & b_3 \end{vmatrix}+c_3\begin{vmatrix} a_1 & a_2 \\ b_1 & b_2 \end{vmatrix},$$

即

$$(\boldsymbol{a}\times\boldsymbol{b})\cdot\boldsymbol{c}=\begin{vmatrix} a_1 & a_2 & a_3 \\ b_1 & b_2 & b_3 \\ c_1 & c_2 & c_3 \end{vmatrix}.$$

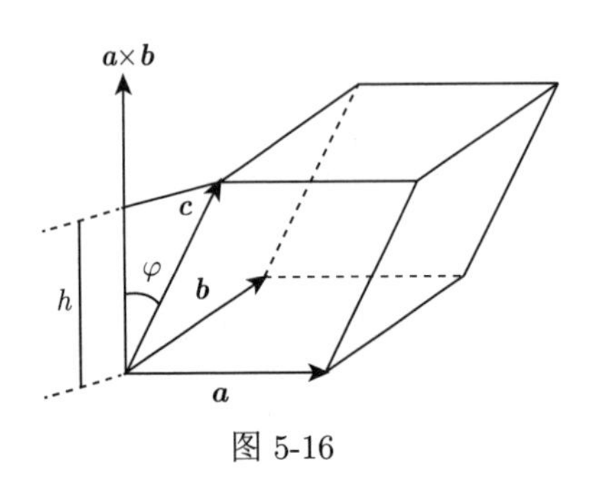

图 5-16

混合积的几何意义: 混合积的绝对值 $|[\boldsymbol{abc}]|$ 表示以 $\boldsymbol{a}$, $\boldsymbol{b}$, $\boldsymbol{c}$ 为棱的平行六面体的体积 (图 5-16), 这个平行六面体的底面积为 $|\boldsymbol{a}\times\boldsymbol{b}|$, 高为 $|\boldsymbol{c}|\cos\theta$, 其中 θ 为 $\boldsymbol{c}$ 与 $\boldsymbol{a}\times\boldsymbol{b}$ 的夹角, 即 $V=|[\boldsymbol{abc}]|$. 由此得到混合积一个重要的性质:

$$\boldsymbol{a},\ \boldsymbol{b},\ \boldsymbol{c}\text{ 共面 } \Leftrightarrow [\boldsymbol{abc}]=0$$

$$\Leftrightarrow \begin{vmatrix} a_1 & a_2 & a_3 \\ b_1 & b_2 & b_3 \\ c_1 & c_2 & c_3 \end{vmatrix}=0.$$

例 9　判别向量 $\boldsymbol{a}=(1,\ 1,\ 0)$, $\boldsymbol{b}=(0,\ 1,\ 1)$, $\boldsymbol{c}=(1,\ 0,\ 1)$ 是否共面?

解　由于

$$[\boldsymbol{a}\ \boldsymbol{b}\ \boldsymbol{c}]=\begin{vmatrix} 1 & 1 & 0 \\ 0 & 1 & 1 \\ 1 & 0 & 1 \end{vmatrix}=1\times\begin{vmatrix} 1 & 1 \\ 0 & 1 \end{vmatrix}-1\times\begin{vmatrix} 0 & 1 \\ 1 & 1 \end{vmatrix}=2\neq 0,$$

故向量 $\boldsymbol{a}$, $\boldsymbol{b}$, $\boldsymbol{c}$ 不共面.

例 10　求以 $A(1,\ 1,\ 1)$, $B(3,\ 4,\ 4)$, $C(3,\ 5,\ 5)$ 和 $D(2,\ 4,\ 7)$ 为顶点的四面体的体积.

解　由立体几何可知: 四面体 $ABCD$ 的体积是以 $\overrightarrow{AB}$, $\overrightarrow{AC}$, $\overrightarrow{AD}$ 为棱的平行六面体体积的六分之一, 即

$$V_{ABCD}=\frac{1}{6}\left|(\overrightarrow{AB}\times\overrightarrow{AC})\cdot\overrightarrow{AD}\right|,$$

由于 $\overrightarrow{AB}=(2,\ 3,\ 3)$, $\overrightarrow{AC}=(2,\ 4,\ 4)$, $\overrightarrow{AD}=(1,\ 3,\ 6)$, 得

$$V=\frac{1}{6}\begin{vmatrix} 2 & 3 & 3 \\ 2 & 4 & 4 \\ 1 & 3 & 6 \end{vmatrix}=\frac{1}{6}(2\times 12-3\times 8+3\times 2)=1.$$

习　题　5.2

1. 若向量 $\boldsymbol{x}$ 与 $\boldsymbol{a}=(2,\ -1,\ 2)$ 共线, 且满足 $\boldsymbol{x}\cdot\boldsymbol{a}=-18$, 求向量 $\boldsymbol{x}$.
2. 设 $\boldsymbol{a}=3\boldsymbol{i}-\boldsymbol{j}-2\boldsymbol{k}$, $\boldsymbol{b}=\boldsymbol{i}+2\boldsymbol{j}-\boldsymbol{k}$, 求:

(1) $\boldsymbol{a}\cdot\boldsymbol{b}$;　　(2) $\boldsymbol{a}\times\boldsymbol{b}$;　　(3) $\mathrm{Prj}_{\boldsymbol{a}}\boldsymbol{b}$;　　(4) $\cos(\widehat{\boldsymbol{a},\boldsymbol{b}})$.

3. 设 $\boldsymbol{a}=2\boldsymbol{i}-3\boldsymbol{j}+\boldsymbol{k}$, $\boldsymbol{b}=\boldsymbol{i}-\boldsymbol{j}+3\boldsymbol{k}$, $\boldsymbol{c}=\boldsymbol{i}-2\boldsymbol{j}$, 求:

(1) $(\boldsymbol{a}\times\boldsymbol{b})\cdot\boldsymbol{c}$;　　(2) $(\boldsymbol{a}\times\boldsymbol{b})\times\boldsymbol{c}$;

(3) $\boldsymbol{a}\times(\boldsymbol{b}\times\boldsymbol{c})$;　　(4) $(\boldsymbol{a}\cdot\boldsymbol{b})\,\boldsymbol{c}-(\boldsymbol{a}\cdot\boldsymbol{c})\,\boldsymbol{b}$.

4. 设向量 $\boldsymbol{a}$, $\boldsymbol{b}$, $\boldsymbol{c}$ 满足 $\boldsymbol{a}+\boldsymbol{b}+\boldsymbol{c}=\boldsymbol{0}$, 证明:

(1) $\boldsymbol{a}\cdot\boldsymbol{b}+\boldsymbol{b}\cdot\boldsymbol{c}+\boldsymbol{c}\cdot\boldsymbol{a}=-\dfrac{1}{2}(|\boldsymbol{a}|^2+|\boldsymbol{b}|^2+|\boldsymbol{c}|^2)$;

(2) $\boldsymbol{a}\times\boldsymbol{b}=\boldsymbol{b}\times\boldsymbol{c}=\boldsymbol{c}\times\boldsymbol{a}$.

5. 已知 $A(1,-1,2)$, $B(5,-6,2)$, $C(1,3,-1)$, 求:

(1) 同时与 $\overrightarrow{AB}$ 及 $\overrightarrow{AC}$ 垂直的单位向量;

(2) $\triangle ABC$ 的面积;

(3) 从顶点 B 到边 AC 的高的长度.

6. 设 $\boldsymbol{a}=3\boldsymbol{i}+5\boldsymbol{j}-2\boldsymbol{k}$, $\boldsymbol{b}=2\boldsymbol{i}+\boldsymbol{j}+9\boldsymbol{k}$, 试求 λ 的值, 使得

(1) $\lambda\boldsymbol{a}+\boldsymbol{b}$ 与 z 轴垂直;

(2) $\lambda\boldsymbol{a}+\boldsymbol{b}$ 与 $\boldsymbol{a}$ 垂直, 并证明此时 $|\lambda\boldsymbol{a}+\boldsymbol{b}|$ 取得最小值.

7. 证明如下的平行四边形法则: $2\left(|\boldsymbol{a}|^2+|\boldsymbol{b}|^2\right)=|\boldsymbol{a}+\boldsymbol{b}|^2+|\boldsymbol{a}-\boldsymbol{b}|^2$, 说明这一法则的几何意义.

8. 已知向量 $\boldsymbol{c}$ 垂直于向量 $\boldsymbol{a}=(1,2,1)$ 和 $\boldsymbol{b}=(-1,1,1)$, 且满足 $\boldsymbol{c}\cdot(\boldsymbol{i}-2\boldsymbol{j}+\boldsymbol{k})=8$, 求向量 $\boldsymbol{c}$.

9. 设 $|\boldsymbol{a}|=\sqrt{3}$, $|\boldsymbol{b}|=1$, $(\widehat{\boldsymbol{a},\boldsymbol{b}})=\dfrac{\pi}{6}$, 计算以 $\boldsymbol{a}+2\boldsymbol{b}$ 与 $\boldsymbol{a}-3\boldsymbol{b}$ 为邻边的平行四边形的面积.

10. 用向量法证明:

(1) 直径对的圆周角是直角;

(2) 三角形的三条高交于一点.

11. 设 $\boldsymbol{a}\times\boldsymbol{b}+\boldsymbol{b}\times\boldsymbol{c}+\boldsymbol{c}\times\boldsymbol{a}=\boldsymbol{0}$, 证明: 向量 $\boldsymbol{a}$, $\boldsymbol{b}$, $\boldsymbol{c}$ 共面.

5.3 平　　面

本章从这一节开始, 我们来讨论空间的几何图形及其方程, 主要讨论平面、曲面、空间直线及曲线. 以曲面为例说明几何图形与方程的关系. 如果曲面 S 与方程 $F(x,\ y,\ z)=0$ 之间存在如下关系:

(1) 若点 $M(x,y,z)$ 在曲面 S 上, 则 M 的坐标 x,y,z 满足方程 $F(x,y,z)=0$;

(2) 若一组数 x,y,z 满足方程 $F(x,y,z)=0$, 则点 $M(x,y,z)$ 在曲面 S 上, 则称 $F(x,y,z)=0$ 为曲面 S 的方程, 而曲面 S 称为方程 $F(x,y,z)=0$ 的图形.

5.3.1　平面的方程

1. 平面的点法式方程

垂直于平面的非零向量称为平面的**法向量**, 记为 $\boldsymbol{n}$. 设平面 Π 过点 $M(x_0, y_0, z_0)$. 其法向量为 $\boldsymbol{n}=(A,\ B,\ C)$, 对平面 Π 上任意一点 $M(x,y,z)$, 则 $\boldsymbol{n}\perp\overrightarrow{M_0M}$ (图 5-17), 即 $\boldsymbol{n}\cdot\overrightarrow{M_0M}=0$, 由于

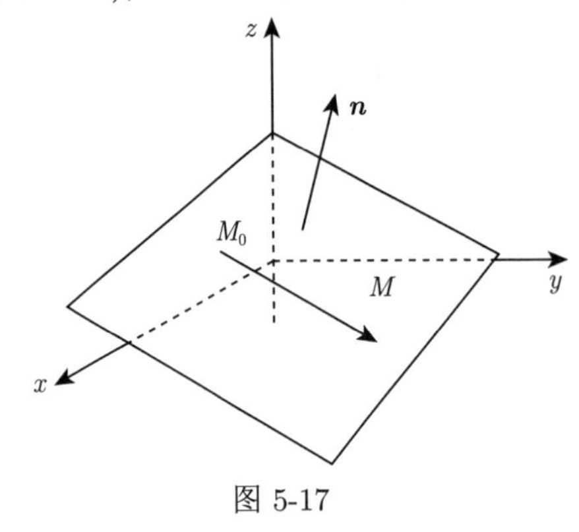

图 5-17

$$\overrightarrow{M_0M}=(x-x_0, y-y_0, z-z_0),$$

故有

$$A(x-x_0)+B(y-y_0)+C(z-z_0)=0. \tag{5.3.1}$$

如果点 $M(x,y,z)$ 不在平面 Π 上, 则向量 $\boldsymbol{n}$ 与 $\overrightarrow{M_0M}$ 不垂直, 故此坐标 x,y,z 不满足 (5.3.1) 式, 所以称 (5.3.1) 式为平面 Π 的**点法式方程**.

例 1　求过原点 $O(0,\ 0,\ 0)$ 以 $\boldsymbol{n}=(1,\ 2,\ 3)$ 为法向量的平面方程.

解　由平面的点法式方程得

$$1(x-0)+2(y-0)+3(z-0)=0,$$

即

$$x+2y+3z=0.$$

例 2　求过三点 $M_1(2,\ -1,\ 4)$, $M_2(-1,\ 3,\ -2)$, $M_3(0,\ 2,\ 3)$ 的平面方程.

解　由于 $\overrightarrow{M_1M_2}=(-3,\ 4,\ -6)$, $\overrightarrow{M_1M_3}=(-2,\ 3,\ -1)$, 且 $\boldsymbol{n}\perp\overrightarrow{M_1M_2}$, $\boldsymbol{n}\perp\overrightarrow{M_1M_3}$, 故可取法向量

$$\boldsymbol{n}=\overrightarrow{M_1M_2}\times\overrightarrow{M_1M_3}=\begin{vmatrix}\boldsymbol{i} & \boldsymbol{j} & \boldsymbol{k}\\ -3 & 4 & -6\\ -2 & 3 & -1\end{vmatrix}=14\boldsymbol{i}-(-9)\boldsymbol{j}+(-1)\boldsymbol{k}.$$

由平面的点法式方程得

$$14(x-2)+9(y+1)-(z-4)=0,$$

即

$$14x+9y-z-15=0.$$

2. 平面的一般式方程

将平面的点法式方程 (5.3.1) 化简得到

$$Ax + By + Cz + D = 0, \tag{5.3.2}$$

其中 $D = -(Ax_0 + By_0 + Cz_0)$, 称 (5.3.2) 式为平面的**一般式方程**.

特别地, 我们来讨论平面一些特殊的情况.

(1) 当 $D = 0$ 时, 平面 $Ax + By + Cz = 0$ 经过坐标原点.

(2) 当 $A = 0$ $(D \neq 0)$ 时, 平面 $By + Cz + D = 0$ 的法向量 $\boldsymbol{n} = (0,\ B,\ C)$ 与向量 $\boldsymbol{i} = (1,\ 0,\ 0)$ 垂直, 故此时平面与 x 轴平行.

(3) 当 $A = B = 0$ $(D \neq 0)$ 时, 平面 $Cz + D = 0$ 与 xOy 面平行.

例 3 求过 x 轴和点 $M_0(4,\ -3,\ 1)$ 的平面方程.

解法 1 由于平面过原点, 故设所求的平面方程为

$$Ax + By + Cz = 0, \tag{5.3.3}$$

由于所求平面过点 $M_0(4,\ -3,\ 1)$ 和 $M_1(1,\ 0,\ 0)$, 将这两点的坐标代入上式, 得

$$A = 0, \quad 4A - 3B + C = 0,$$

即 $A = 0$, $C = 3B$, 代入 (5.3.3) 式并消去 B, 即得所求的平面方程

$$y + 3z = 0.$$

解法 2 由于向量 $\overrightarrow{OM_0} = (4,\ -3,\ 1), \boldsymbol{i} = (1,\ 0,\ 0)$ 在所求平面上, 故可取法向量

$$\boldsymbol{n} = \boldsymbol{i} \times \overrightarrow{OM_0} = \begin{vmatrix} \boldsymbol{i} & \boldsymbol{j} & \boldsymbol{k} \\ 1 & 0 & 0 \\ 4 & -3 & 1 \end{vmatrix} = -\boldsymbol{j} - 3\boldsymbol{k},$$

所求平面过坐标原点, 故所求平面方程 $y + 3z = 0$.

例 4 求平面与 x 轴、y 轴、z 轴分别交于 $P_1(a,\ 0,\ 0), P_2(0,\ b,\ 0), P_3(0,\ 0,\ c)$ $(a,\ b,\ c$ 均不为零) 的方程.

解 设所求的平面方程为

$$Ax + By + Cz + D = 0,$$

将 $P_1,\ P_2,\ P_3$ 的坐标代入, 得

$$aA + D = 0, \quad bB + D = 0, \quad cC + D = 0,$$

即

$$A=-\frac{D}{a},\quad B=-\frac{D}{b},\quad C=-\frac{D}{c},$$

代入平面的一般式方程并消去 $D(D\neq 0)$, 得到所求的平面方程为

$$\frac{x}{a}+\frac{y}{b}+\frac{z}{c}=1,$$

称此方程为平面的**截距式方程**.

注记　由平面的截距式方程可直观地确定平面的位置, 在以后学习多元函数的微分学的应用中经常用到.

5.3.2　两平面的夹角和点到平面的距离

1. 两平面的夹角

两平面的法向量的夹角称为两平面的夹角 (一般不取钝角). 设平面 Π_1 和平面 Π_2 的法向量分别为 $\boldsymbol{n}_1=(A_1,\ B_1,\ C_1)$, $\boldsymbol{n}_2=(A_2,\ B_2,\ C_2)$, 夹角为 θ (图 5-18), 则

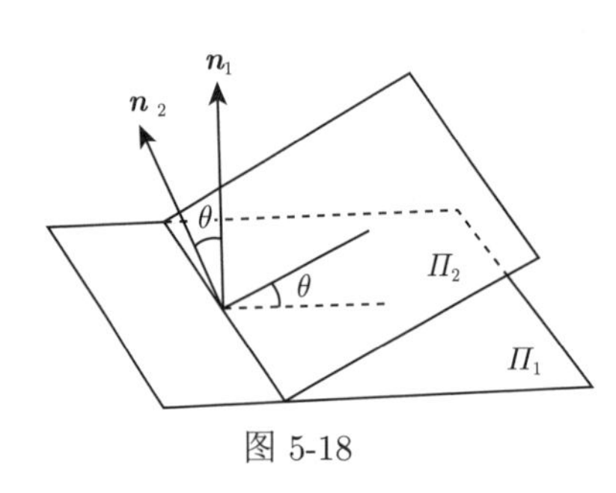

图 5-18

$$\cos\theta=\left|\frac{\boldsymbol{n}_1\cdot\boldsymbol{n}_2}{|\boldsymbol{n}_1||\boldsymbol{n}_2|}\right|=\frac{|A_1A_2+B_1B_2+C_1C_2|}{\sqrt{A_1^2+B_1^2+C_1^2}\sqrt{A_2^2+B_2^2+C_2^2}}. \tag{5.3.4}$$

由此得到下面两个重要的结论:

(1) 平面 Π_1 平行于平面 $\Pi_2\Leftrightarrow\boldsymbol{n}_1/\!/\boldsymbol{n}_2\Leftrightarrow\dfrac{A_1}{A_2}=\dfrac{B_1}{B_2}=\dfrac{C_1}{C_2}$;

(2) 平面 Π_1 垂直于平面 $\Pi_2\Leftrightarrow\boldsymbol{n}_1\perp\boldsymbol{n}_2\Leftrightarrow A_1A_2+B_1B_2+C_1C_2=0$.

例 5　求平面 $x-y+2z+1=0$ 与 $2x+y+z-5=0$ 的夹角.

解　两个平面的法向量 $\boldsymbol{n}_1=(1,\ -1,\ 2)$, $\boldsymbol{n}_2=(2,1,1)$, 由平面夹角公式 (5.3.4) 得

$$\cos\theta=\left|\frac{\boldsymbol{n}_1\cdot\boldsymbol{n}_2}{|\boldsymbol{n}_1||\boldsymbol{n}_2|}\right|=\frac{|1\times 2+(-1)\times 1+2\times 1|}{\sqrt{6}\sqrt{6}}=\frac{1}{2},$$

故 $\theta=\dfrac{\pi}{3}$.

例 6　求过点 $M_0(-1,\ 3,\ 2)$ 且与平面 $2x-y+3z=0$ 和 $x+2y+2z-1=0$ 都垂直的平面方程.

解　两个已知的平面的法向量分别为 $\boldsymbol{n}_1=(2,\ -1,\ 3)$, $\boldsymbol{n}_2=(1,2,2)$, 设所求的平面的法向量为 $\boldsymbol{n}$, 则 $\boldsymbol{n}\perp\boldsymbol{n}_1,\boldsymbol{n}\perp\boldsymbol{n}_2$, 故可取法向量

$$\boldsymbol{n}=\boldsymbol{n}_1\times\boldsymbol{n}_2=\begin{vmatrix}\boldsymbol{i} & \boldsymbol{j} & \boldsymbol{k}\\ 2 & -1 & 3\\ 1 & 2 & 2\end{vmatrix}=-8\boldsymbol{i}-\boldsymbol{j}+5\boldsymbol{k},$$

所求的平面方程为

$$-8(x+1)-(y-3)+5(z-2)=0,$$

即

$$8x+y-5z+15=0.$$

2. 点到平面的距离

设 $P_0(x_0,\ y_0,\ z_0)$ 是平面 Π : $Ax+By+Cz+D=0$ 外一点, 任取 Π 上一点 $P_1(x_1,\ y_1,\ z_1)$, 设平面 Π 的法向量 $\boldsymbol{n}=(A,\ B,\ C)$ 与向量 $\overrightarrow{P_1P_0}$ 的夹角为 θ, 则点 P_0 到平面 Π 的距离 (图 5-19)

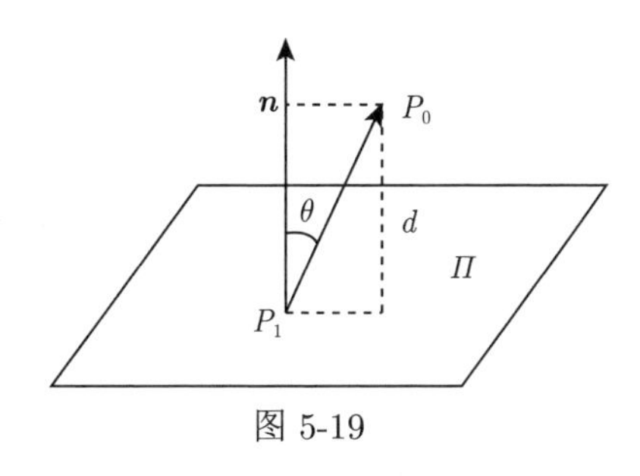

图 5-19

$$d=|\overrightarrow{P_1P_0}||\cos\theta|=\frac{|\overrightarrow{P_1P_0}\cdot\boldsymbol{n}|}{|\boldsymbol{n}|}.$$

由于 $\overrightarrow{P_1P_0}=(x_0-x_1,y_0-y_1,z_0-z_1)$, 且 $Ax_1+By_1+Cz_1+D=0$, 则

$$\overrightarrow{P_1P_0}\cdot\boldsymbol{n}=Ax_0+By_0+Cz_0-(Ax_1+By_1+Cz_1)=Ax_0+By_0+Cz_0+D,$$

故点 P_0 到平面 Π 的距离

$$d=\frac{|Ax_0+By_0+Cz_0+D|}{\sqrt{A^2+B^2+C^2}}. \tag{5.3.5}$$

例 7　求平面 $\Pi_1: x-y+2z-6=0$ 与平面 $\Pi_2: 2x-2y+4z+21=0$ 之间的距离.

解　已知两个平面的法向量为

$$\boldsymbol{n}_1=(1,\ -1,\ 2),\quad \boldsymbol{n}_2=(2,\ -2,\ 4).$$

由于 $\boldsymbol{n}_1//\boldsymbol{n}_2$, 则两个平面之间的距离 d 等于平面 Π_1 的任意一点到平面 Π_2 的距离, 故在平面 Π_1 上取一点 $P_0(0,0,\ 3)$, 由距离公式 (5.3.5) 得

$$d=\frac{|12+21|}{\sqrt{2^2+(-2)^2+4^2}}=\frac{11}{4}\sqrt{6}.$$

习 题 5.3

1. 求满足下列条件的平面方程:

(1) 过点 $A(2,9,-6)$ 且与向径 $\overrightarrow{OA}$ 垂直;

(2) 过点 $(3,0,-1)$ 且与平面 $3x-7y+5z-12=0$ 平行;

(3) 过点 $(1,0,-1)$ 且同时平行于向量 $\boldsymbol{a}=2\boldsymbol{i}+\boldsymbol{j}+\boldsymbol{k}$ 和 $\boldsymbol{b}=\boldsymbol{i}-\boldsymbol{j}$;

(4) 过点 $(1,1,1)$ 和点 $(0,1,-1)$ 且与平面 $x+y+z=0$ 垂直;

(5) 过点 $(1,1,-1)$, $(-2,-2,2)$ 和 $(1,-1,2)$;

(6) 过点 $(-3,1,-2)$ 和 z 轴;

(7) 过点 $(4,0,-2)$, $(5,1,7)$ 且平行于 x 轴;

(8) 平面 $x-2y+2z+21=0$ 与平面 $7x+24z-5=0$ 之间的二面角的平分面.

2. 求平面 $2x-2y+z+5=0$ 与各坐标面夹角的余弦.

3. 求平面 $x-2y+2z+5=0$ 与 $x+4y-z+4=0$ 的夹角.

4. 求两平行平面 $Ax+By+Cz+D_1=0$ 与 $Ax+By+Cz+D_2=0$ 之间的距离.

5.4 直 线

5.4.1 直线的方程

1. 直线的参数式方程与对称式方程

平行于直线的非零向量称为该直线的**方向向量**, 设直线 L 经过点 $M_0(x_0,y_0,z_0)$, 其方向向量为 $\boldsymbol{s}=(m,\ n,\ p)$, 则空间一点 $M(x,\ y,\ z)$ 在直线 L 上充分必要条件是向量 $\overrightarrow{M_0M}//\boldsymbol{s}$, 即 $\overrightarrow{M_0M}=t\boldsymbol{s}$, 又 $\overrightarrow{M_0M}=(x-x_0,\ y-y_0,\ z-z_0)$, 得到过点 $M_0(x_0,\ y_0,\ z_0)$ 且以方向向量 $\boldsymbol{s}=(m,\ n,\ p)$ 的直线 L 的方程为

$$\begin{cases}x=x_0+tm,\\ y=y_0+tn,\\ z=z_0+tp,\end{cases}\tag{5.4.1}$$

或者

$$\frac{x-x_0}{m}=\frac{y-y_0}{n}=\frac{z-z_0}{p}.\tag{5.4.2}$$

方程组 (5.4.1) 称为直线的**参数式方程** (其中 t 为参数), 方程组 (5.4.2) 称为直线的**对称式方程**或**点向式方程**.

例 1 求过点 $(1,-1,0)$ 且与平面 $x-2y+2z=0$ 垂直的直线方程.

解 已知平面的方向向量 $\boldsymbol{n}=(1,\ -2,\ 2)$, 所求的直线的方向向量 $\boldsymbol{s}//\boldsymbol{n}$, 故可取 $\boldsymbol{s}=\boldsymbol{n}=(1,\ -2,\ 2)$, 所以直线的对称式方程

$$\frac{x-1}{1}=\frac{y+1}{-2}=\frac{z}{2}.$$

2. 直线的一般式方程

直线 L 看成两个平面 $\Pi_1: A_1x+B_1y+C_1z+D_1=0$, $\Pi_2: A_2x+B_2y+C_2z+D_2=0$ 的交线. 于是直线 L 可写成

$$L: \begin{cases} A_1x+B_1y+C_1z+D_1=0, \\ A_2x+B_2y+C_2z+D_2=0, \end{cases} \tag{5.4.3}$$

其中两个平面的法向量不平行, 称 (5.4.3) 为直线的**一般式方程**.

注记 在直线 L 的对称式方程 $\dfrac{x-x_0}{m}=\dfrac{y-y_0}{n}=\dfrac{z-z_0}{p}$ 中, 若 $m,\ n,\ p$ 中有一个为零, 如 $m=0$, 对称式方程应理解为一般式方程:

$$\begin{cases} x-x_0=0, \\ \dfrac{y-y_0}{n}=\dfrac{z-z_0}{p}. \end{cases}$$

若 $m,\ n,\ p$ 中有两个为零, 如 $m=n=0$, 则对称式方程应理解为一般式方程:

$$\begin{cases} x-x_0=0, \\ y-y_0=0. \end{cases}$$

例 2 将直线 $L: \begin{cases} x+y+z+1=0, \\ 2x-y+3z+4=0 \end{cases}$ 化为对称式方程.

解法 1 已知 $\boldsymbol{n}_1=(1,\ 1,\ 1), \boldsymbol{n}_2=(2,\ -1,\ 3)$, 设直线 L 的方向向量为 $\boldsymbol{s}$, 则 $\boldsymbol{s}\perp\boldsymbol{n}_1, \boldsymbol{s}\perp\boldsymbol{n}_2$, 取

$$\boldsymbol{s}=\boldsymbol{n}_1\times\boldsymbol{n}_2=\begin{vmatrix} \boldsymbol{i} & \boldsymbol{j} & \boldsymbol{k} \\ 1 & 1 & 1 \\ 2 & -1 & 3 \end{vmatrix}=4\boldsymbol{i}-\boldsymbol{j}-3\boldsymbol{k}.$$

在直线 L 上取一点 $M_0(x_0,\ y_0,\ z_0)$, 不妨取 $x_0=1$, 代入方程组得

$$\begin{cases} y_0+z_0=-2, \\ y_0-3z_0=6, \end{cases}$$

解得 $y_0=0, z_0=-2$, 故直线 L 的对称式方程为

$$\frac{x-1}{4}=\frac{y-0}{-1}=\frac{z+2}{-3}.$$

解法 2　直接利用解方程的方法来写出直线 L 的对称式方程, 即

$$\begin{cases} x+y=-z-1, \\ 2x-y=-3z-4, \end{cases}$$

利用消元法解方程得 $x=\dfrac{-4z-5}{3}, y=\dfrac{z+2}{3}$, 于是写成

$$\frac{3x+5}{-4}=\frac{3y-2}{1}=z,$$

故直线 L 的对称式方程为

$$\frac{x+\dfrac{5}{3}}{-4}=\frac{y-\dfrac{2}{3}}{1}=\frac{z}{3}.$$

5.4.2　两直线的夹角、直线与平面的夹角

1. 两直线的夹角

两直线的方向向量的夹角称为**两直线的夹角** (通常不取钝角) .

设两直线 L_1 和 L_2 的方向向量分别为 $\boldsymbol{s}_1=(m_1,\ n_1,\ p_1), \boldsymbol{s}_2=(m_2,\ n_2,\ p_2)$, 夹角为 θ, 则

$$\cos\theta=\left|\frac{\boldsymbol{s}_1\cdot\boldsymbol{s}_2}{|\boldsymbol{s}_1||\boldsymbol{s}_2|}\right|=\frac{|m_1m_2+n_1n_2+p_1p_2|}{\sqrt{m_1^2+n_1^2+p_1^2}\sqrt{m_2^2+n_2^2+p_2^2}}. \tag{5.4.4}$$

由此得到下面两个重要的结论:

(1) 直线 L_1 和 L_2 垂直 $\Leftrightarrow m_1m_2+n_1n_2+p_1p_2=0$;

(2) 直线 L_1 和 L_2 平行 $\Leftrightarrow \dfrac{m_1}{m_2}=\dfrac{n_1}{n_2}=\dfrac{p_1}{p_2}$.

例 3　求过点 $M_0(1,\ -2,\ 0)$ 且与直线 $l:\begin{cases} 2x-3y+z=0, \\ 4x-2y+3z+1=0 \end{cases}$ 平行的直线方程.

解法 1　直线 l 的方向向量为

$$\boldsymbol{s}_1=\boldsymbol{n}_1\times\boldsymbol{n}_2=\begin{vmatrix} \boldsymbol{i} & \boldsymbol{j} & \boldsymbol{k} \\ 2 & -3 & 1 \\ 4 & -2 & 3 \end{vmatrix}=-7\boldsymbol{i}-2\boldsymbol{j}+8\boldsymbol{k},$$

由于所求的直线 L 与已知直线 l 平行, 故所求直线的方向向量取 $\boldsymbol{s}=\boldsymbol{s}_1$, 从而所求直线方程为

$$\frac{x-1}{-7}=\frac{y+2}{-2}=\frac{z}{8}.$$

解法 2 过点 $M_0(1,\ -2,\ 0)$ 与平面 $2x-3y+z=0$ 平行的平面方程为 $2(x-1)-3(y+2)+z=0$, 即

$$2x-3y+z-8=0,$$

又过点 $M_0(1,\ -2,\ 0)$ 与平面 $4x-2y+3z+1=0$ 平行的平面方程为 $4(x-1)-2(y+2)+3z=0$, 即

$$4x-2y+3z-8=0,$$

从而所求直线方程为

$$\begin{cases}2x-3y+z-8=0,\\4x-2y+3z-8=0.\end{cases}$$

2. 直线与平面的夹角

直线 L 与平面 Π 的法线之间的夹角 θ 的余角 φ 称为**直线与平面的夹角**(图 5-20).

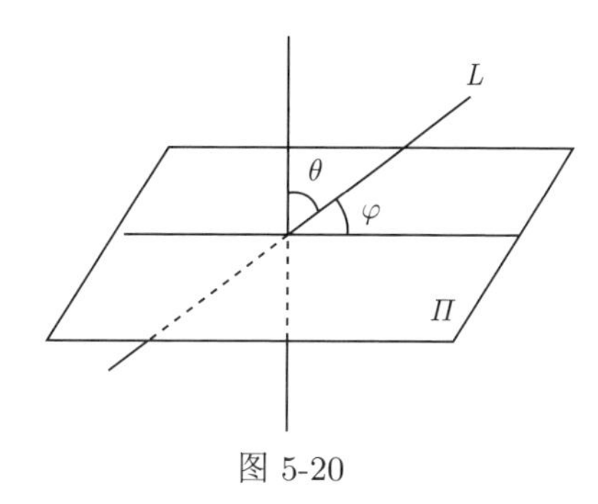

图 5-20

如果直线 L 的方向向量为 $\boldsymbol{s}=(m,\ n,\ p)$, 平面 Π 的法向量为 $\boldsymbol{n}=(A,\ B,\ C)$, 由于 θ 不取钝角, 故 $\theta=\dfrac{\pi}{2}-\varphi$, 因此, 直线与平面的夹角公式为

$$\sin\varphi=\left|\frac{\boldsymbol{n}\cdot\boldsymbol{s}}{|\boldsymbol{n}||\boldsymbol{s}|}\right|=\frac{|Am+Bn+Cp|}{\sqrt{A^2+B^2+C^2}\sqrt{m^2+n^2+p^2}}.\tag{5.4.5}$$

由此得到

(1) 直线 L 与平面 Π 垂直 $\Leftrightarrow\dfrac{A}{m}=\dfrac{B}{n}=\dfrac{C}{p}$;

(2) 直线 L 与平面 Π 平行 $\Leftrightarrow Am+Bn+Cp=0$.

例 4 求直线 $\dfrac{x-1}{1}=\dfrac{y+2}{-2}=\dfrac{z}{2}$ 与平面 $x+4y-z-1=0$ 的交点和夹角.

解 将直线写成参数式方程

$$x=1+t,\quad y=-2-2t,\quad z=2t,$$

代入平面方程得 $t=-\dfrac{8}{9}$, 于是直线与平面的交点为 $\left(\dfrac{1}{9},-\dfrac{2}{9},-\dfrac{16}{9}\right)$. 由夹角公式 (5.4.5) 得

$$\sin\varphi=\left|\frac{\boldsymbol{n}\cdot\boldsymbol{s}}{|\boldsymbol{n}||\boldsymbol{s}|}\right|=\frac{|1-8-2|}{\sqrt{18}\sqrt{9}}=\frac{1}{\sqrt{2}},$$

故直线与平面的夹角 $\varphi=\dfrac{\pi}{4}$.

5.4.3 过直线的平面束

设直线 $L:\begin{cases}A_1x+B_1y+C_1z+D_1=0,\\A_2x+B_2y+C_2z+D_2=0,\end{cases}$ 则过直线 L 的所有平面的方程

$$A_1x+B_1y+C_1z+D_1+\lambda(A_2x+B_2y+C_2z+D_2)=0,\tag{5.4.6}$$

(除平面 $A_2x+B_2y+C_2z+D_2=0$ 外), 称方程 (5.4.6) 为过直线 L 的**平面束**.

注记 一般地, 过直线 L 的平面束可写成

$$\mu(A_1x+B_1y+C_1z+D_1)+\lambda(A_2x+B_2y+C_2z+D_2)=0.$$

例 5 求过点 $M_0(2,\ 1,\ 3)$ 且与直线 $l:\ \dfrac{x+1}{3}=\dfrac{y-1}{2}=\dfrac{z}{-1}$ 垂直相交的直线方程.

解法 1 先作过点 $M_0(2,\ 1,\ 3)$ 且与直线 l 垂直的平面 π_1, 取平面 π_1 的法向量 $\boldsymbol{n}_1=(3,2,\ -1)$, 由平面的点法式方程得到平面 π_1 的方程为

$$\pi_1:\ 3(x-2)+2(y-1)-(z-3)=0,$$

即

$$\pi_1:\ 3x+2y-z-5=0.$$

再作另一平面 π_2 过点 $M_0(2,\ 1,\ 3)$ 和已知直线 l, 为此将直线 l 写成一般式方程

$$\begin{cases}2x-3y+5=0,\\x+3z+1=0,\end{cases}$$

过直线 l 的平面束方程为

$$2x-3y+5+\lambda(x+3z+1)=0,$$

将 $M_0(2,\ 1,\ 3)$ 的坐标代入上述方程, 解得 $\lambda=-\dfrac{1}{2}$, 再将 $\lambda=-\dfrac{1}{2}$ 代入平面束并化简得到平面 π_2 的方程为

$$x-2y-z+3=0.$$

故所求的直线方程为

$$\begin{cases} 3x+2y-z-5=0, \\ x-2y-z+3=0. \end{cases}$$

解法 2 设所求直线的方向向量为 $\boldsymbol{s}=(m,\ n,\ p)$, 已知直线的方向向量为 $\boldsymbol{s}_1=(3,\ 2,\ -1)$, 根据条件知 $\boldsymbol{s}\perp\boldsymbol{s}_1$, 于是有

$$3m+2n-p=0, \tag{5.4.7}$$

又点 $M_1(-1,\ 1,\ 0)$ 在已知直线 l 上, $\overrightarrow{M_0M_1}=(-3,\ 0,\ -3)$, 则向量 $\boldsymbol{s}$, $\boldsymbol{s}_1$, $\overrightarrow{M_0M_1}$ 共面, 故

$$0=\begin{vmatrix} m & n & p \\ 3 & 2 & -1 \\ -3 & 0 & -3 \end{vmatrix}=-6m-(-12)n+6p,$$

即

$$m-2n-p=0. \tag{5.4.8}$$

联立方程 (5.4.7) 与 (5.4.8) 解得 $m=\dfrac{p}{2}, n=-\dfrac{p}{4}$, 故 $\boldsymbol{s}=\dfrac{p}{4}(2,\ -1,\ 4)$, 因此所求的直线方程为

$$\frac{x-2}{2}=\frac{y-1}{-1}=\frac{z-3}{4}.$$

解法 3 过点 $M_0(2,\ 1,\ 3)$ 且与直线 l 垂直的平面方程为 $\pi_1:\ 3x+2y-z-5=0$, 将已知直线 l 写成参数方程

$$x=-1+3t,\quad y=1+2t,\quad z=-t,$$

代入平面 π_1, 得 $t=\dfrac{3}{7}$, 从而可知直线 l 与平面 π_1 的交点为 $M_2\left(\dfrac{2}{7},\ \dfrac{13}{7},\ -\dfrac{3}{7}\right)$, 由此得到所求直线的方向向量为

$$\boldsymbol{s}=\overrightarrow{M_2M_0}=\left(\frac{12}{7},\ -\frac{6}{7},\ \frac{24}{7}\right)=\frac{6}{7}(2,\ -1,\ 4),$$

故所求的直线方程为

$$\frac{x-2}{2}=\frac{y-1}{-1}=\frac{z-3}{4}.$$

注记 求平面方程、直线方程的题目比较灵活, 解法也比较多, 关键是确定平面的法向量或直线的方向向量, 主要方法是利用向量的垂直、平行和共面的充分必要条件以及向量的内积、外积和混合积的运算 (主要是它们的坐标运算). 记住直线方程、平面方程的各种形式, 特别地, 不要把直线方程与平面方程搞混. 例 5 还可以利用向量的外积直接求出所求直线的方向向量.

例 6 求直线 $l:\begin{cases}x+y-z-1=0,\\ x-y+z+1=0\end{cases}$ 在平面 $\pi: x+y+z=0$ 上的投影直线方程.

解法 1 过已知直线 l 的平面束方程为

$$x+y-z-1+\lambda(x-y+z+1)=0,$$

即

$$(1+\lambda)x+(1-\lambda)y+(-1+\lambda)z+(-1+\lambda)=0.$$

现在确定平面束中与已知平面垂直的平面方程, 已知平面的法向量为 $\boldsymbol{n}_1=(1,\ 1,\ 1)$, 平面束的法向量为 $\boldsymbol{n}_2=(1+\lambda,\ 1-\lambda,\ -1+\lambda)$, 令 $\boldsymbol{n}_1\perp\boldsymbol{n}_2$, 得

$$1\times(1+\lambda)+1\times(1-\lambda)+1\times(-1+\lambda)=0,$$

解得 $\lambda=-1$, 代入平面束化简得到: 过直线 l 且平面 π 垂直的平面方程为

$$y-z-1=0.$$

因此所求的投影直线方程为

$$\begin{cases}y-z-1=0,\\ x+y+z=0.\end{cases}$$

解法 2 已知直线 l 的方向向量为

$$\boldsymbol{s}=\begin{vmatrix}\boldsymbol{i} & \boldsymbol{j} & \boldsymbol{k}\\ 1 & 1 & -1\\ 1 & -1 & 1\end{vmatrix}=-2\boldsymbol{j}-2\boldsymbol{k},$$

过已知直线 l 与投影直线 L 的平面方程的法向量可取

$$\boldsymbol{n}=\begin{vmatrix}\boldsymbol{i} & \boldsymbol{j} & \boldsymbol{k}\\ 1 & 1 & 1\\ 0 & -2 & -2\end{vmatrix}=-(-2)\boldsymbol{j}-2\boldsymbol{k}=2\boldsymbol{j}-2\boldsymbol{k},$$

则过已知直线 l 与投影直线 L 的平面方程为 $y-z-1=0$, 故所求的投影直线 L 的方程为

$$\begin{cases}y-z-1=0,\\ x+y+z=0.\end{cases}$$

例 7 判别直线 L_1 : $\dfrac{x+1}{1}=\dfrac{y}{1}=\dfrac{z-1}{2}$ 与直线 L_2 : $\dfrac{x}{1}=\dfrac{y+1}{3}=\dfrac{z-2}{4}$ 是否共面? 若两直线不共面, 求出它们之间的距离.

解 直线 L_1,L_2 的方向向量分别为 $\boldsymbol{s}_1=(1,\ 1,\ 2),\boldsymbol{s}_2=(1,\ 3,\ 4)$, 它们分别过点 $P_1(-1,\ 0,\ 1),P_2(0,\ -1,\ 2)$, 则 $\overrightarrow{P_1P_2}=(1,\ -1,\ 1)$. 因为

$$\begin{vmatrix}1 & 1 & 2\\ 1 & 3 & 4\\ 1 & -1 & 1\end{vmatrix}=2\neq 0,$$

所以, 直线 L_1,L_2 为异面直线. 又因为

$$\boldsymbol{s}_1\times\boldsymbol{s}_2=\begin{vmatrix}\boldsymbol{i} & \boldsymbol{j} & \boldsymbol{k}\\ 1 & 1 & 2\\ 1 & 3 & 4\end{vmatrix}=-2\boldsymbol{i}-2\boldsymbol{j}+2\boldsymbol{k},$$

所以两直线的距离为

$$d=\left|\mathrm{Prj}_{\boldsymbol{s}_1\times\boldsymbol{s}_2}\overrightarrow{P_1P_2}\right|=\left|\frac{(\boldsymbol{s}_1\times\boldsymbol{s}_2)\cdot\overrightarrow{P_1P_2}}{|\boldsymbol{s}_1\times\boldsymbol{s}_2|}\right|=\frac{2}{\sqrt{12}}=\frac{\sqrt{3}}{3}.$$

习 题 5.4

1. 写出下列直线的对称式方程及参数方程:

(1) $\begin{cases}x-y+z=1,\\ 2x+y+z=4;\end{cases}$ (2) $\begin{cases}2x+5y+3=0,\\ x-3y+z+2=0.\end{cases}$

2. 求满足下列条件的直线方程:

(1) 过点 $(4,-1,3)$ 且平行于直线 $\dfrac{x-3}{2}=\dfrac{y}{1}=\dfrac{z-1}{5}$;

(2) 过点 $(0,2,4)$ 且同时平行于平面 $x+2z=1$ 和 $y-3z=2$;

(3) 过点 $(2,-3,1)$ 且垂直于平面 $2x+3y+z+1=0$;

(4) 过点 $(0,1,2)$ 且与直线 $\dfrac{x-1}{1}=\dfrac{y-1}{-1}=\dfrac{z}{2}$ 垂直相交.

3. 求下列投影点的坐标:

(1) 点 $(-1,2,0)$ 在平面 $x+2y-z+1=0$ 上的投影点;

(2) 点 $(2,3,1)$ 在直线 $\dfrac{x+7}{1}=\dfrac{y+2}{2}=\dfrac{z+2}{3}$ 上的投影点.

4. 求下列投影直线的方程:

(1) 直线 $\begin{cases}2x-4y+z=0,\\3x-y-2z-9=0\end{cases}$ 在三个坐标面上的投影直线;

(2) 直线 $\begin{cases}4x-y+3z-1=0,\\x+5y-z+2=0\end{cases}$ 在平面 $2x-y+5z-3=0$ 上的投影直线.

5. 求直线 $\begin{cases}5x-3y+3z-9=0,\\3x-2y+z-1=0\end{cases}$ 与直线 $\begin{cases}2x+2y-z+23=0,\\3x+8y+z-18=0\end{cases}$ 之间的夹角.

6. 求直线 $\dfrac{x-1}{2}=\dfrac{y}{-1}=\dfrac{z+1}{2}$ 与平面 $x-y+2z=3$ 之间的夹角.

7. 设 M_0 是直线 L 外的一点, M 是直线 L 上的任意一点, 且直线 L 的方向向量为 $\boldsymbol{s}$, 证明: 点 M_0 到直线 L 的距离为 $d=\dfrac{\left|\overrightarrow{M_0M}\times\boldsymbol{s}\right|}{|\boldsymbol{s}|}$, 由此计算

(1) 点 $M_0\,(3,\ -4,\ 4)$ 到直线 $\dfrac{x-4}{2}=\dfrac{y-5}{-2}=\dfrac{z-2}{1}$ 的距离;

(2) 点 $M_0\,(3,\ -1,\ 2)$ 到直线 $\begin{cases}x+y-z+1=0,\\2x-y+z-4=0\end{cases}$ 的距离.

8. 求点 $(3,-1,-1)$ 关于平面 $6x+2y-9z+96=0$ 的对称点的坐标.

9. 求直线 $\dfrac{x-5}{2}=\dfrac{y+3}{-2}=\dfrac{z-1}{3}$ 与平面 $x+2y-5z-11=0$ 的交点.

10. 证明: 直线 $L_1:\dfrac{x-7}{3}=\dfrac{y-2}{2}=\dfrac{z-1}{-2}$ 与直线

$$L_2: x=1+2t,\quad y=-2-3t,\quad z=5+4t$$

共面, 并求 L_1, L_2 所在的平面方程.

11. 已知入射光线的路径为 $\dfrac{x-1}{4}=\dfrac{y-1}{3}=\dfrac{z-2}{1}$, 求该光线经平面 $x+2y+5z+17=0$ 反射后的反射线方程.

12. 求过点 $(2,-1,2)$ 且与两直线

$$L_1:\frac{x-1}{1}=\frac{y-1}{0}=\frac{z-1}{1},\quad L_2:\frac{x-2}{1}=\frac{y-1}{1}=\frac{z+3}{-3}$$

同时相交的直线方程.

5.5 曲面与曲线

5.5.1 柱面与旋转曲面

1. 柱面

平行于定直线 L 并沿定曲线 C 移动的直线所形成的曲面称为**柱面** (图 5-21), 定曲线 C 称为**柱面的准线**, 动直线称为**柱面的母线**.

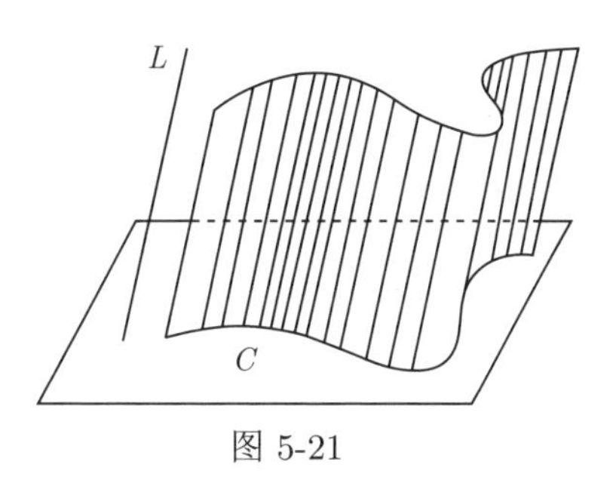

图 5-21

设柱面 Σ 的母线平行于 z 轴, 准线 C 是 xOy 平面上的一条曲线, 其方程为 $F(x,y)=0$. 由于在空间直角坐标系 $Oxyz$ 中, 点 $M(x,y,z)$ 在柱面 Σ 上的充分必要条件是它在 xOy 面上的投影点 $M_1(x,y,0)$ 在准线 C 上, 点 M 的坐标 x,y 满足方程 $F(x,y)=0$. 因此, 柱面 Σ 的方程是

$$F(x,y)=0. \tag{5.5.1}$$

一般地, 在空间直角坐标系中, 三个变量 x, y, z 不同时出现的方程就表示母线平行坐标轴的柱面, 如只含 x, y 的方程 $F(x,\ y)=0$ 表示母线平行 z 轴的柱面.

例 1 方程 $\dfrac{x^2}{a^2}+\dfrac{y^2}{b^2}=1$ 表示母线平行于 z 轴的**椭圆柱面** (图 5-22(a)); 方程 $x^2=2pz$ 表示母线平行于 y 轴的**抛物柱面** (图 5-22(b)).

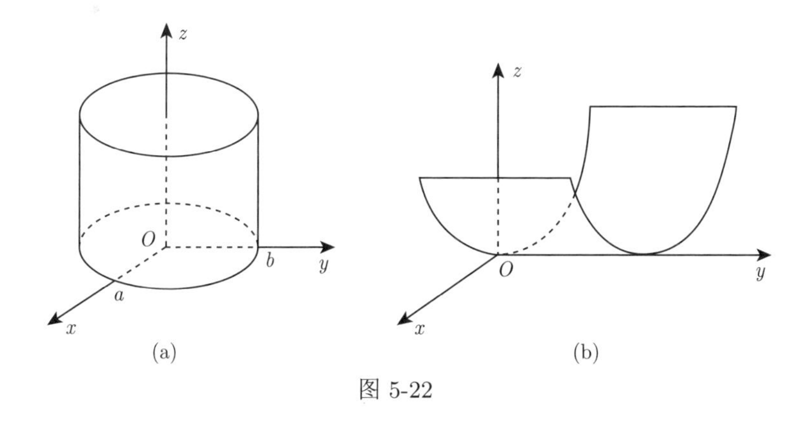

图 5-22

2. 旋转曲面

平面上的曲线 C 绕该平面上一条定直线 l 旋转而形成的曲面称为**旋转曲面**, 该平面曲线 C 称为**旋转曲面的母线**, 定直线 l 称为**旋转曲面的轴**.

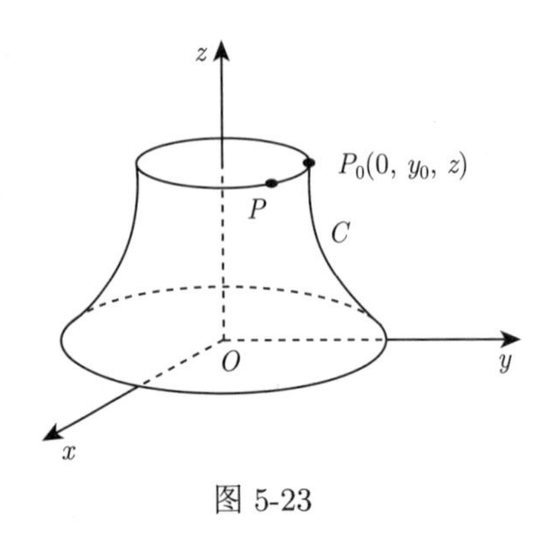

图 5-23

设 C 为 yOz 面上的已知曲线, 其方程为 $f(y,z)=0$, C 围绕 z 轴旋转一周得一旋转曲面 (图 5-23). 在此旋转面上任取一点 $P_0(x_0,y_0,z_0)$, 并过点 P_0 作平面 $z=z_0$, 它旋转曲面的交线为一圆周, 则该圆周的半径为 $R=\sqrt{x_0^2+y_0^2}$. 设曲线 C 上的点 $P_1(0,y_1,z_1)$ 是由点 P_0 旋转而得到的, 则

$$\begin{cases} z_1=z_0, \\ |y_1|=\sqrt{x_0^2+y_0^2}, \end{cases}$$

又因为点 $P_1(0,y_1,z_1)$ 的坐标满足方程 $f(y,z)=0$, 即 $f(y_1,z_1)=0$, 故此得到

$$f\left(\pm\sqrt{x_0^2+y_0^2}, z_0\right)=0,$$

由此可知, 旋转曲面上的任一点 $M(x,y,z)$ 的坐标 x, y, z 满足方程

$$f\left(\pm\sqrt{x^2+y^2}, z\right)=0. \tag{5.5.2}$$

显然, 若点 $M(x,y,z)$ 不在此旋转曲面上, 则其坐标 x,y,z 不满足 (5.5.2) 式, 所以 (5.5.2) 式是此旋转曲面的方程. 一般地, 我们得到:

若在曲线 C 的方程 $f(y,z)=0$ 中 z 保持不变, 而将 y 改写成 $\pm\sqrt{x^2+y^2}$, 就得到曲线 C 绕 z 轴旋转的曲面的方程

$$f\left(\pm\sqrt{x^2+y^2}, z\right)=0.$$

若在 $f(y,z)=0$ 中 y 保持不变, 将 z 改成 $\pm\sqrt{x^2+z^2}$, 就得到曲线 C 绕 y 轴旋转而成的曲面的方程

$$f\left(y, \pm\sqrt{x^2+z^2}\right)=0.$$

例 2　(1) yOz 面上的抛物线 $y^2=2pz$ 绕 z 轴旋转而成的曲面的方程是

$$x^2+y^2=2pz,$$

该曲面称为**旋转抛物面** (图 5-24(a));

(2) yOz 面上的椭圆 $\dfrac{y^2}{a^2}+\dfrac{z^2}{b^2}=1$ 绕 y 轴旋转而成的曲面的方程是

$$\frac{y^2}{a^2}+\frac{x^2+z^2}{b^2}=1,$$

该曲面称为**旋转椭球面** (图 5-24(b));

(3) zOx 面上的双曲线 $\dfrac{x^2}{a^2}-\dfrac{z^2}{b^2}=1$ 绕 z 轴和绕 x 轴旋转而成的曲面方程分别是

$$\frac{x^2+y^2}{a^2}-\frac{z^2}{b^2}=1$$

与

$$\frac{x^2}{a^2}-\frac{y^2+z^2}{b^2}=1,$$

两曲面分别称为**单叶旋转双曲面** (图 5-24(c)) 与**双叶旋转双曲面** (图 5-24(d)).

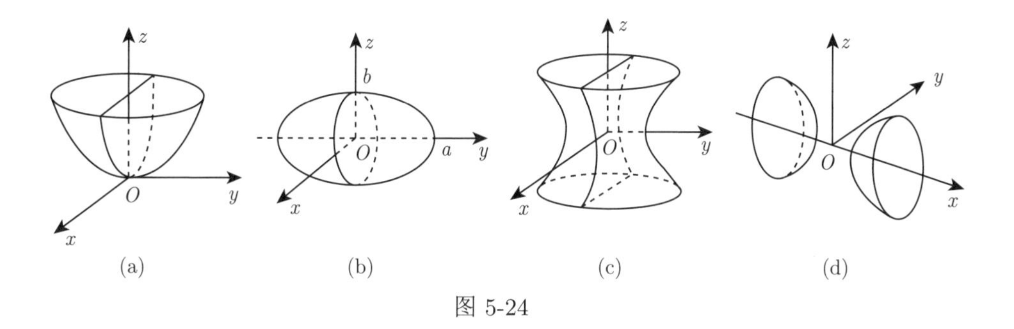

图 5-24

例 3 说明旋转曲面 $x^2-\dfrac{y^2}{4}+z^2=1$ 是怎样形成的?

解 旋转曲面可看成 xOy 面上的双曲线 $x^2-\dfrac{y^2}{4}=1$ 绕 y 轴旋转一周而得到的曲面或看成 yOz 面上的双曲线 $z^2-\dfrac{y^2}{4}=1$ 绕 y 轴旋转一周而得到的曲面.

例 4 直线 L 绕另一条与它相交的直线 l 旋转一周, 所得曲面称为**圆锥面**, 两直线的交点称为圆锥面的顶点, 试建立顶点在原点, 旋转轴为 z 轴的圆锥面 (图 5-25) 的方程.

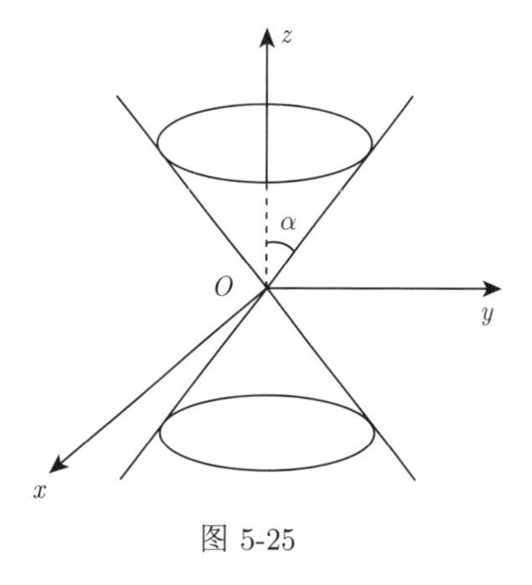

图 5-25

解 设在 yOz 平面上, 直线 L 的方程为 $z=ky$ $(k>0)$, 因为旋转轴是 z 轴, 故得圆锥面方程为

$$z = \pm k\sqrt{x^2 + y^2},$$

即

$$z^2 = k^2(x^2 + y^2).$$

图 5-25 中所示 $\alpha = \arctan \dfrac{1}{k}$ 称为**圆锥面半顶角**.

5.5.2 空间曲线的方程

1. 曲线的一般方程

空间曲线 Γ 可以看成是两个曲面 Σ_1 和 Σ_2 的交线 (图 5-26). 设 Σ_1 与 Σ_2 的方程分别是

$$F(x, y, z) = 0 \quad 与 \quad G(x, y, z) = 0,$$

则曲线 Γ 上的点的坐标应同时满足这两个方程, 即满足方程组

$$\begin{cases} F(x, y, z) = 0, \\ G(x, y, z) = 0. \end{cases} \tag{5.5.3}$$

反之, 若点 $M(x, y, z)$ 的坐标满足方程组 (5.5.3), 则说明点 M 既在 Σ_1 上又在 Σ_2 上, 即 M 是交线 Γ 上的一点. 因此曲线 Γ 可以用方程组 (5.5.3) 来表示, 称方程组 (5.5.3) 为**曲线 $\boldsymbol{\Gamma}$ 的一般方程**.

例如, 方程组 $\begin{cases} x^2 + y^2 = 1, \\ 2x + 3y + 3z = 6 \end{cases}$ 表示柱面 $x^2 + y^2 = 1$ 与平面 $2x + 3y + 3z = 6$ 的交线 (图 5-27).

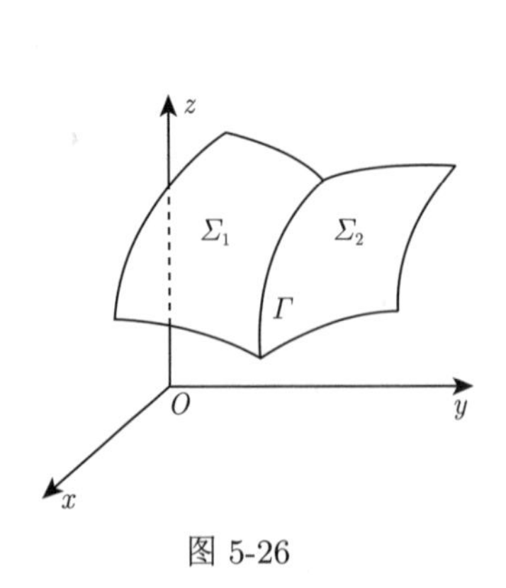

图 5-26

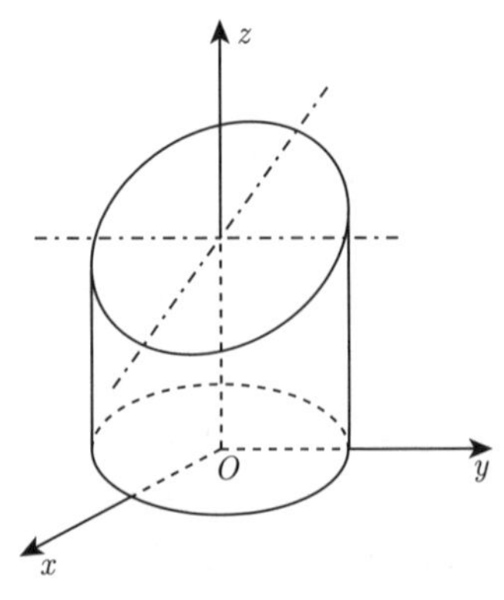

图 5-27

例 5 方程组 $\begin{cases} z=\sqrt{a^2-x^2-y^2}, \\ \left(x-\dfrac{a}{2}\right)^2+y^2=\left(\dfrac{a}{2}\right)^2 \end{cases}$ 表示怎样的曲线?

解 方程组中第一个方程表示中心在原点, 半径为 a 的上半球面; 第二个方程表示母线平行于 z 轴, 准线是 xOy 面上以点 $\left(\dfrac{a}{2},0\right)$ 为中心, 半径为 $\dfrac{a}{2}$ 的圆周的柱面, 方程组表示这两个曲面的交线 (图 5-28).

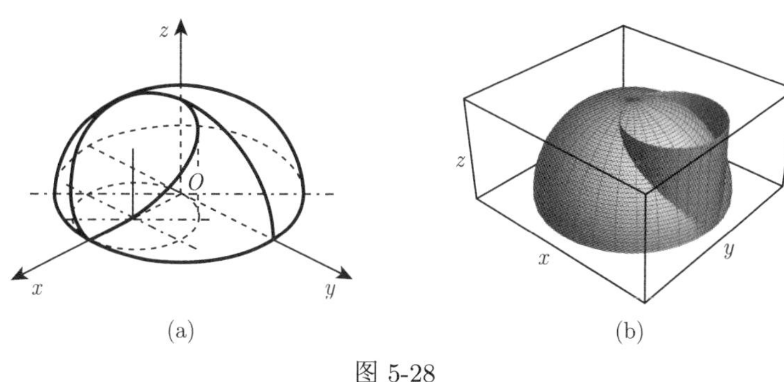

图 5-28

2. 曲线的参数方程

空间曲线也可以用参数方程来表示, 即把曲线上动点的坐标 x,y,z 分别表示成参数 t 的函数

$$\begin{cases} x=x(t), \\ y=y(t), \\ z=z(t). \end{cases} \tag{5.5.4}$$

当给定 $t=t_1$ 时, 由 (5.5.4) 式就得到曲线上的一个点 $(x(t_1),y(t_1),z(t_1))$; 随着 t 的变动, 就可得到曲线上的全部点. 方程组 (5.5.4) 称为曲线的参数方程.

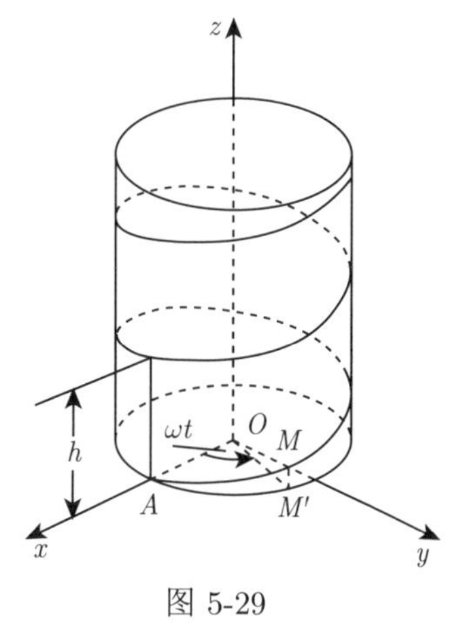

图 5-29

例 6 如果空间一点 M 在圆柱面 $x^2+y^2=a^2$ 上以角速率 ω 绕 z 轴旋转, 同时又以线速率 v 沿平行于 z 轴的正方向上升 (其中 ω, v 都是常数), 那么点 M 的轨迹曲线称为螺旋线, 试建立其参数方程.

解 取时间 t 为参数. 设 $t=0$ 时, 动点位于点 $A(a,0,0)$ 处. 经过时间 t, 动点运动到 $M(x,y,z)$(图 5-29). 记 M 在 xOy 面上的投影为 M', 则 M' 的坐标为 $(x,y,0)$.

由于动点在圆柱面上的角速率 ω 绕 z 轴旋转, 故经过时间 t, $\angle AOM' = \omega t$. 从而

$$x = |OM'|\cos\angle AOM' = a\cos\omega t,$$

$$y = |OM'|\sin\angle AOM' = a\sin\omega t.$$

又因为动点同时以线速率 v 沿平行于 z 轴的正向上升, 故

$$z = M'M = vt.$$

因此螺旋线的参数方程为

$$\begin{cases} x = a\cos\omega t, \\ y = a\sin\omega t, \\ z = vt. \end{cases}$$

如果令参数 $\theta = \omega t$, 并记 $b = \dfrac{v}{\omega}$, 则螺旋线的参数方程可写作 $\begin{cases} x = a\cos\theta, \\ y = a\sin\theta, \\ z = b\theta. \end{cases}$ 螺旋线是一种常见的曲线. 比如机用螺线的外缘曲线就是螺旋线. 当 θ 从 θ_0 变到 $\theta_0+2\pi$ 时, 点 M 沿螺旋线上升了高度 $h = 2\pi b$. 这一高度在工程技术上叫做螺距.

5.5.3 空间曲线在坐标面上的投影

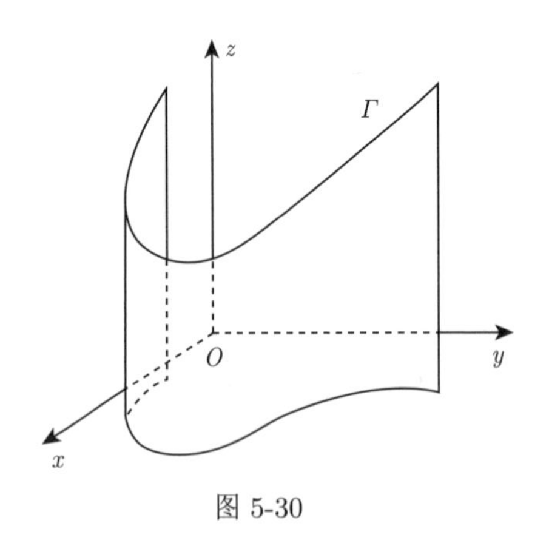

图 5-30

以空间曲线 Γ 为准线, 母线垂直于 xOy 面的柱面称为 Γ 对 xOy 面的**投影柱面**. 投影柱面与 xOy 面的交线称为 Γ 在 xOy 面上的**投影曲线** (图 5-30).

设空间曲线 Γ 的一般方程是

$$\begin{cases} F(x,y,z) = 0, \\ G(x,y,z) = 0. \end{cases} \tag{5.5.5}$$

现在我们来研究由方程组 (5.5.5) 消去变量 z 后所得的方程

$$H(x,y) = 0. \tag{5.5.6}$$

由于当点 $M(x,y,z) \in \Gamma$ 时, 其坐标 (x,y,z) 满足方程组 (5.5.5), 而方程 (5.5.6) 是由方程组 (5.5.5) 消去 z 而得的结果, 故点 M 的前两个坐标 x, y 必满足

方程 (5.5.6), 因此点 M 在 $H(x,y)=0$ 所表示的柱面上, 这说明该柱面包含了曲线 Γ. 从而柱面 $H(x,y)=0$ 与 xOy 面 $(z=0)$ 的交线

$$\begin{cases} H(x,y)=0, \\ z=0 \end{cases}$$

就是空间曲线 Γ 在 xOy 面上的投影曲线.

类似地, 消去方程组 (5.5.5) 中的变量 x 或 y, 得 $R(y,z)=0$ 或 $T(x,z)=0$, 再分别与 $x=0$ 或 $y=0$ 联立, 就得到包含 Γ 在 yOz 面或 zOx 面上的投影曲线的曲线方程:

$$\begin{cases} R(y,z)=0, \\ x=0 \end{cases} \quad \text{或} \quad \begin{cases} T(x,z)=0, \\ y=0. \end{cases}$$

例 7 求曲线

$$\Gamma: \begin{cases} 2x^2+y^2+z^2=16, \\ x^2-y^2+z^2=0 \end{cases}$$

在 xOy 平面上的投影曲线.

解 从曲线方程消去 z, 得

$$x^2+2y^2=16,$$

故曲线 Γ 在 xOy 平面上的投影曲线为

$$\begin{cases} x^2+2y^2=16, \\ z=0. \end{cases}$$

例 8 求曲线

$$\begin{cases} x^2+y^2+z^2=1, \\ x^2+(y-1)^2+(z-1)^2=1 \end{cases}$$

在 xOy 面和 yOz 面上的投影曲线的方程.

解 先由所给方程组消去 z. 为此将两方程相减, 得到 $z=1-y$, 再将上式代入两个方程中的任一个, 得

$$x^2+2y^2-2y=0.$$

结合曲线的图形容易判断出曲线在 xOy 面上的投影曲线方程就是

$$\begin{cases} x^2+2y^2-2y=0, \\ z=0. \end{cases}$$

再由所给方程组消去 x. 为此将两个方程相减, 得到

$$y+z-1=0,$$

它表示 yOz 面上的一条直线. 但是容易判断所给曲线在 yOz 面上的投影曲线只是该直线的一部分, 即

$$\begin{cases} y+z-1=0 \quad (0\leqslant y\leqslant 1), \\ x=0. \end{cases}$$

例 9　设一个立体由上半球面 $z=\sqrt{4-x^2-y^2}$ 和锥面 $z=\sqrt{3(x^2+y^2)}$ 所围成 (图 5-31), 求它在 xOy 面上的投影区域.

解　半球面和锥面的交线为

$$\Gamma:\begin{cases} z=\sqrt{4-x^2-y^2}, \\ z=\sqrt{3(x^2+y^2)}. \end{cases}$$

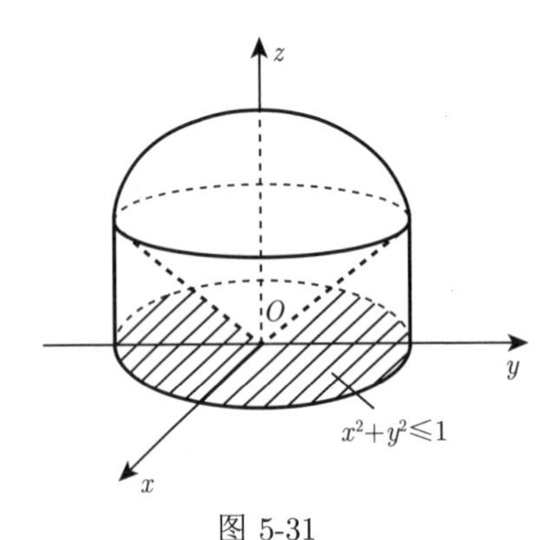

图 5-31

由方程组消去 z, 得到 $x^2+y^2=1$. 结合图形容易看出, 交线 Γ 在 xOy 面上的投影曲线就是

$$\begin{cases} x^2+y^2=1, \\ z=0. \end{cases}$$

这是 xOy 面上的一个圆周, 该圆周在 xOy 面上所围的部分

$$\begin{cases} x^2+y^2\leqslant 1, \\ z=0 \end{cases}$$

就是立体在 xOy 面上的投影区域.

习　题　5.5

1. 指出下列方程在平面解析几何与空间解析几何中分别表示什么几何图形:

(1) $x-y=1$;　(2) $xy=1$;　(3) $x^2-2y=1$;　(4) $2x^2+y^2=1$.

2. 写出下列曲线绕指定轴旋转所生成的旋转曲面的方程:

(1) xOz 平面上的抛物线 $z^2=5x$ 绕 x 轴旋转;

(2) xOy 平面上的双曲线 $4x^2-9y^2=36$ 绕 y 轴旋转;

(3) xOy 平面上的圆 $(x-2)^2+y^2=1$ 绕 y 轴旋转;

(4) yOz 平面上的直线 $2y-3z+1=0$ 绕 z 轴旋转.

3. 指出下列方程所表示的曲面哪些是旋转曲面, 这些旋转曲面是怎样形成的:

(1) $x+y^2+z^2=1$;　(2) $x^2+y+z=1$;

(3) $x^2-y^2+z^2=1$;　(4) $x^2+y^2-z^2+2z=1$.

4. 写出满足下列条件的动点的轨迹方程, 它们分别表示什么曲面?

(1) 动点到坐标原点的距离等于它到平面 $z=4$ 的距离;

(2) 动点到坐标原点的距离等于它到点 $(2,3,4)$ 的距离的一半;

(3) 动点到点 $(0,0,5)$ 的距离等于它到 x 轴的距离;

(4) 动点到 x 轴的距离等于它到 yOz 平面的距离的 2 倍.

5. 画出下列曲线在第 I 卦限内的图形:

(1) $\begin{cases} z=\sqrt{1-x^2-y^2}, \\ y=x; \end{cases}$　(2) $\begin{cases} z=x^2+y^2, \\ x+y=1; \end{cases}$

(3) $\begin{cases} z=\sqrt{x^2+y^2}, \\ x=1; \end{cases}$　(4) $\begin{cases} x^2+y^2=1, \\ x^2+z^2=1. \end{cases}$

6. 试把下列曲线方程转换成母线平行于坐标轴的柱面的交线方程:

(1) $\begin{cases} 2x^2+y^2+z^2=16, \\ x^2-y^2+z^2=0; \end{cases}$　(2) $\begin{cases} 2y^2+z^2+4x-4z=0, \\ y^2+3z^2-8x-12z=0. \end{cases}$

7. 求下列曲线在 xOy 面上的投影曲线的方程:

(1) $\begin{cases} x^2+y^2+z^2=1, \\ x+z=1; \end{cases}$　(2) $\begin{cases} z=x^2+y^2, \\ x+y+z=1; \end{cases}$

(3) $\begin{cases} x^2+2y^2=1, \\ z=x^2; \end{cases}$　(4) $\begin{cases} x=\cos\theta, \\ y=\sin\theta, \\ z=2\theta. \end{cases}$

8. 将下列曲线的一般方程转化为参数方程:

(1) $\begin{cases} x^2+y^2+z^2=1, \\ x+y=0; \end{cases}$　(2) $\begin{cases} z=\sqrt{4-x^2-y^2}, \\ (x-1)^2+y^2=1. \end{cases}$

9. 求下列曲面所围成的立体在 xOy 坐标面上的投影区域:

(1) $z=x^2+y^2$ 与 $z=2-x^2-y^2$;

(2) $z=\sqrt{x^2+y^2}$, $x^2+y^2=1$ 与 $z=0$.

10. 求由上半球面 $z=\sqrt{a^2-x^2-y^2}$, 柱面 $x^2+y^2-ax=0\ (a>0)$ 及平面 $z=0$ 所围的立体在 xOy 平面和 xOz 平面的投影区域.

5.6 二 次 曲 面

三元二次方程所表示的曲面称为**二次曲面**. 5.5 节的例 2 与例 4 给出的旋转曲面就是二次曲面. 由于二次曲面的形状比较简单且有较广泛的应用, 因此在本节中, 我们将讨论几个特殊的二次曲面. 讨论的方法一般是用坐标面或特殊的平面与二次曲面相截, 考察其截痕的形状, 然后对那些截痕加以综合, 得出曲面的全貌, 这种方法叫做**截痕法**. 这些二次曲面的方程与对应的图形的形状是以后学习计算三重积分、曲线积分和曲面积分的基础, 应熟练掌握这些二次曲面的方程和对应的图形.

5.6.1 椭球面

方程

$$\frac{x^2}{a^2}+\frac{y^2}{b^2}+\frac{z^2}{c^2}=1 \tag{5.6.1}$$

所表示的曲面称为**椭球面**, 其中 $a>0,b>0,c>0$. 以下我们都假设 $a>0,b>0,c>0$. 下面我们根据所给出的方程, 在空间中确定它的范围、对称性, 用截痕法来考察椭球面的形状.

(1) 范围.

由方程 (5.6.1) 可知

$$\frac{x^2}{a^2}\leqslant 1,\quad \frac{y^2}{b^2}\leqslant 1,\quad \frac{z^2}{c^2}\leqslant 1,$$

即

$$|x|\leqslant a,\quad |y|\leqslant b,\quad |z|\leqslant c,$$

这说明椭球面包含在由平面 $x=\pm a,y=\pm b,z=\pm c$ 围成的长方体内.

(2) 对称性.

曲面关于坐标原点、三个坐标面、三条坐标轴都是对称的.

(3) 截痕的形状.

先考虑椭球面与三个坐标面的截痕:

$$\begin{cases}\dfrac{x^2}{a^2}+\dfrac{y^2}{b^2}=1,\\ z=0,\end{cases}\qquad \begin{cases}\dfrac{y^2}{b^2}+\dfrac{z^2}{c^2}=1,\\ x=0,\end{cases}\qquad \begin{cases}\dfrac{x^2}{a^2}+\dfrac{z^2}{c^2}=1,\\ y=0,\end{cases}$$

这些截痕都是椭圆.

再用平行于 xOy 面的平面 $z=h(0<|h|<c)$ 去截这个曲面, 所得截痕的方程是

$$\begin{cases}\dfrac{x^2}{a^2}+\dfrac{y^2}{b^2}=1-\dfrac{h^2}{c^2},\\ z=h.\end{cases}$$

这些截痕也都是椭圆. 易见, 当 $|h|$ 由 0 变到 c 时, 椭圆由大变小, 最后缩成点 $(0,0,\pm c)$. 同样地用平行于 yOz 面或 zOx 面的平面去截这个曲面, 也有类似的结

果 (图 5-32(a)). 如果连续地取这样的截痕, 那么可以想象, 这些截痕就组成了一张椭球面. 图 5-32(b) 中的椭球面是由计算机绘制的.

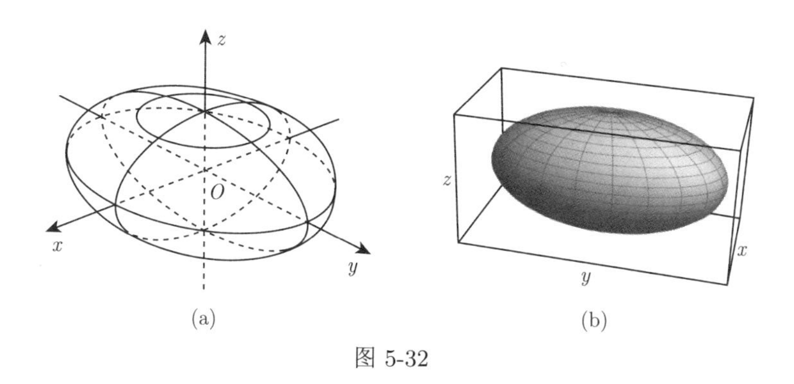

图 5-32

在椭球面方程中, a, b, c 按其大小, 分别称为椭球面的**长半轴**、**中半轴**、**短半轴**. 如果有两个半轴相等, 例如 $a = b$, 则方程表示的是由 yOz 平面上的椭圆 $\dfrac{y^2}{b^2}+\dfrac{z^2}{c^2}=1$ 绕 z 轴旋转而成的旋转椭球面. 如果 $a=b=c$, 则方程 $x^2+y^2+z^2=a^2$ 表示一个球面.

5.6.2 抛物面

1. 椭圆抛物面

方程

$$\frac{x^2}{a^2}+\frac{y^2}{b^2}=\pm z \tag{5.6.2}$$

所表示的曲面称为**椭圆抛物面**. 设方程右端取正号, 现在来考察它的形状.

(1) 范围.

由方程知, $z \geqslant 0$, 即曲面在 xOy 平面的上方, 是无界曲面.

(2) 对称性.

曲面关于 z 轴、yOz 面和 zOx 面对称.

(3) 截痕的形状.

用 xOy 面 $(z=0)$ 去截这曲面, 截痕为原点.

用平面 $z=h(h>0)$ 去截这曲面, 截痕为椭圆

$$\begin{cases} \dfrac{x^2}{a^2}+\dfrac{y^2}{b^2}=h, \\ z=h. \end{cases}$$

当 $h \to 0$ 时, 截痕退缩为原点; 当 $h < 0$ 时, 截痕不存在. 原点称为椭圆抛物面的顶点.

用 zOx 面 $(y = 0)$ 去截这曲面, 截痕为抛物线

$$\begin{cases} x^2 = a^2 z, \\ y = 0. \end{cases}$$

用平面 $y = k$ 去截这曲面, 截痕也为抛物线

$$\begin{cases} x^2 = a^2\left(z - \dfrac{k^2}{b^2}\right), \\ y = k. \end{cases}$$

用 yOz 面 $(x = 0)$ 及平面 $x = l$ 去截这曲面, 其结果与 (2) 是类似的. 综合以上分析结果, 可知椭圆抛物面的形状如图 5-33 所示.

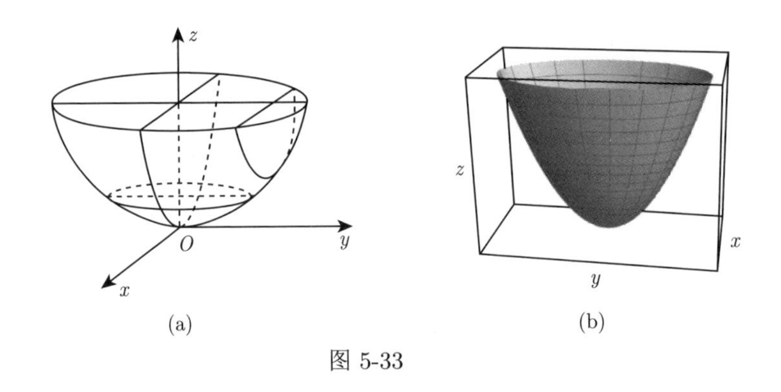

图 5-33

2. 双曲抛物面

方程

$$\frac{x^2}{a^2} - \frac{y^2}{b^2} = \pm z \tag{5.6.3}$$

所表示的曲面称为**双曲抛物面**. 设方程右端取正号, 现在来考察它的形状.

(1) 范围.

由方程知, $x, y, z \in \mathbf{R}$, 曲面可向各个方向无限延伸.

(2) 对称性.

曲面关于 z 轴、yOz 面和 zOx 面对称.

(3) 截痕的形状.

用平面 $z = h$ 去截这曲面, 截痕方程是

$$\begin{cases} \dfrac{x^2}{a^2} - \dfrac{y^2}{b^2} = h, \\ z = h. \end{cases}$$

当 $h > 0$ 时, 截痕是双曲线, 其实轴平行于 x 轴. 当 $h = 0$ 时, 截痕是 xOy 平面上两条相交于原点的直线

$$\frac{x}{a} \pm \frac{y}{b} = 0 \quad (z = 0).$$

当 $h < 0$ 时, 截痕是双曲线, 其实轴平行于 y 轴.

用平面 $x = k$ 去截这曲面, 截痕方程是

$$\begin{cases} \dfrac{y^2}{b^2} = \dfrac{k^2}{a^2} - z, \\ x = k. \end{cases}$$

当 $k = 0$ 时, 截痕是 yOz 平面上顶点在原点的抛物线且张口朝下. 当 $k \neq 0$ 时, 截痕都是张口朝下的抛物线, 且抛物线的顶点随 $|k|$ 增大而升高.

用平面 $y = l$ 去截这曲面, 截痕均是张口朝上的抛物线

$$\begin{cases} \dfrac{x^2}{a^2} = z + \dfrac{l^2}{b^2}, \\ y = l. \end{cases}$$

综合以上分析结果可知, 双曲抛物面的形状如图 5-34 所示. 因其形状与马鞍相似, 故也叫它**鞍形面**.

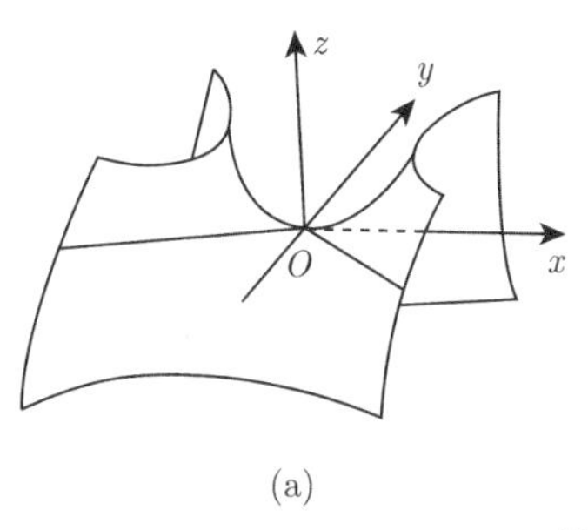

(a)

(b)

图 5-34

5.6.3　双曲面

双曲面分单叶双曲面与双叶双曲面两种.

方程

$$\frac{x^2}{a^2}+\frac{y^2}{b^2}-\frac{z^2}{c^2}=1 \tag{5.6.4}$$

所表示的曲面称为**单叶双曲面**. 它的几何特征如下:

(1) 范围.

由方程 (5.6.4) 得 $\frac{x^2}{a^2}+\frac{y^2}{b^2}=\frac{z^2}{c^2}+1\geqslant 1$, 即 $\frac{x^2}{a^2}+\frac{y^2}{b^2}\geqslant 1$, 故曲面在椭圆柱面 $\frac{x^2}{a^2}+\frac{y^2}{b^2}=1$ 的外部.

(2) 对称性.

曲面关于三条坐标轴、三个坐标面和原点对称.

(3) 类似地, 用截痕法得到如表 5-1 所示的结果.

表 5-1

平面	截痕
xOy 面及平行于它的平面	椭圆
xOz 面及平行于它的平面	双曲线
yOz 面及平行于它的平面	双曲线

由此可得出它的形状如图 5-35(a) 和 (b) 所示.

方程

$$\frac{x^2}{a^2}+\frac{y^2}{b^2}-\frac{z^2}{c^2}=-1 \tag{5.6.5}$$

所表示的曲面称为**双叶双曲面**. 它的几何特征如下:

(1) 范围.

由方程 (5.6.5) 得 $\frac{z^2}{c^2}=\frac{x^2}{a^2}+\frac{y^2}{b^2}+1\geqslant 1$, 即 $|z|\geqslant c$, 故曲面在平面 $z=c$ 之上和平面 $z=-c$ 之下.

(2) 对称性.

曲面关于三条坐标轴、三个坐标面和原点对称.

(3) 类似地, 用截痕法得到如表 5-2 所示的结果:

表 5-2

平面	截痕
xOy 面及平行于它的平面	无截痕、一点或椭圆
xOz 面及平行于它的平面	双曲线
yOz 面及平行于它的平面	双曲线

由此可得出它的形状如图 5-35(c) 和 (d) 所示.

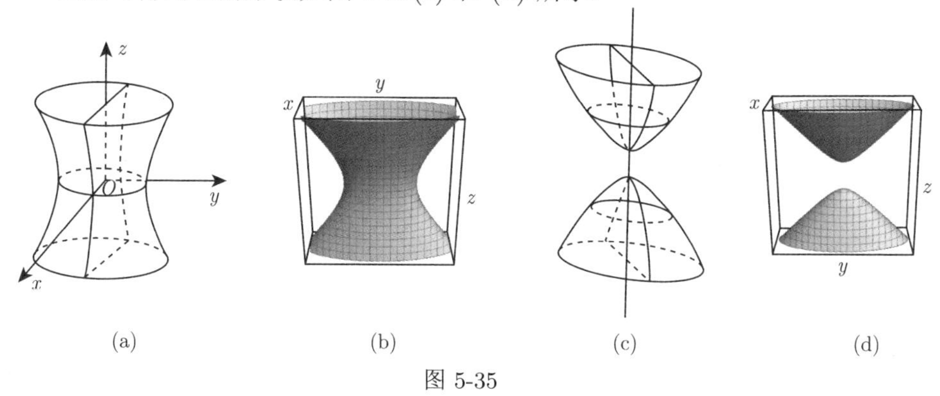

图 5-35

5.6.4 椭圆锥面

方程

$$\frac{x^2}{a^2}+\frac{y^2}{b^2}-\frac{z^2}{c^2}=0 \tag{5.6.6}$$

所表示的曲面称为**椭圆锥面**. 它的几何特征如下:

(1) 范围.

由方程知, $x,\ y,\ z\in\mathbf{R}$, 曲面可向各个方向无限延伸.

(2) 对称性.

曲面关于三条坐标轴、三个坐标面和原点对称.

(3) 类似地, 用截痕法得到如表 5-3 所示的结果.

表 5-3

平面	截痕
xOy 面及平行于它的平面	一点或椭圆
xOz 面及平行于它的平面	两条相交直线或双曲线
yOz 面及平行于它的平面	两条相交直线或双曲线

由此可得出它的形状如图 5-36 所示.

前面我们只讨论几种特殊的二次曲面即二次曲面的标准方程, 对于一般的二次曲面, 可以通过坐标平移和正交变换化为二次曲面标准方程, 这些在以后学习另一门课程线性代数时会专门介绍.

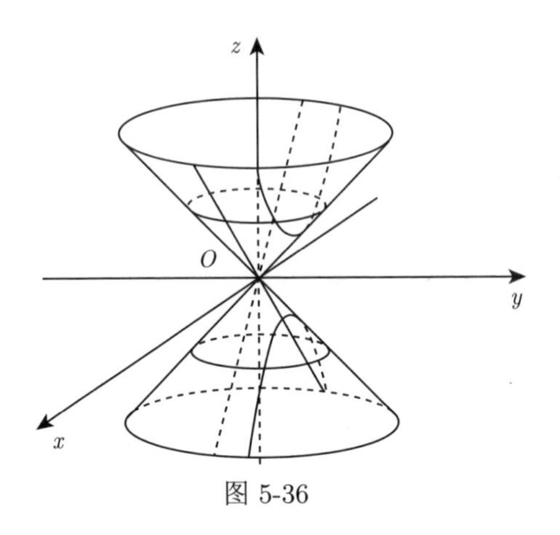

图 5-36

注记　一般地, 如果曲面方程

$$F(x,\ y,\ z)=0$$

中, 用 $-z$ 代替 z 而 $x,\ y$ 不变代入方程而方程不变, 则曲面关于 xOy 对称; 如果用 $-x,\ -y$ 分别代替 $x,\ y$ 而 z 不变代入方程而方程不变, 则曲面关于 z 轴对称; 如果用 $-x,\ -y,\ -z$ 分别代替 $x,\ y,\ z$ 代入方程而方程不变, 则曲面关于原点对称. 其他的情况的对称性可类似推出.

习　题　5.6

1. 画出下列方程所表示的二次曲面的图形:

(1) $x^2+4y^2+9z^2=1$;　　(2) $3x^2+4y^2-z^2=12$;

(3) $x^2+y^2+z^2-2x+4y+2z=0$;　　(4) $2x^2+3y^2-z=1$.

2. 画出下列各曲面所围成的立体的图形:

(1) $x=0,y=0,z=0,y=1,3x+4y+2z-12=0$;

(2) $x=0,y=0,z=0,x^2+y^2=1,y^2+z^2=1$ (在第一卦限内);

(3) $z=\sqrt{x^2+y^2},z=\sqrt{1-x^2-y^2}$;

(4) $y=x^2,x+y+z=1,z=0$.

总 习 题 五

1. 设 $\boldsymbol{a},\boldsymbol{b},\boldsymbol{c}$ 为任意三个向量, 且 $\boldsymbol{a}\neq\mathbf{0}$, 试问:

(1) 若 $\boldsymbol{a}\cdot\boldsymbol{b}=\boldsymbol{a}\cdot\boldsymbol{c}$, 能否推知 $\boldsymbol{b}=\boldsymbol{c}$?

(2) 若 $\boldsymbol{a}\times\boldsymbol{b}=\boldsymbol{a}\times\boldsymbol{c}$, 能否推知 $\boldsymbol{b}=\boldsymbol{c}$?

(3) 若 $\boldsymbol{a}\cdot\boldsymbol{b}=\boldsymbol{a}\cdot\boldsymbol{c}$ 且 $\boldsymbol{a}\times\boldsymbol{b}=\boldsymbol{a}\times\boldsymbol{c}$, 能否推知 $\boldsymbol{b}=\boldsymbol{c}$?

2. 设 $\boldsymbol{a}\neq\mathbf{0}$, $\boldsymbol{b}\neq\mathbf{0}$, 试问在什么条件下才能保证下列等式成立:

(1) $|\boldsymbol{a}+\boldsymbol{b}|=|\boldsymbol{a}-\boldsymbol{b}|$;　　(2) $|\boldsymbol{a}+\boldsymbol{b}|=|\boldsymbol{a}|+|\boldsymbol{b}|$;

(3) $|\boldsymbol{a}+\boldsymbol{b}|=|\boldsymbol{a}|-|\boldsymbol{b}|$; (4) $|\boldsymbol{a}-\boldsymbol{b}|=|\boldsymbol{a}|-|\boldsymbol{b}|$.

3. 设 $(\boldsymbol{a}\times\boldsymbol{b})\cdot\boldsymbol{c}=2$, 计算 $[(\boldsymbol{a}+\boldsymbol{b})\times(\boldsymbol{b}+\boldsymbol{c})]\cdot(\boldsymbol{c}+\boldsymbol{a})$.

4. 在边长为 1 的立方体中, 设 OM 为对角线, OA 为棱, 求 $\overrightarrow{OA}$ 在 $\overrightarrow{OM}$ 上的投影.

5. 设 $|\boldsymbol{a}|=\sqrt{3}$, $|\boldsymbol{b}|=1$, $(\widehat{\boldsymbol{a},\boldsymbol{b}})=\dfrac{\pi}{6}$, 计算:

(1) 向量 $\boldsymbol{a}+\boldsymbol{b}$ 与 $\boldsymbol{a}-\boldsymbol{b}$ 之间的夹角;

(2) 以 $\boldsymbol{a}+2\boldsymbol{b}$ 与 $\boldsymbol{a}-3\boldsymbol{b}$ 为邻边的平行四边形的面积.

6. 设 $(\boldsymbol{a}+3\boldsymbol{b})\perp(7\boldsymbol{a}-5\boldsymbol{b})$, $(\boldsymbol{a}-4\boldsymbol{b})\perp(7\boldsymbol{a}-2\boldsymbol{b})$, 求 $(\widehat{\boldsymbol{a},\boldsymbol{b}})$.

7. 设 $\boldsymbol{c}=|\boldsymbol{a}|\,\boldsymbol{b}+|\boldsymbol{b}|\,\boldsymbol{a}$, 且 $\boldsymbol{a},\boldsymbol{b},\boldsymbol{c}$ 都为非零向量, 证明: 向量 $\boldsymbol{c}$ 平分 $\boldsymbol{a}$ 与 $\boldsymbol{b}$ 的夹角.

8. 设向量 $\boldsymbol{r}$ 与 $\boldsymbol{a}=\boldsymbol{i}-2\boldsymbol{j}-2\boldsymbol{k}$ 共线, 与 $\boldsymbol{j}$ 成锐角, 且 $|\boldsymbol{r}|=15$, 求向量 $\boldsymbol{r}$.

9. 设 $\boldsymbol{a},\boldsymbol{b}$ 为非零向量, 且 $|\boldsymbol{b}|=1,(\widehat{\boldsymbol{a},\boldsymbol{b}})=\dfrac{\pi}{4}$, 求 $\lim\limits_{x\to 0}\dfrac{|\boldsymbol{a}+x\boldsymbol{b}|-|\boldsymbol{a}|}{x}$.

10. 设 $\overrightarrow{OA}=\boldsymbol{a},\overrightarrow{OB}=\boldsymbol{b}$, $\overrightarrow{OC}=\boldsymbol{c}$ 满足 $\boldsymbol{a}+\boldsymbol{b}+\boldsymbol{c}=\boldsymbol{0},|\boldsymbol{a}|=|\boldsymbol{b}|=|\boldsymbol{c}|=1$, 证明: $\triangle ABC$ 是正三角形.

11. 求通过点 $A(3,0,0)$ 和 $B(0,0,1)$ 且与 xOy 面成 $\dfrac{\pi}{3}$ 角的平面方程.

12. 设一平面通过从点 $(1,-1,1)$ 到直线 $\begin{cases} y-z+1=0, \\ x=0 \end{cases}$ 的垂线, 且与平面 $z=0$ 垂直, 求此平面的方程.

13. 证明直线 $\begin{cases} x-y=1, \\ x+z=0 \end{cases}$ 与直线 $\begin{cases} x+y=1, \\ z=-1 \end{cases}$ 相交, 并求出交点的坐标.

14. 求点 $M(4,\ -3,\ 1)$ 在平面 $\pi:\ x+2y-z-3=0$ 上的投影点的坐标.

15. 求过点 $(-1,0,4)$ 且平行于平面 $3x-4y+z-10=0$, 又与直线 $x+1=y-3=\dfrac{z}{2}$ 相交的直线的方程.

16. 设一直线过点 $P_0(2,\ -1,\ 2)$ 且与两条直线

$$L_1:\frac{x-1}{1}=\frac{y-1}{0}=\frac{z-1}{1},\quad L_2:\frac{x-2}{1}=\frac{y-1}{1}=\frac{z+3}{-3}$$

同时相交, 求此直线的方程.

17. 求异面直线 $L_1:\ \dfrac{x}{1}=\dfrac{y}{2}=\dfrac{z}{3}$ 与 $L_2:\ x-1=y+1=z-2$ 的公垂线方程.

18. 已知点 $A(1,0,0)$ 和 $B(0,2,1)$, 试在 z 轴上求一点 C, 使 $\triangle ABC$ 的面积最小.

19. 求直线 $\dfrac{x-b}{0}=\dfrac{y-b}{b}=\dfrac{z-c}{c}(bc\neq 0)$ 绕 z 轴旋转所得旋转面的方程, 它表示什么曲面?

20. 求柱面 $z^2=2x$ 与锥面 $z=\sqrt{x^2+y^2}$ 所围立体在三个坐标面上的投影区域.

21. 画出下列各曲面所围立体的图形:

(1) 抛物柱面 $2y^2=x$、平面 $z=0$ 及 $\dfrac{x}{4}+\dfrac{y}{2}+\dfrac{z}{2}=1$;

(2) 旋转抛物面 $z=x^2+y^2$、柱面 $x=y^2$、平面 $z=0$ 及 $x=1$.

部分习题参考答案或提示

第 1 章　函数的极限与连续

习　题　1.1

1. (1) 否;　(2) 否;　(3) 是.
2. (1) 偶函数;　(2) 非奇非偶;　(3) 奇函数;　(4) 偶函数;　(5) 奇函数;　(6) 非奇非偶.
3. (1) 单调增加;　(2) 非单调函数.
4. (1) 周期为 π;　(2) 周期为 π;　(3) 非周期函数.

6. $g(x)=\begin{cases}\ln x, & x\geqslant 1,\\ \dfrac{1}{x}, & x<0.\end{cases}$

7. $f(x-3)=\begin{cases}1, & 3\leqslant x\leqslant 4,\\ x-3, & 4<x\leqslant 5,\end{cases}$ 定义域为 $[3,\ 5]$.

8. $f(\varphi(x))=\begin{cases}\mathrm{e}^{-1}, & x\geqslant 0,\\ x+2, & -1\leqslant x<0,\\ \mathrm{e}^{x+2}, & x<-1.\end{cases}$

9. 当 $-\dfrac{1}{2}\leqslant a\leqslant 0$ 时, 定义域为 $[-a,\ 1+a]$, 当 $0<a\leqslant\dfrac{1}{2}$ 时, 定义域为 $[a,\ 1-a]$.

10. $f(x)=x(x^2-3)$.

习　题　1.2

1. (1) 0;　(2) 1;　(3) 不存在;　(4) 不存在.
3. 利用不等式 $||a_n|-|a||\leqslant|a_n-a|$, 反例 $a_n=(-1)^n$.
5. 利用数列极限的定义和 1.2 节中的定理 5.

习　题　1.3

2. $\lim\limits_{x\to 0^-}f(x)=1$, $\lim\limits_{x\to 0^+}f(x)=1$, $\lim\limits_{x\to 0}f(x)=1$; $\lim\limits_{x\to 0^-}\varphi(x)=-1$, $\lim\limits_{x\to 0^+}\varphi(x)=1$, $\lim\limits_{x\to 0}\varphi(x)$ 不存在.

3. $\lim\limits_{x\to 0^-}f(x)=1$, $\lim\limits_{x\to 0^+}f(x)=1$, $\lim\limits_{x\to 0}f(x)=1$.

4. -2.　5. 不存在.　6. 参考 1.3 节中的例 11 的证明.

习 题 1.4

1. (1) 3; (2) 3; (3) $\frac{1}{2}$; (4) $2x$; (5) 0; (6) ∞; (7) $\frac{1}{2}$; (8) 1; (9) 1; (10) $\frac{1}{2}$.
2. (1) 2; (2) 2; (3) 1; (4) 1; (5) e; (6) e; (7) 1; (8) 0.
3. 1. 4. $a=1$, $b=2$. 5. 不存在.
6. 利用单调有界收敛必收敛, $\lim\limits_{n\to\infty} x_n = 1$. 7. 利用夹逼定理.
8. 记 $a=\max\{a_1, a_2, \cdots, a_m\}$, 则 $a \leqslant \sqrt[n]{a_1^n + a_2^n + \cdots + a_m^n} \leqslant m^{\frac{1}{n}} a$.
9. 利用单调有界收敛必收敛.

习 题 1.5

1. (1) $\frac{5}{3}$; (2) 4; (3) $-\frac{1}{2}$; (4) $-\frac{1}{2}$;

(5) $\begin{cases} 0, & m>n, \\ 1, & m=n, \\ \infty, & m<m; \end{cases}$ (6) 1; (7) $\frac{\pi^2}{2}$; (8) $\frac{1}{\ln 3}$.

2. 1. 3. $\frac{1}{4}$. 4. $-\frac{3}{2}$. 6. 二阶、一阶.

习 题 1.6

1. (1) 处处连续; (2) $x=0$ 为跳跃间断点.
2. (1) $x=0$ 为第二类间断点;

(2) $x=0$ 为可去间断点, 定义 $f(0)=1$; $x=k\pi$ $(k\neq 0)$ 为第二类间断点;

(3) $x=1$ 为可去间断点, 定义 $f(1)=1$;

(4) $x=0$ 为可去间断点, 定义 $f(0)=\frac{1}{\pi}$; $x=k$ $(k\neq 0)$ 为第二类间断点;

(5) $x=0$ 为可去间断点, 定义 $f(0)=0$;

(6) $x=0$ 为跳跃间断点, $x=1$ 为第二类间断点 (无穷间断点);

(7) $x=0$ 为跳跃间断点;

(8) $x=0$ 为跳跃间断点.

3. $a=1$.
4. (1) $f(x)=\begin{cases} 1, & |x|\leqslant 1, \\ x^2, & |x|>1 \end{cases}$ 处处连续;

(2) $f(x)=\begin{cases} -1, & x\leqslant -1, \\ x, & -1<x<1, \\ 0, & x=1, \\ -1, & x>1, \end{cases}$ $x=-1$ 为连续点, $x=1$ 为跳跃间断点.

6. (1) 2; (2) 0; (3) $\cos a$; (4) $\frac{\pi}{4}$; (5) $\mathrm{e}^{-\frac{1}{2}}$; (6) $\mathrm{e}^{-\frac{1}{2}}$.

习 题 1.7

1. 令 $f(x)=\mathrm{e}^x-x-2$, 在 $[0,\ 2]$ 上利用零点定理.
2. 令 $f(x)=a\sin x+b-x$, 在 $[0,\ a+b]$ 上利用零点定理, 并且讨论 $\sin(a+b)$ 是否为 1.
3. 先证明 $f(x)$ 在 $[\,a,b]$ 上连续性, 再利用零点定理.
4. 在 $[x_1,x_n]$ 上利用介值定理.
5. 根据 $\lim\limits_{x\to\infty}f(x)$ 存在, 证明 $f(x)$ 在 $(-\infty,\ X]$ 和 $[\,X,\ +\infty)$ 内有界.
6. 参考第 5 题的提示.

总 习 题 一

1. (1) (A); (2) (A); (3) (C); (4) (D); (5) (A).
2. (1) $\frac{1}{2}$; (2) 0; (3) -1; (4) $\ln 2$; (5) 3.
3. $\frac{1}{1-x}$. 4. $\frac{1}{2}$. 5. 参考 1.4 节中的例 16 的证明. 6. 参考 1.2 节中的例 6 的证明.
7. (1) $\frac{1}{2}$; (2) e^3; (3) -1; (4) $\ln a$; (5) $\frac{1}{4}$; (6) $-\frac{3}{2}$.
8. $f(x)$ 除 $x=\pm1$ 外处处连续, 是 $x=1$ 连续点, 是 $x=-1$ 跳跃间断点.
9. 利用单调有界数列必收敛, $\lim\limits_{n\to\infty}a_n=\sqrt{a}$.
10. $f(x)=\begin{cases}\sin x, & x<0,\\ 1, & x=0,\\ 2\cos x, & x>0,\end{cases}$ $f(x)$ 除 $x=0$ 外处处连续, $x=0$ 是跳跃间断点.
11. $f(x)$ 在 $x=0$ 处连续当且仅当 $a>0$.
12. 令 $F(x)=f(x)-x$, 则在 $[a,\ b]$ 上连续, 利用零点定理, 讨论端点的值.

第 2 章 一元函数微分学

习 题 2.1

1. $c(t_0)=Q'(t_0)$. 2. (1) $-f'(x_0)$; (2) $3f'(x_0)$; (3) $2f'(x_0)$.
3. 不一定存在. 4. 6. 5. 1.
6. 切线方程 $y=\frac{1}{\mathrm{e}}x$, 法线方程 $y=-\mathrm{e}x+\mathrm{e}^2+1$. 7. $(2,4)$, $\left(-\frac{3}{2},\frac{9}{4}\right)$.
8. (1)—(4) 在 $x=0$ 处连续, 但不可导.
9. $f'(x)=\begin{cases}\cos x, & x\geqslant 0,\\ 1, & x<0.\end{cases}$
10. $\Delta y=0.331$, $\mathrm{d}y=0.3$; $\Delta y=0.0303$, $\mathrm{d}y=0.03$.
11. (1) $\mathrm{d}y=3^x\ln 3\mathrm{d}x$; (2) $\mathrm{d}y=-\frac{4}{5}x^{-\frac{9}{5}}\mathrm{d}x$; (3) $\mathrm{d}y=\frac{1}{x\ln 10}\mathrm{d}x$.
12. (1) $1+x$; (2) $\frac{1}{2}-\frac{\sqrt{3}}{2}\left(x-\frac{\pi}{3}\right)$; (3) $x-1$.

13. (1) 1.025; (2) 0.002. 14. $a=1,\ b=0$.

习 题 2.2

2. (1) $3\cos x+\dfrac{1}{x}-\dfrac{1}{2\sqrt{x}}$; (2) $\cos x-x\sin x+2x$;

(3) $\dfrac{\sin x-1}{(x+\cos x)^2}$; (4) $\dfrac{(3x^2-\csc^2 x)x\ln x-x^3-\cot x}{x\ln^2 x}$;

(5) $\left(\mathrm{e}^x+\dfrac{1}{x\ln 3}\right)\arcsin x+(\mathrm{e}^x+\log_3 x)\dfrac{1}{\sqrt{1-x^2}}$;

(6) $\dfrac{(1+x^2)(1+\cos x)\arctan x-(x+\sin x)}{(1+x^2)\arctan^2 x}$;

(7) $\dfrac{-2x}{\sqrt{\mathrm{e}^{-2x^2}-1}}$; (8) $\arccos\dfrac{1}{x}+\dfrac{1}{x\sqrt{1-x^2}}$; (9) $-\mathrm{e}^{-\arctan\sqrt{x}}\dfrac{1}{2\sqrt{x}(1+x)}$;

(10) $\csc x$; (11) $\dfrac{1}{\sqrt{a^2+x^2}}$; (12) $\dfrac{\sec^2 x}{\ln(\tan x)\tan x}$; (13) $-\sec x$;

(14) $\dfrac{3\sec^3(\ln x)\cdot\tan(\ln x)}{x}$; (15) $\dfrac{1}{1+x^2}$; (16) $x^x(\ln x+1)$.

3. (1) $3x^2\cos x^3\mathrm{d}x$; (2) $(2x^2-x+1)(8x-2)\mathrm{d}x$;

(3) $(2\mathrm{e}^{2x}\sin 3x+3\mathrm{e}^{2x}\cos 3x)\mathrm{d}x$; (4) $\dfrac{1}{2}\left(\dfrac{1}{x+1}+\dfrac{2x}{x^2+3}-\dfrac{1}{x+2}\right)\mathrm{d}x$;

(5) $\dfrac{\sin 2x}{\sqrt{1-\cos^4 x}}\mathrm{d}x$; (6) $x2^{x^2+1}\ln 2\mathrm{d}x$; (7) $-\dfrac{(x+1)}{x-x^2\ln x}\mathrm{d}x$;

(8) $\dfrac{1-x^2}{(1+x^2)\sqrt{x^4+x^2+1}}\mathrm{d}x$;

(9) $-\dfrac{1}{x^2}\mathrm{e}^{\tan\frac{1}{x}}\left(\tan\dfrac{1}{x}\sec\dfrac{1}{x}+\cos\dfrac{1}{x}\right)\mathrm{d}x$; (10) $\cosh(\sin^2 x)\sin 2x\mathrm{d}x$;

(11) $(\ln x)^{\tan 2x}\left(2\sec^2 2x\ln\ln x+\dfrac{\tan 2x}{x\ln x}\right)\mathrm{d}x$.

4. (1) $1-\dfrac{8}{\pi^2}\csc^2\dfrac{4}{\pi}$; (2) $-2\mathrm{e}^{-1}$.

5. (1) $-\dfrac{1}{3}\mathrm{e}^{-3x}+C$; (2) $\dfrac{4}{3}x^{\frac{3}{4}}+C$; (3) $\dfrac{1}{\omega}\sin\omega x+C$; (4) $\dfrac{1}{2}\tan x+C$;

(5) $\dfrac{1}{2}\ln(2x-1)+C$; (6) $\mathrm{e}^{\sqrt{x}}+C$.

6. (1) $\dfrac{f'(x)}{1+[f(x)]^2}$; (2) $\sin 2x[f'(\sin^2 x)-f'(\cos^2 x)]$;

(3) $-\dfrac{1}{x\ln^2 x}f'\left(\dfrac{1}{\ln x}\right)$; (4) $-\dfrac{f'(x)}{f^2(x)}f'\left(\dfrac{1}{f(x)}\right)$.

7. $(\mathrm{e}^2,4)$ 或 $(1,0)$. 8. 切点 $(1,1)$, 公切线 $y=x$.

习 题 2.3

1. (1) $6x+4$; (2) $12x^2\ln x+7x^2$; (3) $\dfrac{1-x^2}{(1+x^2)^2}$;

(4) $\dfrac{3x^2+8x+8}{4(1+x)^{\frac{5}{2}}}$; (5) $\dfrac{x^2-4x+2}{\mathrm{e}^x}$; (6) $\dfrac{x}{\sqrt{x^2-a^2}}$.

2. $f''(x)=\begin{cases}-\sin x, & x\geqslant 0,\\ 0, & x<0.\end{cases}$

3. (1) $-\mathrm{e}^{-3x}f'''(\mathrm{e}^{-x})-3\mathrm{e}^{-2x}f''(\mathrm{e}^{-x})-\mathrm{e}^{-x}f'(\mathrm{e}^{-x})$; (2) $\dfrac{f''(\ln x)-f'(\ln x)}{x^2}$;

(3) $\dfrac{f''(\arctan x)-2xf'(\arctan x)}{(1+x^2)^2}$; (4) $\dfrac{f''(x)\cdot f(x)-[f'(x)]^2}{[f(x)]^2}$.

4. (1) $2^{2n-1}\sin\left(4x+\dfrac{n-1}{2}\pi\right)$; (2) $(-1)^n n!\left[\dfrac{1}{(x-3)^{n+1}}-\dfrac{1}{(x-2)^{n+1}}\right]$;

(3) $(x\ln x)^n=\begin{cases}\ln x+1, & n=1,\\ \dfrac{(-1)^{n-2}(n-2)!}{x^{n-1}}, & n\geqslant 2;\end{cases}$ (4) $\dfrac{(-1)^{n-1}(n-1)!}{(x+2)^n}+\dfrac{(-1)^{n-1}(n-1)!}{(x-1)^n}$.

5. (1) $\mathrm{e}^x\sum\limits_{k=0}^{n}\mathrm{C}_n^k\dfrac{(-1)^k k!}{x^{k+1}}$; (2) $2^x\left[\ln^n 2\cdot\ln x+\sum\limits_{k=1}^{n}\mathrm{C}_n^k\ln^{n-k}2\cdot\dfrac{(-1)^{k-1}(k-1)!}{x^k}\right]$.

6. (1) $2^{80}[x(x^2-4740)\cos 2x+(120x^2-61620)\sin 2x]$;

(2) $(2x^2+19405)\cosh x+396x\sinh x$.

习 题 2.4

1. (1) $\dfrac{\mathrm{e}^y-y}{x(1-\mathrm{e}^y)}$; (2) $-\dfrac{y}{(1+x)\sqrt{1-x^2}}$; (3) $-\left(\dfrac{y}{x}\right)^{\frac{1}{3}}$; (4) $\dfrac{\sqrt{1-y^2}}{1+\sqrt{1-y^2}}$.

2. (1) $\dfrac{2xy+y\mathrm{e}^y(2-y)}{(x+\mathrm{e}^y)^3}$; (2) $\dfrac{2(x^2+y^2)}{(x-y)^3}$.

3. (1) $\dfrac{\cos t-t\sin t}{1-\sin t-t\cos t}$; (2) $-\dfrac{b}{a}\mathrm{e}^{2t}$; (3) $-\dfrac{\sqrt{1+t}}{\sqrt{1-t}}$; (4) $-\dfrac{b}{a}\tan t$.

4. (1) $\dfrac{t^2+2}{a(t\sin t-\cos t)^3}$; (2) $-\dfrac{t}{(1+t^2)^{\frac{3}{2}}}$.

5. 切线方程 $2\mathrm{e}x-y+2\mathrm{e}=0$, 法线方程 $x+2\mathrm{e}y+1=0$.

6. (1) $(x^3+\sin x)^{\frac{1}{x}}\left[-\dfrac{\ln(x^3+\sin x)}{x^2}+\dfrac{3x^2+\cos x}{x(x^3+\sin x)}\right]$;

(2) $(\ln x)^{\tan 2x}\left(2\sec^2 2x\ln\ln x+\dfrac{\tan 2x}{x\ln x}\right)$;

(3) $\dfrac{(x+1)^2\sqrt[3]{x^2+1}}{(x^2+2)\sqrt{x}}\left[\dfrac{2}{x+1}+\dfrac{2x}{3(x^2+1)}-\dfrac{2x}{x^2+2}-\dfrac{1}{2x}\right]$;

(4) $\dfrac{1}{2}\sqrt{x\sin x\sqrt[3]{1+\cos x}}\left[\dfrac{1}{x}+\cot x-\dfrac{\sin x}{3(1+\cos x)}\right]$.

7. $216\pi\mathrm{m}^2/\mathrm{s}$. 8. $0.204\mathrm{m}/\min$. 9. $750\mathrm{km/h}$.

习 题 2.5

2. 3 个实根, 分别位于 $(1,2)$, $(2,3)$, $(3,4)$ 区间内. 3. 提示: 作辅助函数 $F(x)=x^3f(x)$.

4. 提示: 作辅助函数 $F(x)=f(x)\mathrm{e}^{g(x)}$. 5. 满足, $\xi_1=-\dfrac{1}{2}$, $\xi_2=\dfrac{1}{2}$.

8. $f'(x)=\begin{cases}\cos x+2\mathrm{e}^x, & x\leqslant 0,\\ \dfrac{9}{1+x^2}-6(x-1)^2, & x>0.\end{cases}$

9. 提示: 分别在 $(0,c)$, $(c,1)$ 上使用拉格朗日中值定理.

10. $P(x)=-12+17(x+1)-11(x+1)^2+3(x+1)^3$.

11. (1) $\ln x=1+\dfrac{1}{\mathrm{e}}(x-\mathrm{e})-\dfrac{1}{2\mathrm{e}^2}(x-\mathrm{e})^2+\dfrac{1}{3\mathrm{e}^3}(x-\mathrm{e})^3+o[(x-\mathrm{e})^3]$;

(2) $\sqrt{x}=\sqrt{2}+\dfrac{1}{2\sqrt{2}}(x-2)-\dfrac{1}{16\sqrt{2}}(x-2)^2+\dfrac{1}{64\sqrt{2}}(x-2)^3+o[(x-2)^3]$.

12. (1) $\cos x=1-\dfrac{1}{2!}x^2+\dfrac{1}{4!}x^4-\cdots+\dfrac{(-1)^m}{(2m)!}x^{2m}+\dfrac{\cos[\theta x+(m+1)\pi]}{(2m+2)!}x^{2m+2}(0<\theta<1,$ $m=0,1,2,\cdots)$;

(2) $x\mathrm{e}^x=x+x^2+\dfrac{x^3}{2!}+\cdots+\dfrac{x^n}{(n-1)!}+\dfrac{(n+1+\theta x)\mathrm{e}^{\theta x}x^{n+1}}{(n+1)!}(0<\theta<1)$;

(3) $\dfrac{1}{1+x}=1-x+x^2-\cdots+(-1)^nx^n+\dfrac{(-1)^{n+1}x^{n+1}}{(1+\theta x)^{n+2}}(0<\theta<1)$;

(4) $\dfrac{1-x}{1+x}=1-2x+2x^2-\cdots+(-1)^n2x^n+\dfrac{(-1)^{n+1}2x^{n+1}}{(1+\theta x)^{n+2}}(0<\theta<1)$.

13. (1) 2; (2) $\dfrac{1}{3}$. 14. 0. 15. $\sqrt[3]{30}\approx 3.10724$, $|R_3|<1.88\times 10^{-5}$.

习 题 2.6

1. (1) 2; (2) 6; (3) 0; (4) $\dfrac{2}{3}$; (5) $-\dfrac{1}{3}$; (6) $\dfrac{1}{2}$; (7) $\dfrac{1}{3}$; (8) $\dfrac{1}{2}$; (9) 1; (10) 1;

(11) $\mathrm{e}^{\frac{1}{6}}$; (12) $\mathrm{e}^{-\frac{2}{\pi}}$; (13) $-\dfrac{\mathrm{e}}{2}$; (14) $\mathrm{e}^{-\frac{1}{2}}$.

3. $a=\dfrac{1}{2}$, $b=1$. 4. 在 $x=0$ 处连续. 5. 5.

习 题 2.7

1. (1) 在 $(-\infty,-1]$ 及 $\left[\dfrac{1}{2},1\right]$ 内单调减少, 在 $\left[-1,\dfrac{1}{2}\right]$ 及 $[1,+\infty]$ 上单调增加;

(2) 在 $[-1,1]$ 上单调增加, 在 $(-\infty,-1]$ 及 $[1,+\infty)$ 内单调减少;

(3) 在 $(-\infty,+\infty)$ 内单调增加;

(4) 在 $[0,n]$ 上单调增加, 在 $[n,+\infty)$ 内单调减少.

2. 在 $[0,+\infty)$ 上单调增加, 在 $(-1,0]$ 内单调减少.

3. (1) 极大值 $y(0)=\dfrac{4}{3}$, 极小值 $y\left(\dfrac{2}{3}\right)=0$; (2) 极小值 $y(-1)=-1$;

(3) 极小值 $y(\mathrm{e}^{-2})=-2\mathrm{e}^{-1}$;

(4) 极小值 $y\left(2k\pi-\dfrac{\pi}{4}\right)=\dfrac{1}{\sqrt{2}}\mathrm{e}^{2k\pi-\frac{\pi}{4}}$,

极大值 $y\left((2k+1)\pi-\dfrac{\pi}{4}\right)=-\dfrac{1}{\sqrt{2}}\mathrm{e}^{(2k+1)\pi-\frac{\pi}{4}}(k=0,\pm1,\pm2,\cdots)$.

4. 极大值 $y(0)=1$.

5. (1) 上凸区间: $[1,+\infty)$, 下凸区间: $(-\infty,1]$, 拐点: $(1,2)$;

(2) 下凸区间: $(-\infty,+\infty)$, 没有拐点;

(3) 上凸区间: $(-\infty,2)$, 下凸区间: $(2,+\infty)$, 拐点: $(2,2\mathrm{e}^{-2})$;

(4) 上凸区间: $(-\infty,-1],[1,+\infty)$, 下凸区间: $[-1,1]$, 拐点: $(-1,\ln 2),(1,\ln 2)$.

8. (1) 最大值 $y\left(\dfrac{3}{2}\right)=5-\dfrac{\sqrt{55}}{2}$, 最小值 $y(4)=5-2\sqrt{5}$;

(2) 最大值 $y(-5)=\mathrm{e}^{8}$, 最小值 $y(3)=1$.

9. $a=1$, $b=-3$, $c=-24$, $d=16$.

10. (1) 水平渐近线 $y=0$;　(2) 铅直渐近线 $x=0$, 斜渐近线 $y=x+3$.

12. $(0,4)$.　13. $(\sqrt{3},6)$　14. 1:1.　15. $\varphi=\dfrac{2\sqrt{6}}{3}\pi$.　16. $\angle DBC=x=\arcsin\dfrac{v_1}{v}$.

17. (1) $K=\dfrac{\sqrt{2}}{2}$, $R=\sqrt{2}$;　(2) $K=\dfrac{2}{\pi a}$, $K=\dfrac{\pi a}{2}$.

18. 在 $\left(\dfrac{\sqrt{2}}{2},-\dfrac{1}{2}\ln 2\right)$ 处曲率最大.

习　题　2.8

1. 80.

2. (1) 5, $10-0.02x$, $5-0.02x$;　(2) 250.

3. $e_{yx}=-0.54$; 价格上升 (下降) 1%, 则需求减少 (增加) 0.54%, 所以总收益减少 (增加).

总 习 题 二

1. (1) A;　(2) A;　(3) C;　(4) D;　(5) B.

2. (1) $\rightleftarrows$, $\rightarrow$, $\rightarrow$;　(2) 2018!;　(3) $\dfrac{1}{2}$;　(4) 1;　(5) $-20!$.

3. $a=b=-1$.

4. (1) $\mathrm{d}y=\left(\dfrac{a}{b}\right)^{x}\cdot\left(\dfrac{b}{x}\right)^{a}\cdot\left(\dfrac{x}{a}\right)^{b}\left(\ln\dfrac{a}{b}-\dfrac{a}{x}+\dfrac{b}{x}\right)\mathrm{d}x$;　(2) $\mathrm{d}y=y\left(\dfrac{1}{x}+\dfrac{a}{a^2-x^2}\right)\mathrm{d}x$.

5. (1) $\dfrac{2}{\sqrt{x^2+a^2}}\tan[\ln(x+\sqrt{x^2+a^2})]\sec^2[\ln(x+\sqrt{x^2+a^2})]$;

(2) $(\sin x)^{\cos x}+x(\sin x)^{\cos x}\left(-\sin x\ln\sin x+\dfrac{\cos^2 x}{\sin x}\right)$;

(3) $(-\mathrm{e}^{-x}-\sin x)f'(\mathrm{e}^{-x}+\cos x)$;　(4) $x^{\sin^2\frac{1}{x}}\left[-\dfrac{\sin\dfrac{2}{x}\ln x}{x^2}+\dfrac{1}{x}\sin^2\dfrac{1}{x}\right]$.

6. $\dfrac{dy}{dx}=2(1+t),\ \dfrac{d^2y}{dx^2}=\dfrac{2(1+t)}{t}$. 7. $\dfrac{dy}{dx}=\dfrac{2(te^{xt}-2x)}{2t-xe^{xt}}$.

8. $\dfrac{(-1)^n2^nn!}{(2x-1)^{n+1}}+\dfrac{2(-1)^nn!}{(x+1)^{n+1}}$.

9. (1) e^2; (2) -6; (3) $\dfrac{1}{3}$; (4) $e^{-\frac{1}{3}}$.

10. 提示: 应用介值定理与罗尔定理.

11. 提示: 应用介质定理与罗尔定理.

12. 提示: 以最小值点为分界点, 对 $f'(x)$ 分别应用拉格朗日中值定理.

13. $k=\pm\dfrac{\sqrt{2}}{4}$.

14. 不是极值点；是拐点.

15. 最大值 $f(4)=4$, 最小值 $f(0)=f(2)=0$.

16. 点 $(1,2)$ 和点 $(-1,-2)$.

第 3 章　一元函数积分学

习　题　3.1

1. (1) $\dfrac{\pi}{4}a^2$; (2) 0; (3) 2. 2. (1) $\dfrac{1}{2}$; (2) $\ln(1+\sqrt{2})$; (3) $\dfrac{2}{\pi}$.

3. (1) $>$; (2) $<$. 4. 证略. 5. (1) 0; (2) 0.

习　题　3.2

1. (1) 否; (2) 否; (3) 是. 2. $\displaystyle\int f(x)dx$. 3. $\dfrac{2^x}{(\ln 2)^2}+C$.

4. $\dfrac{x}{3}$. 5. $\dfrac{\sin x}{x},\dfrac{2}{\pi}$. 6. (1) $-\dfrac{2}{3}$; (2) 1.

7. 0. 8. 证略. 9. (1) $\dfrac{15}{4}$; (2) 10. 10. 2.

习　题　3.3

1. (1) $2e^3x+C$; (2) $x+\ln x-\cos x+C$; (3) $\dfrac{2}{9}x^{3/2}(x^3-3)+C$;

(4) $\dfrac{1}{2x^2}+x-\dfrac{3}{x}-3\ln x+C$; (5) $\dfrac{6}{11}x\sqrt{x\sqrt{x^{4/3}}}+C$; (6) $\dfrac{x^4}{4}+\dfrac{3^x}{\ln 3}+C$;

(7) $e^{x+3}+C$; (8) $x+e^x+\dfrac{(2e)^x}{1+\ln 2}+C$; (9) e^x-x+C; (10) $2x-5\dfrac{\left(\dfrac{2}{3}\right)^x}{\ln 2-\ln 3}+C$;

(11) $e^x+2\sin x+C$; (12) $\dfrac{3}{5}\tan x+C$; (13) $-2\cot(2x)+C$; (14) $\dfrac{1}{2}\tan x+C$;

(15) $-x-\cot x+C$; (16) $\dfrac{1}{2}(x-\sin x)+C$; (17) $\tan\dfrac{x}{2}+C$; (18) $\dfrac{2x^{3/2}}{3}-x+C$.

2. $-e^{-\frac{1}{3}x}+\sec^2x+C$. 3. $y=\ln x+1$. 4. (1) 1250; (2) $\sqrt[4]{250}$.

5. $-\dfrac{\cos x^2}{\mathrm{e}^{-y^2}}, -1$. 6. $\displaystyle\int_0^{x-a} f(t)\mathrm{d}t + af(x-a)$. 7. 1.

8. (1) $4\sqrt{3}-\dfrac{10\sqrt{2}}{3}$; (2) $\dfrac{1}{2}(\pi-2)$; (3) 2; (4) $\dfrac{\pi}{3}$; (5) $\dfrac{2}{3}+\log 4$.

9. $F(x)=\begin{cases} \dfrac{\cos 2-\cos x}{2}, & 0\leqslant x\leqslant \pi, \\ 0, & x<0, x>\pi. \end{cases}$ 10. 证略.

习 题 3.4

1. (1) $\dfrac{1}{3}$; (2) -1; (3) $\dfrac{1}{2}$; (4) $\dfrac{1}{3}$; (5) $\dfrac{1}{3}$; (6) $\dfrac{1}{3}$; (7) $\mathrm{e}^{\mathrm{e}^x}$; (8) 2; (9) -1.

2. (1) $-\dfrac{1}{4x+2}+C$; (2) $-\dfrac{5}{18}(1-3x)^{6/5}+C$; (3) $-\dfrac{1}{8}(1-2x)^4+C$; (4) $\dfrac{1}{3}\mathrm{e}^{3x}+C$;

(5) $\dfrac{1}{3}(x^2+1)^{3/2}+C$; (6) $-\dfrac{1}{4(x^4+3)}+C$; (7) $\dfrac{1}{2}\mathrm{e}^{(x-2)x}+C$; (8) $\arctan(\mathrm{e}^x)+C$;

(9) $-\dfrac{1}{2}(\ln x)^{-2}+C$; (10) $\ln(\ln(\ln x))+C$; (11) $-\dfrac{1}{2}\cos(2\mathrm{e}^x)+C$; (12) $\mathrm{e}^{x+\frac{1}{x}}+C$;

(13) $-2\cos(\sqrt{x})+C$; (14) $\dfrac{1}{2}\cos\left(\dfrac{2}{x}\right)+C$; (15) $\dfrac{2}{9}(1+(1+x)^3)^{3/2}+C$;

(16) $\dfrac{1}{24}(\ln(3-2x)+5\ln(3+2x))+C$; (17) $\dfrac{1}{2}\ln(x^2+2x+5)+C$; (18) $\dfrac{1}{\cos x}+C$;

(19) $\arctan(\sin x)+C$; (20) $\sin^3 x\cos x+C$; (21) $\sin x\cos^3 x+C$; (22) $\dfrac{\tan^6 x}{6}+C$;

(23) $\dfrac{1}{15}\sec^3 x(3\sec^2 x-5)+C$; (24) $-\dfrac{1}{840}\cos^3 x(-108\cos(2x)+15\cos(4x)+157)+C$;

(25) $\dfrac{1}{2}\left(a^2\arctan\left(\dfrac{x}{\sqrt{a^2-x^2}}\right)-x\sqrt{a^2-x^2}\right)+C$; (26) $-\dfrac{1}{2}\arctan\left(\dfrac{2}{\sqrt{x^2-4}}\right)+C$;

(27) $\dfrac{1}{4}\left(\ln\left(1-2x^2\right)+2\mathrm{artanh}\left(\dfrac{x}{\sqrt{1-x^2}}\right)+2\arcsin x\right)+C$; (28) $2\arctan\left(\sqrt{x+1}\right)+C$;

(29) $-\dfrac{15x^4-5x^2+3}{15x^5}-\arctan x+C$; (30) $2\sqrt{x}-4\sqrt[4]{x}+4\ln\left(\sqrt[4]{x}+1\right)+C$.

3. (1) $\dfrac{2}{3}$; (2) $\dfrac{1}{12}\left(\pi-6\arctan\left(\dfrac{2}{\sqrt{5}}\right)\right)$; (3) -1; (4) $\dfrac{1}{\pi}$; (5) $\mathrm{e}-\sqrt{\mathrm{e}}$; (6) $2\left(\sqrt{3}-1\right)$;

(7) $\dfrac{1}{6}(38+\ln 8)$; (8) $\dfrac{4+\pi}{2}$; (9) $\dfrac{\pi^2}{4}$; (10) $\dfrac{1}{4}\ln\left(\dfrac{32}{17}\right)$; (11) $\ln(27)$; (12) $\dfrac{1}{6}$;

(13) $-\dfrac{4}{3}$; (14) $\sqrt{2}-\dfrac{2}{\sqrt{3}}$; (15) $\dfrac{94}{135}$; (16) $\dfrac{1}{2}$; (17) 3; (18) $\dfrac{1}{858}$; (19) $\dfrac{2}{3}$;

(20) 0.

4. $\tan\dfrac{1}{2}+\dfrac{1}{2}-\dfrac{1}{2\mathrm{e}^4}$. 5—8. 证略.

习 题 3.5

1. (1) $3\mathrm{e}^{\sqrt[3]{x}}\left(x^{2/3}-2\sqrt[3]{x}+2\right)+C$; (2) $x\arctan x-\dfrac{1}{2}\ln\left(x^2+1\right)+C$;

(3) $2\sqrt{x}(\ln x-2)+C$;　(4) $\frac{1}{4}\left(2\left(x^2-1\right)\ln(x+1)-(x-2)x\right)+C$;

(5) $\ln x(\ln(\ln x)-1)+C$;　(6) $-\mathrm{e}^{-x}\left(x^2+x+2\right)+C$;　(7) $-\frac{1}{4}\mathrm{e}^{-2x}(2x+1)+C$;

(8) $-\frac{x^2}{2}+x\tan x+\ln(\cos x)+C$;　(9) $2x\sin\left(\frac{x}{2}\right)+4\cos\left(\frac{x}{2}\right)+C$;

(10) $\frac{1}{8}(\sin(2x)-2x\cos(2x))+C$;　(11) $-\frac{1}{10}\mathrm{e}^x(2\sin(2x)+\cos(2x)-5)+C$;

(12) $-\frac{1}{2}x(\cos(\ln x)-\sin(\ln x))+C$.

2. $\cos x-2\frac{\sin x}{x}+C$.　3. $I_n=\frac{x}{2(n-1)a^2(x^2+a^2)^{n-1}}+\frac{2n-3}{2(n-1)a^2}I_{n-1}$.

4. (1) $\frac{1}{12}\left(6\left(\sqrt{3}-2\right)+\pi\right)$;　(2) $\ln 256-4$;　(3) $\ln 2-\frac{3}{8}$;　(4) $\frac{1}{2}(1-\ln 2)$;

(5) $\frac{\ln 2}{3}$;　(6) $\frac{\pi}{2}$;　(7) $\frac{2}{3}$;　(8) $\frac{3\pi}{32}$;　(9) $\frac{\pi}{48}\left(6+\pi^2\right)$;

(10) $\frac{1}{36}\left(\left(9-4\sqrt{3}\right)\pi+18\ln\frac{3}{2}\right)$;　(11) $2-\frac{2}{\mathrm{e}}$;　(12) $1-\frac{\pi}{2\sqrt{3}}$.

5. 证略. $\frac{1}{240}\cos^6 x(-18\cos(2a)+3\cos(4a)+19)$.　6. 证略.

习　题　3.6

1. (1) $\frac{x^3}{3}+\frac{x^2}{2}+x+\ln(x-1)+C$;　(2) $\frac{1}{2}\ln\left(1-x^2\right)-\ln x+C$;

(3) $\frac{1}{4}(\ln(1-x)-\ln(1+x)-2\arctan x)+C$;

(4) $\frac{1}{2}\left(\frac{2}{x+1}+\ln(x-1)+\ln(x+1)\right)+C$;

(5) $\frac{1}{4}\left(\frac{2}{x+1}+3\ln(x+1)-3\ln(x+3)\right)+C$;　(6) $\frac{\ln x}{6}-\frac{1}{36}\ln\left(x^6+6\right)+C$;

(7) $\frac{x^3}{3}+\frac{x^2}{2}-4\ln\left(1-x^2\right)+x+\ln(1-x)+8\ln x+C$;　(8) $\frac{5}{7}\ln(2-x)+\frac{9}{7}\ln(x+5)+C$.

2. (1) $\frac{2\sin\left(\frac{x}{2}\right)}{\sin\left(\frac{x}{2}\right)+\cos\left(\frac{x}{2}\right)}+C$;　(2) $-\frac{1}{4}\ln(4\cos x+5)+C$;

(3) $\frac{1}{12}(9\sin x+\sin 3x)\sec^3 x+C$;

(4) $\frac{1}{4}\left(-\sec^2\left(\frac{x}{2}\right)+2\ln\left(\sin\left(\frac{x}{2}\right)\right)-2\ln\left(\cos\left(\frac{x}{2}\right)\right)\right)+C$;

(5) $\frac{\arctan\left(\frac{2\tan x}{\sqrt{3}}\right)}{2\sqrt{3}}+C$;　(6) $\frac{1}{2}(\ln(\cos 2x+2)-2\ln(\cos x))+C$;

(7) $\ln\left(\sin\left(\frac{x}{2}\right)+\cos\left(\frac{x}{2}\right)\right)-\ln\left(\cos\left(\frac{x}{2}\right)\right)+C$;

(8) $\frac{1}{2}(x-\ln(\sin x+\cos x))+C$.

习　题　3.7

1. (1) $\frac{9}{2}$;　(2) πab;　(3) $b-a$;　(4) $\frac{8}{3}$.

2. $3\pi a^2$.　3. $\frac{5}{4}\pi$.　4. $\frac{8}{3}a^2$.　5. a^2.　6. $\frac{\pi}{3}hr^2$.

7. $5\pi^2a^3, 6\pi^3a^3$.　8. 64π.　9. $2\pi^2a^2b$.　10. $\frac{4}{3}\sqrt{3}R^3$.

11. (1) $2\sqrt{3}-\frac{4}{3}$;　(2) $\ln(2+\sqrt{3})$;　(3) $\frac{1}{4}(e^2+1)$;　(4) $2a\operatorname{sh}1$.

12. $8a$.　13. $4+\frac{1}{2}\ln\frac{3}{2}$.　14. 6.　15. $\frac{\sqrt{1+a^2}}{a}(e^{a\varphi}-1)$.

16. $2\pi\sqrt{1+4\pi^2}+\ln(2\pi+\sqrt{1+4\pi^2})$.

17. $\sqrt{5}-2$.　18. $\frac{10}{4}\pi r^4$.　19. $\frac{4}{3}\pi r^4 g$.　20. 3.593×10^6N.　21. $abhr+\frac{1}{2}ab^2r\sin\alpha$.

22. $\frac{km\rho l}{a(a+l)}$.

习　题　3.8

1. (1) $\frac{\pi}{2}$;　(2) 发散;　(3) $\frac{\pi}{2}$;　(4) $\frac{1}{a}$;　(5) $\frac{\pi}{4}+\frac{1}{2}\ln 2$;

(6) $\frac{1}{2}\ln 2$;　(7) π;　(8) 1;　(9) 2;　(10) 发散;　(11) $\frac{\pi}{3}$;　(12) 发散.

2. 当 $k>1$ 时收敛于 $\frac{1}{(k-1)(\ln 2)^{k-1}}$; 当 $k\leqslant 1$ 时发散; 当 $k=1-\frac{1}{\ln\ln 2}$ 时取最小值.

3. 证略.

总习题三

1. (1) $2x\ln x-2x+C$;　(2) $\cos x-\frac{2\sin x}{x}+C$;　(3) $\frac{x}{f(x)}+C$;

(4) $\tan t$;　(5) $x\ln(x+\sqrt{1+x^2})-\sqrt{1+x^2}+C$;　(6) $\frac{1}{4}e^{2x^2}+C$;

(7) $\frac{a^2}{2}\operatorname{arsh}\frac{x}{a}+\frac{x\sqrt{x^2+a^2}}{2}+C$;　(8) $\csc x, \csc^2 x\,dx$;

(9) $2\sin x\,[f''(\sin x)+f'(\sin x)]-2\,[f'(\sin x)+f(\sin x)]+C$;　(10) 充分;

(11) $\frac{\pi}{9}, \frac{2\pi}{3}$;　(12) 0;　(13) $\frac{2\pi}{3}$;　(14) $\frac{\pi}{4}$;　(15) $2e^2$;

(16) $-\sin x$;　(17) $\frac{1}{2}+xe^{x^2}$;　(18) π;　(19) $\ln 2$;　(20) $\frac{5}{2}$.

2. (1) $2e^{\sin x}\sin x-2e^{\sin x}+C$;　(2) $\begin{cases}\frac{1}{3}x^3+\frac{2}{3}+C, & x>1,\\ x+C, & -1\leqslant x\leqslant 1,\\ \frac{1}{3}x^3-\frac{2}{3}+C, & x<-1;\end{cases}$

(3) $\frac{1}{2}\frac{1+x}{\sqrt{1+x^2}}e^{\arctan x}+C$; (4) $\frac{3}{8}x+\frac{1}{4}\sin 2x+\frac{1}{32}\sin 4x+C$;

(5) $-\arcsin\frac{1+x}{\sqrt{2}x}+C$; (6) $x\arctan\sqrt{\sqrt{x}-1}-\int\frac{x}{1+\sqrt{x}-1}d\sqrt{\sqrt{x}-1}$;

(7) $-\frac{\sqrt{1-x^2}}{x}\arcsin x+\ln|x|+C$;

(8) $(x^n-nx^{n-1}+n(n-1)x^{n-2}-\cdots+(-1)^n n!)e^x+C$;

(9) $2\sqrt{2}$; (10) $\frac{20}{3}$; (11) $\frac{1}{10}$; (12) $\frac{\pi}{4}$; (13) $\frac{16\pi}{3}-2\sqrt{3}$; (14) $\frac{\pi}{6}$;

(15) $-\frac{1}{216}$; (16) $4\sqrt{2}$.

3. $\begin{cases}\operatorname{ch}(x-1)+C, & x\leqslant 1,\\ \frac{x^2}{2}\ln x-\frac{x^2}{4}+\frac{5}{4}+C, & x>1.\end{cases}$ 4. $I_n=x\ln^n x-nI_{n-1}$.

5. $f(x)=\begin{cases}x+C, & x\leqslant 0,\\ e^x+C & x>0.\end{cases}$

6. $t=1$ 最大为 $\frac{2}{3}$, $t=\frac{1}{2}$ 最小为 $\frac{1}{4}$. 7. $\frac{\pi}{4}$. 8. $\frac{1}{2n}$. 9. $\frac{\pi^2}{4}$. 10—15. 证略.

16. $\frac{9}{4}$. 17. $\frac{5}{4}\pi a^2-2a^2$. 18. $y=\frac{3}{2}\sqrt{2x}$. 19. $\frac{32}{105}\pi a^3$. 20. $\frac{2}{3}\pi+\frac{\sqrt{3}}{2}$.

21. $\frac{25}{7}kc^{\frac{2}{3}}a^{\frac{7}{3}}$(其中 k 为比例常数). 22. 18375π(千焦) $=57697.5$(千焦)($\pi=3.14$).

23. $\frac{1}{6}a^2b\gamma$. 24. $\frac{2km\rho\&l}{a\sqrt{4a^2+l^2}}$.

第 4 章 微分方程

习 题 4.1

1. (1) 1 阶; (2) 1 阶; (3) 2 阶; (4) 3 阶.
2. (1) $y=2x^2$; (2) $y=xe^{-x}$.
3. (1) $y'=x^2$; (2) $2yy'+x=0$;
   (3) $x^2(1+y'^2)=4,\ y|_{x=2}=0$; (4) $2xy'-y=0,\ y|_{x=3}=1$.

习 题 4.2

1. (1) $y=\ln\frac{e^{2x}+C}{2}$; (2) $y=\sin\left(\frac{x^2}{2}+C\right)$;
   (3) $1+y^2=C(x^2-1)$; (4) $y=e^{C\tan\frac{x}{2}}$; (5) $\sin x\sin y=C$;
   (6) $y=C(a+x)(1-ay)$; (7) $(e^x+1)(e^y-1)=C$; (8) $(1+x^2)\tan y=C$.
2. (1) $y^2=2x^2\ln(Cx)$; (2) $y=xe^{Cx+1}$; (3) $\ln|x|+e^{-\frac{y}{x}}=C$;
   (4) $y^2=x^2\ln(Cx^2)$; (5) $y+\sqrt{x^2+y^2}=Cx^2$; (6) $x+ye^{\frac{x}{y}}=C$.
3. (1) $(1+e^x)\sec y=2\sqrt{2}$; (2) $2(x^3-y^3)+3(x^2-y^2)+5=0$;
   (3) $x^3-2y^3=x$; (4) $x^2+y^2-2y=0$.

4. $x^2 = 1 - 2y$.

5. $x^2 + y^2 = Cy$.

6. $v = \frac{mg}{k}(\mathrm{e}^{-\frac{k}{m}t} - 1) + v_0\mathrm{e}^{-\frac{k}{m}t}$.

7. $v = \left(v_0 - \frac{mg}{k}\right)\mathrm{e}^{-\frac{k}{m}t} + \frac{mg}{k}$.

8. (1) $(4y - x - 3)(y + 2x - 3)^2 = C$; (2) $x + 2y + 3\ln|x + y - 2| = C$;
(3) $2x^2 + 2xy + y^2 - 8x - 2y = C$.

习 题 4.3

1. (1) $y = \ln\frac{\mathrm{e}^{2x} + C}{2}$; (2) $y = \mathrm{e}^{C\tan\frac{x}{2}}$; (3) $3x^4 + 4(y+1)^3 = C$;
(4) $\sin x\sin y = C$; (5) $y = x + \frac{-x + C}{\ln x}$; (6) $x = Cy^3 + \frac{1}{2}y^2$;
(7) $2x\ln y = \ln^2 y + C$; (8) $xy = -\cos x + C$.

2. (1) $y = \frac{\sqrt{x} - x^3}{5}$; (2) $y = \mathrm{e}^{-\tan x} + \tan x - 1$; (3) $y = (x^2 + 2)\mathrm{e}^{-x^2}$;
(4) $y = \ln^2 x + \ln x - 1$; (5) $xy = \pi - 1 - \cos x$; (6) $x = y^2$.

3. (1) $\left(1 + \frac{3}{y}\right)\mathrm{e}^{\frac{3}{2}x^2} = C$; (2) $\frac{1}{y} = -\sin x + C\mathrm{e}^x$; (3) $x^{-3} = -1 - 2y + C\mathrm{e}^x$;
(4) $x = 2 - y^2 + C\mathrm{e}^{-\frac{y^2}{2}}$.

4. (1) $(x - y)^2 = -2x + C$ (提示: 令 $u = x - y$);
(2) $\ln\left|\cos\frac{y}{x} - \cot\frac{y}{x}\right| = x + C$ $\left(提示: 令\ u = \frac{y}{x}\right)$;
(3) $y = \tan(x + C) - x - 3$ (提示: $u = x + y + 3$);
(4) $-\cot\frac{x + y}{2} = \ln|Cx|$ (提示: 令 $u = x + y$).

5. $y = 2(\mathrm{e}^x - x - 1)$.

6. $y = x - \frac{75}{124}x^2$.

7. $x = C\mathrm{e}^{-\frac{t}{10}} + 0.1$; 经过 $20 \times \ln 2$ 分钟后室内二氧化碳的含量可以降到 1.1%.

习 题 4.4

1. (1) $y = x\arctan x - \frac{1}{2}\ln(1 + x^2) + C_1x + C_2$;
(2) $y = \mathrm{e}^x(x - 2) + C_1x + C_2$; (3) $y = (\arcsin x)^2 + C_1\arcsin x + C_2$;
(4) $y = C_1\mathrm{e}^x - \frac{1}{2}(x + 1)^2 + C_2$; (5) $y + C_1\ln(y - C_1) = x + C_2$;
(6) $y = \sin(x + C_1) + C_2$; (7) $C_1y^2 - 1 = (C_1x + C_2)^2$;
(8) $y = \frac{1}{12}(x + C_1)^3 + C_2$.

2. (1) $y = \left(\frac{1}{2}x + 1\right)^4$; (2) $y = x - \ln(1 + x)$; (3) $y = x^3 + 3x + 1$;

(4) $y=-\frac{1}{a}\ln(ax+1)$; (5) $y=\tan\left(x+\frac{\pi}{4}\right)$; (6) $y=\mathrm{e}^{1+x}+1-\mathrm{e}$.

3. $y=\frac{1}{2}(x^2-1)$.

4. $\frac{3}{4000(\ln 5-\ln 2)}\approx 0.0008185(\mathrm{s})$.

5. $y=\frac{m(m-B\rho)}{k^2}\ln\frac{m-B\rho-kv}{m-B\rho}-\frac{m}{k}v$.

习 题 4.5

1. (1) 是; (2) 是; (3) 否; (4) 是; (5) 是; (6) 是.
2. (1) 是; (2) 是; (3) 不是; (4) 是; (5) 不是; (6) 是.
3. $y=x^3-2x+5$.
4. 因为前一个方程是线性方程, 而后一个不是, 所以它不满足解的叠加原理.

习 题 4.6

1. (1) $y=C_1\mathrm{e}^x+C_2\mathrm{e}^{-4x}$; (2) $y=C_1+C_2\mathrm{e}^x$;

(3) $y=C_1\cos 2x+C_2\sin 2x$; (4) $y=(C_1+C_2x)\mathrm{e}^{3x}$;

(5) $y=\mathrm{e}^{-\frac{1}{2}x}\left(C_1\cos\frac{\sqrt{3}}{2}x+C_2\sin\frac{\sqrt{3}}{2}x\right)$;

(6) $y=\begin{cases} C_1\mathrm{e}^{(-1+\sqrt{1-a})x}+C_2\mathrm{e}^{(-1-\sqrt{1-a})x}, & a<1,\\ (C_1+C_2x)\mathrm{e}^{-x}, & a=1,\\ \mathrm{e}^{-x}(C_1\cos\sqrt{1-a}x+C_2\sin\sqrt{1-a}x), & a>1; \end{cases}$

(7) $y=C_1+\mathrm{e}^{-3x}(C_2\cos x+C_3\sin x)$;

(8) $y=C_1\mathrm{e}^x+C_2\mathrm{e}^{-x}+C_3\cos 2x+C_4\sin 2x$.

2. (1) $y=(6+13x)\mathrm{e}^{-\frac{1}{2}x}$; (2) $y=\mathrm{e}^{-x}(\cos 3x+\sin 3x)$;

(3) $y=2(\mathrm{e}^{-2x}-\mathrm{e}^x)$; (4) $y=2\cos 5x+\sin 5x$;

(5) $y=\frac{3}{2}-\frac{3}{5}\mathrm{e}^{-x}+\frac{1}{10}\mathrm{e}^{4x}$; (6) $y=\cos ax$.

3. (1) $y=C_1\mathrm{e}^{3x}+C_2\mathrm{e}^{4x}+\frac{1}{12}x+\frac{7}{144}$; (2) $y=C_1+C_2\mathrm{e}^{3x}+x^2$;

(3) $y=\mathrm{e}^x(C_1\cos 2x+C_2\sin 2x)-\frac{1}{4}x\mathrm{e}^x\cos 2x$;

(4) $y=\left(C_1+C_2x+\frac{1}{3}x^3\right)\mathrm{e}^x+x+2$;

(5) $y=C_1\cos 2x+C_2\sin 2x+\frac{1}{3}x\cos x+\frac{2}{9}\sin x$;

(6) $y=C_1\mathrm{e}^x+C_2\mathrm{e}^{-x}-\frac{1}{2}+\frac{1}{10}\cos 2x$.

4. (1) $y=\frac{1}{3}\sin 2x-\frac{1}{3}\sin x-\cos x$; (2) $y=\mathrm{e}^x+\frac{1}{2}(\mathrm{e}^{2x}+1)$;

(3) $y=\frac{1}{2}(\cos x+\sin x+x\sin x+\mathrm{e}^x)$; (4) $y=\left(\frac{1}{6}x^3+4x-3\right)\mathrm{e}^x+4$;

(5) $y = \mathrm{e}^x\left(\cos 2x + \frac{1}{8}\sin 2x\right) - \frac{1}{4}x\mathrm{e}^x\cos 2x$.

5. $y = \frac{1}{2}\sin x + \frac{1}{2}x\cos x$.

6. $x = \frac{v_0}{\sqrt{k_2^2+4k_1}}(1 - \mathrm{e}^{-\sqrt{k_2^2+4k_1}\,t})\mathrm{e}^{\frac{1}{2}(-k_2+\sqrt{k_2^2+4k_1})t}$.

7. (1) $t = \sqrt{\frac{10}{g}}\ln(5+2\sqrt{6}) \approx 2.3157(\mathrm{s})$;

(2) $t = \sqrt{\frac{10}{g}}\ln\left(\frac{19+4\sqrt{22}}{3}\right) \approx 2.5584(\mathrm{s})$.

习 题 4.7

1. (1) $y = C_1\mathrm{e}^x + C_2(2x+1)$;　(2) $y = \frac{x^4}{10} + C_1\frac{1}{x} + C_2x^2$;

(3) $y = C_1x + C_2\mathrm{e}^x - 1$;　(4) $y = C_1x + C_2x^2 + x^3$.

2. (1) $y = (C_1 + C_2\ln x)\frac{1}{x}$;　(2) $y = C_1x + C_2x\ln x + x\ln^2 x$;

(3) $y = C_1 + C_2x^{-1} + 3x(2\ln x - 3)$;

(4) $y = x[C_1\cos(\sqrt{3}\ln x) + C_2\sin(\sqrt{3}\ln x)] + \frac{1}{2}x\sin(\ln x)$.

总 习 题 四

1. (1) 方程中未知函数求导的最高阶数, 二阶;　(2) $y = Cx^2$;

(3) $y = \frac{1}{x}\left[\int Q(x)\mathrm{d}x + C\right]$;　(4) $y = -\sin x + C_1x + C_2$;

(5) $\frac{y_1(x)}{y_2(x)} \neq$ 常数;　(6) 是, 不一定是;

(7) λ 是方程 $r^n + p_1r^{n-1} + \cdots + p_n = 0$ 的根.

2. (1) B;　(2) C;　(3) D.

3. (1) $y = \ln(1 + C\mathrm{e}^{-\mathrm{e}^x})$;　(2) $y = x + \frac{C}{\ln x}$;　(3) $\frac{1}{y^2} = 2 + Cx^2$;

(4) $x = y^2(1 + C\mathrm{e}^{\frac{1}{y}})$;　(5) $y = C_1\cosh(C_1x + C_2)$;

(6) $y = C_1\mathrm{e}^x + C_2\mathrm{e}^{2x} + x\left(\frac{1}{2}x - 1\right)\mathrm{e}^{2x}$.

4. (1) $\sin y = (x^2-1)^{\frac{1}{2}}$;　(2) $x(1+2\ln y) - y^2 = 0$;　(3) $y = \frac{1}{3}x^3 + \frac{1}{2}x^2$;

(4) $y = 2\arctan\mathrm{e}^x$;　(5) $y = \left(1 + \frac{1}{4}x\right)\sin 2x$;

(6) $y = \left(\frac{1}{6}x^3 + \frac{4}{5}x - \frac{4}{25}\right)\mathrm{e}^{2x} + \frac{1}{4} - \frac{3}{25}\sin x + \frac{4}{25}\cos x$.

5. $\ln y = C\mathrm{e}^x + \frac{1}{2}\mathrm{e}^{-x}$.

6. $y=(1-2x)\mathrm{e}^{x}$.

7. $\varphi(x)=(1+2x)\mathrm{e}^{x}+\dfrac{1}{2}x^{2}\mathrm{e}^{x}$(提示: 借助变限求导转化成二阶线性微分方程的初值问题).

8. $y=\dfrac{1}{2}(\mathrm{e}^{x}+\mathrm{e}^{-x})=\cosh x$.

9. $f(x)=\sqrt{\dfrac{P}{k\pi}}\mathrm{e}^{\frac{\rho g}{2k}x}$.

10. (1) $y=y_0\exp\left(-\dfrac{1}{2}k_2vt^2+(k_1-k_2T_0)t\right)$.

(2) 当 $v>0$ 时, $y\to 0\ (t\to+\infty)$;

当 $v<0$ 时, $y\to+\infty\ (t\to+\infty)$;

当 $v=0$ 时, 若 $k_1>k_2T_0$, 则 $y\to+\infty\ (t\to+\infty)$; 若 $k_1=k_2T_0$, 则 $y\equiv y_0$; 若 $k_1<k_2T_0$, 则 $y\to 0(t\to+\infty)$.

11. $y=\dfrac{1}{12}x^{\frac{3}{2}}-4x^{\frac{1}{2}}+\dfrac{32}{3}$(提示: 追踪曲线 $y=y(x)$ 满足的微分方程为 $2xy''=\sqrt{1+y'^2}$); 当飞机飞到点 $\left(0,\dfrac{32}{3}\right)$ 处时被导弹击中).

12. $s=\dfrac{m}{c^2}\ln\cosh(\sqrt{g}kt)$.

第 5 章 向量代数与空间解析几何

习 题 5.1

1. (1) (1, 1, 5), (1, 4, 5), (3, 1, 5), (3, 1, 2), (3, 4, 2), (1, 4, 2);

(2) (4, 6, 0), (1, 6, 0), (1, 3, 0), (1, 3, −4), (4, 3, −4), (4, 6, −4).

4. (1, −2, 8), (5, 0, −4), (−3, 4, −4).

5. $\overrightarrow{AC}=\dfrac{3}{2}\boldsymbol{a}+\dfrac{1}{2}\boldsymbol{b},\overrightarrow{AD}=\boldsymbol{a}+\boldsymbol{b},\ \overrightarrow{AF}=-\dfrac{1}{2}\boldsymbol{a}+\dfrac{1}{2}\boldsymbol{b},\overrightarrow{CB}=-\dfrac{1}{2}\boldsymbol{a}-\dfrac{1}{2}\boldsymbol{b}$.

7. $|\overrightarrow{M_1M_2}|=2,\ \cos\alpha=-\dfrac{1}{2},\cos\beta=-\dfrac{\sqrt{2}}{2},\cos\gamma=\dfrac{1}{2},\ \alpha=\dfrac{2\pi}{3},\ \beta=\dfrac{3\pi}{4},\gamma=\dfrac{\pi}{3}$.

8. 13, $7\boldsymbol{j}$.

9. $\boldsymbol{i}=\dfrac{5\sqrt{3}}{12}\boldsymbol{e_a}+\dfrac{\sqrt{6}}{12}\boldsymbol{e_b}-\dfrac{3}{4}\boldsymbol{e_c},\ \boldsymbol{j}=\dfrac{\sqrt{3}}{3}\boldsymbol{e_a}-\dfrac{\sqrt{6}}{3}\boldsymbol{e_b},\boldsymbol{k}=\dfrac{\sqrt{3}}{4}\boldsymbol{e_a}+\dfrac{\sqrt{6}}{4}\boldsymbol{e_b}+\dfrac{3}{4}\boldsymbol{e_c}$.

10. $\cos\alpha=\cos\beta=\cos\gamma=\dfrac{1}{\sqrt{3}},\boldsymbol{a}=(2,2,2)$.

习 题 5.2

1. (−4, 2, −4).

2. (1) 3; (2) $5\boldsymbol{i}+\boldsymbol{j}+7\boldsymbol{k}$; (3) $\dfrac{3}{\sqrt{14}}$; (4) $\dfrac{3}{2\sqrt{21}}$.

3. (1) 2; (2) $2\boldsymbol{i}+\boldsymbol{j}+21\boldsymbol{k}$; (3) $8\boldsymbol{j}+24\boldsymbol{k}$; (4) $-8\boldsymbol{j}-24\boldsymbol{k}$.

5. (1) $\pm\dfrac{1}{25}(15\boldsymbol{i}+12\boldsymbol{j}+16\boldsymbol{k})$; (2) $\dfrac{25}{2}$; (3) 2.

6. (1) $\frac{9}{2}$; (2) $\frac{7}{38}$. 8. $\boldsymbol{i}-2\boldsymbol{j}+3\boldsymbol{k}$. 9. $\frac{5\sqrt{3}}{2}$.

习 题 5.3

1. (1) $2x+9y-6z-121=0$; (2) $3x-7z+5z-4=0$;
   (3) $x+y-3z-3=0$; (4) $2x-y-z=0$;
   (5) $x-3y-2z=0$; (6) $x+3y=0$; (7) $9y-z-2=0$;
   (8) $2x-25y-11z+270=0$ 及 $46x-50y+122z+510=0$.
2. $\frac{1}{3},\frac{2}{3},\frac{2}{3}$. 3. $\frac{\pi}{4}$. 4. $\frac{|D_2-D_1|}{\sqrt{A^2+B^2+C^2}}$.

习 题 5.4

1. (1) $\frac{x-1}{-2}=\frac{y-1}{1}=\frac{z-1}{3}$, $\begin{cases}x=1-2t,\\y=1+t,\\z=1+3t;\end{cases}$

   (2) $\frac{x+\frac{7}{3}}{5}=\frac{y}{1}=\frac{z-\frac{1}{3}}{-2}$, $\begin{cases}x=-\frac{7}{3}+5t,\\y=t,\\z=\frac{1}{3}-2t.\end{cases}$
2. (1) $\frac{x-4}{2}=\frac{y+1}{1}=\frac{z-3}{5}$; (2) $\frac{x}{-2}=\frac{y-2}{3}=\frac{z-4}{1}$;
   (3) $\frac{x-2}{2}=\frac{y+3}{3}=\frac{z-1}{1}$; (4) $\frac{x}{-3}=\frac{y-1}{1}=\frac{z-2}{2}$.
3. (1) $\left(-\frac{5}{3},\frac{2}{3},\frac{2}{3}\right)$; (2) $(-5,2,4)$.
4. (1) $\begin{cases}7x-9y=9,\\z=0,\end{cases}$ $\begin{cases}10y-7z=18,\\x=0,\end{cases}$ $\begin{cases}10x-9z=36,\\y=0;\end{cases}$

   (2) $\begin{cases}7x+14y+5=0,\\2x-y+5z-3=0.\end{cases}$
5. $\frac{\pi}{2}$. 6. $\arcsin\frac{7}{3\sqrt{6}}$.
7. (1) $5\sqrt{2}$; (2) $\frac{3\sqrt{2}}{2}$. 8. $(-9,\ -5,\ 17)$.
9. $(3,\ -1,\ -2)$. 10. L_1, L_2 所在平面为 $2x-16y-13z+31=0$.
11. $\frac{x+7}{3}=\frac{y+5}{1}=\frac{z}{-1}$.
12. $\begin{cases}x-z=0,\\x+5z+2z=1\end{cases}$ 或 $\frac{x-2}{5}=\frac{y+1}{-3}=\frac{z-2}{5}$.

习 题 5.5

2. (1) $y^2+z^2=5x$; (2) $4x^2-9y^2+4z^2=36$;
   (3) $(x^2+y^2+z^2+3)^2=16(x^2+z^2)$; (4) $4(y^2+x^2)=(3z-1)^2$.
3. (1) xOz 面上的抛物线 $x=1-z^2$ 绕 x 轴旋转一周,
   或 xOy 面上的抛物线 $x=1-y^2$ 绕 x 轴旋转一周;
   (2) 不是旋转曲面;
   (3) xOy 面上的双曲线 $x^2-y^2=1$ 绕 y 轴旋转一周,
   或 zOy 面上的双曲线 $z^2-y^2=1$ 绕 y 轴旋转一周;
   (4) yOz 面上的曲线 $y^2-z^2+2z=1$ 绕 z 轴旋转一周,
   或 xOz 面上的曲线 $x^2-z^2+2z=1$ 绕 z 轴旋转一周.
4. (1) $x^2+y^2+8z=16$, 旋转抛物面;
   (2) $\left(x+\dfrac{2}{3}\right)^2+(y+1)^2+\left(z+\dfrac{4}{3}\right)^2=\dfrac{116}{9}$, 球面;
   (3) $x^2-10z=-25$, 柱面;
   (4) $4x^2-y^2-z^2=0$, 锥面.
6. (1) $\begin{cases}3x^2+2z^2=16,\\3y^2-z^2=16;\end{cases}$ (2) $\begin{cases}y^2+z^2-4z=0,\\y^2+4x=0.\end{cases}$
7. (1) $\begin{cases}4\left(x-\dfrac{1}{2}\right)^2+2y^2=1,\\z=0;\end{cases}$ (2) $\begin{cases}\left(x+\dfrac{1}{2}\right)^2+\left(y+\dfrac{1}{2}\right)^2=\dfrac{3}{2},\\z=0;\end{cases}$
   (3) $\begin{cases}x^2+2y^2=1,\\z=0;\end{cases}$ (4) $\begin{cases}x^2+y^2=1,\\z=0.\end{cases}$
8. (1) $\begin{cases}x=\dfrac{\sqrt{2}}{2}\cos t,\\y=-\dfrac{\sqrt{2}}{2}\sin t,\quad(0\leqslant t\leqslant 2\pi);\\z=\sin t\end{cases}$ (2) $\begin{cases}x=1+\cos t,\\y=\sin t,\\z=2\sin\dfrac{t}{2}\end{cases}\quad(0\leqslant t\leqslant 2\pi).$
9. (1) $\{(x,\ y)\mid x^2+y^2\leqslant 1\}$; (2) $\{(x,\ y)\mid 1\leqslant x^2+y^2\leqslant 4\}$.
10. (1) 在 xOy 面上投影区域为 $\left\{(x,y)\mid x^2+y^2\leqslant ax\right\}$;
    (2) 在 xOz 面上投影区域为 $\left\{(x,z)\mid x^2+z^2\leqslant a^2, x\geqslant 0, z\geqslant 0\right\}$.

总 习 题 五

1. (1) 不能; (2) 不能; (3) 能, 因为此时 $\boldsymbol{a}//(\boldsymbol{b}-\boldsymbol{c}), \boldsymbol{a}\perp(\boldsymbol{b}-\boldsymbol{c})$, 且 $\boldsymbol{a}\neq\boldsymbol{0}$.
2. (1) $\boldsymbol{a}\perp\boldsymbol{b}$; (2) $\boldsymbol{a},\boldsymbol{b}$ 夹角为 0; (3) $\boldsymbol{a},\boldsymbol{b}$ 夹角为 π 且 $|\boldsymbol{a}|\geqslant|\boldsymbol{b}|$;
   (4) $\boldsymbol{a},\boldsymbol{b}$ 夹角为 0 且 $|\boldsymbol{a}|\geqslant|\boldsymbol{b}|$.
3. 4. 4. $\dfrac{1}{\sqrt{3}}$. 5. (1) $\arccos\dfrac{2}{\sqrt{7}}$; (2) $\dfrac{5\sqrt{3}}{2}$.

6. $\dfrac{\pi}{3}$. 8. $\boldsymbol{r}=(-5,\ 10,\ 10)$. 9. $\dfrac{\sqrt{2}}{2}$.

10. 提示：利用向量积计算出三角形的边长.

11. $x+\sqrt{26}y+3z-3=0$ 或 $x-\sqrt{26}y+3z-3=0$.

12. $x+2y+1=0$. 13. 交点坐标为 $(1,\ 0,-1)$. 14. $(5,\ -1,\ 0)$.

15. $\dfrac{x+1}{16}=\dfrac{y}{19}=\dfrac{z-4}{28}$ 或 $\begin{cases} 3x-4y+z-1=0, \\ 10x-4y-3z+22=0. \end{cases}$

16. $\begin{cases} x-z=0, \\ x+5y+2z=1. \end{cases}$ 17. $\dfrac{x-1}{-1}=\dfrac{y}{2}=\dfrac{z-2}{-1}$. 18. $\left(0,\ 0,\ \dfrac{1}{5}\right)$.

19. 旋转单叶双曲面 $\dfrac{x^2+y^2}{b^2}-\dfrac{z^2}{c^2}=1$.

20. $\begin{cases} (x-1)^2+y^2\leqslant 1, \\ z=0, \end{cases}$ $\begin{cases} \left(\dfrac{z^2}{2}-1\right)^2+y^2\leqslant 1, z\geqslant 0, \\ x=0, \end{cases}$ $\begin{cases} x\leqslant z\leqslant \sqrt{2x}, \\ y=0. \end{cases}$

参 考 文 献

大连理工大学城市学院基础教学部. 2013. 应用微积分 (上册)[M]. 2 版. 大连: 大连理工大学出版社.

郭镜明, 韩云瑞, 章栋恩, 等. 2012. 美国微积分教材精粹选编 [M]. 北京: 高等教育出版社.

李永乐, 王式安, 季文铎. 2016. 考研数学复习全书 (数学一)[M]. 4 版. 北京: 国家行政学院出版社.

李忠, 周建莹. 2009. 高等数学 (上册)[M]. 2 版. 北京: 北京大学出版社.

刘名生, 冯伟贞, 韩彦昌. 2009. 数学分析 (一)[M]. 北京: 科学出版社.

刘智新, 闫浩, 章纪民. 2014. 高等微积分教程 (上册)(一元函数微积分与微分方程) [M]. 北京: 清华大学出版社.

欧阳光中, 朱学炎, 金福临, 陈传璋. 2018. 数学分析 (上册)[M]. 4 版. 北京: 高等教育出版社.

孙振绮, 马俊. 2012. 俄罗斯高等数学教材精粹选编 [M]. 北京: 高等教育出版社.

同济大学数学科学学院. 2021. 微积分 (上册)[M]. 4 版. 北京: 高等教育出版社.

吴传生. 2009. 经济数学——微积分 [M]. 2 版. 北京: 高等教育出版社.

朱健民, 李建平. 2015. 高等数学 (上册)[M]. 2 版. 北京: 高等教育出版社.

朱玉灿. 2018. 高等数学 (上册) [M]. 北京: 科学出版社.

朱玉灿. 2019. 高等数学 (下册) [M]. 北京: 科学出版社.

附　　录

A.1　一些常用的公式

1. 设 n 为正整数, 有

$$a^n - b^n = (a-b)\left(a^{n-1} + a^{n-2}b + \cdots + ab^{n-2} + b^{n-1}\right).$$

2. 平方关系公式

$$\sin^2\alpha + \cos^2\alpha = 1; \quad 1 + \tan^2\alpha = \sec^2\alpha; \quad 1 + \cot^2\alpha = \csc^2\alpha.$$

3. 三角和差公式

$$\sin(\alpha \pm \beta) = \sin\alpha\cos\beta \pm \cos\alpha\sin\beta, \quad \cos(\alpha \pm \beta) = \cos\alpha\cos\beta \mp \sin\alpha\sin\beta.$$

4. 倍角公式

$$\sin 2\theta = 2\sin\theta\cos\theta, \quad \cos 2\theta = \cos^2\theta - \sin^2\theta = 2\cos^2\theta - 1 = 1 - 2\sin^2\theta.$$

5. 和差化积

$$\sin\alpha + \sin\beta = 2\sin\frac{\alpha+\beta}{2}\cos\frac{\alpha-\beta}{2},$$

$$\sin\alpha - \sin\beta = 2\cos\frac{\alpha+\beta}{2}\sin\frac{\alpha-\beta}{2},$$

$$\cos\alpha + \cos\beta = 2\cos\frac{\alpha+\beta}{2}\cos\frac{\alpha-\beta}{2},$$

$$\cos\alpha - \cos\beta = -2\sin\frac{\alpha+\beta}{2}\sin\frac{\alpha-\beta}{2}.$$

6. 积化和差

$$\sin\alpha\cos\beta = \frac{1}{2}[\sin(\alpha+\beta) + \sin(\alpha-\beta)],$$

$$\cos\alpha\sin\beta = \frac{1}{2}[\sin(\alpha+\beta) - \sin(\alpha-\beta)],$$

$$\cos\alpha\cos\beta = \frac{1}{2}[\cos(\alpha+\beta) + \cos(\alpha-\beta)],$$

$$\sin\alpha\sin\beta = -\frac{1}{2}[\cos(\alpha+\beta) - \cos(\alpha-\beta)].$$

A.2 几种常用曲线

假设下列曲线方程中常数 $a>0$.

1. 星形线 $x^{\frac{2}{3}}+y^{\frac{2}{3}}=a^{\frac{2}{3}}$, $\begin{cases} x=a\cos^3 t, \\ y=a\sin^3 t. \end{cases}$

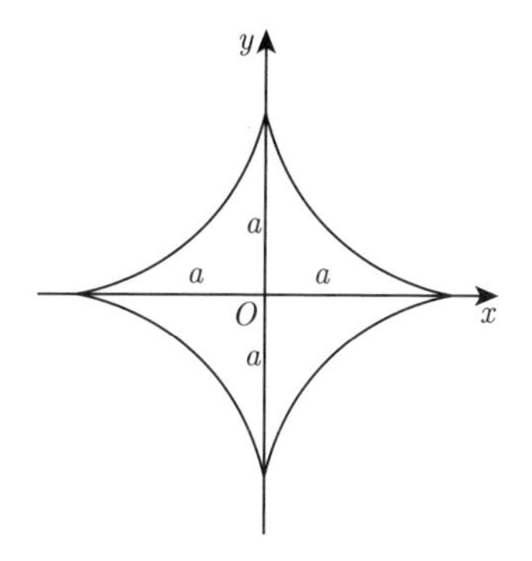

2. 摆线 $\begin{cases} x=a(t-\sin t), \\ y=a(1-\cos t). \end{cases}$

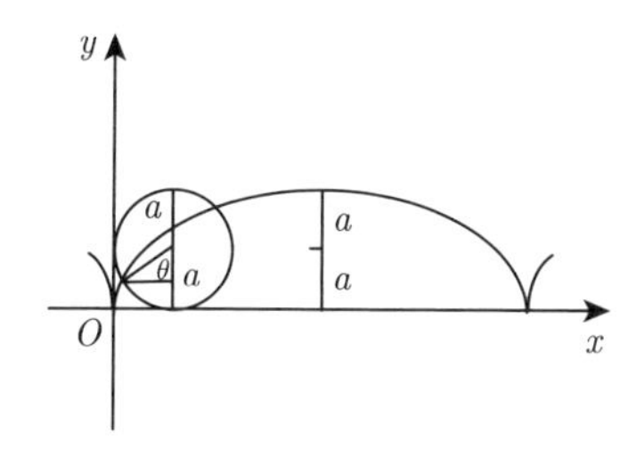

3. 心形线 $\rho=a(1-\cos\varphi)$.

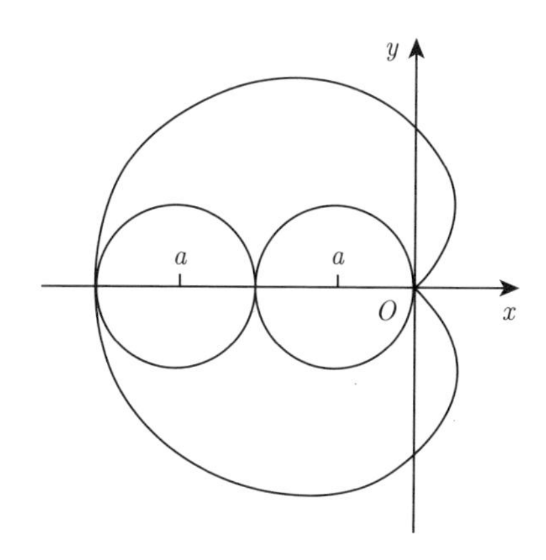

4. 阿基米德螺线 $\rho = a\varphi$.

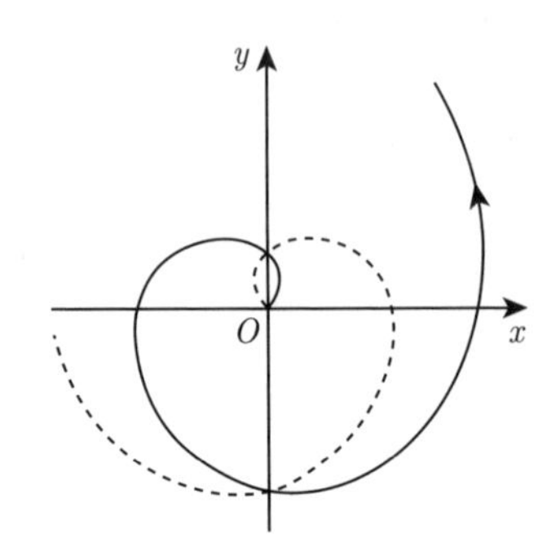

5. 双纽线 $(x^2+y^2)^2 = 2a^2(x^2-y^2), \rho^2 = 2a^2\cos 2\varphi$.

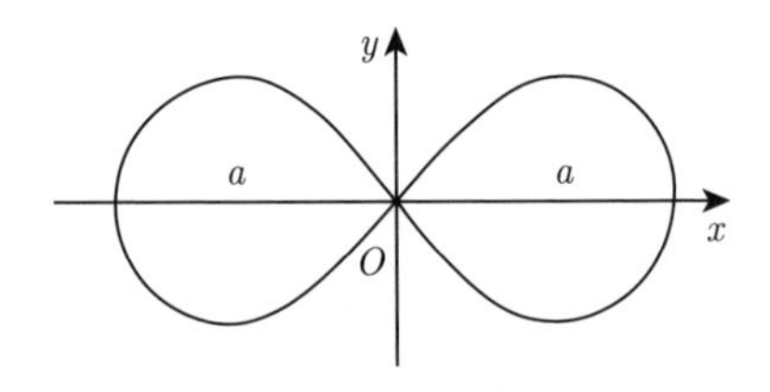

6. 三叶玫瑰线 $\rho = a\cos 3\varphi$.

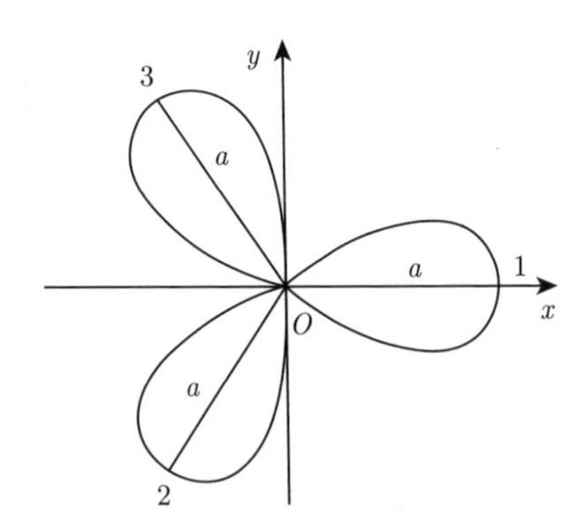